黑龙江省城市大气颗粒物来源解析研究

伍跃辉　主编

中国环境出版社·北京

图书在版编目（CIP）数据

黑龙江省城市大气颗粒物来源解析研究/伍跃辉主编. —北京：中国环境出版社，2017.5
ISBN 978-7-5111-3161-4

Ⅰ. ①黑… Ⅱ. ①伍… Ⅲ. ①城市空气污染—粒状污染物—污染源—研究—黑龙江省 Ⅳ. ①X513

中国版本图书馆 CIP 数据核字（2017）第 088342 号

出 版 人　王新程
责任编辑　孟亚莉
文字编辑　张　倩
责任校对　尹　芳
封面设计　岳　帅

出版发行　中国环境出版社
（100062　北京市东城区广渠门内大街 16 号）
网　　址：http://www.cesp.com.cn
电子邮箱：bjgl@cesp.com.cn
联系电话：010-67112765（编辑管理部）
010-67112735（第一分社）
发行热线：010-67125803，010-67113405（传真）

印　　刷　北京中科印刷有限公司
经　　销　各地新华书店
版　　次　2017 年 5 月第 1 版
印　　次　2017 年 5 月第 1 次印刷
开　　本　787×1092　1/16
印　　张　16.75
字　　数　342 千字
定　　价　90.00 元

《黑龙江省城市大气颗粒物来源解析研究》

编　委　会

前　言

目前，我国大气复合污染形势日趋严峻，特别是可吸入颗粒物和细颗粒物污染已经成为政府和公众关注的焦点问题。据资料统计，全国约有 80%以上城市环境空气质量未达到《环境空气质量标准》（GB 3095—2012）。2015 年 8 月 29 日修订通过的《中华人民共和国大气污染防治法》中规定，地方各级人民政府应当对本行政区域内的大气环境质量负责，制定规划，采取措施，控制或者逐步削减大气污染物的排放量，使大气环境质量达到规定标准并逐步改善。各地政府都面临着扭转环境空气质量恶化趋势的前所未有的巨大压力。

为有效地控制颗粒物污染和提高大气环境质量，阐明大气颗粒物污染水平、特征及其主要来源，科学有效地推进大气污染防治工作，首先需要对颗粒物的来源进行判别和解析，并将各类污染源对大气颗粒物污染的贡献值进行定量计算，这就是大气颗粒物来源解析技术。通过源解析技术可以量化区域内的各类污染源对大气颗粒物污染的贡献，从源头上提出具有针对性的污染控制对策和措施，对产业结构的科学决策及环境污染防治措施的制定都有积极的指导和参考意义。源解析技术现已作为一种重要的手段，应用于城区、区域乃至全球的大气环境研究。因其应用广泛，近年来在国内外得到了越来越多的关注。

黑龙江省是国内第一个以全省为单元开展大气颗粒物来源解析探索性工作的省份，从 2013 年到 2015 年，历经两年的采样分析，完成了 13 个省辖城市 18 个环境受体点位、704 个各类污染源点位的采样工作，共采集样本 3 000 余个，有效数据 5 万余个，研究成果及数据已应用于《黑龙江省大气污染防治专项行动方案（2016—2018 年）》《哈尔滨市大气污染防治专项行动方案（2016—2018 年）》及相关颗粒物污染防治措施中。

随着监测工作的深入，我们对黑龙江省省辖城市大气污染现状有了较为深刻的认识，本书以《大气污染防治法》为依据，以《环境空气质量标准》（GB 3095—2012）为基础，以《大气颗粒物来源解析技术指南（试行）》为指导，突出为环境管理服务的指导思想，注重研究成果的应用性，紧密联系黑龙江省大气污染防治要求，提高黑龙江省环境综合决策的科技支撑能力，为政府和环境管理部门有重点、分步骤地制定大气污染管理措施等提供科学依据，对开展区域源解析工作及全国源解析业务化体系的形成具有借鉴意义。

由于编者水平所限，书中难免存在一些疏漏和不足之处，恳请广大读者批评指正。

编　者

2016 年 8 月

目　录

第1章 总 论

1.1 研究目的和意义

我国大气复合污染形势日趋严峻，特别是可吸入颗粒物和细颗粒物污染已经成为政府和公众关注的焦点问题。据资料统计，全国约有80%以上城市环境空气质量未达到《环境空气质量标准》（GB 3095—2012）。2013年9月10日，《国务院印发关于大气污染防治行动计划的通知》（国发〔2013〕37号），明确提出具体目标：到2017年，全国地级及以上城市可吸入颗粒物浓度比2012年下降10%以上，优良天数逐年提高。同时，国务院与各省（区、市）人民政府签订大气污染防治目标责任书，将目标任务分解落实到地方人民政府和企业，并构建以环境质量改善为核心的目标责任考核体系。2015年8月29日修订通过的《中华人民共和国大气污染防治法》中规定，地方各级人民政府应当对本行政区域的大气环境质量负责，制定规划，采取措施，控制或者逐步削减大气污染物的排放量，使大气环境质量达到规定标准并逐步改善。各地政府都面临着扭转环境空气质量恶化趋势的前所未有的巨大压力。

黑龙江省经济快速发展，生产总值由2008年的8 314.4亿元到2014年的15 039.4亿元，增幅接近一倍。能源消耗和机动车保有量逐年增加，2013年黑龙江省原煤消耗总量超8 683万t（折算成标准煤为6 202万t），占一次能源消费比例的66.5%以上；机动车保有量增至400万辆，且每年以10%左右的速度增长，其中有50万辆黄标车仍占较大比例。

2014年，全省可吸入颗粒物年均浓度为68 μg/m^3，SO_2年均浓度为25 μg/m^3，NO_2年均浓度为25 μg/m^3。同比可吸入颗粒物年均浓度降低1 μg/m^3，SO_2年均浓度升高2 μg/m^3，NO_2年均浓度保持不变。此外，全省城市大气污染季节特征明显，2014年自动监测数据表明，采暖期PM_{10}、SO_2、NO_x浓度分别为非采暖期的1.7倍、2.6倍和1.6倍。可见，全省大气颗粒物污染依然形势严峻，特别是采暖期亟须开展颗粒物污染防治工作。

省政府高度重视全省大气污染治理工作，陆昊省长近两年就大气污染防治工作做过11次重要批示，主管省长做过近30次重要批示。2013年11月2日，陆昊省长主持召开全省大气污染治理专题会议，决定投入2亿元专项资金用于黑龙江省大气污染治理。2014年年初，黑龙江省人民政府制定了《黑龙江省大气污染防治计划》：“力争到 2017 年，主要大气污染物排放总量显著下降，重点企业全面达标排放，优良天数逐年提高，基本消除重污染天气，全省可吸入颗粒物浓度比 2012 年下降 5%以上”。

为阐明黑龙江省城市大气颗粒物污染水平、特征及其主要来源，科学有效地推进大气污染防治工作，黑龙江省环保厅组织开展了全省大气颗粒物污染现状及其来源解析的研究工作，确定污染治理重点，量化各类污染源对大气颗粒物的贡献，从源头上提出具有针对性的污染控制对策和措施，从而为政府和环境管理部门有重点、分步骤地制定污染管理措施并为污染控制策略行动提供科学依据。

1.2 指导思想及研究内容

1.2.1 指导思想

防治大气污染，应当以改善大气环境质量为目标，坚持源头治理。本项目以《大气污染防治法》为依据，以《环境空气质量标准》（GB 3095—2012）为基础，以《大气颗粒物来源解析技术指南（试行）》为指导，同步进行 PM_{10} 及 $PM_{2.5}$ 的来源解析，突出为环境管理服务的指导思想，注重研究成果的应用性，紧密联系黑龙江省大气污染防治需求，提高黑龙江省环境综合决策的科技支撑能力，为大气污染防治行动计划实施提供科学依据。

1.2.2 主要研究内容

本项目对黑龙江省环境空气质量现状及目前存在的主要问题进行调查研究。采集 13 个省辖城市 9 类主要污染源（土壤尘、道路尘、城市扬尘、水泥尘、煤烟尘、工业尘、机动车尾气、生物质燃烧源及餐饮油烟）样品及非采暖季、采暖季两季环境受体样品；利用 X 射线荧光光谱（XRF）、离子色谱（IC）、热光碳分析仪分析污染源与环境受体样品中的 21 种元素、8 种离子及 3 种碳组分，获得污染源源谱数据与环境样品成分谱数据；应用化学质量平衡（CMB）模型、正定矩阵因子（PMF）模型、空气质量模式（WRF-NAQPMS）等方法计算出每个季节 PM_{10}、$PM_{2.5}$ 的源贡献值及分担率并分析其时空分布特征。基于源解析结果，提出全省各省辖城市及各区域扬尘、土壤尘、煤烟尘、工业尘、机动车尾气、生物质燃烧源、二次颗粒物等的污染控制对策。

1.3 研究区域及技术路线

本项目以黑龙江省省辖13个市地市区为大气颗粒物来源解析的主要区域。

1.3.1 项目技术路线

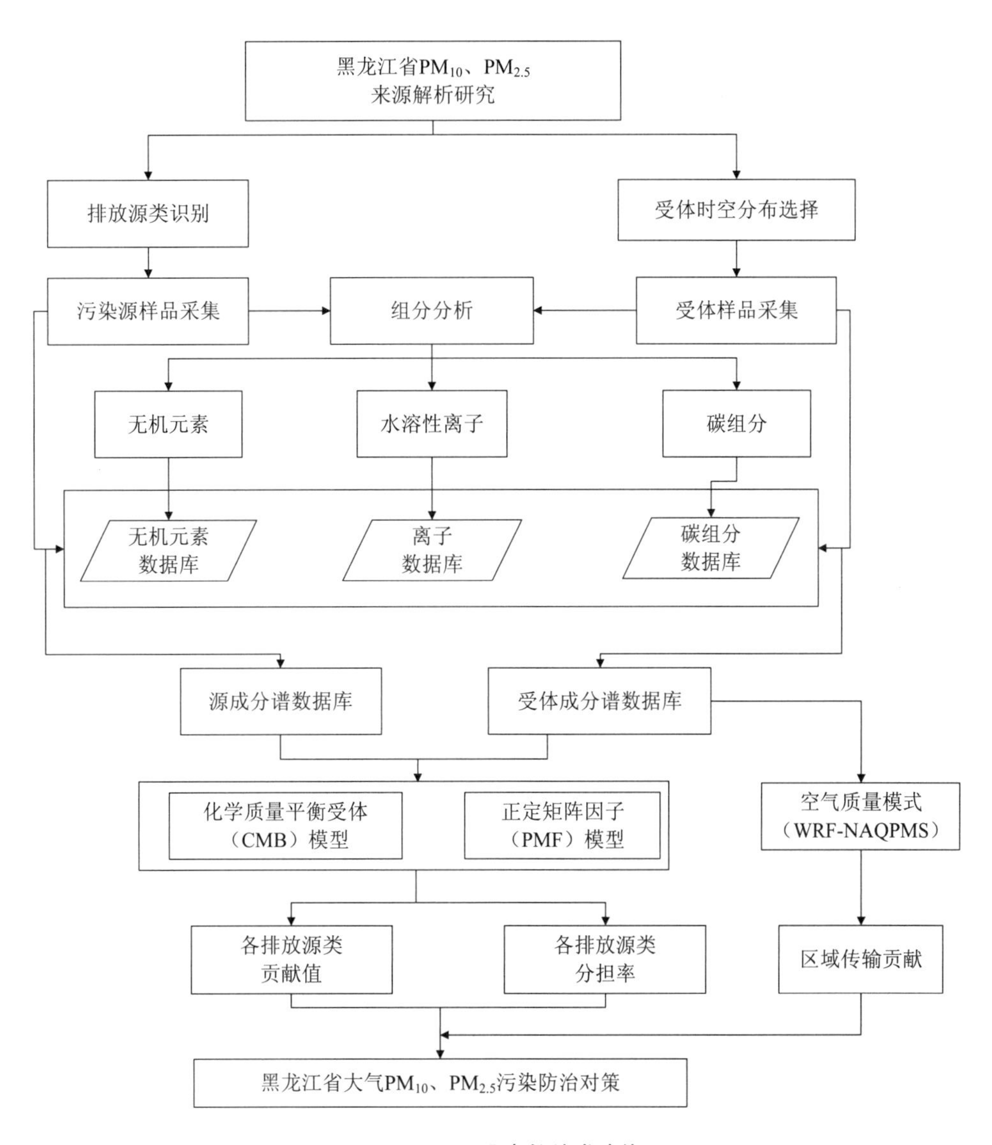

图 1-1 项目研究的技术路线

1.3.2 成果提交方式

（1）项目工作报告

（2）项目技术报告

（3）源与受体成分谱数据库

第2章　黑龙江省概况

2.1　自然环境概况

2.1.1　地理特征

黑龙江省，简称黑，省会哈尔滨。位于中国东北部，是中国位置最北、纬度最高的省份，东经 121°11′～135°05′，北纬 43°26′～53°33′，东西跨 14 个经度，南北跨 10 个纬度。北、东部与俄罗斯隔江相望，西部与内蒙古自治区相邻，南部与吉林省接壤。全省土地总面积 45.4 万 km^2，居全国第六位。边境线长 2 981.26 km，是亚洲与太平洋地区陆路通往俄罗斯和欧洲大陆的重要通道，是我国沿边开放的重要窗口。

2.1.2　地形地貌

黑龙江省地势复杂多样，地貌特征为“五山一水一草三分田”。地势大致是西北、北部和东南部高，东北、西南部低，主要由山地、台地、平原和水面构成。西北部为东北—西南走向的大兴安岭山地，北部为西北—东南走向的小兴安岭山地，东南部为东北—西南走向的张广才岭、老爷岭、完达山脉。兴安山地与东部山地的山前为台地，东北部为三江平原（包括兴凯湖平原），西部是松嫩平原。黑龙江省山地海拔高度大多在 300～1 000 m，面积约占全省总面积的 58%；台地海拔高度为 200～350 m，面积约占全省总面积的 14%；平原海拔高度为 50～200 m，面积约占全省总面积的 28%。有黑龙江、松花江、乌苏里江、绥芬河等多条河流；有兴凯湖、镜泊湖、五大连池等众多湖泊。

2.1.3　气候概况

黑龙江省属于寒温带与温带大陆性季风气候。全省从南向北，依温度指标可分为中温带和寒温带。从东向西，依干燥度指标可分为湿润区、半湿润区和半干旱区。全省气候的主要特征是春季低温干旱，夏季温热多雨，秋季易涝早霜，冬季寒冷漫长，无霜期短，气候地域性差异大。降水表现出明显的季风性特征。夏季受东南季风的影响，降水充沛，冬季在干冷西北风控制下，干燥少雨。

全省年平均气温多在–5～5℃，由南向北降低，大致以嫩江、伊春一线为 0℃等值线。不小于 10℃积温在 1 800～2 800℃，平原地区每增高 1 个纬度，积温减少 100℃左右；山区每升高 100 m，积温减少 100～170℃。无霜冻期全省平均介于 100～150 天，南部和东部在 140～150 天。大部分地区初霜冻在 9 月下旬出现，终霜冻在 4 月下旬至 5 月上旬结束。年降水量全省多介于 400～650 mm，中部山区多，东部次之，西、北部少。在一年内，生长季降水约为全年总量的 83%～94%。降水资源比较稳定，尤其夏季变率小，一般为 21%～35%。全省年日照时数多在 2 400～2 800 h，其中生长季日照时数占总时数的 44%～48%，西多东少。全省太阳辐射资源比较丰富，与长江中下游相当，年太阳辐射总量在 44×10^8～$50\times10^8 J/m^2$。太阳辐射的时空分布特点是南多北少，夏季最多，冬季最少，生长季的辐射总量占全年的 55%～60%。年平均风速多为 2～4 m/s，春季风速最大，西南部大风日数最多，风能资源丰富。

2.2 社会经济概况

2.2.1 行政区划

黑龙江省现辖 1 个副省级城市为省会哈尔滨市，有 11 个地级市分别为齐齐哈尔、牡丹江、佳木斯、大庆、伊春、鸡西、鹤岗、双鸭山、七台河、绥化、黑河，1 个地区行署为大兴安岭地区，132 个县（市、区）。“十二五”期间行政区划见表 2-1。

表 2-1 黑龙江省行政区划 单位：个

地市	市地辖区	县级市	县	自治县
全省	69	17	45	1
哈尔滨	9	2	7	0
齐齐哈尔	7	1	8	0
鸡西	6	2	1	0
鹤岗	6	0	2	0
双鸭山	4	0	4	0
大庆	5	0	3	1
伊春	15	1	1	0
佳木斯	4	2	4	0
七台河	3	0	1	0
牡丹江	4	4	2	0
黑河	1	2	3	0
绥化	1	3	6	0
大兴安岭	4	0	3	0

2.2.2　人口

2014 年年末，全省常住总人口为 3 747 万人，人口密度（含加格达奇和松岭区）为 81 人/km^2。全年出生人口 28.25 万人，出生率为 7.37‰；死亡人口 24.76 万人，死亡率为 6.46‰；自然增长率为 0.91‰。

常住人口中城镇人口为 1 841.7 万人，占总人口比重为 49.15%；乡村人口为 1 905.3 万人，占总人口比重为 50.85%。

常住总人口中 0～14 岁的人口为 449.23 万人，占 11.72%；15～64 岁的人口为 2 998.17 万人，占 78.22%；65 岁及以上的人口为 385.60 人，占 10.06%。

2010—2014 年，全省人口变化情况见表 2-2，全省人口分布情况见表 2-3。

表 2-2　全省人口变化情况

年份	总人口/万人	自然增长率/‰
2010	3 833.4	1.52
2011	3 834.0	1.07
2012	3 834.0	1.27
2013	3 835.0	0.78
2014	3 747.0	0.91

表 2-3　全省人口分布情况

地区	年底总户数	总人口/万人	非农业人口/万人	农业人口/万人
全省	14 901 691	3 747.0	1 841.7	1 905.3
哈尔滨	3 893 041	987.3	481.3	506.0
齐齐哈尔	2 104 355	553.2	196.5	356.8
鸡西	770 640	183.6	117.6	66.0
鹤岗	509 782	107.0	86.6	20.4
双鸭山	637 536	149.0	95.8	53.2
大庆	1 066 271	278.0	145.7	132.3
伊春	537 975	122.9	106.9	16.0
佳木斯	935 837	232.9	117.7	115.1
七台河	329 961	88.2	51.9	36.3
牡丹江	1 007 739	256.6	141.9	114.7
黑河	713 373	169.7	98.3	71.4
绥化	2 126 382	553.2	147.1	406.1
大兴安岭	205 455	49.9	43.2	6.7
绥芬河	28 575	7.0	5.8	1.1
抚远	34 769	8.5	5.3	3.3

2.2.3 土地利用

黑龙江省土地总面积 47.3 万 km^2（含加格达奇和松岭区），占全国土地总面积的 4.9%。全省耕地面积 15 940 850.84 hm^2，占全省土地总面积的 33.87%；林地面积 23 245 157.92 hm^2，占 49.39%；草地面积 2 034 742.68 hm^2，占 4.32%；城镇村及工矿用地面积 1 219 694.67 hm^2，占 2.59%；交通运输用地面积 592 760.97 hm^2，占 1.26%；水域及水利设施用地面积 2 182 354.05 hm^2，占 4.63%；园地面积 44 930.08 hm^2，占 0.09%；其他土地面积 1 808 771.03 hm^2，占 3.85%。

根据全省土地利用情况及农业区划，全省大致可分为四个区域：中西部主要为旱地，包括哈尔滨、齐齐哈尔、大庆、绥化；西北部主要为林地，包括大兴安岭、黑河、伊春；东北部主要为旱地，包括鹤岗、双鸭山、佳木斯、七台河、鸡西；东南部主要为林地及旱地，包括牡丹江。

2.2.4 产业结构

黑龙江省是国家重点老工业基地、国家重要商品粮基地。2014 年，全年实现地区生产总值 15 039.33 亿元，比上年增长 5.6%。全省第一、第二、第三产业的比例达到 17.4∶36.8∶45.8，以第二、第三产业为主，第二产业以工业为主。

全省产业结构发展不平衡，传统产业居主导地位，数量多、比重大、覆盖面广。没有摆脱靠资源吃资源的粗放型的发展方式，致使 2014 年部分地市生产总值出现了负增长，主要城市为鹤岗、双鸭山、伊春三个资源城市。第二产业负增长的城市也全部为资源型城市，主要有鸡西、鹤岗、双鸭山、伊春、大兴安岭。

黑龙江省 2014 年三产结构见表 2-4。

2.2.5 工业布局

全省工业生产布局充分依托于地区资源优势及原有工业基础和区位优势，现已形成东部煤炭工业基地（鸡西、鹤岗、双鸭山、七台河）、中部机电工业基地（哈尔滨、齐齐哈尔、牡丹江）、中西部冶金、石化工业基地（齐齐哈尔、大庆）、森林工业基地（大、小兴安岭地区）、食品、轻纺工业基地（哈尔滨、佳木斯）、电力工业基地（哈尔滨、齐齐哈尔、东部煤炭工业区）、冶金工业基地（齐齐哈尔、双鸭山）、建材工业基地（哈尔滨、齐齐哈尔、牡丹江、鸡西）的工业布局。

表2-4 黑龙江省2014年三产结构

地区	地区生产总值/亿元	与上一年比较	第一产业/亿元	与上一年比较	第二产业/亿元	与上一年比较	第三产业/亿元	与上一年比较
哈尔滨	5 340.1	6.9%	626.5	6.8%	1 784.0	5.1%%	2 929.5	8.3%
齐齐哈尔	1 209.3	5.1%	289.9	6.8%	396.4	3.5%	522.9	5.8%
鸡西	516.0	1.0%	177.4	8.2%	153.5	–5.7%	185.1	4.0%
鹤岗	259.5	–9.7%	92.9	1.0%	81.4	–18.8%	85.1	–2.6%
双鸭山	432.7	–11.5%	164.3	2.0%	113.2	–27.9%	155.2	–6.0%
大庆	4 077.5	4.5%	191.8	8.5%	3 079.9	3.6%	805.8	8.0%
伊春	256.0	–9.4%	106.5	2.3%	60.1	–23.7%	89.4	–6.4%
佳木斯	766.0	6.8%	249.1	7.1%	174.7	6.3%	342.2	6.9%
七台河	214.3	2.4%	31.2	7.6%	87.2	1.9%	95.8	1.6%
牡丹江	1 130.3	7.2%	202.9	6.%6	453.8	9.2%	473.6	5.5%
黑河	421.4	8.0%	202.5	10.5%	67.8	4.8%	151.0	6.4%
绥化	1 190.2	6.7%	474.3	6.6%	319.0	8.1%	397.0	5.6%
大兴安岭	128.4	4.1%	62.8	10.1%	12.8	–13.1%	52.8	2.8%
绥芬河	125.6	9.9%	0.9	7.2%	15.5	10.0%	109.1	9.9%
抚远	47.9	5.9%	33.6	7.1%	3.1	1.6%	11.2	3.8%

中部工业产业发展带形成了以滨绥铁路线为依托，以哈尔滨、齐齐哈尔、牡丹江、大庆等为重点轴点的中部工业产业发展轴带，这个轴带既是黑龙江省人口资源、城市集中分布带，也是全省机械工业、石油工业、化学工业、新兴工业的产业综合分布带。中部轴带集中了全省48.7%的工业企业、74.8%的工业总产值和80.0%的重工业产值。

根据黑龙江省工业布局、土地利用情况及农业区划等综合考虑，本项目将黑龙江省分为四个区域开展研究分析，即黑龙江中西部（哈尔滨、齐齐哈尔、大庆、绥化）；黑龙江东北部（鹤岗、双鸭山、佳木斯、七台河、鸡西）；黑龙江东南部（牡丹江）；黑龙江西北部（大兴安岭、黑河、伊春）。

2.2.6 能源结构

2014年，全省能源消费总量为11 963.9万t标准煤。其中，第一产业能源消费量为537.9万t标准煤，占总能耗比重的4.5%；第二产业能源消费量为7 035.2万t标准煤，占58.8%；第三产业能源消费量为2 582万t标准煤，占21.6%；生活消费量为1 808.8万t标准煤，占15.1%。第二产业、第三产业和居民生活能耗比重有所下降，第一产业比重持平。全省近年各产业能源消耗情况见表2-5。

表 2-5 各产业能源消耗情况 单位：万 t 标煤

指标	2011 年	2012 年	2013 年	2014 年
能源消费总量	12 118.5	12 757.8	13 178.3	11 963.9
农、林、牧、渔、水利业	419.9	539.2	537.4	537.9
工 业	7 689.0	7 850.5	7 569.9	6 980.4
建筑业	50.9	54.6	58.2	54.8
交通运输、仓储和邮政业	922.3	972.7	1 177.8	1 079.9
批发、零售业和住宿、餐饮业	606.4	734.7	966.0	847.3
其 他	419.3	495.6	738.8	654.8
生活消费	2 010.7	2 110.5	2 130.2	1 808.8

表 2-6 为黑龙江省 2010—2014 年一次能源消费总量和构成。如表所示，随着经济的发展，从 2010 年至 2014 年，全省能源消耗量呈平缓上升趋势。其中，原煤是最主要的能源，其消耗量占总能源消耗量（标煤）超过 66%，而其他能源消耗量除原油外（标煤）不到 10%，说明全省能源消耗仍以煤燃烧为主。值得注意的是，全省天然气消耗量较低，呈负增长趋势。

表 2-6 2010—2014 年黑龙江省一次能源消费总量和构成 单位：万 t 标煤

年份	能源消费总量	原煤	构成比例	原油	构成比例	天然气	构成比例	水 电	构成比例	风 电	构成比例
2010	9 666.8	6 513.7	67.4%	2 533.1	26.2%	399.0	4.1%	87.3	0.9%	133.7	1.4%
2011	10 061.8	6 841.3	68.0%	2 574.6	25.6%	412.0	4.1%	60.2	0.6%	173.7	1.7%
2012	10 041.7	6 871.7	68.4%	2 534.4	25.2%	362.8	3.6%	69.8	0.7%	203.0	2.0%
2013	9 715.0	6 491.3	66.8%	2 483.0	25.6%	371.1	3.8%	112.3	1.2%	257.3	2.6%
2014	9 322.0	6 202.0	66.5%	2 392.5	25.7%	364.0	3.9%	81.4	0.9%	282.5	3.0%

2.2.7 交通运输

2014 年黑龙江省客运量 48 258 万人，旅客周转量 736.5 亿人 • km，均比历年有所增加。货运量 65 195 万 t，货运周转量 1 979.5 亿 t • km，与历年基本持平。全省民用汽车拥有量 327.1 万辆，较上一年增长 10%，增长速度较快。全省交通运输基本情况见表 2-7。

表 2-7　黑龙江省交通运输基本情况

类别	2010 年	2011 年	2012 年	2013 年	2014 年
客运量/万人	47 612	51 262	53 353	46 761	48 258
旅客周转量/亿人 • km	627.8	678.3	733.9	679.2	736.5
货运量/万 t	61 950	66 449	68 450	64 317	65 195
货运周转量/亿 t • km	1 852.1	1 984.7	2 020.8	2 098.4	1 979.5
民用汽车拥有量/万辆	207.8	242.3	269.3	296.4	327.1
载客汽车/万辆	143.7	173.4	201.4	228.9	258.3
载货汽车/万辆	49.0	55.3	55.9	58.1	61.8
普通载货汽车/万辆	28.8	31.4	31.4	32.6	33.9
私人汽车/万辆	152.0	182.7	210.2	237.2	269.0
民用运输船舶拥有量/艘	1 564	1 592	1 592	1 590	1 585
机动船/艘	1 205	1 233	1 238	1 239	1 234
船驳/艘	359	359	354	351	351
私人运输船舶拥有量/艘	1 001	1 023	1 026	1 020	1 016
机动船/艘	848	861	864	859	855
驳船/艘	153	162	162	161	161

2014 年黑龙江省城市实有道路 12 252 km，每万人拥有道路长度 5.5 km；公共交通车辆运营数为 20 092 辆，每万人拥有公共交通车辆 15.3 标台，出租车数量 12.2 万辆，均比上年有所增加。

2014 年黑龙江省公路总里程为 162 464 km，比上年增加 2 258 km。全省公路里程情况见表 2-8。

表 2-8　黑龙江省公路里程情况　　单位：km

年份	总计	等级公路（Ⅰ-Ⅳ）	高速	一级	二级	三级	四级	等级外公路
2013	160 206	131 778	4 084	1 593	9 853	33 108	83 140	28 429
2014	162 464	135 033	4 084	1 771	10 598	34 030	84 550	27 431
增加	2 258	3 255	0	178	745	922	1 410	−998

据 2014 年环境统计，黑龙江省共有各类机动车保有量共计 4 015 347 辆，其中，中西部各类机动车保有量 2 521 601 辆，占全省的 62.8%；东北部各类机动车保有量 740 519 辆，占全省的 18.4%；东南部（牡丹江）各类机动车保有量 269 945 辆，占全省的 6.7%；西北部各类机动车保有量 286 643 辆，占全省的 7.1%。

全省各类机动车排放总颗粒物 2.60 万 t；氮氧化物 25.47 万 t；一氧化碳 152.25 万 t；碳氢化合物 19.21 万 t。黑龙江省各地区机动车保有量及排放情况见表 2-9。

表 2-9　黑龙江省各地区机动车保有量及排放情况　　单位：万 t

地区	类型	保有量/辆	总颗粒物	氮氧化物	一氧化碳	碳氢化合物
哈尔滨	载客汽车	840 071	0.13	1.68	18.02	2.10
	载货汽车	224 807	0.31	1.95	7.00	0.93
	低速载货汽车	21 805	0.01	0.17	0.06	0.06
	摩托车	79 798	0.00	0.01	0.24	0.03
	小计	1 166 481	0.45	3.80	25.31	3.12
齐齐哈尔	载客汽车	247 327	0.06	0.71	9.50	1.08
	载货汽车	87 516	0.30	2.32	3.87	0.62
	低速载货汽车	36 823	0.02	0.27	0.09	0.10
	摩托车	138 252	0.00	0.01	0.59	0.07
	小计	509 918	0.38	3.31	14.05	1.87
大庆	载客汽车	342 985	0.08	1.03	10.99	1.25
	载货汽车	104 278	0.30	2.00	6.47	0.95
	低速载货汽车	3 218	0.00	0.03	0.01	0.01
	摩托车	21 327	0.00	0.00	0.08	0.01
	小计	471 808	0.38	3.06	17.55	2.22
绥化	载客汽车	227 284	0.12	1.92	16.01	1.90
	载货汽车	100 767	0.06	3.61	18.99	2.23
	低速载货汽车	29 073	0.01	0.22	0.08	0.08
	摩托车	16 270	0.00	0.00	0.02	0.00
	小计	373 394	0.20	5.75	35.09	4.22
鹤岗	载客汽车	50 119	0.01	0.14	1.75	0.20
	载货汽车	13 401	0.05	0.30	0.88	0.13
	低速载货汽车	1 864	0.00	0.02	0.00	0.01
	摩托车	24 647	0.00	0.00	0.10	0.01
	小计	90 031	0.06	0.46	2.74	0.35
双鸭山	载客汽车	68 676	0.02	0.25	2.27	0.28
	载货汽车	24 202	0.04	0.39	1.53	0.21
	低速载货汽车	7 338	0.00	0.06	0.02	0.02
	摩托车	23 536	0.00	0.00	0.12	0.01
	小计	123 752	0.07	0.70	3.94	0.52
佳木斯	载客汽车	137 447	0.05	0.59	5.90	0.70
	载货汽车	48 165	0.11	1.05	3.08	0.44
	低速载货汽车	7 261	0.00	0.05	0.02	0.02
	摩托车	64 538	0.00	0.00	0.22	0.11
	小计	257 411	0.16	1.69	9.22	1.26

地区	类型	保有量/辆	总颗粒物	氮氧化物	一氧化碳	碳氢化合物
七台河	载客汽车	51 108	0.02	0.16	2.24	0.25
	载货汽车	10 206	0.03	0.22	0.45	0.07
	低速载货汽车	1 647	0.00	0.01	0.00	0.00
	摩托车	31 486	0.00	0.00	0.08	0.01
	小计	94 447	0.04	0.39	2.78	0.34
鸡西	载客汽车	87 921	0.04	0.38	6.81	0.75
	载货汽车	28 983	0.13	0.62	1.38	0.25
	低速载货汽车	6 858	0.00	0.06	0.02	0.02
	摩托车	51 116	0.00	0.00	0.26	0.03
	小计	174 878	0.17	1.06	8.47	1.05
牡丹江	载客汽车	145 462	0.04	0.64	7.53	0.86
	载货汽车	40 951	0.14	0.97	3.85	0.55
	低速载货汽车	7 672	0.00	0.05	0.02	0.02
	摩托车	75 860	0.00	0.00	0.34	0.05
	小计	269 945	0.19	1.67	11.73	1.47
大兴安岭	载客汽车	33 483	0.04	0.24	2.17	0.25
	载货汽车	10 368	0.05	0.29	0.85	0.14
	低速载货汽车	283	0.00	0.00	0.00	0.00
	摩托车	14 558	0.00	0.00	0.05	0.01
	小计	58 692	0.08	0.53	3.07	0.40
黑河	载客汽车	75 267	0.02	0.22	4.38	0.48
	载货汽车	22 143	0.05	0.36	1.15	0.16
	低速载货汽车	2 661	0.00	0.02	0.01	0.01
	摩托车	28 774	0.00	0.00	0.12	0.01
	小计	128 845	0.07	0.61	5.67	0.66
伊春	载客汽车	42 981	0.01	0.16	2.97	0.32
	载货汽车	13 014	0.07	0.44	0.83	0.14
	低速载货汽车	2 430	0.00	0.02	0.01	0.01
	摩托车	40 681	0.00	0.00	0.19	0.02
	小计	99 106	0.08	0.62	3.99	0.48
农垦总局	载客汽车	70 111	0.02	0.20	1.97	0.23
	载货汽车	38 076	0.24	1.53	6.28	0.93
	低速载货汽车	12 148	0.01	0.09	0.03	0.03
	摩托车	76 304	0.00	0.00	0.35	0.04
	小计	196 639	0.27	1.82	8.64	1.24
总计		4 015 347	2.60	25.47	152.25	19.21

2.2.8 城市建设

2014 年全省房屋施工总面积 7 034.6 万 m^2，房屋建筑竣工总面积 3 884.6 万 m^2，均比历年有所降低。建设情况见表 2-10。

表 2-10 近年全省房屋建设情况

指标	2010 年	2011 年	2012 年	2013 年	2014 年
房屋建筑施工面积/万 m^2	7 171.0	8 905.0	8 563.0	8 174.8	7 034.6
房屋建筑竣工面积/万 m^2	3 620.0	4 438.0	4 341.0	4 390.1	3 884.6

2.2.9 农牧渔业

2014 年全省农作物播种面积 1 477.5 万 hm^2，较上年增长 0.7%；粮食作物播种面积 1 422.7 万 hm^2，较上年增长 1.0%，其中，水稻 399.7 万 hm^2，下降 0.8%；玉米 664.2 万 hm^2，下降 0.9%；大豆 314.6 万 hm^2，上升 36.7%。粮食总产量达到 6 242.2 万 t，较上年增长 4%。化肥施用量 251.9 万 t，较上年增长 3%；农用柴油使用量 145.0 万 t，较上年增长 3%；农牧渔业总产值 4 894.8 万元，较上年增长 5.5%；农业机械总动力 5 155.5 万 kW。

全省肉类产量 230.2 万 t，较上年增长 4.1%；奶类产量 560.2 万 t，较上年增长 7.2%；禽蛋产量 98.2 万 t，较上年下降 4.5%。水产品总产量 513 534 t，较上年增长 5.1%。

2.2.10 资源环境

全省森林覆盖率 46.14%，森林面积 2 097.7 万 hm^2，活立木总蓄积量 18.29 亿 m^3。全省人均耕地面积 0.416 hm^2（合 6.24 亩/人），高于全国人均耕地水平。全省共有草地面积 207.1 万 hm^2，占全省土地总面积的 4.4%。全省天然湿地面积 556 万 hm^2，湿地面积居全国第四位，占全国天然湿地的 1/7。

全省年平均水资源量 810 亿 m^3，其中地表水资源 686 亿 m^3，地下水资源 124 亿 m^3；现有流域面积 50 km^2 及以上河流 2 881 条，总长度为 9.21 万 km；现有常年水面面积 1 km^2 及以上湖泊 253 个，其中淡水湖 241 个，咸水湖 12 个，水面总面积为 3 037 km^2（不含跨国界湖泊境外面积）。

截至 2014 年年底，黑龙江省共发现各类矿产 135 种，已查明资源储量的矿产有 84 种，占全国 2013 年度已查明 229 种矿产资源储量的 36.68%。已查明资源储量的 84 种矿产按工业用途分为 9 大类，其中能源矿产 6 种；黑色金属矿产 3 种；有色金属矿产 11 种；贵金属矿产 6 种；稀有、稀散元素矿产 8 种；冶金辅助原料非金属矿产 7 种；化工原料非金属矿产 7 种；建材和其他非金属矿产 34 种；水气矿产 2 种。全省矿产资源储量及矿产资源分布广泛又相对集中。如石油、天然气主要集中在松辽盆地的大庆一带；煤炭则分布在东部的鹤岗、双鸭山、七台河和鸡西等地；有色、黑色金属矿产主要分布于嫩江、伊春和哈尔滨一带；贵金属矿产分布在大、小兴安岭及伊春、佳木斯、牡丹江等地；非金属矿产主要分布在黑龙江省的东部和中部地区。

2.2.11　人民生活

2014 年全省城区面积 2 786.8 km^2，其中建成区面积 1 785.1 km^2，城市人口密度 5 938 人/km^2，城市供水量 13.69 亿 m^3，煤气普及率 86.2%，集中供热面积 50 099.6 万 m^2，道路面积 15 205.0 万 m^2，城市园林面积 63 836.7 hm^2，占建成区绿化面积的 38.3%，城市污水处理厂年处理量 642.3 万 m^3，清扫保洁面积 19 308 万 m^2，均比上一年有所增加。

2.3　环境空气质量现状及主要问题

2.3.1　全省环境空气质量现状

2014 年，全省年平均达标天数比例为 89.7%；按照上一年度各城市执行《环境空气质量标准》情况评价，全省年平均达标天数比例为 92.0%，同比提高 0.5 个百分点。全省 13 个市（地）年达标天数范围为 242～360 天，达标天数比例为 66.3%～100%。

2014 年，全省可吸入颗粒物年均浓度为 68 μg/m^3，其中哈尔滨最高为 111 μg/m^3，黑河最低为 37 μg/m^3；全省 SO_2 年均浓度为 25 μg/m^3，其中哈尔滨最高为 57 μg/m^3，绥化、佳木斯、七台河最低为 17 μg/m^3；NO_2 年均浓度为 25 μg/m^3，其中哈尔滨最高为 52 μg/m^3，鸡西最低为 15 μg/m^3。全省可吸入颗粒物年均浓度同比降低 1 μg/m^3，SO_2 年均浓度升高 2 μg/m^3，NO_2 年均浓度保持不变。2013—2014 年黑龙江省各地区环境质量状况见表 2-11。

2013—2014 年全省环境空气污染物浓度趋势见图 2-1。

2014 年，全省采暖期（1 月、2 月、3 月、11 月、12 月）平均达标天数比例为 80.0%（2013 年为 84.9%）；非采暖期（4—10 月）平均达标天数比例为 96.5%（2013 年为 96.1%）；非采暖期比采暖期高 16.5 个百分点。

表 2-11　2013—2014 年黑龙江省各地区环境质量状况　　单位：μg/m³

地区	PM_{10}		SO_2		NO_2	
	2013 年	2014 年	2013 年	2014 年	2013 年	2014 年
哈尔滨	119	111	45	57	56	52
齐齐哈尔	65	63	28	29	20	21
大庆	65	61	15	18	18	23
绥化	53	61	19	17	19	19
鹤岗	75	71	16	18	14	16
双鸭山	77	68	23	21	30	28
佳木斯	57	55	16	17	26	22
七台河	95	93	20	17	32	30
鸡西	72	62	36	29	24	15
牡丹江	74	91	21	25	25	32
大兴安岭	60	53	24	29	32	28
黑河	38	37	16	25	16	18
伊春	49	54	19	19	18	25

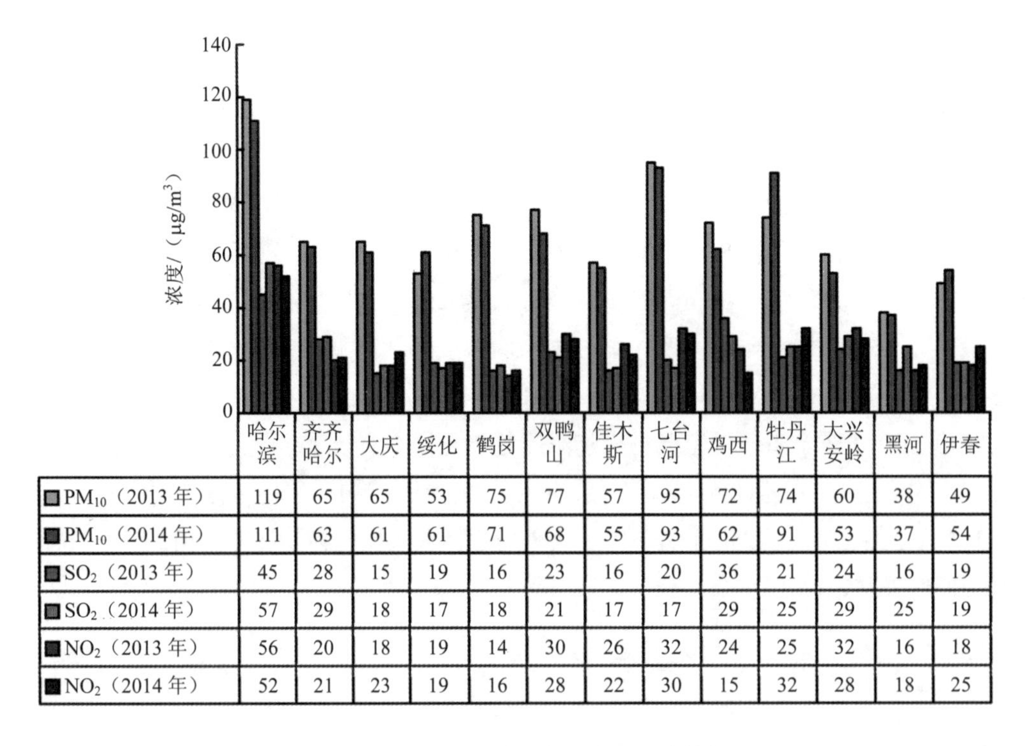

图 2-1　黑龙江省环境空气污染物浓度趋势

2014 年全省污染物月均浓度整体呈 U 形变化，采暖期可吸入颗粒物、SO_2、NO_2 均值浓度分别为 89 μg/m^3、39 μg/m^3、32 μg/m^3，同比分别升高 2 μg/m^3、7 μg/m^3、2 μg/m^3；非采暖期可吸入颗粒物、SO_2、NO_2 均值浓度分别为 53 μg/m^3、15 μg/m^3、20 μg/m^3，同比分别降低 4 μg/m^3、1 μg/m^3、2 μg/m^3。

2.3.2 环境质量存在的主要问题

黑龙江省环境污染采暖、非采暖期特征明显，当出现静风、逆温等不利于污染物扩散的气象条件时，重污染天气频发。具体表现在以下三个方面：

（1）特定污染物排放集中，季节性污染突出。一是秋季秸秆集中焚烧现象普遍，目前全省年产秸秆量在 7 200 万 t 左右，综合利用率不到 30%，大部分集中在 10—11 月焚烧，重污染及以上天气明显增加。二是采暖季供暖燃煤锅炉燃煤量全省已超 6 500 万 t，10 月集中起炉，燃煤污染物排放量剧增，煤烟型污染特征明显。三是非采暖季大风天气较多，部分煤堆、灰堆、物料堆苫盖不严，建筑工地土建开工，易造成二次扬尘污染。各市街头存在大量露天烧烤、装修装潢等量大面广的面源污染。

（2）细颗粒物（$PM_{2.5}$）和可吸入颗粒物（PM_{10}）成为主要污染物，全省区域性、季节性大气环境问题日益突出。采暖期各城市以颗粒物为首要污染物的重污染天气不断出现，既损害人民群众身心健康，又直接影响黑龙江省作为生态资源大省、借助整体生态化优势大力发展绿色产业为全省人民创造财富。

（3）极端不利气象天气频发，污染物难以扩散。采暖季逆温、静风、回暖等静稳态气象条件频率增多，2014 年全省静稳态天数较多，大气水平和垂直流动性差，这种气象条件不利于污染物扩散，进一步加剧了黑龙江省大气污染。

2.3.3 已采取的主要措施

黑龙江省委、省政府提出向污染宣战，推进各项污染防治措施。大气污染防治工作更加注重源头严防、过程严管、后果严惩，确保完成全省主要污染物削减指标，各城市环境空气质量进一步改善。为实现这一目标，其重点抓好 4 个方面工作：

（1）强化结构减排。通过严格环境准入，把好源头关；优化工业布局，淘汰落后产能；优化能源结构，大力发展清洁能源；大力发展绿色交通等节能减排措施，车用汽油、柴油实现国 IV 标准供应。

（2）加大工程减排。通过实施推进锅炉改造及淘汰，严控燃煤污染、推行绿色交通，严管机动车污染，加大黄标车和老旧车淘汰力度、升级改造治理设施，严治工业企业污染，强化工业污染治理、强化大气污染综合治理，严防城乡面源污染，加快推进秸秆综合利用项目建设等减排措施。

（3）强化管理减排。通过加大违法问题查处力度、加强重污染天气应对工作，严格特殊时段环境空气质量管控，完善大气污染应急处置等监管措施，推进实施环境安全大排查，深入开展以整治燃煤锅炉烟尘超标排放和“三堆”、道路扬尘污染治理、秸秆禁烧等为重点的“四查、一限、一禁”六个专项整治行动。

（4）强化领导责任。黑龙江省将大气污染防治工作纳入省委、省政府对各城市考核指标体系当中，实行量化绩效考核和责任追究，同时通过省环保厅向各市下达年度重点治理目标任务，签订责任状，强化大气污染防治领导责任，着力推动“党政同责”“一岗双责”，进一步完善考核办法和奖惩机制，切实把党政“一把手”的环保责任落实到位。

第3章　受体模型的基本理论

3.1　源解析技术介绍

对大气颗粒物的来源进行定性或定量研究的技术称为源解析技术。源解析结果是制定大气污染防治规划的依据，对于确定污染治理重点，有着十分重要的指导意义。

颗粒物来源解析方法总体上分为两大类，即：(1)以污染源为对象的扩散模型(Diffusion Mode1)；（2）以污染区域为对象的受体模型（Receptor Mode1）。

3.1.1　扩散模型

源解析技术的发展始于以排放量为基础的扩散模型（源模型）。扩散模型法是对控制区内人为的有组织排放源进行污染源调查得到源强分布，并利用扩散模型估算任何一个源对控制区内任何一个控制点的浓度贡献值的计算方法。扩散模型可以很好地建立起有组织排放的烟尘源和工业粉尘源与大气环境质量之间的定量关系，从而为治理有组织排放源提供科学依据。但是由于大气颗粒物来源极其复杂，既有煤烟尘、工业粉尘等人为来源有组织排放的尘，也有风沙尘、城市道路扬尘等自然来源的尘。目前还没有一个较好的办法来确定风沙尘、城市道路扬尘等无组织开放源的源强，所以难以利用扩散模型在这类源和环境质量之间建立输入响应关系，解决这一难题的技术方法是受体模型。

3.1.2　受体模型

受体模型着眼于研究排放源对受体的贡献。所谓受体是指某一相对于排放源被研究的局部大气环境。受体模型就是通过测量源和大气环境（受体）样品的物理、化学性质，定性识别对受体有贡献的污染源并定量计算各污染源的分担率。由于受体模型不需要知道源强，不依赖于气象资料，解决了扩散模型难以解决的问题。因此，受体模型自20世纪70年代问世以后，得到迅速发展。受体模型一般适用于市区尺度，通过在源和受体处测量的颗粒物的化学物理特征，确定对受体有贡献的源和对受体的贡献值。

受体模型从对采样点测量的颗粒物特性入手，计算污染源对颗粒物的贡献。其中，这些可测量的颗粒物特征参数包括：粒子大小、粒子形状、颜色、颗粒物粒径分布、化学组成（有机物、无机物、放射性核素）、组成成分化学状态和浓度及其在时间和空间上的变化。

受体模型的种类很多，主要有：（1）化学质量平衡（CMB）；（2）主因子分析（PFA）；（3）多元线性回归分析（MLR）；（4）目标转换因子分析（TTFA）等。

化学质量平衡（CMB）受体模型是由一组线性方程构成的，表示每种化学组分的受体浓度等于各种排放源类的成分谱中这种化学组分的含量值和各种排放源类对受体的贡献浓度值乘积的线性和。由于该模型物理意义明确，算法日趋成熟，因而成为目前最重要、最实用的受体模型。

1972 年 Miller 等第一次正式给出了化学元素平衡法方程式，并将其命名为化学元素平衡法（CEB）。1980 年 Cooper 和 Watson 将化学元素平衡法重新命名为化学质量平衡法（CMB）。此后该模型的求解问题引起了很多学者的关注，并相继提出了多种算法。1982 年，Henry R. C. 发表了“使用最小二乘法拟合受体模型的精度分析”的论文，推动了 CMB 模型算法的发展。1984 年，Waston J. G. 等提出了有效方差加权最小二乘法用于化学质量平衡受体模型求解的方法，该方法一直沿用至今，并被美国 EPA 推荐纳入 EPA 的源解析技术系列，同时，该算法也标志着 CMB 的求解方法基本走向成熟。

近年来随着 PM_{10}、$PM_{2.5}$ 源的采样分析技术的发展，以及再悬浮采样技术、烟道等速稀释采样技术相继广泛应用，源成分谱建立过程中，所分析的化学组分不断增加，从早期主要关注源和受体颗粒物中的无机元素的组成特征，发展到大量增加对有机物、元素碳和有机碳以及水溶性离子等组分的分析，这样极大地丰富了源成分谱的内容，为选择更具特点的源类的标识组分奠定了基础。目前 CMB 受体模型应用范围在不断扩大，得到了广泛的应用。

3.2 化学质量平衡（CMB）受体模型及其算法

3.2.1 CMB 受体模型的基本理论

假设存在着对受体中的大气颗粒物有贡献的若干源类（j），并且（1）各源类所排放的颗粒物的化学组成有明显的差别；（2）各源类所排放的颗粒物的化学组成相对稳定；（3）各源类所排放的颗粒物之间没有相互作用，在传输过程中的变化可以被忽略。那么在受体上测量的总物质浓度 C 就是每一源类贡献浓度值的线性加和。

$$C=\sum_{j=1}^{J}S_j \tag{3.1}$$

式中：C——受体大气颗粒物的总质量浓度，$\mu g/m^3$；

S_j——每种源类贡献的质量浓度，μg/m^3；

j——源类的数目，j=1，2，…，J。

如果受体颗粒物上的化学组分 i 的浓度为 C_i，那么式（3.1）可以写成：

$$C_i = \sum_{j=1}^{J} F_{ij} \times S_j \qquad i=1, 2, \cdots, I, \quad j=1, 2, \cdots, J \tag{3.2}$$

式中：C_i——受体大气颗粒物中化学组分 i 的浓度测量值，μg/m^3；

F_{ij}——第 j 类源的颗粒物中化学组分 i 的含量测量值，g/g；

S_j——第 j 类源贡献的浓度计算值，μg/m^3；

j——源类的数目，j=1，2，…，J；

i——化学组分的数目，i=1，2，…，I。

只有当 $i \geqslant j$ 时，式（3.2）有解。源类 j 的分担率为：

$$\eta_j = S_j/C \times 100\% \tag{3.3}$$

3.2.2 CMB 受体模型的基本算法

CMB 方程组的算法主要有以下几种：

（1）示踪元素法（the tracer solution）；

（2）线性程序法（the linear programming solution）；

（3）普通加权最小二乘法（the ordinary weighted least squares solution with or without an intercept）；

（4）岭回归加权最小二乘法（the ridge regression weighted least squares solution with or without an intercept）；

（5）有效方差最小二乘法（the effective variance least squares solution with or without an intercept）。

目前 CMB 模型最常采用的算法是有效方差最小二乘法，因为有效方差最小二乘法提供了计算源贡献值 S_j 和 S_j 的误差 σ_{S_j} 的实用方法。有效方差最小二乘法实际上是对普通加权最小二乘法的改进，即使加权的化学组分测量值与计算值之差的平方和最小：

$$m^2 = \sum_{i=1}^{I} \frac{(C_i - \sum_{j=1}^{J} F_{ij} \times S_j)^2}{V_{eff,i}} \text{最小} \tag{3.4}$$

有效方差 $V_{eff,i} = \sigma_{c_i}^2 + \sum_{j=1}^{J} \sigma_{F_{ij}}^2 \times S_j^2$ 为权重值。（3.5）

式中：σ_{C_i}—— 受体大气颗粒物的化学组分测量值 C_i 的标准偏差，μg/m^3；

$\sigma_{F_{ij}}$——排放源的化学组分测量值 F_{ij} 的标准偏差，g/g；

σ_{F_j}——源的化学组分贡献计算值的标准偏差，μg/m³。

有效方差最小二乘法在实际运算中采用迭代法，即在前一步迭代计算的 S_j 的基础上再来计算一组新的 S_j 值。具体算法如下：

CMB 方程组的矩阵形式：

$$\underset{1\times 1}{C} = \underset{i\times j}{F}\ \underset{j\times 1}{S} \tag{3.6}$$

（1）设源贡献初始值为零。

$$S_j^{k=0} = 0 \tag{3.7}$$

上标 k 表示第 k 步迭代的变量值，k=0 表示初始值；

j——源类的数目，j=1，2，…，J。

（2）计算有效方差矩阵 $V_{eff,i}$ 的对角线上的分量，所有的非对角线上的分量都等于零。

$$V_{eff,i}^{k} = \sigma_{C_i}^2 + \sum (S_j^k)^2 \times \sigma_{F_{ij}}^2 \tag{3.8}$$

（3）计算 S_j 的第 k+1 步迭代的值。

$$S_j^{k+1} = \left(F^T \left(V_e^k\right)^{-1} F\right)^{-1} F^T \left(V_e^k\right)^{-1} C \tag{3.9}$$

（4）如果式（3.10）中的结果大于 1%的话，那么继续执行迭代，如果小于 1%的话，终止该算法。

若 $\left|S_j^{k+1} - S_j^k\right| / S_j^{k+1} > 0.01$　　返回（2）

若 $\left|S_j^{k+1} - S_j^k\right| / S_j^{k+1} \leqslant 0.01$　　到（5）　　（3.10）

（5）计算 σ_{S_j} 的第 k+1 步迭代的值。

$$\sigma_{S_j} = \left[\left(F^T \left(V_e^{k+1}\right)^{-1} F\right)_{jj}^{-1}\right]^{1/2} \quad j=1\ \text{该值等于零} \tag{3.11}$$

式中：C=C_1⋯（$_i$）^{T}：第 i 个化学组分的 C_i 的列矢量；

S=S_1⋯（$_j$）^{T}：第 j 种排放源类的贡献计算值 S_j 的列矢量；

F= F_{ij}：I 阶的源成分谱 F_{ij} 矩阵；

V=$V_{eff,i}$：有效方差的对角矩阵。

以上算法表明，应用有效方差最小二乘法求解 CMB 模型时，模型的输入参数为：受体化学组分浓度谱的测量值 C_i 和 C_i 的标准偏差 σ_{C_i}；源化学组分含量谱的测量值 F_{ij} 和 F_{ij} 的标准偏差 $\sigma_{F_{ij}}$。模型的输出参数是：源贡献计算值 S_j 和 S_j 的标准偏差 σ_{S_j}；源的化学组分贡献计算值 S_{ij} 和 S_{ij} 的标准偏差 $\sigma_{S_{ij}}$。该算法提供了求解源贡献值 S_j 和 S_j 误差 σ_{S_j} 的实用方法。源贡献值误差 σ_{S_j} 反映了所有输入模型的源成分谱与受体化学成分谱的测量值按权重大小的误差积累，对精度高的化学组分比精度低的化学组分给出的权重大。

如果：

（1）当 $\sigma_{F_{ij}}$=0 时，有效方差最小二乘解法即普通加权最小二乘法；

（2）当 $\sigma_{F_{ij}}$=C（常数）时，有效方差最小二乘解法即为不加权最小二乘法；

（3）化学组分的数目等于源的数目（$I=J$）时，并且每种源类选择的化学组分是单一的，那么有效方差最小二乘解法即属于标识组分解法；

（4）当矩阵 $(F^T(V_e^k)^{-1}F)$ 重写成 $(F^T(V_e^k)^{-1}F-\varphi I)$，$\varphi$ 为非零数，取名为稳定参数，式中 I 等于单位矩阵，这种解法称为岭回归解法。但是岭回归解法实际上等同于改变源成分谱测量值，直到共线性消失。所以说利用岭回归解法求得的源贡献值实际上已经不能反映源对受体贡献的真实情况，所以实用价值不大。

3.2.3　CMB 模型模拟优度的诊断

CMB 模型是线性回归模型。使用线性回归模型时一般需要考虑回归推断的估算值与实测值的偏离，偏离程度一般用“残差”来检验；另外也需考虑对回归推断有大影响的参数是哪些，影响程度如何衡量。解决上述问题的数学方法一般称为回归诊断技术。在本项目中为了验证源贡献估算值的有效性和 CMB 模型拟合的优良程度，选择了下列回归诊断技术对回归结果进行检验。

（1）源贡献值拟合优度的诊断技术；

（2）源的不定性和相似性组的诊断技术；

（3）化学组分浓度计算值拟合优度的诊断技术；

（4）其他诊断技术。

3.2.3.1　源贡献值拟合优度的诊断技术

源贡献计算值是 CMB 模型的主要输出项。源贡献计算值应该具有以下三种基本特征，分别为：

（1）各源类贡献计算值之和应该近似等于受体上总质量浓度的测量值；

（2）源贡献计算值不应该是负值，因为负的源贡献值没有物理意义，但是在线性回归计算中，如果有两类或两类以上的源的成分谱相近或成比例（所谓共线），源贡献值就有可能出现负值；

（3）源贡献计算值的标准偏差反映了受体浓度测量值和源成分谱测量值的精度。

根据统计学原理，源贡献值的真值在一倍标准偏差内的分布概率大约为66%，在两倍标准偏差内的分布概率大约为95%。因此把两倍的标准偏差作为源贡献值的检出限。如果CMB 模型计算的源贡献值小于该贡献值的标准偏差的话，那么这个源贡献值就不能被检出。根据上述考虑，源贡献值拟合优度用下列回归诊断技术来检验：

①T 源统计（TSTAT）

$$\mathrm{TSTAT}=S_j/\sigma_{S_j} \tag{3.12}$$

TSTAT 是源贡献计算值 S_j 和 S_j 的标准偏差 σ_{S_j} 的比值。如前所述，源贡献值的检出限应该是源贡献值的标准偏差的两倍。因此，若 TSTAT＞2.0，表示源贡献值低于它的检出限，说明拟合效果不好。反之说明拟合效果好。

②残差平方和（χ^2）

$$\chi^2=\frac{I}{I-J}\sum_{i=1}^{I}\left[\left(C_i-\sum_{j=1}^{J}F_{ij}S_j\right)^2\Big/V_{eij}\right] \tag{3.13}$$

$$V_{eij}^k=\sigma_{C_i}^2+\sum\left(S_j^k+\sigma_{F_{ij}}\right)^2 \tag{3.14}$$

χ^2 表示拟合组分的测量值与计算值之差的平方的加权和。权值为每个化学组分的受体浓度的标准偏差和源成分谱的标准偏差的平方和。理想的情况是化学组分的浓度测量值和计算值之间没有差别，那么 χ^2 应该等于零。但是实际情况并非如此。因此，定义 $\chi^2<1$，表示数据拟合的好；$\chi^2<2$，表示数据拟合结果可以接受；$\chi^2>4$，表示数据拟合差，有可能是一个或几个化学组分的浓度不能够很好地参与拟合。

③自由度（n）

$$n=I-J \tag{3.15}$$

自由度等于参与拟合的化学组分数目减去参与拟合的源的数目的值。只有当 $I\geqslant J$ 时，CMB 方程组才有解。

④回归系数（R^2）

$$R^2=1-\left[(I-J)\chi^2\right]\Big/\left[\sum_{i=1}^{I}C_i^2\Big/V_{eij}\right] \tag{3.16}$$

R^2 等于化学组分浓度计算值的方差与测量值的方差之比值。R^2 取值为 0～1。该值越接近于 1，说明源贡献值的计算值与测量值拟合的越好。当 $R^2<0.8$ 时，定义为拟合不好。

⑤百分质量 PM（percent mass）

$$PM = 100\sum_{j=1}^{J} S_j / C_t \tag{3.17}$$

百分质量表示各源类贡献计算值之和与受体总质量浓度测量值 C_t 的百分比。该值应为 100%，但是在 80%～120%也是可以接受的。总质量浓度测量值的灵敏度对该值影响很大，所以总质量浓度应该测量准确。如果该值小于 80%的话，那么很有可能是丢失了某个源类的贡献。

3.2.3.2　源的不定性和相似性组的诊断技术

当用 CMB 模型求解源贡献值时，源贡献值可能是负值。导致源贡献值为负值的原因有两方面：

（1）当某种源类的贡献值小于它的检出限的时候，即该源类贡献值的标准偏差很大，这种源类被称为不定性源类；

（2）当多种源类的成分谱数值相近或成比例时，这几种源类被称为相似性源类。

不定性和相似性源类统称为共线性源类。为避免 CMB 模拟时出现负值这种不合理的结果，本项目选用以下两种方法诊断源的共线性，并把诊断出来的共线性源类归为一组，称为不定性/相似性源组。

①T—统计（TSTAT）

对任何一源类来说，若 TSTAT＜2.0，表示源贡献值小于它的检出限，也表示该源类贡献值的标准偏差很大，这源类即可视为不定性源类而归入不定性/相似性源组中去。

②奇异值分解法（Singular value decomposition）

对于加权的源成分谱矩阵 F，根据奇异值分解原理可以分解成以下等式：

$$V_e^{1/2} F = UDV^T \tag{3.18}$$

式中：U=I×I 阶正交矩阵；

V=J×J 阶正交矩阵；

D 是有 J 个非零正值的 I×J 阶对角矩阵，其元素被称为分解的奇异值。

V 的列向量就是分解得到的特征向量。

当两个或两个以上的源成分谱的特征向量超过 0.25 时，就可以认定为共线性源，而将他们归入到不定性/相似性组中去。

3.2.3.3　化学组分浓度计算值拟合优度的诊断技术

CMB 模型不仅给出源贡献浓度计算值，而且还要给出每种化学组分贡献浓度计算值。

化学组分浓度计算值和化学组分浓度测量值拟合优劣的诊断指标以 C/M 和 R/U 表示。

（1）$RATIO_1$ 即化学组分浓度计算值（C）与化学组分浓度测量值（M）之比值

$$\mathrm{RATIO}_1 = C/M = C_i/M_i \tag{3.19}$$

$$\sigma_{C/M} = (\sqrt{M_i^2 \times \sigma_{C_i}^2} + \sqrt{C_i^2 \times \sigma_{M_i}^2}) / \sqrt{(M_i C_i)^2} \tag{3.20}$$

式中：C_i—— i 化学组分浓度计算值，μg/m^3；

σ_{C_i}—— i 化学组分浓度计算值的标准偏差，μg/m^3；

M_i—— i 化学组分浓度测量值，μg/m^3；

σ_{M_i}—— i 化学组分浓度测量值的标准偏差，μg/m^3。

$RATIO_1$ 越接近于 1，说明化学组分浓度计算值与测量值拟合的越好。因此，在进行 CMB 拟合时要尽可能地把 C/M=1 的化学组分纳入到模型中去进行计算。

（2）$RATIO_2$ 即计算值和测量值之差（R）与二者标准偏差平方和的方根（U）之比值

$$\mathrm{RATIO}_2 = R/U = (C_i - M_i)/\sqrt{\sigma_{C_i}^2 + \sigma_{M_i}^2} \tag{3.21}$$

当某化学组分的｜R/U｜＞2.0 时，该化学组分就需要引起重视，如果该比值为正，那么可能有一个或多个源的成分谱对这个化学组分的贡献值不合理的过大；如果该比值为负，那么可能有一个或多个源成分谱对这个化学组分的贡献值不合理的过小，甚至有源成分谱被丢失。

3.2.3.4 其他诊断技术

（1）对总质量浓度有贡献的源类和化学组分的诊断

对总质量浓度有贡献的源类和化学组分以及贡献的大小，用某类源的某种化学组分的计算值占所有源类的某化学组分测量值之和的比值大小来诊断。用下列公式表示：

$$\mathrm{RATIO}_3 = C_{ij} \sum_{j=1}^{J} M_{ij} \tag{3.22}$$

式中：C_{ij}——J 源类贡献的 i 化学组分的浓度计算值，μg/m^3；

M_{ij}——J 源类贡献的 i 化学组分的浓度测量值，μg/m^3；

j——J 源类数目，j=1，2，3，…，J。

（2）MPIN（Modified Pseudo-Inverse Matrix）矩阵—灵敏度矩阵

MPIN 是一个正交化的伪逆矩阵，该矩阵反映了每个化学组分对源贡献值和源贡献值标准偏差的灵敏程度。MPIN 矩阵的表示方式如下：

$$MPIN=（F^T(V_e)^{-1}F）^{-1}F^T(V_e)^{-1/2} \tag{3.23}$$

该矩阵已经进行了规范化处理，使其取值范围为±1 之间。如果某个化学组分的 MPIN 的绝对值在 1～0.5，则被认为灵敏组分，即对源贡献值和源贡献值标准偏差有显著影响的组分；如果某个组分的 MPIN 的绝对值<0.3，则被认为不灵敏组分，即对源贡献值和源贡献值标准偏差没有影响的组分；某个组分的 MPIN 的绝对值在 0.3～0.5，则该组分的灵敏程度被认为是模糊的，即影响不显著或者也可以被认为是没有影响的组分。

3.3　二重源解析技术

3.3.1　传统的源解析技术存在的问题

由于环境空气中的颗粒物来源极其复杂，同一源类的颗粒物通常会以不同的形式通过不同的途径进入到环境空气中，而目前的源解析技术还没有考虑环境空气中颗粒物来源的这种复杂性。同时，由于城市扬尘污染源的特殊性，其与土壤风沙尘、建筑水泥尘、道路尘等存在着较严重的共线性，这种共线性在目前的条件下，还无法通过选择合适的标识组分将它们区分开。因此，很难用 CMB 模型同时准确地解析出它们对受体的分担率。针对以上的问题提出了“二重源解析”技术。

3.3.2　二重源解析技术

城市扬尘的二重性表明，城市扬尘源类是各单一源类的接受体，根据化学质量平衡原理，可以采用 CMB 受体模型来计算单一源类对城市扬尘源类的贡献值和分担率；同时，城市扬尘源类又是环境空气中颗粒物的供体，也可以用 CMB 模型计算其对受体的贡献值和分担率。多次利用 CMB 模型来同时计算城市扬尘源类和各单一源类对受体的贡献值和分担率的技术总汇，称为“二重源解析”技术。

二重源解析技术提出的前提如下：

（1）土壤风沙尘、煤烟尘、建筑水泥尘、机动车尾气等排放源类为单一尘源类，城市扬尘为混合尘源类。

（2）城市扬尘是一种混合源类，它由来自各单一尘源类的部分颗粒物混合组成，因此扬尘既可以视为环境空气中颗粒物的排放源类，又可以视为各单一尘源类所排放的颗粒物的接受体。

（3）城市扬尘对环境空气中颗粒物的贡献是客观存在的，只要存在各单一尘源类，就存在城市扬尘。也就是说，环境空气中的同一源类的颗粒物一部分直接来源于源的排放，另一部分则是在环境空气中沉降后再次或多次以城市扬尘的形式进入环境空气中。

（4）城市扬尘既然是其他源类的接受体，根据化学质量平衡原理，可以采用 CMB 受体模型来计算其他单一尘源类对城市扬尘的分担率；同时，城市扬尘既然是环境空气中颗粒物的排放源类，也可以用 CMB 模型计算其对受体的分担率。

根据以上分析，如果用 i 代表不同的源类，用 A_i、B_i、C_i、D_i、E_i、E^*_i 分别表达如下含义：

A_i 代表不考虑颗粒物进入环境空气中途径的情况下，各单一尘源类的 CMB 结果，即用各单一源类的成分谱和受体成分谱进行 CMB 拟合，计算出各单一源类对受体的贡献值和分担率；

B_i 代表城市扬尘的 CMB 解析结果，即用城市扬尘的成分谱代替与其共线性最严重的某单一源类的成分谱（如土壤风沙尘）并与其他单一源类的成分谱进行 CMB 拟合，计算出城市扬尘与其他单一源类对受体的贡献值和分担率；

C_i 代表各单一源类对城市扬尘的 CMB 解析结果，将城市扬尘源类作为接受体，用各单一源类对城市扬尘进行 CMB 解析，计算出各单一源类对城市扬尘的贡献值和分担率；

D_i 代表各单一源类以扬尘形式在受体中的贡献值和分担率，用各单一源类对城市扬尘源类的分担率分解城市扬尘对受体的贡献值，得到各单一源类以扬尘形式在受体中的贡献值，$D_i=B\times C_i$；

E_i 代表各单一源类以初始态形式对受体的贡献值和分担率，用各单一源类对受体的贡献值减去各单一源类以扬尘形式在受体中的贡献值，得到各单一源类净初始态颗粒物对受体的贡献值，$E_i=A_i-D_i$；

E^*_i 表示扬尘源类和各单一源类对受体的贡献值或分担率之和，即所有参与解析的源类的初始态的和扬尘态的颗粒物对受体的贡献值之和。

3.4 正定矩阵因子分解模型（PMF）原理与方法

正定矩阵因子分解模型（Positive Matrix Factorization，PMF）是一种受体源解析模型，被广泛应用于大气颗粒物源解析研究。该模型由 Paatero 提出，他将受体成分谱矩阵拆分成两个非负子矩阵，分别代表因子贡献（factor contribution）矩阵和因子成分谱（factor profile）矩阵。如下式所示：

$$X=GF+E \tag{3.24}$$

式中：X—— $n\times m$ 矩阵，代表受体成分谱；

n——样品数量；

m——化学组分数量；

G——$n \times p$ 矩阵，代表因子贡献；

p——因子数量；

F——$p \times m$ 矩阵，代表因子成分谱；

E——残差矩阵。

E 用矩阵中的系数表示，如下式所示：

$$x_{ij} = \sum_{k=1}^{p} g_{ik} f_{kj} + e_{ij} \tag{3.25}$$

式中：x_{ij} ——i 样品中 j 组分的浓度；

p——因子个数；

f_{kj} ——k 因子的成分谱中 j 组分的浓度；

g_{ik} ——k 因子对 i 样品的相对贡献量；

e_{ij} ——PMF 计算过程中 i 样品上 j 组分的残差。

PMF 模型运行时，因子贡献矩阵与因子成分谱矩阵被限定为非负，G 与 F 中各元素均不会出现负值。当"χ^2"最小时，得到最优结果，用 Q 表示，如下式所示：

$$Q = \sum_{i=1}^{n} \sum_{j=1}^{m} \left(\frac{e_{ij}}{\sigma_{ij}} \right)^2 \tag{3.26}$$

式中：e_{ij}——i 样品中 j 组分的残差；

σ_{ij}——i 样品中 j 组分的不确定度（uncertainty）。

应用 PMF 进行源解析，由于解析因子个数的不同，会得到多个解析结果，从中选择符合物理实际的结论作为最后解析结果。在对多组结果的比较和选择过程中，可通过一系列方法（例如调整不确定度、矩阵旋转等）来评估和选择解析结果。对于某些测量误差较大，或模拟结果与现实不符的组分，可增大其不确定度，以达到降低这些组分权重的目的，弱化其对解析结果产生的影响。根据组分的信噪比（Signal-to-noise ratio，*S/N*），PMF 对样品组分做出以下分类："Strong"，直接纳入模型；"Weak"，将不确定度扩大 3 倍后，纳入模型；"Bad"，不纳入模型。

应用 PMF 对颗粒物进行源解析，将与受体颗粒物样本有关的组分数据及与其相应的不确定数据作为输入对象。首先，需要分析哪些组分和样品可以纳入模型。一般将颗粒物的离子、碳、地壳和金属元素组分纳入 PMF 模型某些研究还将气态污染物、多环芳烃或气象因子等作为研究对象，纳入 PMF 模型解析。

与样品组分浓度对应的不确定度有多种计算方法，一般用方法检出限（method detection limit，MDL）来确定不确定度，以下列举出多种不确定度计算公式。若不能有效地分析不确定度和方法检出限，可应用经验值或其他相关研究的不确定度来替代。

PMF 中不确定度的计算方法为：

$$s_{ij} + C_3 \times |x_{ij}|$$

$$0.05 \times x_{ij} + \text{MDL}_{ij}$$

$$s_{ij} + \frac{\text{MDL}_{ij}}{3}$$

$$\overline{s}_j + \frac{\text{MDL}_j}{3}$$

$$s_{ij} + 0.2 \times \text{MDL}_{ij}$$

$$0.3 + \text{MDL}_{ij}$$

$$\sqrt{a_j \times s_{ij}^{\ 2} + b_j \times \text{MDL}_{ij}^{\ 2}}$$

$$\sqrt{(\text{rep})^2 + (0.05 \times x_{ij})^2}$$

$$\sqrt{3 \times s_{ij}^{\ 2} + \text{MDL}_{ij}^{\ 2}}$$

$$\sqrt{\left(\text{Error Fraction} \times x_{ij}\right)^2 + (\text{MDL})^2}$$

式中：s_{ij}——分析不确定度（Analytical uncertainty），即标准偏差（SD）；

MDL_{ij}——方法检出限；

C_3——一个在（0.1，0.2）范围内的数值；

rep——重复性（Reproducibility），即相对标准偏差（RSD）；

a_j和 b_j——比例因子；

Error Fraction——残差因子；

上划线表示均值。

本项目采用美国国家环境保护局（U.S. EPA）在 2014 年 6 月发布的 PMF 5.0 中计算 σ_{ij}的方法，如下所示：

当 x_{ij}＜MDL 时，则

$$\sigma_{ij} = \frac{5}{6}\text{MDL}_{ij} \tag{3.27}$$

当 x_{ij}＞MDL 时，则

$$\sigma_{ij} = \sqrt{\left(\text{Error Fraction} \times x_{ij}\right)^2 + (0.5 \times \text{MDL}_{ij})^2} \tag{3.28}$$

式中：Error Fraction——残差因子，量纲为 1；

　　MDL_{ij}——i 样品 j 组分的方法检出限，μg/m³。

本书中，残差因子由误差百分比计算所得。

信噪比（S/N）是用来衡量组分浓度变化程度的一个数值。其反映出组分浓度数据的变化是真实情况，还是数据噪声。在 EPA PMF 3.0 中，信噪比的计算方法如下式所示：

$$\left(\frac{S}{N}\right)_j = \sqrt{\frac{\sum_{i=1}^{n}\left(x_{ij}-\sigma_{ij}\right)^2}{\sum_{i=1}^{n}\sigma_{ij}^{\ 2}}} \tag{3.29}$$

式中：$(S/N)_j$——j 组分的信噪比，量纲为 1；

　　x_{ij}——i 样品中 j 组分浓度，μg/m³；

　　σ_{ij}——i 样品中 j 组分的不确定度，μg/m³；

　　n——样品数量，个。

在某些特定的情况下，上述方法得到的信噪比具有不合理性。当某些样品的组分浓度较高时，所计算的信噪比数值较大，而这种组分的数据稳定性并不高；更严重的情况是，当缺失值存在时，组分的信噪比较低，因为在 PMF 解析过程中，为降低缺失值的权重，其不确定度被人为升高。出现上述极端情况时，不合理的信噪比可能将某一组分的分类由“Strong”划归为“Weak”。

EPA PMF 5.0 中，考虑到上述可能出现的特定情况，信噪比的计算方法有所改进。如下所示：

$$\left(\frac{S}{N}\right)_j = \frac{1}{n}\times\sum_{i=1}^{n} d_{ij} \tag{3.30}$$

当 $x_{ij} > \sigma_{ij}$ 时，$d_{ij} = \dfrac{x_{ij}-\sigma_{ij}}{\sigma_{ij}}$；当 $x_{ij} \leqslant \sigma_{ij}$ 时，$d_{ij}=0$。

在新的信噪比计算方法中，组分浓度为负的数据，不再纳入计算，这更适合被应用于环境数据中。当某组分的信噪比大于 1 时，该组分在 EPA PMF 5.0 中被归类为“Strong”。在我国重污染事件频发的情况下，新的信噪比计算方法适用于我国环境数据。

PMF 分析中的一个关键步骤是确定因子个数。PMF 的分析结果不存在分级（hierarchical），由于不需要正交，高维度的因子并未包含所有低维度的因子。一般情况下，在 PMF 分析过程中，对不同因子个数下得到的结论进行分析和比较，得到模拟最优条件下物理意义明确的结果。在 PMF 5.0 提供的偏移误差判断（DISP）步骤中，根据误差编码、DISP 过程中 Q 减少值和不同 $\mathrm{d}Q_{\max}$ 水平下每个因子的交换（Swap）个数，判断是否存在旋转歧义（Rotational ambiguity）。若存在旋转歧义，则需要减少因子个数或去掉某些模拟效果较差的组分。

在 EPA PMF 5.0 中，PMF 的解析过程如图 3-1 所示。

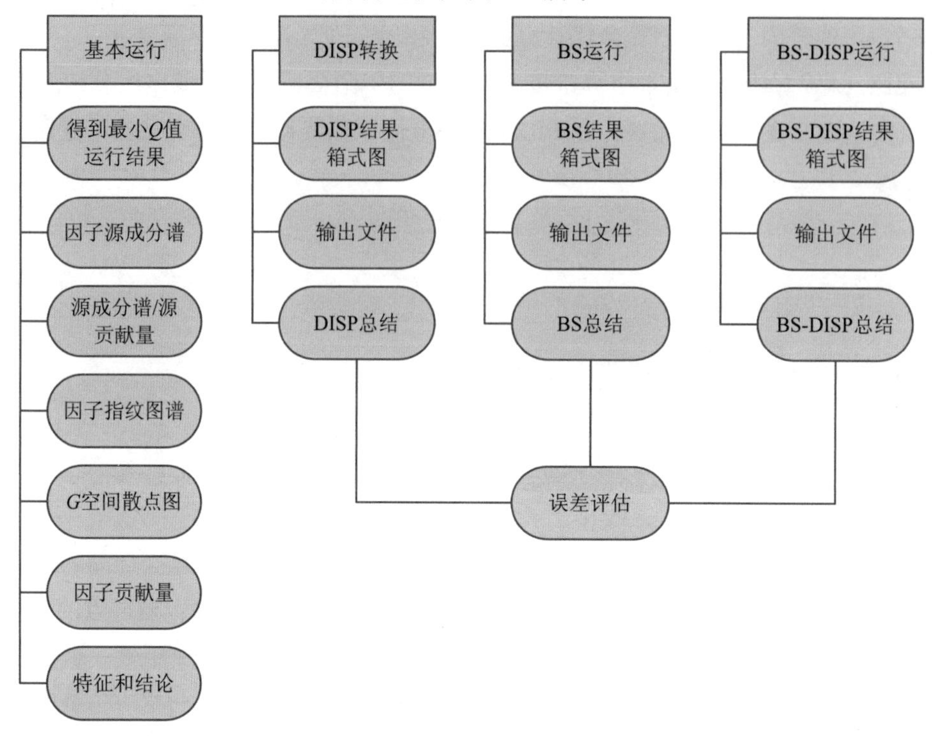

图 3-1　PMF 解析流程图

第4章　污染源与受体样品采集和处理

4.1　大气颗粒物排放源类的识别和分类研究

4.1.1　排放源类的识别

为了获得CMB模型的必要输入参数（源成分谱、受体浓度数据），需要对黑龙江省省辖城市大气颗粒物的排放源类进行识别，进行深入的污染源调查。本项目将颗粒物的排放源分为开放源、移动源、固定源（含低矮面源）三类，其中开放源包括土壤风沙尘、道路尘、建筑水泥尘、城市扬尘；移动源包括机动车尾气等排放；固定源主要包括燃煤源、工业废气尘以及生物质燃烧等。

根据黑龙江省 2014 年环境统计数据，全省各城市燃煤主要分为：民用生活和工业燃煤两部分，其中工业燃煤主要为四大行业，分别为：工业、非重点工业、热力生产、火力发电。各城市各行业烟（粉）尘排放量占比见图 4-1。

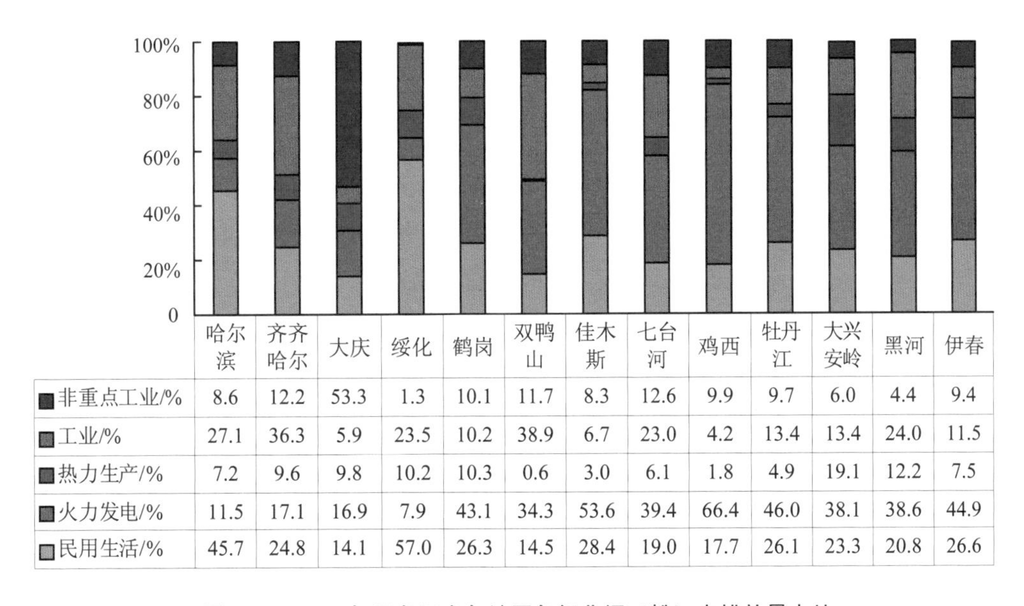

	哈尔滨	齐齐哈尔	大庆	绥化	鹤岗	双鸭山	佳木斯	七台河	鸡西	牡丹江	大兴安岭	黑河	伊春
非重点工业/%	8.6	12.2	53.3	1.3	10.1	11.7	8.3	12.6	9.9	9.7	6.0	4.4	9.4
工业/%	27.1	36.3	5.9	23.5	10.2	38.9	6.7	23.0	4.2	13.4	13.4	24.0	11.5
热力生产/%	7.2	9.6	9.8	10.2	10.3	0.6	3.0	6.1	1.8	4.9	19.1	12.2	7.5
火力发电/%	11.5	17.1	16.9	7.9	43.1	34.3	53.6	39.4	66.4	46.0	38.1	38.6	44.9
民用生活/%	45.7	24.8	14.1	57.0	26.3	14.5	28.4	19.0	17.7	26.1	23.3	20.8	26.6

图 4-1　2014 年黑龙江省各地区各行业烟（粉）尘排放量占比

其中热电联产企业算入火力发电，由图 4-1 可以看出，全省各城市中西部（除大庆外）烟（粉）尘排放量占比主要集中在工业企业，其他区域烟（粉）尘排放量占比主要集中在火力发电企业，均高于 30%。工业企业烟（粉）尘排放量占比最高城市为大庆（85.9%）、最低为绥化（43%）。其中，热力生产企业烟（粉）尘排放量占比最高城市为大兴安岭（19.1%）、最低为双鸭山（0.6%）；火力发电企业烟（粉）尘排放量占比最高城市为鸡西（66.4%）、最低为绥化（7.9%）。民用生活烟（粉）尘排放量占比最高城市为绥化（57.0%）、最低为大庆（14.1%）。

全省各城市机动车总颗粒物排放主要集中在：载货汽车、低速载货汽车、载客汽车。全省各地区各类机动车总颗粒物排放占比见图 4-2。

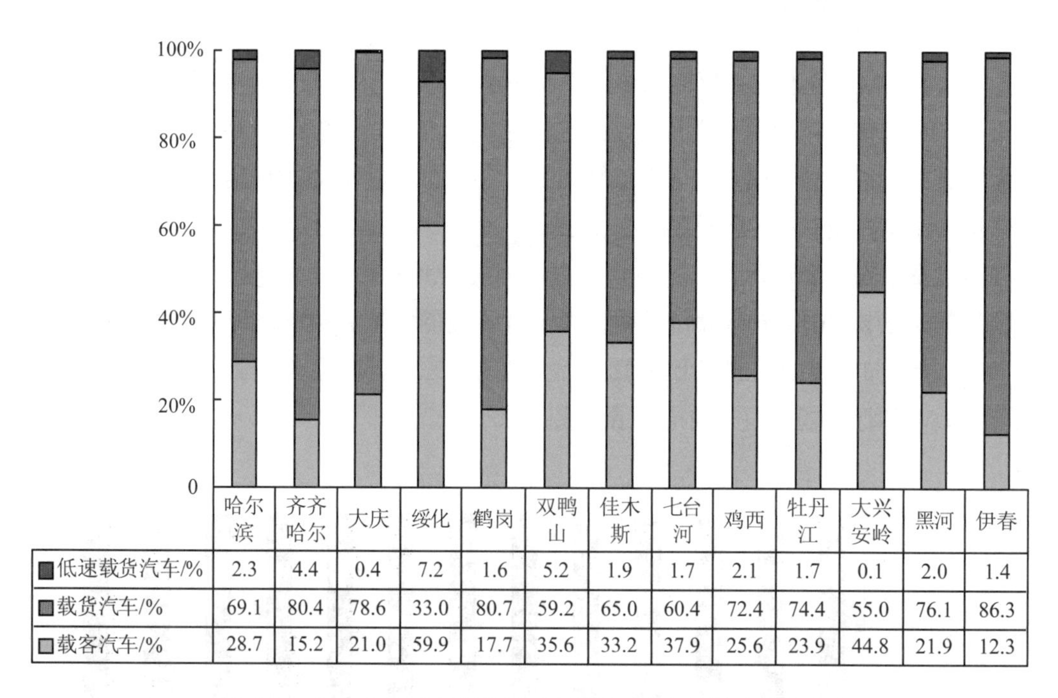

	哈尔滨	齐齐哈尔	大庆	绥化	鹤岗	双鸭山	佳木斯	七台河	鸡西	牡丹江	大兴安岭	黑河	伊春
低速载货汽车/%	2.3	4.4	0.4	7.2	1.6	5.2	1.9	1.7	2.1	1.7	0.1	2.0	1.4
载货汽车/%	69.1	80.4	78.6	33.0	80.7	59.2	65.0	60.4	72.4	74.4	55.0	76.1	86.3
载客汽车/%	28.7	15.2	21.0	59.9	17.7	35.6	33.2	37.9	25.6	23.9	44.8	21.9	12.3

图 4-2　2014 年黑龙江省各地区各类机动车总颗粒物排放占比

由图 4-2 可以看出，全省各城市机动车总颗粒物排放占比，除绥化外其余城市载货汽车占比均高于 50%。载货汽车总颗粒物排放占比最高城市为伊春（86.3%）、最低为绥化（33.0%）；载客汽车总颗粒物排放占比最高城市为绥化（59.9%）、最低为伊春（12.3%）。

4.1.1.1　开放源

（1）土壤风沙尘

由于自然风力作用把地面、沙砾扬起扩散到空气中的尘称为土壤风沙尘。土壤风沙尘的主要来源是城市周边的裸露农田、山地和城市内部的裸露地面等。由于土壤耕作、大规模建筑工地开掘，市区及周边裸露地面较多，因此土壤风沙尘对颗粒物是有影响的。

（2）道路尘

道路扬尘，是指道路、街道上的积尘在一定的动力条件（风力、机动车碾压或人群活动）的作用下，一次或多次扬起并混合，进入到环境空气中形成一定粒径分布的颗粒物。道路扬尘的来源主要有：①邻近地区因风蚀、水蚀作用带来的泥沙与尘土；②机动车携带泥块、沙尘、物料等抖落遗撒；③机动车行驶造成自身磨损与消耗（如轮胎、刹车片的磨损、尾气净化装置的老化与消耗等）及尾气排放；④路面老化破损后被碾压形成的颗粒物；⑤冰雪天气施洒沙粒及盐水形成的颗粒物；⑥生物碎屑，如枯枝落叶以及草坪、树木修剪时遗留的碎屑，经过干燥、碾压形成颗粒物；⑦废物丢弃、泼洒，如烟蒂、纸屑等垃圾；⑧大气降尘。

（3）建筑水泥尘

建筑水泥尘排放源类主要指：水泥生产企业有组织和无组织排放的水泥飞灰及建筑工地所在场所的水泥飞灰。

（4）城市扬尘

土壤风沙尘、煤烟尘、建筑水泥尘、汽车尾气尘等排放颗粒物的源类，称为单一源类，从各单一源类排放出来的颗粒物是初始态颗粒物。各源类排放的初始态颗粒物在扩散传输过程中有一部分沉降到城市的某些载尘体的表面，而后又混合在一起，形成混合态颗粒物。在一定的动力条件下（风力或人力），这些混合态颗粒物又被再次或多次扬起到空气中形成悬浮颗粒物。本项目将沉降到城市某些载尘体表面上的混合态颗粒物称为城市扬尘。

综上所述，城市扬尘源类是暴露于城市环境空气中的某些载尘体上的降尘，是各单一源类排放的初始态颗粒物沉降部分的混合物。许多单一源类也是以扬尘形式排放颗粒物的，如土壤风沙扬尘、水泥堆场扬尘等。但是这种扬尘是单一源类排放的初始态颗粒物，与混合态的城市扬尘在化学构成上有一定的区别。

在城市中承载着城市扬尘的载体表面被称为城市扬尘源，如载尘的窗台、桌面、屋顶、平台、铺装道路等。城市扬尘源的集合被称为城市扬尘源类。

4.1.1.2 固定源

（1）燃煤源

燃煤飞灰分为工业燃煤飞灰和民用燃煤飞灰。

工业燃煤是指城市内的工业锅炉、工业窑炉、电厂锅炉及其他工业燃煤源从烟囱中排放的飞灰。民用燃煤飞灰是指市区内的热水炉、经营性大灶、居民炊事灶等民用燃煤源从烟道中排放的飞灰及各类烧烤摊点所排放的燃煤飞灰。

（2）工业废气尘

工业生产过程中，原料发生物理或化学变化的同时，可能向大气排放污染物，如原料加工、燃烧、加热、冷却过程。

（3）餐饮油烟

餐饮油烟是指食物烹饪、加工过程中挥发的油脂、有机质及其加热分解或裂解的产物，是由食用油和食材在高温下经过一系列反应生成的气体、液体和固体的混合物。餐饮油烟排放源包括餐饮行业油烟排放和家庭烹饪的餐饮油烟排放。

（4）生物质燃烧

生物质燃烧源主要为水稻、玉米、大豆等农作物秸秆燃烧以及枯树叶、树枝燃烧。

4.1.1.3 移动源

移动源主要有机动车排放的尾气和施工机械排放的尾气。机动车尾气是指机动车排放的尾气中含有的飞灰，其类型包括载客汽车（微、小、中、大）、载货汽车（微、小、中、重）、低速载货汽车（三轮、低速）、摩托车（普通、轻便）4 大类 12 小类。

4.1.2 排放源分类

根据空气颗粒物排放源类的调查和识别，黑龙江省大气颗粒物排放源的分类如图 4-3 所示。

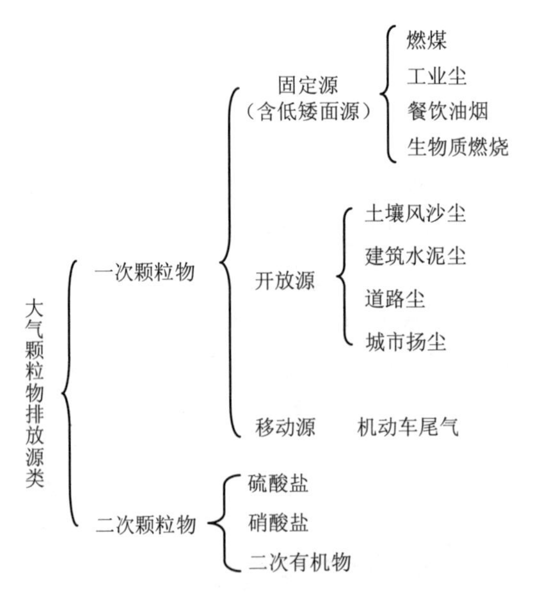

图 4-3 黑龙江省大气颗粒物排放源的分类

4.2　大气颗粒物排放源类样品的采集

4.2.1　源样品采集原则

有些源类，其构成物质在向受体排放时，主要经过物理变化过程，如火山灰、风沙土壤、植物花粉等。采集这类源样品时，可以直接采集构成源的物质，以源物质的成分谱作为源成分谱，如图 4-4 所示。

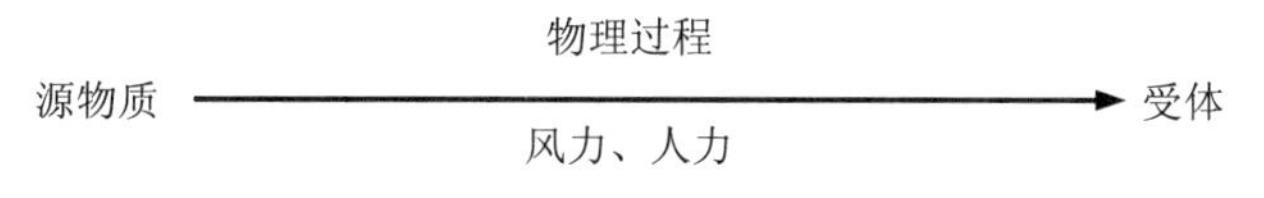

图 4-4　受体物质即源构成物质

有些源类，其构成物质不直接向受体排放，中间主要经历物理化学变化过程，如煤炭、石油及石油制品要经过燃烧过程，水泥是矿石经过焙烧过程，钢铁经过冶炼过程等。因此采集这类源样品时，不能直接采集源构成物质，而应该采集它们的排放物，也就是说不能以源构成物质的成分谱作为源成分谱，而应该以源的排放物（飞灰）的成分谱作为源成分谱，如图 4-5 所示。

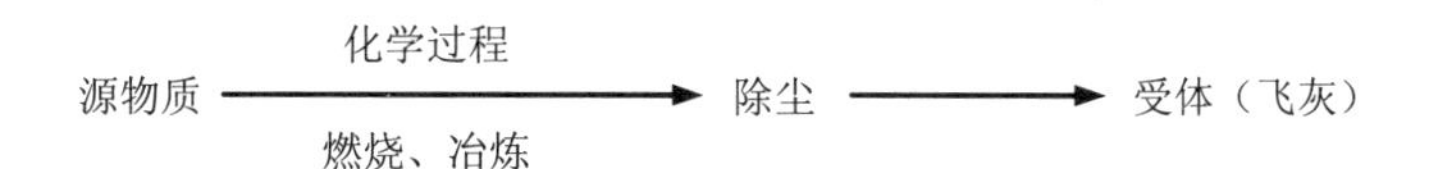

图 4-5　受体物质非源构成物质

4.2.2　源样品的采集

4.2.2.1　土壤风沙尘

土壤风沙尘分别选择主城区的城市空地、附近农田等地块，按照梅花布点原则进行布点，在每个采样点上首先用笤帚将地表杂物清除，再用木铲取 2 cm 地表土，每一地块样品混合装袋，每袋样品约重 500 g。或使用我站发明的采样器经切割器切割后直接采集至滤膜上。于 2013 年 11—12 月和 2014 年 7—8 月采集了土壤风沙尘样品共计 241 个，采集的土壤主要是农田、绿地及林地土等。采样点位和数量见表 4-1，采样示意图见图 4-6。

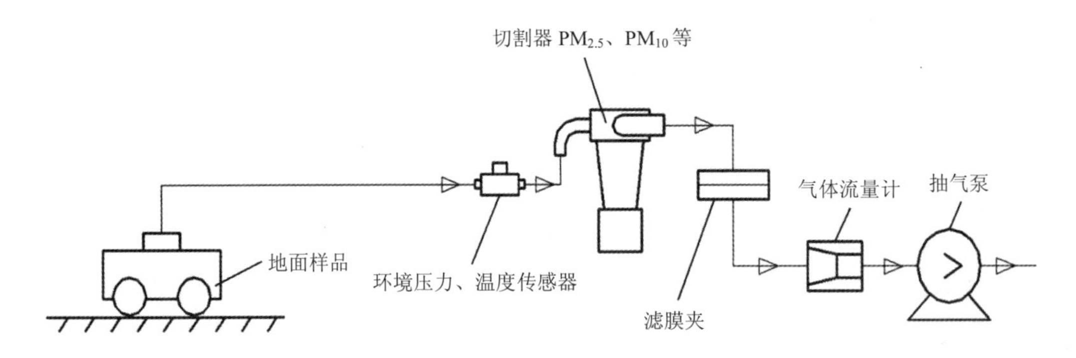

图 4-6 无组织排放颗粒物采样示意图

表 4-1 黑龙江省土壤风沙尘采样点名称

序号	纬度	经度	土地利用	地点
哈尔滨市				
1	45°34′36.12″	126°53′42.36″	耕地	哈尔滨市小东沟附近农田
2	45°27′18.72″	126°42′48.06″	耕地	哈尔滨市安吉屯附近农田
3	45°28′46.56″	126°50′30.48″	耕地	哈尔滨市林场村附近农田
4	45°32′58.56″	126°45′22.68″	耕地	哈尔滨市后霍家附近农田
5	45°30′36.00″	126°38′41.64″	耕地	哈尔滨市海旺附近农田
6	45°51′35.28″	126°33′31.68″	草地	哈尔滨市师大路附近绿化带
7	45°50′32.92″	126°28′20.19″	耕地	哈尔滨市万家加油站附近农田
8	45°51′44.64″	126°25′14.52″	耕地	哈尔滨市万家村附近农田
9	45°54′34.92″	126°24′35.28″	耕地	哈尔滨市吴南屯附近农田
10	45°50′00.00″	126°30′38.95″	草地	哈尔滨市有色地质大厦附近
11	45°47′50.02″	126°32′05.51″	林地	哈尔滨市江湾路附近林地
12	45°46′51.01″	126°33′34.89″	林地	哈尔滨市冰雪大世界附近林地
13	45°23′10.20″	126°46′52.32″	耕地	哈尔滨市鹤哈高速赵家附近农田
14	46°12′11.88″	126°52′29.28″	耕地	哈尔滨市双全村附近农田
15	46°11′21.49″	126°59′43.08″	耕地	哈尔滨市兴道村附近农田
16	46°15′05.76″	126°57′52.20″	耕地	哈尔滨市永平村附近农田
17	46° 7′43.32″	126°51′36.00″	耕地	哈尔滨市永平村附近农田
18	45°56′16.80″	126°31′42.24″	耕地	哈尔滨市东沈村附近农田
19	45°57′08.64″	126°28′29.64″	耕地	哈尔滨市阎家屯附近农田
20	45°42′17.27″	126°38′28.65″	草地	哈尔滨市征仪路附近绿化带
21	45°41′45.87″	126°36′58.12″	草地	哈尔滨市学府路附近绿化带
22	45°43′39.71″	127°38′22.86″	草地	哈尔滨市文昌街附近绿化带
23	45°35′45.78″	126°34′16.21″	耕地	哈尔滨市平安村附近农田
24	45°39′40.33″	126°37′27.47″	草地	哈尔滨市哈平路附近绿化带

序号	纬度	经度	土地利用	地点
25	45°37′50.17″	126°38′53.06″	草地	哈尔滨市哈平路附近绿化带
26	45°26′35.30″	126°19′09.10″	耕地	哈尔滨市香坊区
27	45°56′15.07″	126°13′18.02″	耕地	哈尔滨市香坊区
28	45°39′05.02″	126°49′15.10″	耕地	哈尔滨市香坊区
29	45°39′43.00″	126°43′09.04″	耕地	哈尔滨市香坊区
30	45°39′16.00″	126°42′29.01″	耕地	哈尔滨市香坊区
31	45°39′36.40″	126°41′30.99″	草地	哈尔滨市香坊区
32	45°39′50.00″	126°46′35.95″	草地	哈尔滨市香坊区
33	45°37′51.41″	126°42′29.32″	草地	哈尔滨市香坊区
34	45°35′31.45″	126°49′37.20″	草地	哈尔滨市香坊区
35	45°46′57.10″	126°46′07.70″	草地	哈尔滨市道外区
36	45°44′52.97″	126°45′51.57″	草地	哈尔滨市道外区
37	45°45′40.48″	126°45′59.40″	草地	哈尔滨市道外区
38	45°45′30.42″	126°28′31.82″	草地	哈尔滨市道里区
39	45°46′09.41″	126°33′50.69″	草地	哈尔滨市道里区
40	45°44′59.44″	126°32′58.89″	草地	哈尔滨市道里区
齐齐哈尔市				
1	47°38′57.12″	123°43′31.10″	耕地	齐齐哈尔市国家森林公园
2	47°35′26.33″	123°39′48.26″	耕地	齐齐哈尔市哈什哈后屯
3	47°36′54.39″	123°46′19.62″	耕地	齐齐哈尔市龙凤
4	47°35′59.84″	123°48′30.19″	草地	齐齐哈尔市新发村
5	47°34′28.51″	123°47′23.23″	耕地	齐齐哈尔市姜家窑
6	47°33′08.45″	123°59′03.10″	耕地	齐齐哈尔市西卧牛吐村
7	47°36′56.36″	123°42′42.74″	耕地	齐齐哈尔市胜利村
8	47°28′34.15″	123°52′22.23″	耕地	齐齐哈尔市红星村
9	47°26′33.19″	124°00′48.08″	草地	齐齐哈尔市尼其坤
10	47°20′09.30″	124°15′41.41″	耕地	齐齐哈尔市雅尔塞镇
11	47°23′43.67″	123°50′31.27″	耕地	齐齐哈尔市鲜明村
12	47°23′02.14″	124°06′52.29″	耕地	齐齐哈尔市杜鲁门钦
13	47°26′22.13″	124°01′23.47″	草地	齐齐哈尔市黎明村
14	47°21′11.63″	124°03′03.87″	耕地	齐齐哈尔市四家子
15	47°18′38.69″	124°01′36.81″	耕地	齐齐哈尔市向阳村
16	47°18′49.08″	124°06′43.16″	草地	齐齐哈尔市边屯
17	47°12′50.91″	123°58′22.01″	草地	齐齐哈尔市铁峰畜牧场
18	47°12′53.41″	123°51′45.31″	耕地	齐齐哈尔市大五福玛村
19	47°11′59.36″	124°03′43.06″	耕地	齐齐哈尔市哈青岗子
20	47°12′23.04″	124°12′20.64″	耕地	齐齐哈尔市扎龙村

序号	纬度	经度	土地利用	地点
大庆市				
1	46°26′31.03″	125°14′14.07″	草地	大庆市新兴村
2	46°26′28.79″	125°13′26.27″	草地	大庆市兴化村环南路
3	46°26′40.90″	125°12′0.74″	草地	大庆市兴化村化祥路
4	46°26′28.90″	125°11′26.75″	耕地	大庆市郑秧子屯
5	46°26′7.30″	125°10′18.95″	耕地	大庆市王大楞
6	46°34′20.86″	125°11′32.72″	耕地	大庆市小后屯
7	46°33′15.98″	125°11′59.19″	草地	大庆市青龙屯
8	46°33′18.54″	125° 9′18.72″	草地	大庆市龙凤
9	46°37′1.39″	125°11′9.23″	耕地	大庆市小东屯
10	46°30′52.10″	125° 8′48.85″	耕地	大庆市铁西屯
11	46°35′57.34″	125° 4′15.95″	草地	大庆市东风村
12	46°39′9.63″	125° 2′48.92″	草地	大庆市标杆村
13	46°40′6.07″	125° 6′26.86″	草地	大庆市风云村
14	46°33′47.39″	125° 0′57.29″	草地	大庆市胜利二村
15	46°32′20.89″	125° 2′33.60″	草地	大庆市赵家屯
16	46°41′44.64″	124°51′15.95″	草地	大庆市方晓二村
17	46°39′43.78″	124°49′23.14″	耕地	大庆市兴旺村
18	46°42′9.20″	124°48′37.74″	耕地	大庆市新华村
19	46°40′25.31″	124°42′30.44″	耕地	大庆市张地窝棚
20	46°37′20.63″	124°47′10.27″	耕地	大庆市杨国斌屯
21	46°25′21.86″	124°53′28.14″	草地	大庆市红岗一村
22	46°23′13.37″	124°53′23.43″	草地	大庆市红岗二村
23	46°22′11.43″	124°54′22.16″	草地	大庆市金星村
24	46°20′42.34″	124°55′0.49″	耕地	大庆市杏树岗村
25	46°20′44.32″	124°51′47.14″	耕地	大庆市红城村
绥化市				
1	46°40′35.20″	126°58′55.15″	耕地	绥化市北林区建设村
2	46°39′41.10″	124°57′22.00″	耕地	绥化市北环路附近
3	46°35′10.20″	126°57′52.14″	耕地	绥化市开发区西
4	46°36′13.08″	126°45′31.56″	耕地	绥化市北林区太平川
5	46°37′57.42″	126°43′45.78″	耕地	绥化市红旗干线
6	46°41′14.04″	126°47′53.40″	耕地	绥化市新安桥
7	46°42′3.12″	126°47′49.32″	耕地	绥化市新华北王成广屯
8	46°37′44.22″	127°00′3.96″	耕地	绥化市绥化市开发区
9	46°46′25.44″	126°58′12.18″	耕地	绥化市黑鱼泡大坝西北
10	46°30′40.42″	127°5′58.09″	耕地	绥化市同胜村附近
11	46°29′46.86″	127°06′21.36″	耕地	绥化市同胜村
12	46°29′54.96″	127°06′2.88″	耕地	绥化市同胜村

序号	纬度	经度	土地利用	地点
13	46°30′11.34″	127°05′58.68″	耕地	绥化市同胜村
14	46°30′22.45″	127°05′12.13″	耕地	绥化市同胜村
15	46°40′36.21″	126°57′53.41″	耕地	绥化市同胜村
鹤岗市				
1	47°30′29.54″	129°58′34.57″	耕地	鹤岗市十八号
2	47°30′30.16″	129°58′31.86″	耕地	鹤岗市十八号
3	47°30′32.90″	129°58′33.37″	耕地	鹤岗市十八号
4	47°30′34.21″	126°58′43.61″	耕地	鹤岗市十八号
5	47°12′59.20″	130°24′50.65″	耕地	鹤岗市新华 21 连
6	47°12′56.66″	130°24′50.89″	耕地	鹤岗市新华 21 连
7	47°13′1.65″	130°25′2.78″	耕地	鹤岗市新华 21 连
8	47°12′56.29″	130°25′3.26″	耕地	鹤岗市新华 21 连
9	47°19′23.50″	130°10′9.27″	耕地	鹤岗市五道岗
10	47°19′14.57″	130°9′46.63″	耕地	鹤岗市五道岗
11	47°18′18.92″	130°9′46.94″	耕地	鹤岗市五道岗
12	47°18′22.42″	130°10′41.85″	耕地	鹤岗市五道岗
13	47°15′10.27″	130°16′27.16″	耕地	鹤岗市卫校
14	47°13′56.57″	130°16′43.12″	耕地	鹤岗市卫校
15	47°21′22.88″	130°18′34.43″	耕地	鹤岗市矿山公园
双鸭山市				
1	46°39′58.29″	131°10′22.92″	耕地	双鸭山市双合村
2	46°39′52.22″	131°10′26.52″	耕地	双鸭山市双合村
3	46°39′44.99″	131°10′41.62″	草地	双鸭山市双合村
4	46°39′38.73″	131°10′50.24″	草地	双鸭山市双合村
5	46°40′11.18″	131°10′42.39″	耕地	双鸭山市兴胜村
6	46°40′26.24″	131°10′17.20″	耕地	双鸭山市兴胜村
7	46°40′28.50″	131°10′44.80″	耕地	双鸭山市兴胜村
8	46°40′22.68″	131°10′56.60″	耕地	双鸭山市兴胜村
9	46°37′57.10″	131°12′14.61″	耕地	双鸭山市长安村
10	46°38′2.31″	131°12′21.43″	耕地	双鸭山市长安村
11	46°38′10.64″	131°12′25.71″	耕地	双鸭山市长安村
12	46°38′2.86″	131°12′34.81″	耕地	双鸭山市长安村
13	46°40′24.53″	131° 7′31.96″	耕地	双鸭山市双胜村
14	46°40′29.43″	131° 7′7.95″	耕地	双鸭山市双胜村
15	46°40′40.06″	131° 6′48.66″	耕地	双鸭山市双胜村
16	46°40′6.61″	131° 6′57.86″	耕地	双鸭山市双胜村
佳木斯市				
1	46°47′48.92″	130°11′57.54″	耕地	佳木斯市沿江乡
2	46°47′40.16″	130°11′40.58″	耕地	佳木斯市沿江乡

序号	纬度	经度	土地利用	地点
3	46°47′26.83″	130°11′36.23″	耕地	佳木斯市沿江乡
4	46°47′0.70″	130°12′6.53″	耕地	佳木斯市沿江乡
5	46°53′2.65″	130°20′9.17″	耕地	佳木斯市平安乡
6	46°52′57.56″	130°20′24.62″	耕地	佳木斯市平安乡
7	46°52′40.90″	130°20′35.73″	耕地	佳木斯市平安乡
8	46°52′32.78″	130°20′15.35″	耕地	佳木斯市平安乡
9	46°48′41.08″	130°27′3.01″	耕地	佳木斯市振兴村
10	46°48′23.42″	130°26′47.82″	耕地	佳木斯市振兴村
11	46°48′21.24″	130°27′38.07″	耕地	佳木斯市振兴村
12	46°48′6.75″	130°27′30.78″	耕地	佳木斯市振兴村
13	46°50′54.26″	130°28′57.65″	耕地	佳木斯市红力村
14	46°50′58.69″	130°29′19.16″	耕地	佳木斯市红力村
15	46°50′48.78″	130°29′45.36″	耕地	佳木斯市红力村
16	46°45′34.31″	130°21′35.57″	耕地	佳木斯市四丰乡
17	46°45′39.78″	130°22′5.62″	草地	佳木斯市四丰乡
18	46°44′49.22″	130°21′56.95″	耕地	佳木斯市四丰乡
七台河市				
1	45°49′12.98″	130°49′7.26″	耕地	七台河市龙兴村
2	45°49′5.99″	131° 6′33.27″	耕地	七台河市龙兴村
3	45°48′56.85″	45°48′56.85″	耕地	七台河市龙兴村
4	45°49′20.54″	131° 7′27.90″	耕地	七台河市龙兴村
5	45°46′14.07″	131° 6′7.44″	耕地	七台河市营林村
6	45°46′14.82″	131° 5′29.34″	耕地	七台河市营林村
7	45°45′49.33″	131° 5′19.91″	耕地	七台河市营林村
8	45°45′13.56″	131° 5′45.70″	耕地	七台河市营林村
9	45°45′19.39″	131° 3′34.12″	耕地	七台河市运煤路
10	45°44′24.21″	131° 1′1.31″	草地	桃山工人村
11	45°44′25.27″	131° 0′5.12″	草地	桃山工人村
12	45°44′0.20″	130°51′0.50″	耕地	七台河市新兴村
13	45°44′0.24″	130°50′14.98″	耕地	七台河市新兴村
14	45°43′21.04″	130°49′46.51″	耕地	七台河市新兴村
15	45°50′22.57″	130°50′31.24″	耕地	七台河市安乐
16	45°49′51.21″	130°49′26.19″	耕地	七台河市安乐
17	45°51′29.89″	131° 2′24.02″	耕地	七台河市六分场
鸡西市				
1	45°18′59.10″	130°52′45.32″	耕地	鸡西市监狱
2	45°19′13.39″	130°53′14.24″	耕地	鸡西市团结村
3	45°18′11.47″	130°47′43.71″	林地	鸡西市小乌拉草沟
4	45°18′7.09″	130°47′14.25″	耕地	鸡西市左家

序号	纬度	经度	土地利用	地点
5	45°15′12.85″	131°2′7.66″	耕地	鸡西市朝阳村
6	45°18′48.31″	131°2′19.16″	林地	鸡西市朝阳湖
7	45°15′7.64″	130°59′48.39″	耕地	鸡西市红星乡二组
8	45°15′22.74″	130°55′44.28″	耕地	鸡西市红星村欢乐谷
9	45°18′25.01″	131°0′5.47″	林地	鸡西市凤凰城
10	45°18′1.14″	130°55′33.21″	耕地	鸡西市气象局
11	45°17′48.02″	131°02′56.42″	耕地	鸡西市传染病医院
12	45°18′34.27″	131°00′4.87″	草地	鸡西市穆棱河公园
13	45°18′52.22″	131°00′2.30″	耕地	鸡西市金三角开发区
14	45°17′27.04″	130°34′57.71″	草地	鸡西市污水处理厂
15	45°15′11.62″	130°57′48.23″	耕地	鸡西市杏花山
16	45°18′51.44″	130°58′41.36″	耕地	鸡西市西太村
牡丹江市				
1	44°38′29.55″	129°41′12.45″	耕地	牡丹江市莲花村
2	44°38′32.06″	129°40′47.12″	耕地	牡丹江市莲花村
3	44°38′36.22″	129°40′10.31″	林地	牡丹江市莲花村
4	44°38′50.95″	129°39′40.96″	耕地	牡丹江市莲花村
5	44°37′27.67″	129°36′54.26″	草地	牡丹江市银龙村
6	44°37′8.32″	129°37′1.75″	林地	牡丹江市银龙村
7	44°37′8.04″	129°36′24.43″	耕地	牡丹江市银龙村
8	44°37′14.56″	129°36′9.60″	耕地	牡丹江市麻花沟屯
9	44°37′29.01″	129°35′59.59″	耕地	牡丹江市麻花沟屯
10	44°37′20.23″	129°35′45.05″	耕地	牡丹江市麻花沟屯
11	44°37′30.50″	129°35′12.00″	耕地	牡丹江市八达村
12	44°37′48.04″	129°35′6.91″	耕地	牡丹江市八达村
13	44°37′19.55″	129°34′41.23″	耕地	牡丹江市八达村
14	44°34′13.87″	129°31′39.55″	耕地	牡丹江市放牛村
15	44°34′7.11″	129°31′13.25″	耕地	牡丹江市放牛村
16	44°33′51.25″	129°31′16.63″	耕地	牡丹江市放牛村
17	44°31′29.33″	129°36′34.68″	耕地	牡丹江市南岭屯
18	44°31′24.52″	129°37′35.77″	耕地	牡丹江市南岭屯
19	44°31′8.95″	129°38′12.80″	耕地	牡丹江市南岭屯
大兴安岭地区				
1	50°22′30.36″	124°10′5.00″	耕地	加格达奇区凤凰岭
2	50°22′26.36″	124° 9′48.23″	林地	加格达奇区凤凰岭
3	50°22′29.77″	124° 9′30.48″	耕地	加格达奇区凤凰岭
4	50°24′27.58″	124°10′58.69″	耕地	加格达奇区幸福村五组
5	50°25′1.17″	124°11′16.80″	耕地	加格达奇区幸福村五组
6	50°25′2.07″	124°11′16.18″	耕地	加格达奇区幸福村五组

序号	纬度	经度	土地利用	地点
7	50°27′4.83″	124° 9′50.83″	林地	加格达奇区加北村九组
8	50°27′20.79″	124° 9′27.76″	耕地	加格达奇区加北村九组
9	50°24′8.57″	124° 5′54.89″	耕地	加格达奇区五一村二组
10	50°24′29.57″	124° 5′10.84″	草地	加格达奇区五一村二组
11	50°24′23.04″	124° 9′17.79″	林地	加格达奇区五一村二组
12	50°24′11.59″	124° 8′54.30″	林地	加格达奇区五一村二组
黑河市				
1	50°15′33.64″	127°27′13.49″	耕地	黑河市幸福村
2	50°15′12.63″	127°26′52.86″	耕地	黑河市幸福村
3	50°14′43.40″	127°26′11.09″	耕地	黑河市幸福村
4	50°15′50.67″	127°26′29.77″	耕地	黑河市幸福村
5	50°13′28.08″	127°28′55.17″	耕地	黑河市下二公村
6	50°13′4.83″	127°28′32.13″	耕地	黑河市下二公村
7	50°12′55.45″	127°29′38.81″	耕地	黑河市下二公村
8	50°13′15.04″	127°30′43.90″	草地	黑河市下二公村
9	50°12′31.51″	127°32′16.13″	林地	黑河市河南屯村
10	50°12′41.10″	127°32′33.85″	耕地	黑河市河南屯村
11	50°13′1.70″	127°32′34.79″	耕地	黑河市河南屯村
12	50°13′20.56″	127°32′19.67″	耕地	黑河市河南屯村
13	50°13′57.22″	127°33′1.36″	耕地	黑河市小黑河村
14	50°14′17.57″	127°32′55.22″	耕地	黑河市小黑河村
伊春市				
1	47°38′50.11″	129°09′25.33″	耕地	伊春市美溪区对青山经营所北
2	47°38′52.05″	129°09′26.71″	耕地	伊春市美溪区对青山经营所北
3	47°39′57.74″	129°08′27.26″	耕地	伊春市美溪区对青山经营所西北
4	47°41′56.64″	129°05′13.35″	耕地	伊春市美溪区对缓岭经营所西南
5	47°42′32.62″	129°00′53.09″	耕地	伊春市美溪区对缓岭经营所北
6	47°41′06.01″	128°59′49.26″	耕地	伊春市美溪区对缓岭经营所西南
7	47°40′59.31″	129°00′09.68″	耕地	伊春市美溪区对缓岭经营所西南
8	47°41′31.29″	128°56′17.39″	耕地	伊春市乌马河区伊敏林场西南
9	47°41′32.64″	128°56′08.17″	耕地	伊春市乌马河区伊敏林场西南
10	47°43′49.56″	128°43′24.08″	耕地	伊春市翠峦区向阳街道前进村东南
11	47°43′49.39″	128°41′36.36″	荒地	伊春市翠峦区向阳街道西南
12	47°43′03.44″	128°41′31.22″	草地	伊春市翠峦区向阳街道西北
13	47°43′57.61″	128°40′02.21″	耕地	伊春市翠峦区西北
14	47°42′57.31″	128°40′39.49″	耕地	伊春市美溪区育林场东南

4.2.2.2 道路扬尘

道路扬尘的采样点设在市区的主要交通路口，在进入市区的高速路口也设了采样点。道路扬尘样品是道路各部位的混合样，用扫帚收集汽车流量大的快车和慢车道路面、流量小的道路中心和路边缘的尘，或使用我站发明的采样器经切割器切割后直接采集至滤膜上。于 2013 年 12 月和 2014 年 7—8 月采集了城市扬尘样品共计 169 个，采样点位和数量见表 4-2。

表 4-2 黑龙江省道路扬尘采样点位名称

序号	采样地点	纬度	经度	道路类型
哈尔滨市				
1	哈尔滨市红博地道桥内	45°45′17.72″	126°38′18.43″	主干路
2	哈尔滨市南岗区和兴路	45°43′49.14″	126°36′56.32″	快速路
3	哈尔滨南岗区西大直街	45°43′20.10″	126°36′18.91″	主干路
4	哈尔滨市南岗区学府路	45°40′52.35″	126°36′45.44″	主干路
5	哈尔滨市京哈高速	45°38′31.8″	126°37′00.16″	高速路
6	哈尔滨市机场高速	45°40′00.17″	126°25′36.88″	高速路
7	哈尔滨市三环	45°48′38.88″	126°30′36.30″	快速路
8	哈尔滨市松北中原大道	45°48′45.34″	126°32′47.36″	主干路
9	哈尔滨市南岗区林兴路	45°43′02.56″	126°37′04.8″	支路
10	哈尔滨市香坊区健康路	45°42′28.09″	126°38′58.71″	支路
11	哈尔滨市香坊区香坊大街	45°43′13.55″	126°41′57.21″	支路
12	哈尔滨市南岗区长江路	45°45′17.92″	126°49′24.12″	主干路
13	哈尔滨市道外区卫星路	45°46′08.04″	126°41′49.02″	支路
14	哈尔滨市道外区南直路	45°46′43.96″	126°41′50.53″	快速路
15	哈尔滨市道外区桦树街	45°47′12.93″	126°42′04.04″	支路
16	哈尔滨市道外区七道街	45°47′14.16″	126°38′35.5″	支路
17	哈尔滨市道里区地段街	45°46′09.77″	126°36′12.86″	支路
18	哈尔滨市道里区友谊路	45°45′45.74″	126°35′35.35″	主干路
19	哈尔滨市道里区建国街	45°46′07.01″	126°34′56.03″	支路
齐齐哈尔市				
1	齐齐哈尔市新明大街与新江路交口	47°22′21.46″	123°55′57.23″	主干路
2	齐齐哈尔市新江路与党校接交口	47°22′11.31″	123°56′26.21″	主干路
3	齐齐哈尔市新明大街与中华西路交口	47°21′36.20″	123°55′21.05″	支路
4	齐齐哈尔市党校街与中华西路交口	47°21′31.44″	123°55′54.36″	主干路
5	齐齐哈尔市卜奎大街与中华路交口	47°21′19.69″	123°57′18.54″	快速路
6	齐齐哈尔市军校街与中华路交口	47°21′12.46″	123°58′15.61″	次干路

序号	采样地点	纬度	经度	道路类型
7	齐齐哈尔市建设大街与城乡路交口	47°21′23.87″	123°58′58.67″	支路
8	齐齐哈尔市建设大街与中华东路交口	47°21′51.51″	123°59′01.94″	主干路
9	齐齐哈尔市站前大街与中华东路交口	47°20′51.40″	123°59′52.91″	主干路
10	齐齐哈尔市曙光大街与中华东路交口	47°20′51.61″	124°01′24.67″	次干路
11	齐齐哈尔市嫩江公园路口	47°20′27.66″	123°55′20.54″	支路
12	齐齐哈尔市劳卫路合意大街交口	47°20′32.31″	123°56′12.45″	主干路
13	齐齐哈尔市中环南路卜奎大街交口	47°20′30.30″	123°57′25.35″	快速路
14	齐齐哈尔市龙华路军校街交口	47°20′29.54″	123°58′06.66″	主干路
15	齐齐哈尔市站前大街火车站路口	47°20′23.55″	123°59′38.21″	快速路
大庆市				
1	大庆市中宝路与大广高速交口	46°35′3.35″	125°4′18.31″	高速路
2	大庆市世纪大道与萨环西路交口	46°35′53.61″	125°2′5.58″	主干路
3	大庆市友谊大街与中五路交口	46°36′45.60″	124°59′38.46″	支路
4	大庆市龙十路与西通街交口	46°37′16.76″	124°53′54.41″	次干路
5	大庆市创业大道与南一路交口	46°35′17.81″	124°54′6.42″	主干路
6	大庆市铁人大道与南二路交口	46°33′58.83″	124°52′21.26″	主干路
7	大庆市中强北街与中三路交口	46°36′42.54″	125°2′49.29″	快速路
8	大庆市南一路与勤奋南路交口	46°34′16.56″	125°1′29.67″	支路
9	大庆市龙兴路与外环东路交口	46°32′47.91″	125°9′57.93″	高速路
10	大庆市萨大中路与杏二路交口	46°25′33.36″	124°52′57.51″	快速路
11	大庆市西苑街与西宾路交口	46°38′6.28″	124°50′58.04″	主干路
12	大庆市标杆三街与火炬路交口	46°39′2.45″	125°4′13.50″	支路
13	大庆市卧龙路与外环东路交口	46°30′41.19″	125°7′3.16″	主干路
14	大庆市开元大街与让社路交口	46°40′40.61″	124°50′14.23″	快速路
15	大庆市北一路与西一路交口	46°39′33.34″	124°57′42.12″	主干路
16	大庆市乘风大街与南二路交口	46°33′59.51″	124°52′22.64″	次干路
17	大庆市东湖街与南三路交口	46°32′7.67″	124°53′16.38″	支路
18	大庆市万丰路与龙永路交口	46°32′30.71″	125°6′49.57″	主干路
19	大庆市龙凤北大街与龙运路交口	46°32′48.76″	125°7′26.49″	支路
20	大庆市安萨路与龙兴路交口	46°33′58.49″	125°7′50.81″	次干路
绥化市				
1	绥化市北林区康庄路府前交口	46°38′55.75″	126°57′57.70″	主干路
2	绥化市北林区康庄路府前交口	46°38′55.96″	126°57′58.92″	主干路
3	绥化市北林区康庄路府前交口	46°38′53.14″	126°57′58.50″	主干路
4	绥化市北林区康庄路府前交口	46°38′53.37″	126°57′59.85″	主干路
5	绥化市北林区康庄路府前交口	46°38′52.64″	126°57′55.51″	主干路
6	绥化市九三小学门口	46°38′53.68″	126°58′3.03″	支路
7	绥化市九三小学门口	46°38′53.00″	126°58′3.24″	支路

序号	采样地点	纬度	经度	道路类型
8	绥化市西湖公园附近	46°38′52.49″	126°58′0.11″	快速路
9	绥化市西湖公园附近	46°38′52.34″	126°57′58.55″	快速路
10	绥化市西湖公园附近	46°38′52.33″	126°57′55.76″	快速路
11	绥化市太平人寿保险附近	46°38′46.35″	126°58′1.31″	支路
12	绥化市太平人寿保险附近	46°38′50.73″	126°58′0.01″	支路
13	绥化市太平人寿保险附近	46°38′47.92″	126°58′1.85″	支路
鹤岗市				
1	鹤岗市胜利街	47°19′58.56″	130°17′08.19″	次干路
2	鹤岗市工农分局	47°19′13.48″	130°16′07.51″	主干路
3	鹤岗市鹤伊公路	47°16′11.19″	130°14′01.09″	高速公路
4	鹤岗市工农路和科技街交口	47°20′32.65″	130°17′35.65″	支路
5	鹤岗市鹤名高速	47°19′35.33″	130°20′55.95″	高速公路
6	鹤岗市粮食局交口	47°20′37.86″	130°17′06.36″	主干路
7	鹤岗市儿童公园西门	47°21′00.26″	130°16′57.03″	支路
8	鹤岗市南山矿交口	47°18′25.11″	130°16′51.68″	次干路
9	鹤岗市党校永昌路	47°18′08.02″	130°15′53.46″	主干路
10	鹤岗市热力公司	47°19′30.08″	130°15′50.06″	次干路
双鸭山市				
1	双鸭山市新兴广场交口	46°38′58.88″	131°09′06.49″	主干路
2	双鸭山市外环收费站交口	46°45′10.41″	131°08′50.81″	高速公路
3	双鸭山市青少年宫交口	46°38′56.62″	131°09′50.73″	支路
4	双鸭山市双福路集佳高速交口	46°45′26.70″	131°8′51.65″	高速公路
5	双鸭山市民生路与建设路交口	46°40′33.06″	131°9′32.61″	快速路
6	双鸭山市博物馆世纪大道	46°39′46.37″	131°8′6.19″	主干路
7	双鸭山市公路枢纽站西平行路	46°38′45.48″	131°8′36.77″	主干路
8	双鸭山市东平行路与五马路交口	46°38′23.25″	131°9′9.67″	次干路
9	双鸭山市公安局一马路	46°37′49.63″	131°9′17.49″	次干路
10	双鸭山市人民广场春城路	46°37′50.02″	131°9′35.37″	快速路
佳木斯市				
1	佳木斯市友谊路与鹤大公路交口	46°48′22.67″	130°17′52.10″	高速公路
2	佳木斯市安庆街与集佳公路交口	46°45′28.63″	130°25′55.08″	高速公路
3	佳木斯市长安西路与长青街交口	46°48′15.00″	130°20′14.04″	主干路
4	佳木斯市中山街与站前路交口	46°47′58.43″	130°21′52.91″	主干路
5	佳木斯市红旗街与胜利路交口	46°47′7.71″	130°20′40.11″	快速路
6	佳木斯市长安路与建国街交口	46°49′14.79″	130°23′45.03″	次干路
7	佳木斯市光复路与升平街交口	46°48′30.27″	130°22′38.38″	次干路
8	佳木斯市西林路与永安街交口	46°48′52.93″	130°21′24.63″	支路
9	佳木斯市解放路与通江街交口	46°48′58.57″	130°21′22.56″	支路

序号	采样地点	纬度	经度	道路类型
10	佳木斯市滨江路与中山街交口	46°49′5.43″	130°21′20.75″	次干路
11	佳木斯市科技大道与长安东路交口	46°50′20.26″	130°25′59.31″	快速路
12	佳木斯市学府路与大学路交口	46°46′59.78″	130°21′25.56″	次干路
13	佳木斯市杏林湖公园桥南路	46°48′3.85″	130°21′29.32″	支路
14	佳木斯市长安新城万新街	46°47′55.39″	130°18′55.87″	快速路
七台河市				
1	七台河市桃山区大同街二转盘	45°46′05.00″	131°00′36.38″	主干路
2	七台河市桃山区文华路与学府路交口	45°46′24.47″	131°1′21.51″	主干路
3	七台河市桃山区山湖路与大同街交口	45°46′5.26″	131°59′52.3″	主干路
4	七台河市茄子河区三岔路加油站	45°45′42.14″	131°2′8.23″	快速路
5	七台河市桃山区火车道	45°45′22.55″	131°1′2.86″	快速路
6	七台河市桃山区石油大道与山湖路交口	45°45′21.44″	130°59′53.55″	快速路
7	七台河市北山道口	45°48′16.08″	130°56′56.25″	支路
8	七台河市葫头沟道口	45°49′35.34″	130°54′16.73″	支路
9	七台河市东风矿道口	45°48′0.46″	130°51′23.65″	支路
10	七台河市二百道口	45°48′8.93″	130°52′55.66″	次干路
11	七台河市火车站	45°48′30.21″	130°53′39.56″	次干路
12	七台河市美华道口	45°47′27.99″	130°56′11.33″	次干路
鸡西市				
1	鸡西市和平北大街	45°17′52.13″	130°58′11.49″	主干路
2	鸡西市男星街	45°16′59.61″	130°58′14.61″	次干路
3	鸡西市东山街	45°17′25.34″	130°58′52.97″	支路
4	鸡西市北环路	45°18′23.68″	130°59′20.76″	主干路
5	鸡西市兴国西路	45°18′42.16″	130°57′56.45″	快速路
6	鸡西市文化路	45°18′7.06″	130°56′30.34″	主干路
7	鸡西市东风路	45°17′58.91″	130°58′31.26″	支路
8	鸡西市电台路	45°17′44.63″	130°57′38.94″	次干路
9	鸡西市祥光路	45°18′1.49″	130°59′34.21″	支路
10	鸡西市中心大街	45°17′39.82″	130°58′36.77″	主干路
11	鸡西市鸡虎高速	45°17′27.1″	130°56′27.6″	高速公路
牡丹江市				
1	牡丹江市绥满高速	44°35′20.31″	129°32′19.05″	高速公路
2	牡丹江市鹤大高速	44°35′17.32″	129°41′36.13″	高速公路
3	牡丹江市八面通街	44°31′56.13″	129°35′29.81″	快速路
4	牡丹江市东地明街与北安路交口	44°36′17.99″	129°36′27.33″	主干路
5	牡丹江市大庆街与富清路交口	44°36′30.41″	129°37′42.95″	主干路
6	牡丹江市西十一条路与西平安街交口	44°34′14.43″	129°34′52.09″	主干路
7	牡丹江市西三条路与西新安街交口	44°34′23.64″	129°36′19.39″	主干路
8	牡丹江市光华街与新华路交口	44°35′8.77″	129°35′58.91″	次干路
9	牡丹江市人民公园东四条路	44°35′11.53″	129°37′12.19″	次干路

序号	采样地点	纬度	经度	道路类型
10	牡丹江市南市街太平路交口	44°34′21.63″	129°36′53.83″	主干路
11	牡丹江市福民街人民小学	44°34′37.21″	129°37′6.03″	支路
12	牡丹江市国税局菜园街	44°34′18.28″	129°37′17.36″	支路
13	牡丹江市乌苏里路与兴隆街交口	44°32′25.18″	129°37′20.64″	主干路
14	牡丹江市卧龙街与率宾路交口	44°33′2.85″	129°37′28.20″	次干路
15	牡丹江市湖州街国际会展中心	44°33′22.12″	129°37′35.58″	支路
大兴安岭地区				
1	加格达奇区人民路中心路口	50°25′18.19″	124°7′12.36″	主干路
2	加格达奇区人民路铁路公园	50°25′10.64″	124°8′2.49″	主干路
3	加格达奇区光辉路光明派出所	50°24′42.33″	124°7′17.58″	主干路
4	加格达奇区东岭棚户区	50°24′39.2″	124°8′25.41″	次干路
5	加格达奇区胜利路加区一小	50°25′26.23″	124°7′1.79″	次干路
6	加格达奇区育才中学	50°25′16.35″	124°8′3.46″	次干路
7	加格达奇区曙光大街立交桥	50°25′5.73″	124°6′28.19″	快速路
8	加格达奇区景观大道森警队	50°24′34.22″	124°7′16.42″	快速路
9	加格达奇区景观大道新公安局	50°24′26.19″	124°7′18.46″	快速路
10	加格达奇区 G111 国道	50°24′43.95″	124°11′47.36″	高速公路
黑河市				
1	黑河市中央街与龙江路交口	50°14′05.78″	127°30′58.32″	主干路
2	黑河市中央街与东兴路交口	50°14′48.52″	127°29′50.01″	主干路
3	黑河环城东路与甘肃街交口	50°14′45.71″	127°30′31.70″	主干路
4	黑河通江路与长发街交口	50°14′22.57″	127°31′06.74″	主干路
5	黑河市兴林街与邮政路交口	50°14′46.21″	127°29′29.87″	次干路
6	黑河市王肃街与西兴路交口	50°14′51.33″	127°30′11.60″	次干路
7	黑河市兴隆街与东兴路交口	50°14′36.52″	127°29′35.91″	支路
8	黑河市兴隆街与迎恩路交口	50°14′44.20″	127°29′12.09″	支路
9	黑河市电厂北路与中央街交口	50°15′05.59″	127°28′55.00″	快速路
10	黑河市黑大公路	50°12′35.07″	127°30′39.66″	高速公路
伊春市				
1	伊春市伊绥高速	47°41′59.23″	128°45′13.63″	高速公路
2	伊春市伊绥高速	47°41′59.94″	128°47′2.31″	高速公路
3	伊春市伊绥高速	47°42′13.5″	128°49′1.28″	高速公路
4	伊春市山镇路与透笼山街交口	47°41′59.23″	128°45′13.63″	支路
5	伊春市兴安街与山珍路交口	47°43′34.51″	128°50′20.42″	支路
6	伊春市新兴西大街与花园路交口	47°43′1.77″	128°52′4.36″	主干路
7	伊春市新兴中大街与黎明路交口	47°43′19.83″	128°52′49.31″	主干路
8	伊春市新兴东大街与通河路交口	47°43′28.74″	128°53′53.3″	主干路
9	伊春市通山路与友谊街交口	47°44′10.11″	128°54′38.91″	次干路
10	伊春市建材路与齐林路交口	47°43′33.81″	128°52′59.28″	次干路

4.2.2.3 城市扬尘

城市扬尘样品的采集，按网格法设采样点，基本均匀布设。布点周围尽量避免烟尘、工业粉尘、汽车、建筑工地等人为污染源的干扰。

城市扬尘采集点位一般设在建筑物较长时间未打扫的窗台或平台上，用洁净的毛刷将城市扬尘扫入样品袋中，1～2 kg/袋，或使用我站发明的采样器经切割器切割后直接采集至滤膜上。在采样过程中注意保有代表性，避免其他物质的污染，采样高度为 5～15 m。于 2013 年 12 月和 2014 年 7—8 月采集了城市扬尘样品 110 个，具体采样点位和数量见表 4-3。

表 4-3 黑龙江省城市扬尘采样点位名称

序号	采样地点	纬度	经度	所在功能区
哈尔滨市				
1	哈尔滨市和平桥	45°43′36.11″	126°38′47.60″	行政区
2	哈尔滨市中医学院	45°43′19.66″	126°38′23.65″	文教区
3	哈尔滨市红旗大街	45°43′50.17″	126°41′04.49″	居住区
4	哈尔滨市先锋路	45°45′51.84″	126°41′07.12″	居住区
5	哈尔滨市文昌污水厂	45°48′59.45″	126°42′38.07″	工业区
6	哈尔滨市道外十四道街	45°47′24.36″	126°38′39.29″	居住区
7	哈尔滨市师大	45°49′60.01″	126°30′35.95″	文教区
8	哈尔滨市有色地质大厦	45°42′17.53″	126°38′28.60″	行政区
9	哈尔滨市征仪路	45°41′45.07″	126°36′58.77″	居住区
10	哈尔滨市学府路	45°44′18.70″	126°35′18.21″	居住区
11	哈尔滨市建国街	45°49′60.02″	126°30′35.95″	行政区
齐齐哈尔市				
1	齐齐哈尔市建华区浏圆安居小区	47°21′58.39″	123°56′15.22″	居住区
2	齐齐哈尔市建华区第八中学	47°21′34.26″	123°58′45.39″	文教区
3	齐齐哈尔铁峰第二小学	47°21′4.31″	123°59′43.18″	文教区
4	齐齐哈尔市铁锋区鑫欣花园	47°20′27.6″	123°0′32.16″	居住区
5	齐齐哈尔市龙沙区青云小区	47°19′56.58″	123°57′30.65″	居住区
6	齐齐哈尔市龙沙区亚麻厂卫生所	47°18′58.3″	123°36′50.44″	工业区
7	齐齐哈尔市富拉尔基区红岸体育场	47°12′32.54″	123°38′37.61″	工业区
8	齐齐哈尔市富拉尔基向阳小区	47°12′7.12″	123°38′55.55″	居住区

序号	采样地点	纬度	经度	所在功能区
		大庆市		
1	大庆市安惠小区	46°35′51.85″	125° 6′46.15″	居住区
2	大庆市大唐世家	46°37′23.31″	125° 8′26.10″	居住区
3	大庆市奥林国际公寓	46°35′46.88″	124°54′33.41″	居住区
4	大庆市阳光嘉城	46°37′27.39″	124°51′10.90″	居住区
5	大庆市银浪温馨家园	46°30′37.36″	124°52′25.80″	居住区
6	大庆市沁园小区	46°30′42.47″	125° 4′12.11″	居住区
7	大庆市萨东第二小学	46°35′43.06″	125° 3′31.59″	文教区
8	大庆市兰德学校	46°36′57.42″	125° 7′3.88″	文教区
9	大庆市第四中学	46°32′54.51″	125° 8′53.64″	文教区
10	大庆市中国石油石化公司	46°26′53.36″	125°12′1.86″	工业区
11	大庆市富强液化气公司	46°38′5.36″	124°49′59.24″	工业区
12	大庆市国土大厦	46°34′38.99″	125° 8′30.66″	行政区
13	大庆市政府大楼	46°35′15.77″	125° 5′50.71″	行政区
		绥化市		
1	绥化市黄河南路 73 号	46°37′48.66″	126°58′44.33″	居住区
2	绥化市党政办公中心	46°39′16.4″	126°58′11.6″	行政区
3	绥化市西直南三路教堂	46°37′48″	126°58′43.31″	居住区
4	绥化市绥达花园门卫	46°39′6.42″	126°58′26.34″	居住区
5	绥化市绥达花园车库	46°39′3.72″	126°58′1.87″	居住区
6	绥化市电业局	46°37′48.22″	126°58′43.58″	行政区
7	绥化市第五中学	46°37′41.66″	126°57′39.33″	文教区
8	绥化市林业机械厂	46°37′49.68″	127° 0′51.55″	工业区
9	绥化市九三小学	46°38′4.91″	126°57′47.40″	文教区
		鹤岗市		
1	鹤岗市环保局	47°20′06.90″	130°16′32.84″	行政区
2	鹤岗市哈啤环境监测站房	47°20′05.77″	130°15′57.16″	工业区
3	鹤岗市东山纸板厂	47°20′57.31″	130°19′02.14″	工业区
4	鹤岗市斯达公园	47°16′31.20″	130°15′39.60″	居住区
5	鹤岗市五号水库	47°20′17.50″	130°06′34.80″	风景区
6	鹤岗市煤城小学	47°20′52.77″	130°17′33.20″	文教区
7	鹤岗市九马路光泽小区	47°20′41.56″	130°16′57.72″	居住区
8	鹤岗市站前路先锋小区	47°20′14.73″	130°16′23.51″	居住区

序号	采样地点	纬度	经度	所在功能区
双鸭山市				
1	双鸭山市人民广场	46°37′52.13″	131°09′34.81″	居住区
2	双鸭山市四马路中心血站	46°38′11.74″	131°09′13.77″	居住区
3	双鸭山市盛泰家园	46°38′21.54″	131°09′16.72″	居住区
4	双鸭山市矿工大厦	46°37′58.91″	131°09′44.9″	工业区
5	双鸭山市政府	46°38′37.27″	131°09′8.72″	行政区
6	双鸭山市司法大厦	46°38′37.38″	131°09′44.66″	行政区
7	双鸭山市二十六中学	46°37′48.76″	131°10′18.32″	文教区
8	双鸭山市十八中学	46°38′54.72″	131° 9′34.97″	文教区
佳木斯市				
1	佳木斯市长安新城	46°48′0.19″	130°19′30.79″	居住区
2	佳木斯市鹤电小区	46°48′2.22″	130°20′51.21″	居住区
3	佳木斯市金港湾	46°48′59.68″	130°22′40.96″	居住区
4	佳木斯市万达小区	46°47′22.75″	130°19′45.64″	行政区
5	佳木斯市政府大楼	46°47′50.77″	130°18′39.34″	行政区
6	佳木斯市机电厂	46°48′53.38″	130°22′59.83″	工业区
7	佳木斯市第三中学	46°48′21.37″	130°20′16.84″	文教区
8	佳木斯市第一中学	46°48′3.97″	130°20′43.25″	文教区
七台河市				
1	七台河市环保局	45°46′4.46″	131° 0′12.75″	行政区
2	七台河市银泉小区	45°46′35.17″	131° 0′7.24″	居住区
3	七台河市学府华庭	45°46′33.08″	131° 0′37.01″	居住区
4	七台河市总园小区	45°45′55.75″	131° 0′26.09″	居住区
5	七台河市时代丽都小区	45°45′33.13″	131° 0′25.51″	居住区
6	七台河市第十小学	45°45′56.22″	131° 1′8.05″	文教区
7	七台河市雪松中学	45°46′18.28″	130°58′55.97″	文教区
8	七台河市金山选煤公司	45°46′46.21″	130°59′26.69″	工业区
鸡西市				
1	鸡西市跃进家园	45°16′57.12″	130°58′2.74″	居住区
2	鸡西市南星花园	45°17′27.6″	130°58′18.49″	居住区
3	鸡西市中兴家园	45°18′1.89″	130°59′31.3″	居住区
4	鸡西市园林小区	45°18′4.26″	130°58′40.26″	居住区
5	鸡西市祥光月秀	45°18′38.66″	130°58′14.13″	居住区
6	鸡西市铁南校区	45°18′36.91″	130°56′51.52″	文教区
7	鸡西市河东小区	45°17′51.7″	130°59′46.3″	居住区
8	鸡西市培新小学	45°17′5.45″	130°58′37.61″	文教区
9	鸡西市政府大楼	45°17′33.78″	130°57′42.64″	行政区

序号	采样地点	纬度	经度	所在功能区
		牡丹江市		
1	牡丹江市滨江新村	44°33′35.81″	129°36′27.34″	居住区
2	牡丹江市景苑小区	44°34′1.84″	129°35′5.74″	居住区
3	牡丹江市水利小区	44°34′10.30″	129°35′8.68″	居住区
4	牡丹江市怡兴花园小区	44°32′16.07″	129°36′1.27″	居住区
5	牡丹江市财政局	44°34′12.84″	129°37′3.02″	行政区
6	牡丹江市政府	44°33′0.09″	129°37′33.49″	行政区
7	牡丹江市十二中学	44°35′29.54″	129°38′10.76″	文教区
8	牡丹江师范学院	44°35′6.34″	129°33′20.54″	文教区
9	牡丹江市造纸厂	44°35′41.62″	129°38′59.61″	工业区
10	牡丹江市怡美家园	44°35′37.18″	129°35′51.41″	居住区
		大兴安岭地区		
1	大兴安岭地区环保局	50°25′33.62″	124° 6′52.33″	行政区
2	加格达奇区技术监督局	50°25′10.3″	124° 8′10.26″	居住区
3	加格达奇区行政大厅	50°25′26.85″	124° 6′30.34″	行政区
4	加格达奇区移动公司	50°24′39.96″	124° 6′56.7″	居住区
5	加格达奇区鑫昌泰水泥厂	50°24′52.12″	124° 11′50.13″	工业区
6	加格达奇区大兴安岭实验中学	50°25′37.06″	124° 8′52.33″	文教区
		黑河市		
1	黑河市亮城家园	50°14′0.56″	127°31′5.11″	居住区
2	黑河市福龙社区	50°14′54.42″	127°28′28.85″	居住区
3	黑河市龙滨花园小区	50°14′16.54″	127°30′27.87″	居住区
4	黑河市政府大楼	50°14′35.87″	127°31′15.13″	行政区
5	黑河市热电厂	50°13′45.41″	127°29′19.30″	工业区
6	黑河市瑷珲区职业技术学院	50°14′46.75″	127°28′6.35″	文教区
		伊春市		
1	伊春市电力家园	47°43′51.22″	128°54′8.79″	居住区
2	伊春市五六青新校区	47°43′47.63″	128°54′53.65″	文教区
3	伊春市环保局	47°43′10.13″	128°51′59.41″	行政区
4	伊春市新兴小区	47°42′56.4″	128°52′19.62″	居住区
5	伊春市电力设备厂	47°42′41.79″	128°50′57.52″	工业区
6	伊春市林业学校	47°43′7.08″	128°52′26.93″	文教区

4.2.2.4 建筑水泥尘

考虑到目前各地市建筑市场主要应用的水泥型号（32.5#和 42.5#），于 2013 年 12 月和

2014 年 7—8 月采集了 80 个水泥样品。

4.2.2.5　燃煤源

选择不同燃烧方式、不同除尘方式、城市典型的燃烧正常的烧煤炉窑（包括火电厂锅炉、一般工业锅炉和工业燃煤窑炉）10 台。用烟道稀释混合湍流分级采样器（FPS，Dekati 公司生产）将上述已经选择好的燃煤炉窑烟道内的颗粒物采集到符合要求的 PM_{10} 和 $PM_{2.5}$ 滤膜上，平行采集两组数据。采样情况见表 4-4、图 4-7。

表 4-4　燃煤源采样信息单

序号	点位名称	锅炉类型	燃料类型	除尘方式	采样位置
1	华能热电	循环流化床 75 t	煤	电除尘	烟道
2	华能热电	链条炉 90 t	煤	湿除尘	烟道
3	华能热电	链条炉 35 t	煤	湿除尘	烟道
4	信义沟污水处理厂	型煤炉 2 t	型煤	无	烟道
5	哈药总厂	循环流化床 50 t	煤	袋除尘	烟道
6	哈飞	抛煤机 35 t	煤	水膜除尘	烟道
7	哈飞	往复炉 25 t	煤	袋除尘	烟道
8	哈师大	链条炉 6 t	煤	多管陶瓷	烟道
9	哈师大	链条炉 10 t	煤	干湿两级	烟道
10	哈热电厂	煤粉炉 1 025 t	煤	电除尘	烟筒

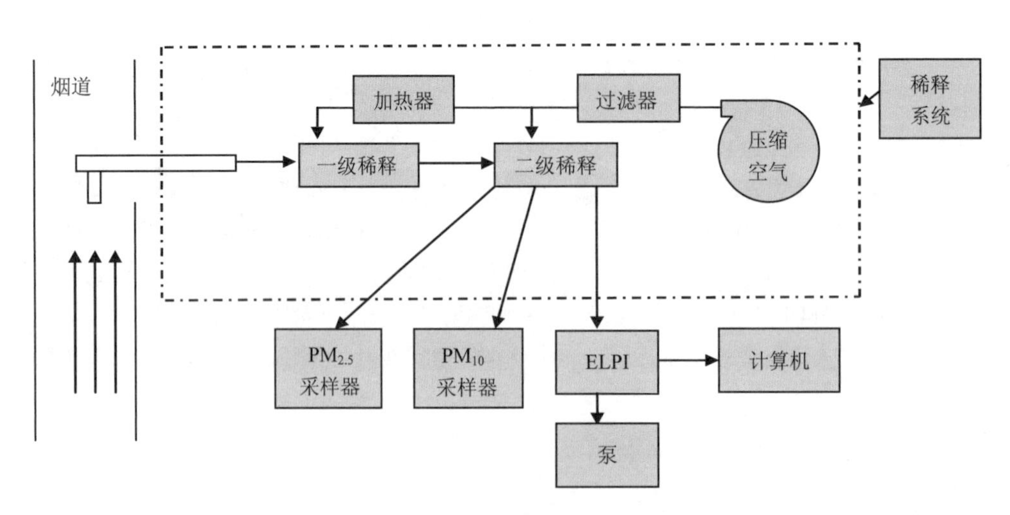

图 4-7　有组织排放颗粒物采样示意图

4.2.2.6　工业废气尘

根据 2013 年黑龙江省工业污染源普查数据，工业废气排放主要为石油化工、煤化工、钢铁及水泥制造行业。对黑龙江省废气排放量较大的企业进行监测，用烟道稀释混合湍流分级采样器将上述已经选择好的工业废气烟道内的颗粒物采集到符合要求的 PM_{10} 及 $PM_{2.5}$ 滤膜上，平行采集两组数据。采样情况见表 4-5，采样示意图见图 4-7。

表 4-5　工业废气尘采样信息单

序号	点位名称	类型	燃料类型	除尘方式	采样位置
1	中石油哈炼	油炉	重油	无	烟道
2	中石油哈炼	燃气炉	天然气	无	烟道
3	中石油哈炼	重整燃气炉	天然气	无	烟道
4	中石油哈炼	油炉	油	无	烟道
5	哈尔滨水泥厂	窑尾	煤	袋除尘	烟道
6	哈尔滨水泥厂	生料磨	—	袋除尘	烟道
7	哈尔滨水泥厂	水泥库下	—	袋除尘	烟道
8	大庆石化总厂	重整加热炉	天然气	无	烟道
9	大庆石化总厂	动力车间油炉	原油	无	烟道
10	七台河宝泰隆焦化	焦炉	煤	无	烟囱
11	七台河宝泰隆焦化	加热炉	焦炉煤气	无	烟囱
12	双鸭山建龙钢铁	炼钢	—	布袋	烟囱
13	双鸭山建龙钢铁	竖炉球团	—	布袋	烟道
14	双鸭山建龙钢铁	烧结机尾	—	布袋	烟道

4.2.2.7　移动源

根据车辆保有量情况，挑选保有量最大的两种车型，包括载客汽车（微、小、中、大型车）、载货汽车（微、轻、中、重型车），每种车型进行随车采样或怠速采样，每辆车平行采集 2～3 组样品。采样情况见表 4-6。

表 4-6　机动车采样信息单

序号	车辆类型	车辆型号
1	载客汽车	宇通天然气公交　宇通 37 人柴油客车　金龙 67 人柴油客车 松花江汽油微型面包　福特全顺柴油面包车　金杯格瑞斯汽油面包车 2.7 一汽大众宝来 1.6　上海大众帕沙特 1.8 丰田 4 500 越野 4.5　尼桑帕拉丁 2.4 捷达汽油出租 1.6　捷达天然气 1.6　捷达柴油 1.8
2	载货汽车	解放重型柴油卡车　东风天锦柴油卡车 15 t

4.2.2.8 餐饮油烟

采样设备与采集固定源设备相同。在烟气排放口进行采样，这样所得到的样品具有很大的真实性。

餐馆的选择上，主要针对分布比较普遍的大中型餐馆及具有代表性的烹调方式进行采样，平行采集两组数据。采样情况见表 4-7，采样示意图见图 4-7。

表 4-7 餐饮油烟尘采样信息单

序号	点位名称	地点	烹调方式	处理方式	采样位置
1	盛世桃园	哈尔滨上海街-安隆街	炒菜	无	烟道
2	天顺源	哈尔滨上海街	火锅	无	烟道
3	双新海鲜	哈尔滨新亭街 18 号	海鲜	无	烟道
4	老太太烧烤	哈尔滨先锋路 541 号	烤肉	无	烟道
5	监测站食堂	哈尔滨道外区卫星路 2 号	炒菜	无	烟道
6	吕屯一头牛烤肉店	齐齐哈尔鹤乡新城二期	烤肉	无	烟道

4.2.2.9 生物质燃烧

选择黑龙江农田典型农作物秸秆（包括水稻、玉米、大豆、枯树叶树枝）进行焚烧，在焚烧点的下风向 10 m 处进行直接采样，每种作物平行采集两组样品。

4.2.2.10 源采样样品量统计

采集全省各类源样品共计 704 个，并建立了黑龙江省源成分谱库。哈尔滨市源样品采集情况见表 4-8。

表 4-8 哈尔滨市源样品采集汇总表

序号	源类	样品种类	样品数/个
1	土壤风沙尘	农田土、植被覆盖土	241
2	道路扬尘	主要交通路面积尘	169
3	城市扬尘	窗台及橱窗等处的灰尘，采样高度 5～10 m	110
4	建筑水泥尘	水泥厂生产的各种标号的水泥	80
5	燃煤源	不同煤质、吨位燃煤锅炉除尘后烟尘	20
6	工业废气尘	工业废气排放量大的企业污染源	28
7	移动源	载客、载货汽车的尾气	36
8	餐饮油烟	烹调过程中产生的油烟	12
9	生物质燃烧	农田秸秆焚烧	8
合计			704

4.3　受体样品采集点位的设置及采样

4.3.1　采样布点

根据《环境空气颗粒物来源解析监测方法指南（试行）》的布点原则，选择各市建成区内国家环境空气自动监测点位作为源解析的环境受体采样点。各城市环境受体采样点位置及功能区情况见表 4-9。

表 4-9　各城市环境受体采样点位置及功能区情况

序号	地区点位名称	经度	纬度	功能区
1	哈尔滨市岭北	126°32′35.16″	45°45′09.90″	对照点
2	哈尔滨市学府路	126°36′3.87″	45°43′18.38″	混合区
3	哈尔滨市红旗大街	126°41′26.47″	45°44′34.27″	混合区
4	哈尔滨市和平桥	126°38′48.60″	45°43′35.36″	混合区
5	齐齐哈尔市环境监测站	123°56′48.43″	47°18′06.11″	混合区
6	大庆市龙凤区	125°06′38.31″	46°31′35.44″	混合区
7	大庆市让胡路区	124°52′05.67″	46°39′34.91″	混合区
8	绥化市人和东街	126°58′45.92″	46°38′07.92″	混合区
9	鹤岗市哈啤分公司	130°16′03.99″	47°20′38.76″	混合区
10	双鸭山市环保局	131°09′13.15″	46°39′25.20″	混合区
11	佳木斯市十一中	130°21′53.72″	46°48′24.19″	混合区
12	佳木斯市佳纺	130°16′47.14″	46°48′24.19″	混合区
13	七台河市环保局	131°00′13.70″	45°46′05.07″	混合区
14	鸡西市环保局	130°57′45.46″	45°17′32.73″	混合区
15	牡丹江市环保局	129°36′41.42″	44°33′48.57″	混合区
16	大兴安岭地区环保局	124°06′57.60″	50°25′39.60″	混合区
17	黑河市党校	127°30′53.91″	50°14′02.88″	混合区
18	伊春市中心医院	128°52′02.08″	47°43′15.14″	混合区

此外，将哈尔滨、齐齐哈尔、大庆、绥化、鹤岗、双鸭山、佳木斯、七台河、鸡西、牡丹江 10 个城市的 PM_{10} 自动监测数据进行了聚类分析，其结果如图 4-8 所示，可以聚为三类：

（1）哈尔滨、齐齐哈尔、大庆和绥化为黑龙江中西部；

（2）鹤岗、双鸭山、佳木斯、七台河和鸡西为黑龙江东北部；

（3）牡丹江为黑龙江东南部。

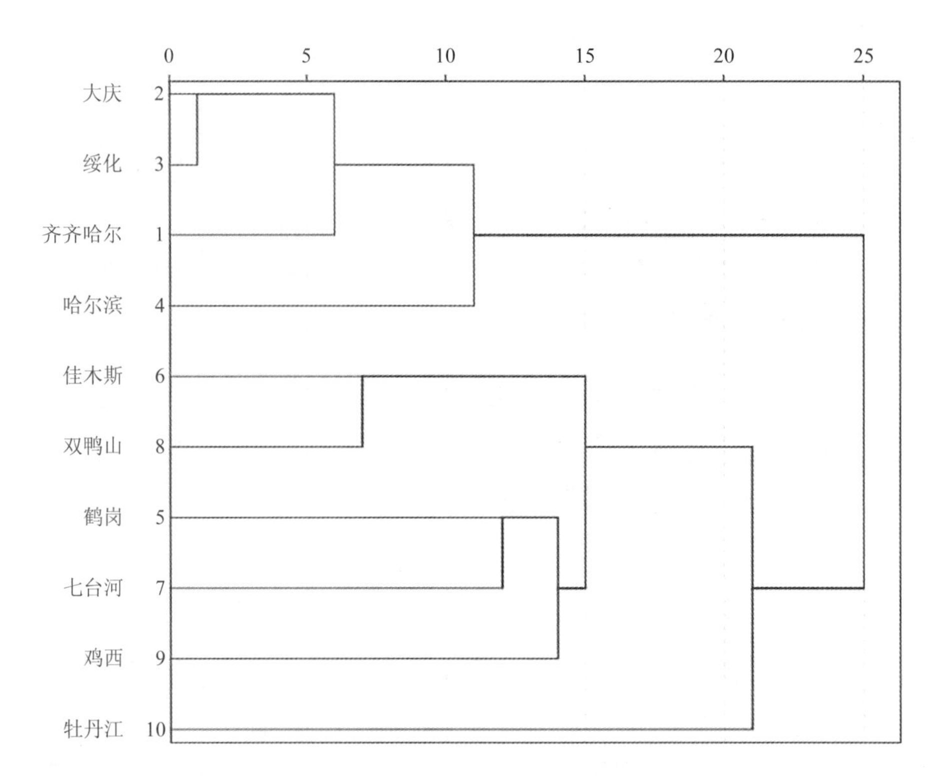

图 4-8　黑龙江省 10 个城市环境受体监测点 PM_{10} 浓度聚类分析

综上说明本项目所选的点位和区域没有重复性，与黑龙江省土地利用和工业布局基本一致，可代表黑龙江省不同的区域。本次源解析项目选点具有代表性和合理性。

4.3.2　采样时间

根据全省各城市的气候特点，将采样周期确定为非采暖季、采暖季两个时期，每个时期采样各 15 天，采样时间设置为每天 23 h。具体采样周期见表 4-10。

表 4-10　受体采样时间和频次情况

序号	时期	采样周期	频次/天
1	非采暖季	2014 年 7 月 23 日—8 月 6 日	15
2	采暖季	2014 年 10 月 28 日—11 月 11 日	15

第 5 章　PM_{10} 和 $PM_{2.5}$ 化学成分特征分析

5.1　PM_{10} 和 $PM_{2.5}$ 质量浓度特征

5.1.1　各城市 PM_{10} 和 $PM_{2.5}$ 质量浓度特征

黑龙江省大气颗粒物源解析的数据经整理后，进行数据分析。PM_{10} 和 $PM_{2.5}$ 质量浓度按照采样季节（非采暖季、采暖季和全年），采样区域（中西部、东北部、东南部、西北部和全省）进行绘图比较，见图 5-1～图 5-6。

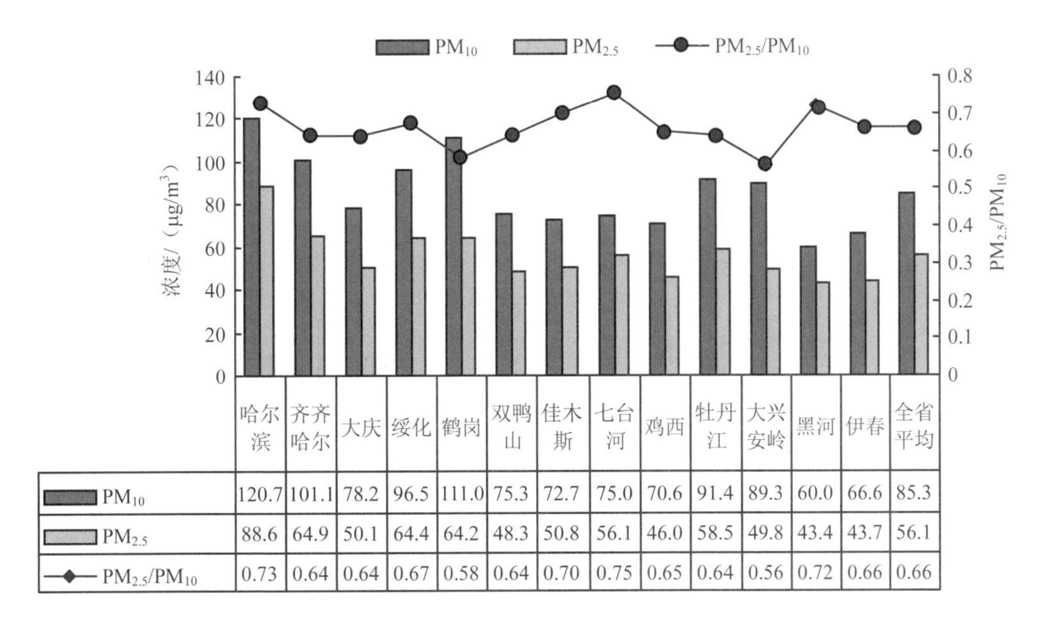

	哈尔滨	齐齐哈尔	大庆	绥化	鹤岗	双鸭山	佳木斯	七台河	鸡西	牡丹江	大兴安岭	黑河	伊春	全省平均
PM_{10}	120.7	101.1	78.2	96.5	111.0	75.3	72.7	75.0	70.6	91.4	89.3	60.0	66.6	85.3
$PM_{2.5}$	88.6	64.9	50.1	64.4	64.2	48.3	50.8	56.1	46.0	58.5	49.8	43.4	43.7	56.1
$PM_{2.5}/PM_{10}$	0.73	0.64	0.64	0.67	0.58	0.64	0.70	0.75	0.65	0.64	0.56	0.72	0.66	0.66

图 5-1　非采暖季采样期间各城市 $PM_{2.5}$ 和 PM_{10} 浓度时间变化

图 5-1 为非采暖季采样期间 13 个地市 PM_{10} 和 $PM_{2.5}$ 的质量浓度分布。整体来看，各城市 PM_{10} 和 $PM_{2.5}$ 的浓度水平差异很大，其中地处北端的黑河市的 PM_{10} 和 $PM_{2.5}$ 浓度值最低，而黑龙江的省会城市哈尔滨的 PM_{10} 和 $PM_{2.5}$ 浓度值最高；两城市的 PM_{10} 和 $PM_{2.5}$

浓度均相差约两倍。与《环境空气质量标准》（GB 3095—2012）的二级标准相比，除哈尔滨的 $PM_{2.5}$ 日均质量浓度（88.6 μg/m^3）略微超标外，其他各城市均达到 PM_{10}（150 μg/m^3）和 $PM_{2.5}$（75 μg/m^3）质量浓度的二级标准。就 $PM_{2.5}/PM_{10}$ 比值而言，黑龙江省各城市的比值差别不是很大，其中七台河的比值最高（0.75），而大兴安岭的比值最低（0.56）。PM_{10} 主要以细颗粒物为主。

图 5-2 为采暖季采样期间各城市 PM_{10} 和 $PM_{2.5}$ 的质量浓度分布。整体来看，哈尔滨与其他各城市 PM_{10} 和 $PM_{2.5}$ 的浓度水平差异很大，其中哈尔滨的 PM_{10} 和 $PM_{2.5}$ 浓度值最高，分别为 436.1 μg/m^3 和 358.7 μg/m^3；其他各城市的 PM_{10} 浓度值大多在 130 μg/m^3 左右，其中伊春的 PM_{10} 浓度最低为 90.3 μg/m^3；其他各城市的 $PM_{2.5}$ 浓度值大多在 90 μg/m^3 左右，其中黑河的 $PM_{2.5}$ 浓度最低为 58.8 μg/m^3。与《环境空气质量标准》（GB 3095—2012）的二级标准相比，PM_{10} 日均质量浓度哈尔滨、绥化、鹤岗超标；$PM_{2.5}$ 日均质量浓度除齐齐哈尔、黑河、伊春外其他 10 个城市全部超标。就 $PM_{2.5}/PM_{10}$ 比值而言，黑龙江省各城市的比值差别较大，其中哈尔滨和大庆比值最高，均为 0.82；只有齐齐哈尔的比值（0.45）低于 0.5。PM_{10} 主要是以细颗粒物为主，采暖季 $PM_{2.5}$ 污染相对较为严重。

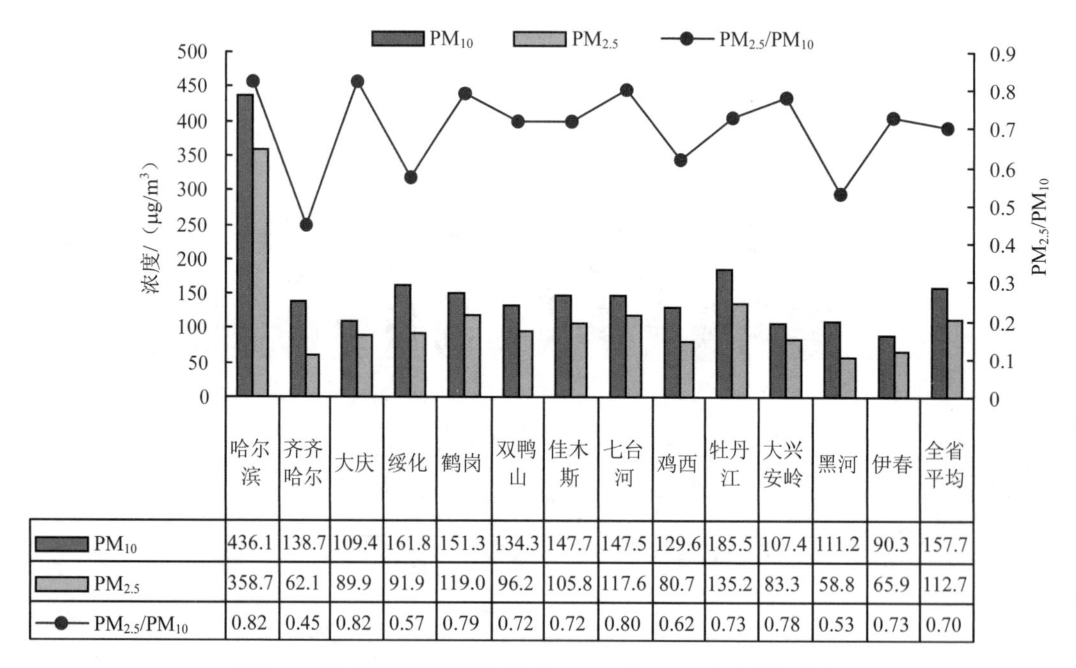

	哈尔滨	齐齐哈尔	大庆	绥化	鹤岗	双鸭山	佳木斯	七台河	鸡西	牡丹江	大兴安岭	黑河	伊春	全省平均
PM_{10}	436.1	138.7	109.4	161.8	151.3	134.3	147.7	147.5	129.6	185.5	107.4	111.2	90.3	157.7
$PM_{2.5}$	358.7	62.1	89.9	91.9	119.0	96.2	105.8	117.6	80.7	135.2	83.3	58.8	65.9	112.7
$PM_{2.5}/PM_{10}$	0.82	0.45	0.82	0.57	0.79	0.72	0.72	0.80	0.62	0.73	0.78	0.53	0.73	0.70

图 5-2 采暖季采样期间各城市 $PM_{2.5}$ 和 PM_{10} 浓度时间变化

图 5-3 为全年（非采暖季和采暖季）采样期间各点位 PM_{10} 和 $PM_{2.5}$ 的质量浓度分布。整体来看，哈尔滨的 PM_{10} 和 $PM_{2.5}$ 浓度值显著高于其他各城市的浓度水平：哈尔滨的 PM_{10}

和 $PM_{2.5}$ 浓度值分别为 167.2 μg/m³ 和 127.3 μg/m³。其他各城市的 PM_{10} 浓度值在 80～138 μg/m³ 范围内，其中伊春的 PM_{10} 浓度最低；其他各城市的 $PM_{2.5}$ 浓度值在 51～98 μg/m³ 范围内，其中黑河的 $PM_{2.5}$ 浓度最低。与《环境空气质量标准》（GB 3095—2012）的二级标准相比，PM_{10} 日均质量浓度超标的只有哈尔滨；$PM_{2.5}$ 日均质量浓度超标的有哈尔滨、绥化、鹤岗、佳木斯、七台河和牡丹江共 6 个城市。就 $PM_{2.5}/PM_{10}$ 比值而言，七台河的比值最高（0.77），而齐齐哈尔的比值最低（0.52）。PM_{10} 主要是以细颗粒物为主。

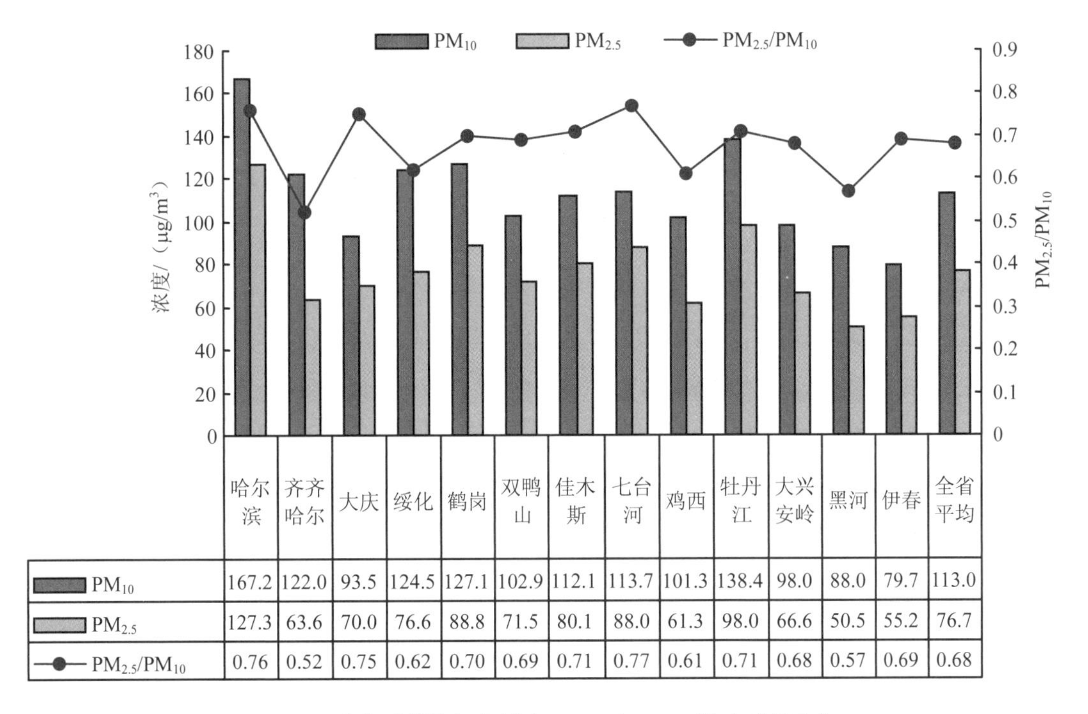

	哈尔滨	齐齐哈尔	大庆	绥化	鹤岗	双鸭山	佳木斯	七台河	鸡西	牡丹江	大兴安岭	黑河	伊春	全省平均
PM_{10}	167.2	122.0	93.5	124.5	127.1	102.9	112.1	113.7	101.3	138.4	98.0	88.0	79.7	113.0
$PM_{2.5}$	127.3	63.6	70.0	76.6	88.8	71.5	80.1	88.0	61.3	98.0	66.6	50.5	55.2	76.7
$PM_{2.5}/PM_{10}$	0.76	0.52	0.75	0.62	0.70	0.69	0.71	0.77	0.61	0.71	0.68	0.57	0.69	0.68

图 5-3　全年采样期间各城市 $PM_{2.5}$ 和 PM_{10} 浓度时间变化

5.1.2　各区域 PM_{10} 和 $PM_{2.5}$ 质量浓度特征

图 5-4 为非采暖季采样期间中西部、东北部、东南部、西北部和全省各点位 PM_{10} 和 $PM_{2.5}$ 的质量浓度分布。整体来看，各区域 PM_{10} 和 $PM_{2.5}$ 的浓度水平差异很大，其中中西部的 PM_{10} 和 $PM_{2.5}$ 浓度值最高，分别为 99.1 μg/m³ 和 67.0 μg/m³；其次是东南部和东北部；而西北部的 PM_{10} 和 $PM_{2.5}$ 浓度值最低分别为 72.0 μg/m³ 和 45.7 μg/m³。与《环境空气质量标准》（GB 3095—2012）的二级标准相比，各区域的 $PM_{2.5}$ 和 PM_{10} 日均质量浓度都分别低于（75 μg/m³ 和 150 μg/m³）质量浓度的二级标准。就 $PM_{2.5}/PM_{10}$ 比值而言，各区域的比值基本无差别，均在 0.65 左右。PM_{10} 主要以细颗粒物为主。

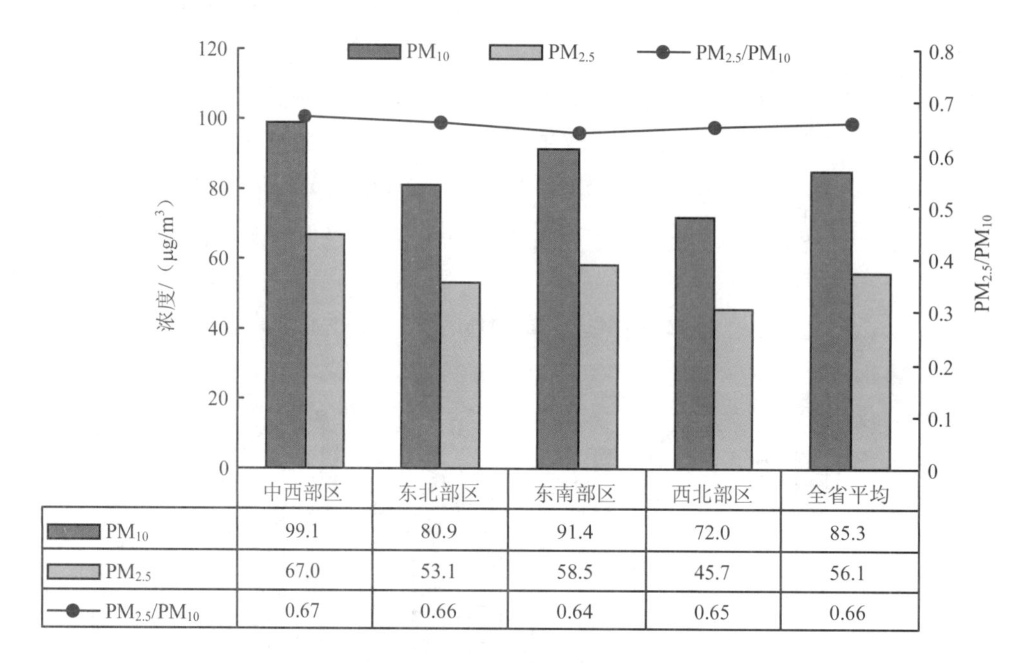

图 5-4 非采暖季采样期间各区域 $PM_{2.5}$ 和 PM_{10} 浓度时间变化

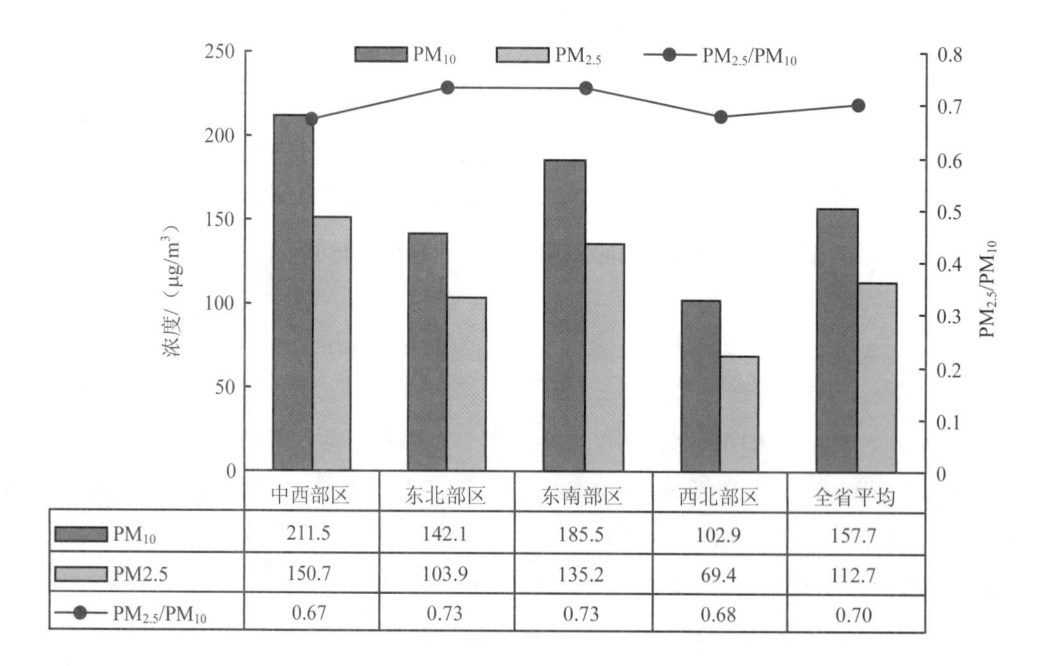

图 5-5 采暖季采样期间各区域 $PM_{2.5}$ 和 PM_{10} 浓度时间变化

图 5-5 为采暖季采样期间中西部、东北部、东南部、西北部和全省各点位 PM_{10} 和 $PM_{2.5}$ 的质量浓度分布。整体来看，各区域 PM_{10} 和 $PM_{2.5}$ 的浓度水平差异很大，中西部的 PM_{10} 和 $PM_{2.5}$ 浓度值是西北部的两倍多，其中中西部的 PM_{10} 和 $PM_{2.5}$ 浓度值分别为 211.5 μg/m^3 和 150.7 μg/m^3；其次是东南部和东北部；而西北部的 PM_{10} 和 $PM_{2.5}$ 浓度值最低，分别为 102.9 μg/m^3 和 69.4 μg/m^3。与《环境空气质量标准》（GB 3095—2012）的二级标准相比，中西部、东南部和全省的 PM_{10} 日均质量浓度以及中西部、东南部、东北部和全省的 $PM_{2.5}$ 日均质量浓度都分别高于（75 μg/m^3 和 150 μg/m^3）质量浓度的二级标准。就 $PM_{2.5}/PM_{10}$ 比值而言，各区域的比值基本无差别，均在 0.70 左右。PM_{10} 主要以细颗粒物为主。

图 5-6 为全年采样期间中西部、东北部、东南部、西北部和全省各点位 PM_{10} 和 $PM_{2.5}$ 的质量浓度分布。整体来看，各区域 PM_{10} 和 $PM_{2.5}$ 的浓度水平差异很大，东南部的 PM_{10} 和 $PM_{2.5}$ 浓度值最高分别为 138.4 μg/m^3 和 98.0 μg/m^3；其次是中西部和东北部；而西北部的 PM_{10} 和 $PM_{2.5}$ 浓度值最低分别为 88.6 μg/m^3 和 57.4 μg/m^3。与《环境空气质量标准》（GB 3095—2012）的二级标准相比，PM_{10} 日均质量浓度各区域均都低于（150 μg/m^3）质量浓度的二级标准；$PM_{2.5}$ 日均质量浓度只有西北部（57.4 μg/m^3）低于质量浓度的二级标准（75 μg/m^3），而中西部、东北部、东南部和全省平均高于质量浓度的二级标准。就 $PM_{2.5}/PM_{10}$ 比值而言，各区域的比值基本无差别，均在 0.7 左右。PM_{10} 主要以细颗粒物为主。

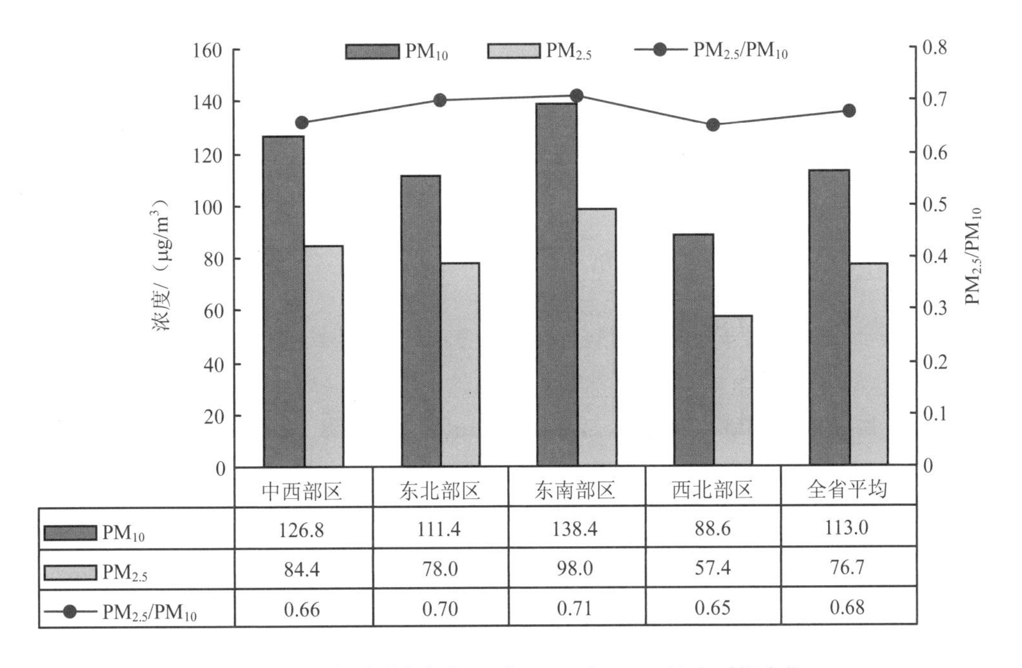

	中西部区	东北部区	东南部区	西北部区	全省平均
PM_{10}	126.8	111.4	138.4	88.6	113.0
$PM_{2.5}$	84.4	78.0	98.0	57.4	76.7
$PM_{2.5}/PM_{10}$	0.66	0.70	0.71	0.65	0.68

图 5-6　全年采样期间各区域 $PM_{2.5}$ 和 PM_{10} 浓度时间变化

5.1.3 全省各时期颗粒物特征

由图 5-1～图 5-6 可知，PM_{10} 和 $PM_{2.5}$ 平均浓度的季节变化显著，采暖季的 PM 平均浓度显著高于非采暖季。值得注意的是，黑龙江省位于我国的最东北部，采暖季寒冷，故在采暖期供暖所需的能源消耗比我国其他北部省份要多；而较高的能源消耗会带来不可避免的环境问题，即供暖锅炉燃煤排放的增加使 PM_{10} 和 $PM_{2.5}$ 污染加重。

非采暖季的 PM_{10} 和 $PM_{2.5}$ 浓度相对较低，主要是因为供暖锅炉燃煤排放减少，以及非采暖季大气层结不稳定，有利于污染物的扩散。从图 5-1～图 5-6 中还可以看出，采暖季 $PM_{2.5}/PM_{10}$ 的平均比值明显高于非采暖季，表明采暖季颗粒物污染主要是细颗粒物污染。

此外，采暖季采样期间正值农田秸秆焚烧时期，这也对 PM_{10} 和 $PM_{2.5}$ 的浓度具有一定的贡献。2014 年 10 月 27 日，环保部发布了 10 月 13—19 日全国秸秆焚烧火点卫星遥感监测情况，全国 19 个省监测到疑似秸秆焚烧火点共 766 个，其中黑龙江省最多，共 292 个。

5.2 水溶性无机离子组分特征

PM_{10} 和 $PM_{2.5}$ 中的离子组成及其浓度水平按照采样季节（非采暖季、采暖季）、全年和采样区域（中西部、东北部、东南部、西北部）、全省进行比较，见图 5-7～图 5-12。

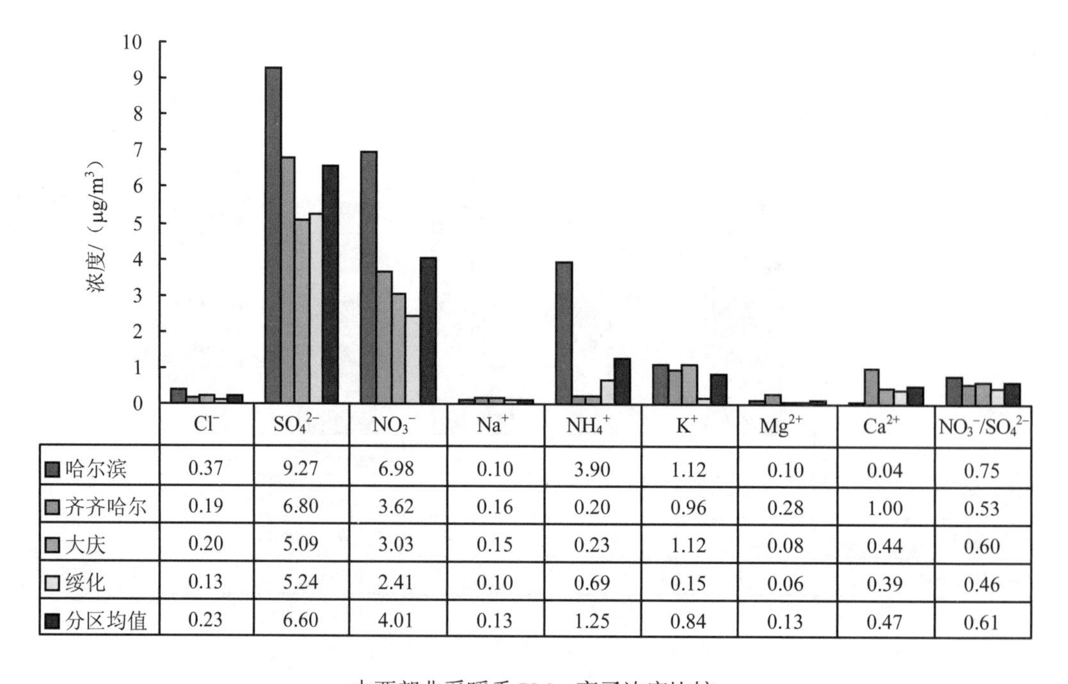

	Cl^-	SO_4^{2-}	NO_3^-	Na^+	NH_4^+	K^+	Mg^{2+}	Ca^{2+}	NO_3^-/SO_4^{2-}
哈尔滨	0.37	9.27	6.98	0.10	3.90	1.12	0.10	0.04	0.75
齐齐哈尔	0.19	6.80	3.62	0.16	0.20	0.96	0.28	1.00	0.53
大庆	0.20	5.09	3.03	0.15	0.23	1.12	0.08	0.44	0.60
绥化	0.13	5.24	2.41	0.10	0.69	0.15	0.06	0.39	0.46
分区均值	0.23	6.60	4.01	0.13	1.25	0.84	0.13	0.47	0.61

中西部非采暖季 $PM_{2.5}$ 离子浓度比较

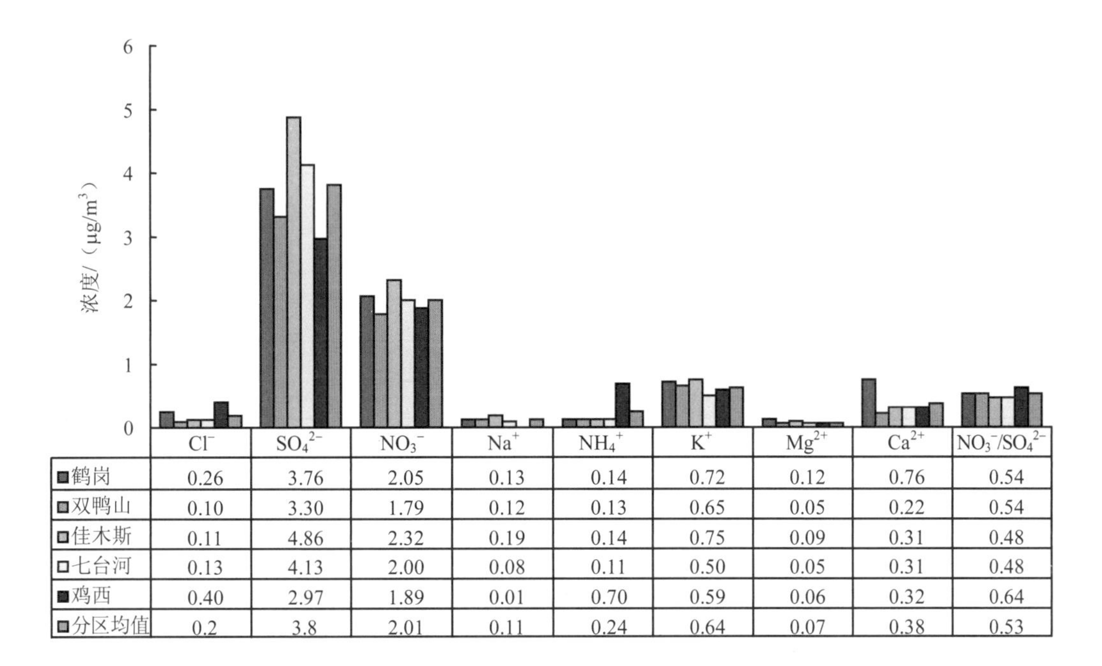

	Cl^-	SO_4^{2-}	NO_3^-	Na^+	NH_4^+	K^+	Mg^{2+}	Ca^{2+}	NO_3^-/SO_4^{2-}
鹤岗	0.26	3.76	2.05	0.13	0.14	0.72	0.12	0.76	0.54
双鸭山	0.10	3.30	1.79	0.12	0.13	0.65	0.05	0.22	0.54
佳木斯	0.11	4.86	2.32	0.19	0.14	0.75	0.09	0.31	0.48
七台河	0.13	4.13	2.00	0.08	0.11	0.50	0.05	0.31	0.48
鸡西	0.40	2.97	1.89	0.01	0.70	0.59	0.06	0.32	0.64
分区均值	0.2	3.8	2.01	0.11	0.24	0.64	0.07	0.38	0.53

东北部非采暖季 $PM_{2.5}$ 离子浓度比较

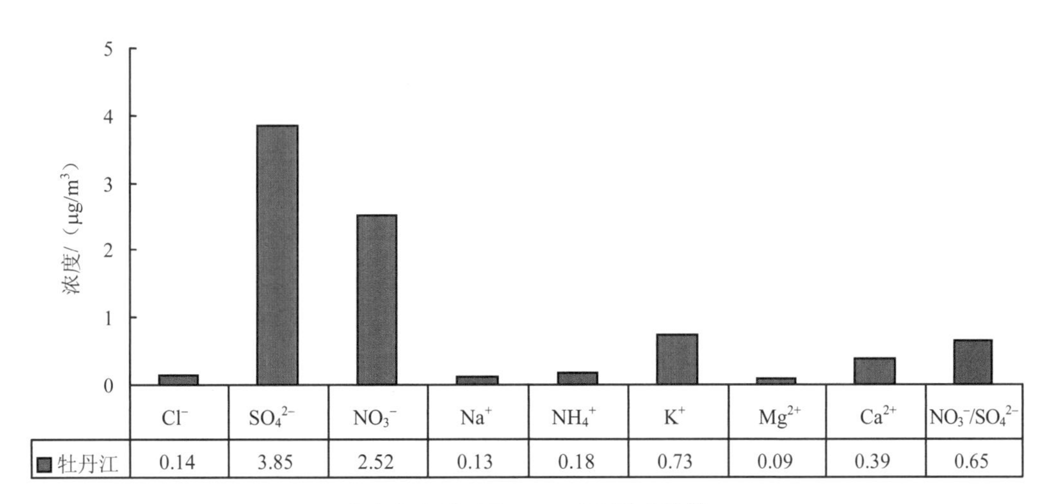

	Cl^-	SO_4^{2-}	NO_3^-	Na^+	NH_4^+	K^+	Mg^{2+}	Ca^{2+}	NO_3^-/SO_4^{2-}
牡丹江	0.14	3.85	2.52	0.13	0.18	0.73	0.09	0.39	0.65

东南部非采暖季 $PM_{2.5}$ 离子浓度比较

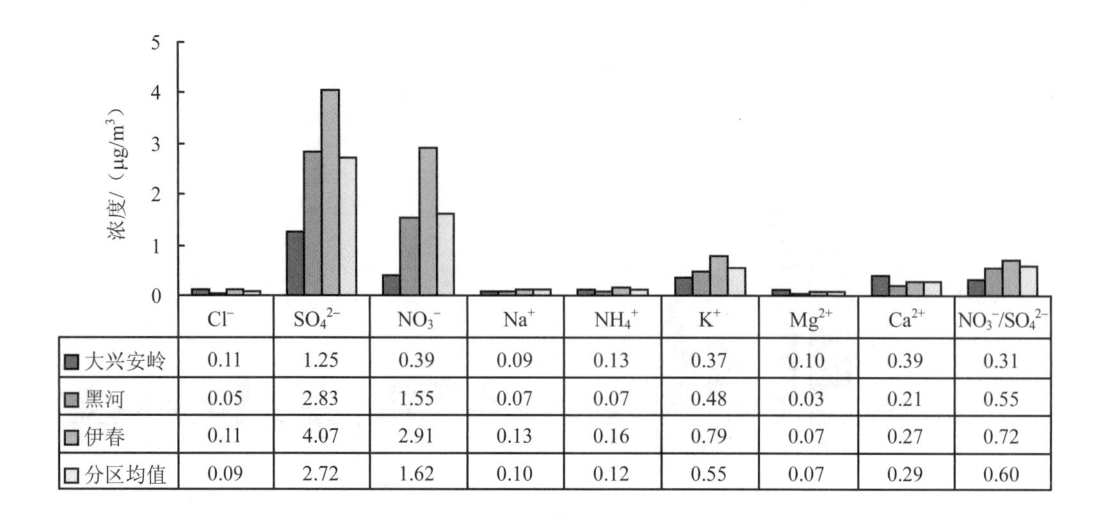

	Cl^-	SO_4^{2-}	NO_3^-	Na^+	NH_4^+	K^+	Mg^{2+}	Ca^{2+}	NO_3^-/SO_4^{2-}
大兴安岭	0.11	1.25	0.39	0.09	0.13	0.37	0.10	0.39	0.31
黑河	0.05	2.83	1.55	0.07	0.07	0.48	0.03	0.21	0.55
伊春	0.11	4.07	2.91	0.13	0.16	0.79	0.07	0.27	0.72
分区均值	0.09	2.72	1.62	0.10	0.12	0.55	0.07	0.29	0.60

西北部非采暖季 $PM_{2.5}$ 离子浓度比较

图 5-7 全省非采暖季 13 个市地 $PM_{2.5}$ 中的离子组分平均浓度

5.2.1 $PM_{2.5}$ 离子组分特征

5.2.1.1 非采暖季

如图 5-7 所示，非采暖季 13 个市地的 $PM_{2.5}$ 中的离子组成大体相似：SO_4^{2-}、NO_3^-、K^+ 和 NH_4^+ 在离子中占主要地位。其中，SO_4^{2-} 平均浓度最高，大兴安岭最低（1.25 μg/m³），哈尔滨最高（9.27 μg/m³）；其次是 NO_3^- 平均浓度，大兴安岭最低（0.39 μg/m³），哈尔滨最高（6.98 μg/m³）；K^+ 平均浓度在多数城市的离子中（除哈尔滨，绥化、鹤岗、鸡西和大兴安岭以外）排在前三位，绥化最低（0.15 μg/m³），哈尔滨和大庆并列最高（1.12 μg/m³），非采暖季较高的 K^+ 平均浓度可能与能源消耗（燃煤）有关；NH_4^+ 平均浓度在黑河最低（0.07 μg/m³），哈尔滨最高（3.90 μg/m³）。Cl^-、Na^+、Mg^{2+} 和 Ca^{2+} 的平均浓度在 $PM_{2.5}$ 中较低，除齐齐哈尔之外均小于 0.45 μg/m³。NO_3^-/SO_4^{2-} 比值在不同城市略有不同，但整体而言都小于 1，其中哈尔滨最高（0.75）。这说明在省内，燃煤对 $PM_{2.5}$ 的贡献远大于机动车，在机动车保有量最高的哈尔滨市，受机动车排放影响最为严重。

5.2.1.2 采暖季

如图 5-8 所示，采暖季 13 个市地的 $PM_{2.5}$ 中的离子组成大体相似：SO_4^{2-}、NO_3^-、Cl^-、K^+ 和 NH_4^+ 在离子中占主要地位。其中 SO_4^{2-} 平均浓度最高，黑河最低（2.00 μg/m³），哈尔滨最高（23.09 μg/m³）；其次是 NO_3^- 平均浓度，大兴安岭最低（0.99 μg/m³），哈尔滨最高

（13.60 μg/m³）；K^+平均浓度在多数城市的离子中（除哈尔滨、齐齐哈尔、大庆、双鸭山、佳木斯和牡丹江之外）排在第三位，大兴安岭最低（0.68 μg/m³），哈尔滨最高（6.33 μg/m³），较高的 K^+平均浓度可能与采暖季取暖（秸秆燃烧和燃煤）有关；NH_4^+平均浓度在黑河最低（0.16 μg/m³），哈尔滨最高（7.31 μg/m³）。Cl^-平均浓度在采暖季显著升高，在有些城市（齐齐哈尔、大庆、绥化、双鸭山、佳木斯和牡丹江）甚至高于 K^+和 NH_4^+平均浓度，黑河最低（0.29 μg/m³），哈尔滨最高（5.48 μg/m³）；Na^+、Mg^{2+}和 Ca^{2+}的平均浓度在 $PM_{2.5}$ 中较低，季节变化不大，均小于 1.0 μg/m³。NO_3^-/SO_4^{2-}比值在不同城市的差别较大，与非采暖季远小于 1 的特点不同，其中比值大于 1 的城市只有佳木斯（1.16），而比值接近 1 的城市有绥化（0.81）和鸡西（0.83）。这说明在黑龙江省内采暖季燃煤取暖对 $PM_{2.5}$ 的贡献远远大于机动车，并且燃煤取暖过程中的脱硝技术与装置有限，导致部分城市采暖季的 NO_3^- 浓度明显上升，另外采暖季里较低的温度也有利于硝酸铵在 $PM_{2.5}$ 中稳定存在。

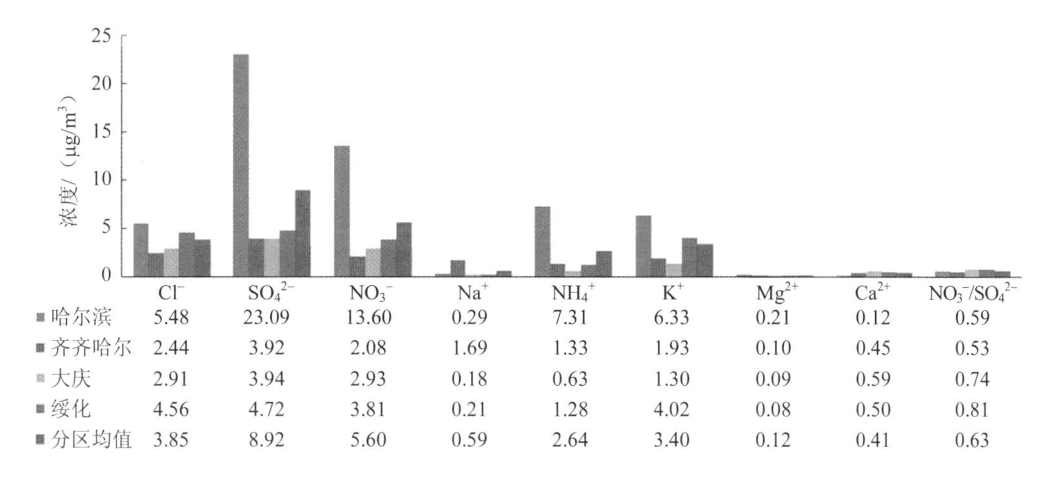

	Cl^-	SO_4^{2-}	NO_3^-	Na^+	NH_4^+	K^+	Mg^{2+}	Ca^{2+}	NO_3^-/SO_4^{2-}
哈尔滨	5.48	23.09	13.60	0.29	7.31	6.33	0.21	0.12	0.59
齐齐哈尔	2.44	3.92	2.08	1.69	1.33	1.93	0.10	0.45	0.53
大庆	2.91	3.94	2.93	0.18	0.63	1.30	0.09	0.59	0.74
绥化	4.56	4.72	3.81	0.21	1.28	4.02	0.08	0.50	0.81
分区均值	3.85	8.92	5.60	0.59	2.64	3.40	0.12	0.41	0.63

中西部采暖季 $PM_{2.5}$ 离子浓度比较

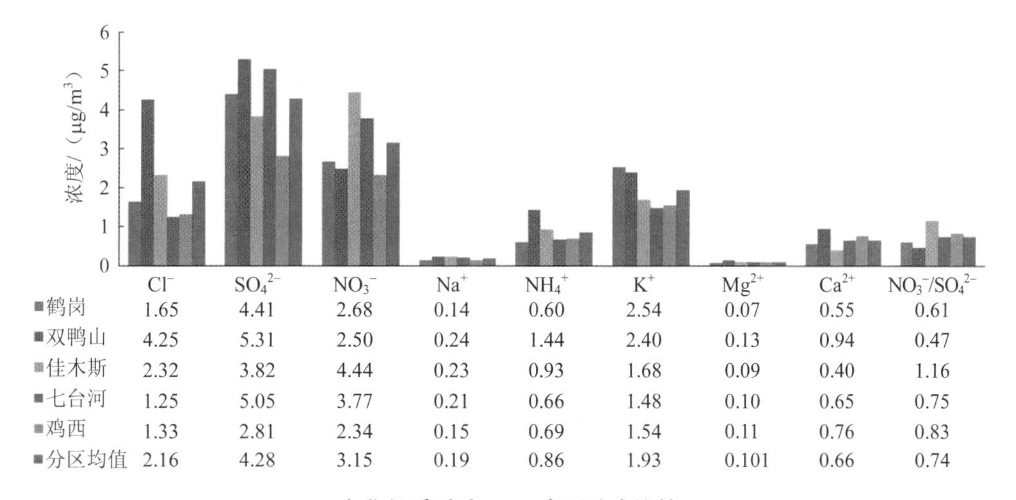

	Cl^-	SO_4^{2-}	NO_3^-	Na^+	NH_4^+	K^+	Mg^{2+}	Ca^{2+}	NO_3^-/SO_4^{2-}
鹤岗	1.65	4.41	2.68	0.14	0.60	2.54	0.07	0.55	0.61
双鸭山	4.25	5.31	2.50	0.24	1.44	2.40	0.13	0.94	0.47
佳木斯	2.32	3.82	4.44	0.23	0.93	1.68	0.09	0.40	1.16
七台河	1.25	5.05	3.77	0.21	0.66	1.48	0.10	0.65	0.75
鸡西	1.33	2.81	2.34	0.15	0.69	1.54	0.11	0.76	0.83
分区均值	2.16	4.28	3.15	0.19	0.86	1.93	0.101	0.66	0.74

东北部采暖季 $PM_{2.5}$ 离子浓度比较

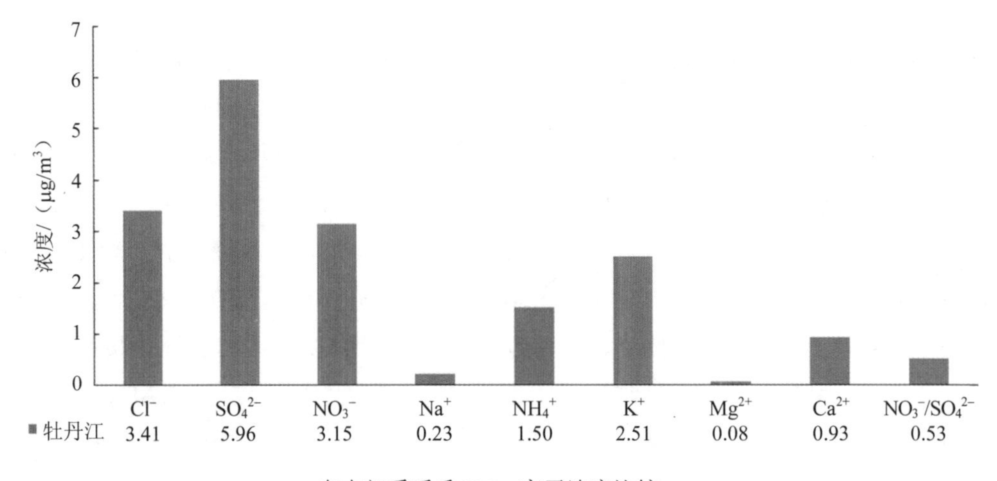

东南部采暖季 $PM_{2.5}$ 离子浓度比较

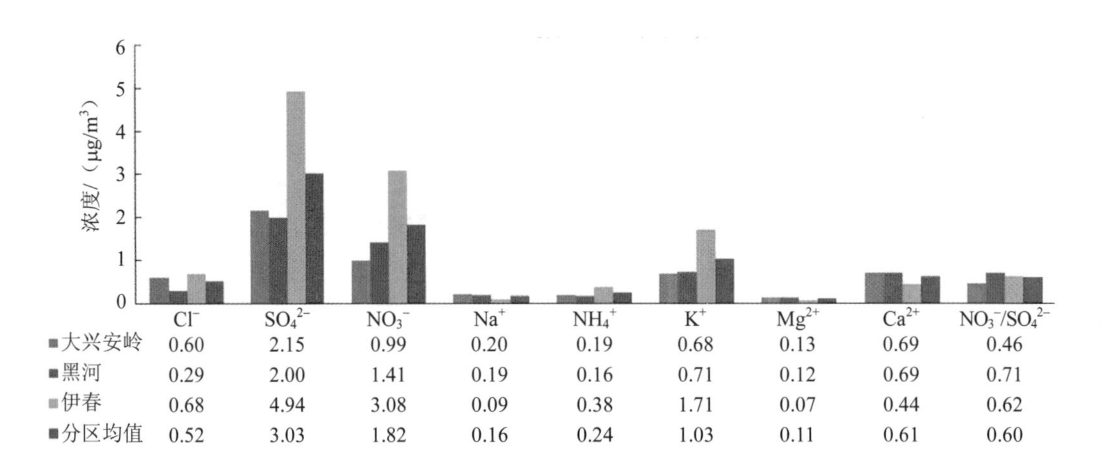

西北部采暖季 $PM_{2.5}$ 离子浓度比较

图 5-8　全省采暖季 13 个市地 $PM_{2.5}$ 中的离子组分平均浓度

5.2.1.3　全年

如图 5-9 所示，全年 13 个市地的 $PM_{2.5}$ 中的离子组成大体相似：SO_4^{2-}、NO_3^-、Cl^-、K^+和 NH_4^+在离子中占主要地位，其中 SO_4^{2-}年平均浓度最高，大兴安岭最低（1.70 μg/m³），哈尔滨最高（8.44 μg/m³）；所有离子中 NO_3^-年平均浓度次高，大兴安岭最低（0.69 μg/m³），哈尔滨最高（5.69 μg/m³）；K^+年平均浓度在多数城市的离子中（哈尔滨、大庆、绥化、双鸭山、佳木斯和牡丹江）排在第三位，大兴安岭最低（0.52 μg/m³），绥化最高（1.87 μg/m³）；NH_4^+年均浓度在黑河最低（0.12 μg/m³），哈尔滨最高（2.86 μg/m³），哈尔滨 $PM_{2.5}$ 中较高

的 NH_4^+平均浓度可能与生活排污有关。Cl^-年平均浓度在各城市差异较大，黑河最低（0.17 μg/m³），绥化最高（2.26 μg/m³），双鸭山次高（2.25 μg/m³）；Na^+、Mg^{2+}和 Ca^{2+}的年平均浓度在 $PM_{2.5}$ 中较低，均小于 0.7 μg/m³；NO_3^-/SO_4^{2-}比值在不同城市的差别不大，比值都小于 1，其中大兴安岭最低（0.40），佳木斯最高（0.81），此比值结果说明，在大兴安岭能源消耗可能较低，而在佳木斯由于受脱硝技术与装置的局限，燃煤时排放出大量的 NO_x 转化成 NO_3^-。

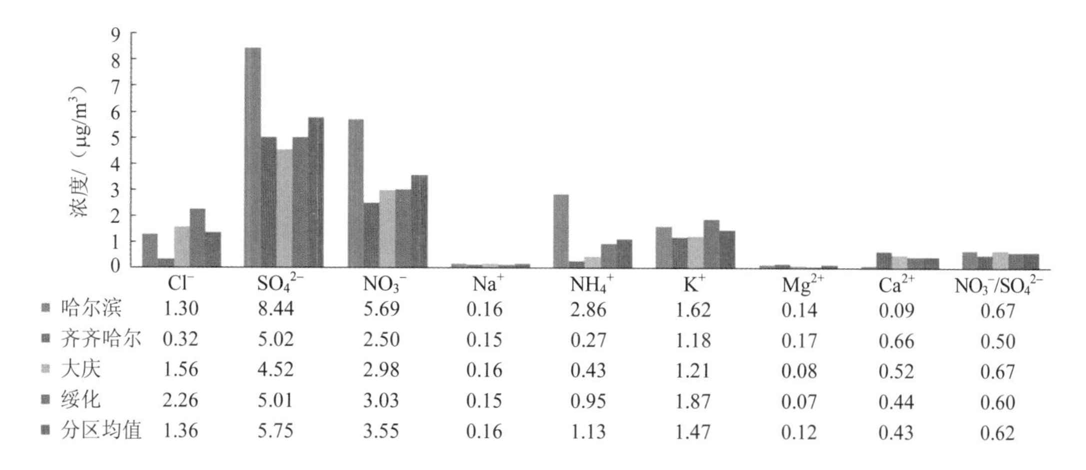

	Cl^-	SO_4^{2-}	NO_3^-	Na^+	NH_4^+	K^+	Mg^{2+}	Ca^{2+}	NO_3^-/SO_4^{2-}
哈尔滨	1.30	8.44	5.69	0.16	2.86	1.62	0.14	0.09	0.67
齐齐哈尔	0.32	5.02	2.50	0.15	0.27	1.18	0.17	0.66	0.50
大庆	1.56	4.52	2.98	0.16	0.43	1.21	0.08	0.52	0.67
绥化	2.26	5.01	3.03	0.15	0.95	1.87	0.07	0.44	0.60
分区均值	1.36	5.75	3.55	0.16	1.13	1.47	0.12	0.43	0.62

中西部全年 $PM_{2.5}$ 离子浓度比较

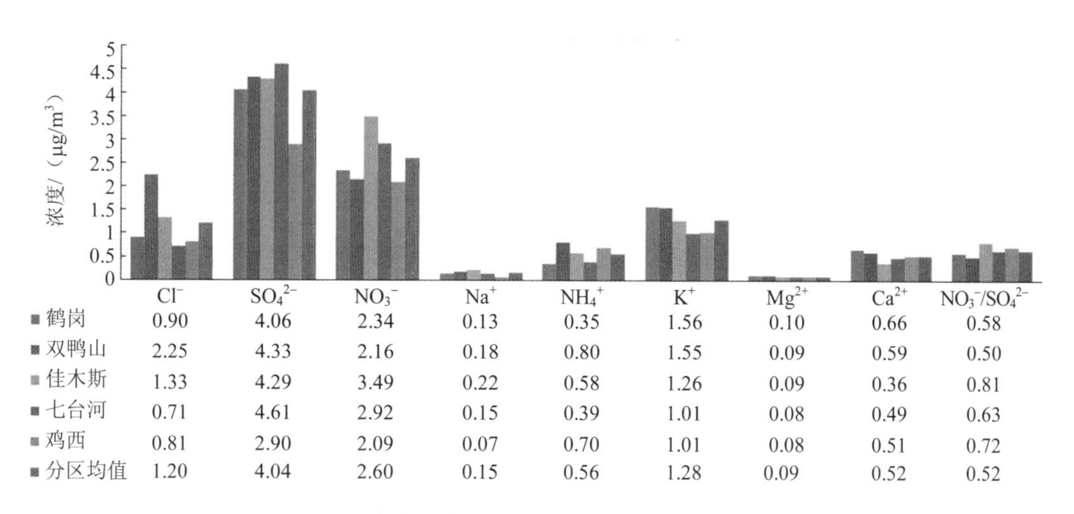

	Cl^-	SO_4^{2-}	NO_3^-	Na^+	NH_4^+	K^+	Mg^{2+}	Ca^{2+}	NO_3^-/SO_4^{2-}
鹤岗	0.90	4.06	2.34	0.13	0.35	1.56	0.10	0.66	0.58
双鸭山	2.25	4.33	2.16	0.18	0.80	1.55	0.09	0.59	0.50
佳木斯	1.33	4.29	3.49	0.22	0.58	1.26	0.09	0.36	0.81
七台河	0.71	4.61	2.92	0.15	0.39	1.01	0.08	0.49	0.63
鸡西	0.81	2.90	2.09	0.07	0.70	1.01	0.08	0.51	0.72
分区均值	1.20	4.04	2.60	0.15	0.56	1.28	0.09	0.52	0.52

东北部全年 $PM_{2.5}$ 离子浓度比较

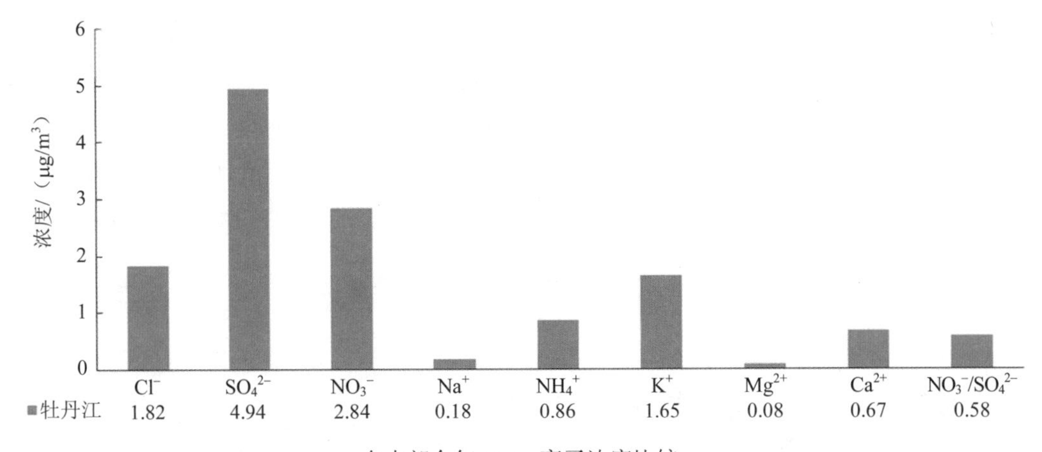

东南部全年 $PM_{2.5}$ 离子浓度比较

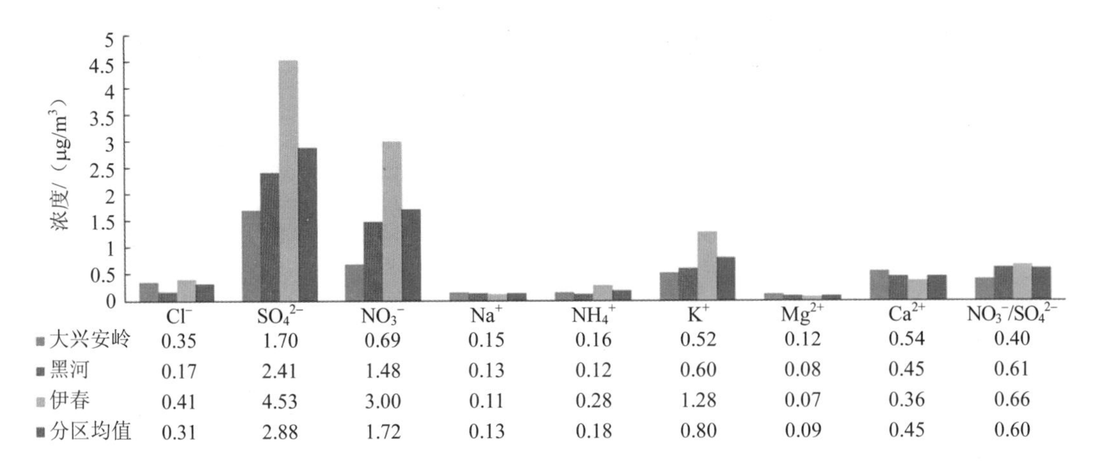

西北部全年 $PM_{2.5}$ 离子浓度比较

图 5-9 黑龙江省 13 个市地全年 $PM_{2.5}$ 中的离子组分平均浓度

5.2.2 PM_{10} 离子组分特征

5.2.2.1 非采暖季

如图 5-10 所示，非采暖季 13 个市地的 PM_{10} 中的离子组成大体相似：SO_4^{2-}、NO_3^-、Ca^{2+}和 K^+在离子中占主要地位，其中 SO_4^{2-}平均浓度最高，其中大兴安岭最低（2.07 μg/m³），哈尔滨最高（10.61 μg/m³）；NO_3^-平均浓度次高，其中大兴安岭最低（0.70 μg/m³），哈尔滨最高（7.81 μg/m³）；Ca^{2+}的平均浓度在 PM_{10} 阳离子中较高，其中在尔滨最低（0.19 μg/m³），齐齐哈尔最高（3.47 μg/m³），哈尔滨 PM_{10} 中较低的 Ca^{2+}浓度除了与城市有较好的绿化有关外，还与对城市扬尘控制较好有关；K^+平均浓度在大多数城市 PM_{10} 阳离子中较高，其中绥化最低（0.20 μg/m³），齐齐哈尔最高（1.30 μg/m³），非采暖季较高的 K^+ 平均浓度可能主要与能源消耗（燃煤）和土壤扬尘有关；NH_4^+ 平均浓度在哈尔滨最高（4.32 μg/m³），绥化次高（0.94 μg/m³），鸡西再次（0.86 μg/m³），除此 3 城市外，其他的 10 个城市均小于 0.32 μg/m³，在七台河最低（0.18 μg/m³）。Cl^-、Na^+ 和 Mg^{2+} 的平均浓度在 $PM_{2.5}$ 中较低，Cl^- 的平均浓度在鸡西最高（0.51 μg/m³），黑河最低（0.14 μg/m³）；作为地壳元素，Na^+ 的平均浓度范围为 0.01～0.35 μg/m³，Mg^{2+} 的平均浓度为 0.10～0.79 μg/m³；NO_3^-/SO_4^{2-} 比值在不同城市的比值略有不同，但整体而言都小于 1，其中哈尔滨最高（0.74），大兴安岭最低（0.34）。这说明在省内，燃煤对 $PM_{2.5}$ 的贡献远大于机动车，在机动车保有量最高的哈尔滨市，受机动车排放最为严重；而在大兴安岭地区，燃煤是 PM_{10} 的主要污染源。

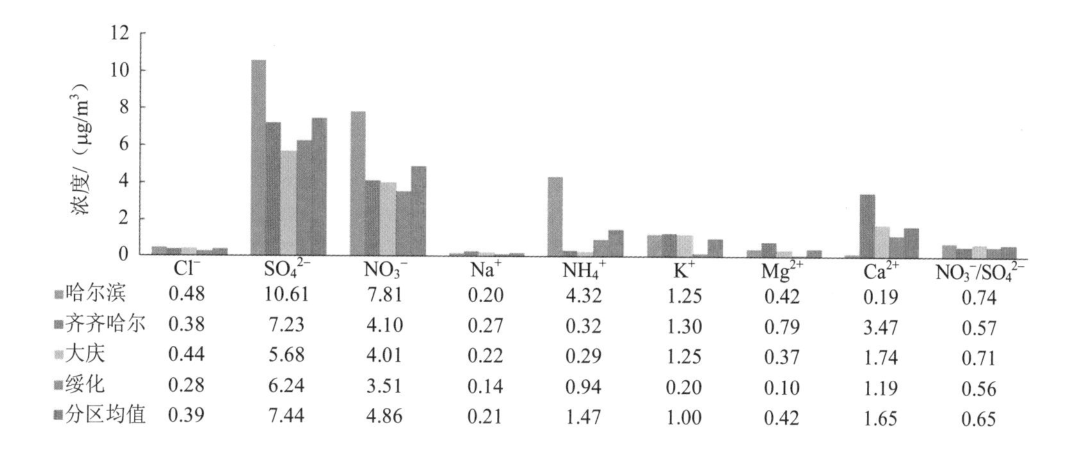

	Cl^-	SO_4^{2-}	NO_3^-	Na^+	NH_4^+	K^+	Mg^{2+}	Ca^{2+}	NO_3^-/SO_4^{2-}
哈尔滨	0.48	10.61	7.81	0.20	4.32	1.25	0.42	0.19	0.74
齐齐哈尔	0.38	7.23	4.10	0.27	0.32	1.30	0.79	3.47	0.57
大庆	0.44	5.68	4.01	0.22	0.29	1.25	0.37	1.74	0.71
绥化	0.28	6.24	3.51	0.14	0.94	0.20	0.10	1.19	0.56
分区均值	0.39	7.44	4.86	0.21	1.47	1.00	0.42	1.65	0.65

中西部非采暖季 PM_{10} 离子浓度比较

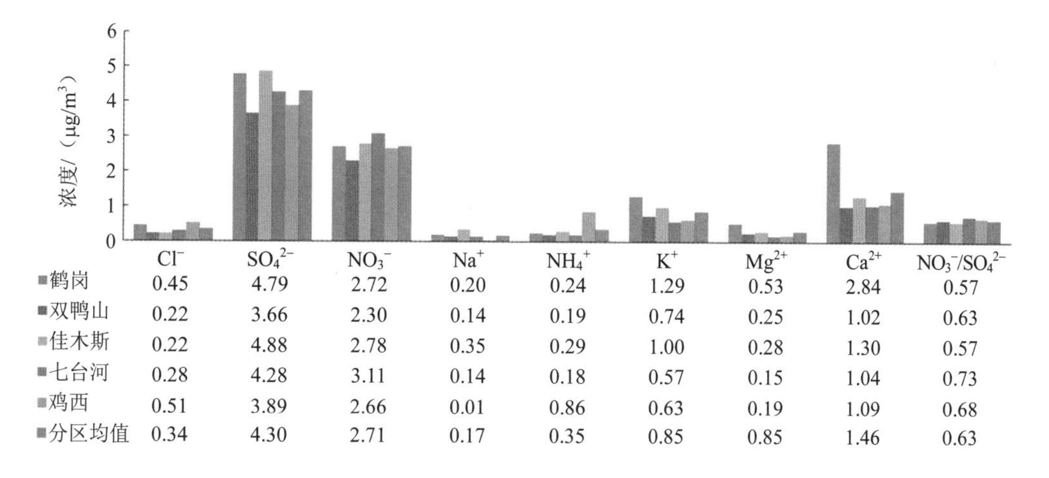

	Cl^-	SO_4^{2-}	NO_3^-	Na^+	NH_4^+	K^+	Mg^{2+}	Ca^{2+}	NO_3^-/SO_4^{2-}
鹤岗	0.45	4.79	2.72	0.20	0.24	1.29	0.53	2.84	0.57
双鸭山	0.22	3.66	2.30	0.14	0.19	0.74	0.25	1.02	0.63
佳木斯	0.22	4.88	2.78	0.35	0.29	1.00	0.28	1.30	0.57
七台河	0.28	4.28	3.11	0.14	0.18	0.57	0.15	1.04	0.73
鸡西	0.51	3.89	2.66	0.01	0.86	0.63	0.19	1.09	0.68
分区均值	0.34	4.30	2.71	0.17	0.35	0.85	0.85	1.46	0.63

东北部非采暖季 PM_{10} 离子浓度比较

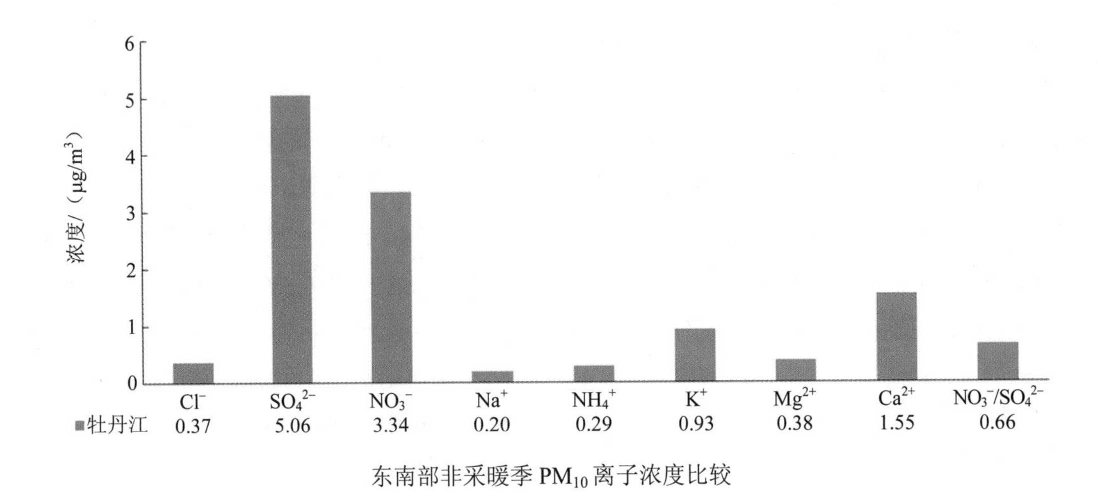

东南部非采暖季 PM_{10} 离子浓度比较

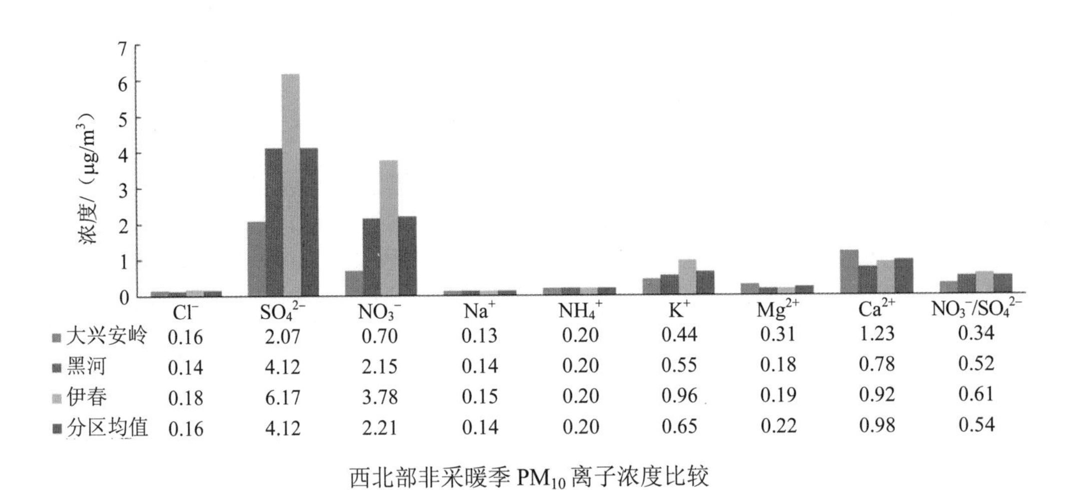

西北部非采暖季 PM_{10} 离子浓度比较

图 5-10 全省非采暖季 13 个市地 $PM_{2.5}$ 中的离子组分平均浓度

5.2.2.2 采暖季

如图 5-11 所示，采暖季 13 个市地的 PM_{10} 中的离子组成大体相似：SO_4^{2-}、NO_3^-、Cl^-、K^+和 Ca^{2+}在离子中占主要地位；各离子组分中 SO_4^{2-}平均浓度最高，其中黑河最低（3.02 μg/m³），哈尔滨最高（26.25 μg/m³）；NO_3^-平均浓度次高，大兴安岭最低（1.13 μg/m³），哈尔滨最高（14.99 μg/m³）；Cl^-平均浓度在采暖季大多数城市显著抬升，黑河最低（0.75 μg/m³），绥化最高（14.20 μg/m³），较高的 Cl^-平均浓度可能与采暖季取暖有关，在绥化燃烧秸秆和散煤取暖现象较为普遍；NH_4^+平均浓度在采暖季显著抬升，黑河最低（0.27 μg/m³），哈尔滨最高（8.31 μg/m³）；K^+平均浓度在采暖季不同城市差异不大，大兴安岭最低（0.94 μg/m³），哈尔滨最高（6.58 μg/m³）；Ca^{2+}的平均浓度在 PM_{10} 中略有提升，季节变化不大，哈尔滨最低（0.42 μg/m^3），牡丹江最高（2.78 μg/m^3）；Na^+和 Mg^{2+}平均浓度的季节变化不大，除齐齐哈尔的 Na^+平均浓度较高外（2.40 μg/m^3），其他城市均小于 0.4 μg/m^3；NO_3^-/SO_4^{2-}比值在不同城市的差别较大，与非采暖季都小于 1 的特点不同。其中比值大于 1 的城市只有佳木斯（1.02）。这说明在采暖季，燃煤取暖对 $PM_{2.5}$ 的贡献远远大于机动车。并且燃煤取暖过程中的脱硝技术与装置有限，导致部分城市采暖季的 NO_3^-浓度上升。另外采暖季里较低的温度也有利于硝酸盐在 PM_{10} 中稳定存在。

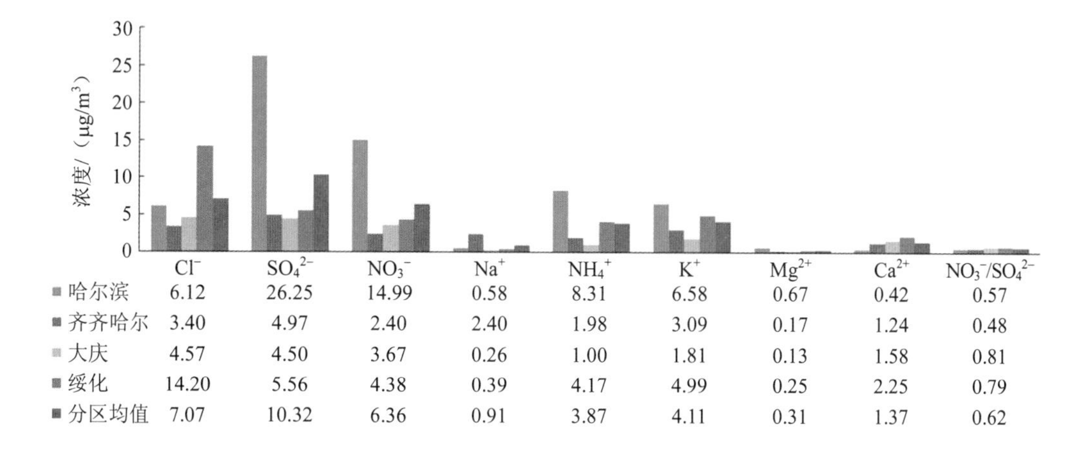

	Cl^-	SO_4^{2-}	NO_3^-	Na^+	NH_4^+	K^+	Mg^{2+}	Ca^{2+}	NO_3^-/SO_4^{2-}
哈尔滨	6.12	26.25	14.99	0.58	8.31	6.58	0.67	0.42	0.57
齐齐哈尔	3.40	4.97	2.40	2.40	1.98	3.09	0.17	1.24	0.48
大庆	4.57	4.50	3.67	0.26	1.00	1.81	0.13	1.58	0.81
绥化	14.20	5.56	4.38	0.39	4.17	4.99	0.25	2.25	0.79
分区均值	7.07	10.32	6.36	0.91	3.87	4.11	0.31	1.37	0.62

中西部采暖季 PM_{10} 离子浓度比较

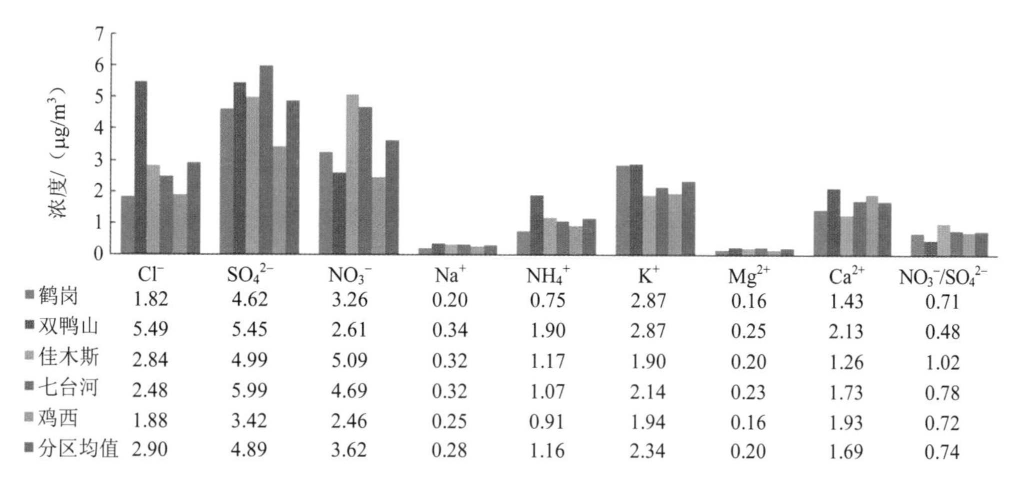

	Cl^-	SO_4^{2-}	NO_3^-	Na^+	NH_4^+	K^+	Mg^{2+}	Ca^{2+}	NO_3^-/SO_4^{2-}
鹤岗	1.82	4.62	3.26	0.20	0.75	2.87	0.16	1.43	0.71
双鸭山	5.49	5.45	2.61	0.34	1.90	2.87	0.25	2.13	0.48
佳木斯	2.84	4.99	5.09	0.32	1.17	1.90	0.20	1.26	1.02
七台河	2.48	5.99	4.69	0.32	1.07	2.14	0.23	1.73	0.78
鸡西	1.88	3.42	2.46	0.25	0.91	1.94	0.16	1.93	0.72
分区均值	2.90	4.89	3.62	0.28	1.16	2.34	0.20	1.69	0.74

东北部采暖季 PM_{10} 离子浓度比较

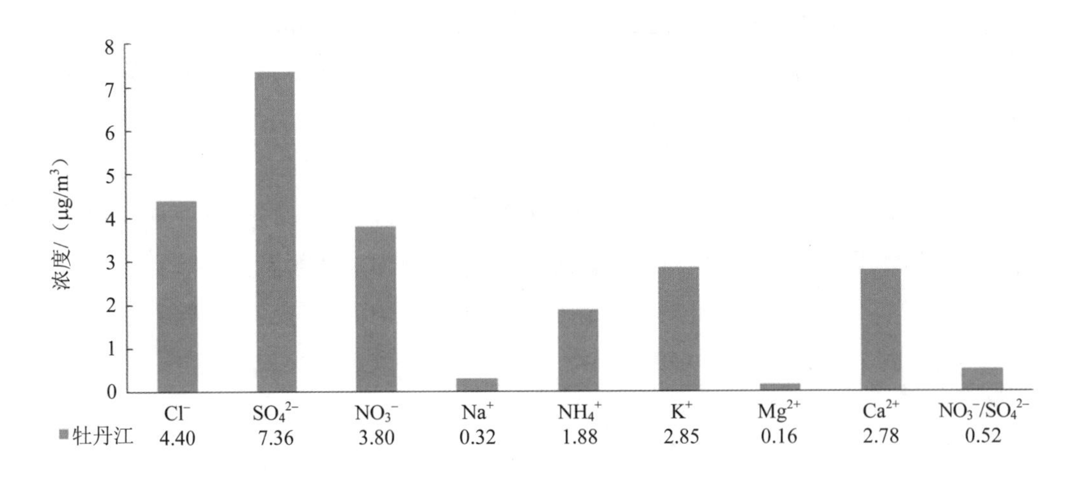

东南部采暖季 PM_{10} 离子浓度比较

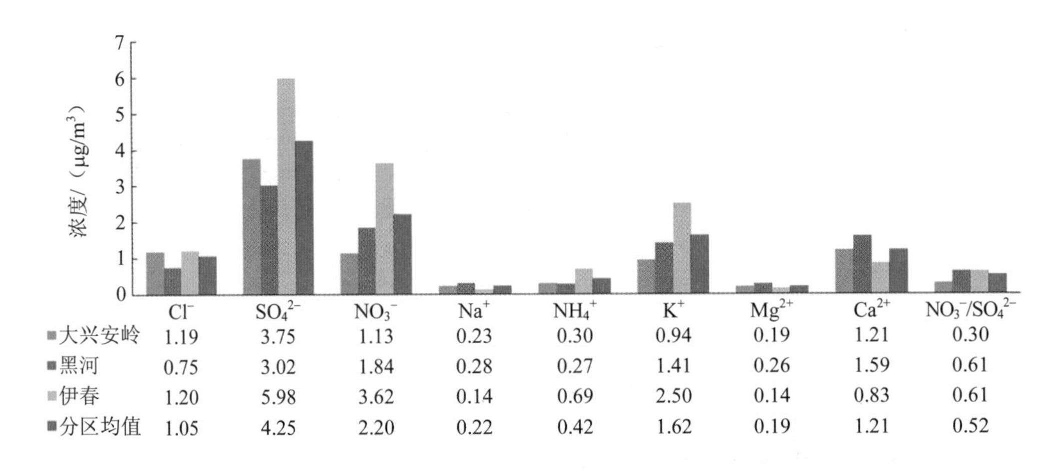

西北部采暖季 PM_{10} 离子浓度比较

图 5-11 黑龙江省采暖季 13 个市地 PM_{10} 中的离子组分平均浓度

5.2.2.3 全年

如图 5-12 所示，全年 13 个市地的 PM_{10} 中的离子组成大体相似：SO_4^{2-}、NO_3^-、Cl^-、K^+和 Ca^{2+}在离子中占主要地位；在各城市离子组分中 SO_4^{2-}年平均浓度最高，在大兴安岭最低（2.89 μg/m³），哈尔滨最高（10.06 μg/m³）；所有离子中 NO_3^-年平均浓度次高，在大兴安岭最低（0.91 μg/m³），哈尔滨最高（6.64 μg/m³）；Cl^-年平均浓度较高，在黑河最低（0.50 μg/m³），绥化最高（6.71 μg/m³）；NH_4^+年均浓度在黑河最低（0.24 μg/m³），哈尔滨最高（3.23 μg/m³），哈尔滨 PM_{10} 中较高的 NH_4^+平均浓度可能与生活排污有关；K^+年平均浓度在各城市略有差异，在大兴安岭最低（0.68 μg/m³），齐齐哈尔最高（2.37 μg/m³）；Ca^{2+} 的年平均浓度在 13 个市地 PM_{10} 中差异较大，在哈尔滨最低（0.28 μg/m³），鹤岗最高（2.27 μg/m³）；Na^{+} 和 Mg^{2+} 的年平均浓度在 PM_{10} 中较低，除了齐齐哈尔的 Na^{+} 平均浓度较高外（1.55 μg/m³），其他 12 个城市的 Na^{+} 年平均浓度都小于 0.34 μg/m³，Mg^{2+} 的年平均浓度都小于 0.43 μg/m³；NO_3^{-}/SO_4^{2-} 比值在不同城市的差别不大，比值都小于 1，其中大兴安岭最低（0.32）、七台河最高（0.76），在大兴安岭能源消耗可能较低，而在七台河，由于受脱硝技术与装置的局限，燃煤时排放出大量的 NO_x 转化成 NO_3^{-}。

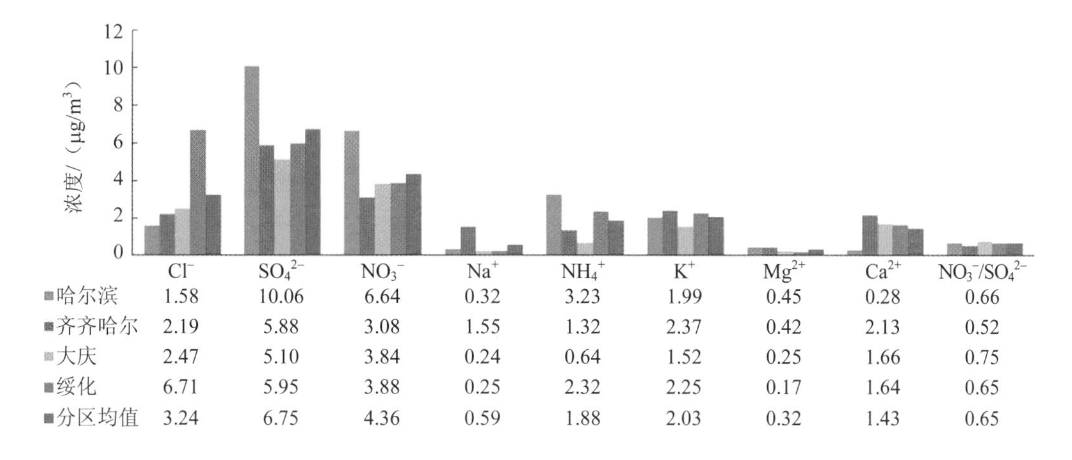

	Cl^{-}	SO_4^{2-}	NO_3^{-}	Na^{+}	NH_4^{+}	K^{+}	Mg^{2+}	Ca^{2+}	NO_3^{-}/SO_4^{2-}
哈尔滨	1.58	10.06	6.64	0.32	3.23	1.99	0.45	0.28	0.66
齐齐哈尔	2.19	5.88	3.08	1.55	1.32	2.37	0.42	2.13	0.52
大庆	2.47	5.10	3.84	0.24	0.64	1.52	0.25	1.66	0.75
绥化	6.71	5.95	3.88	0.25	2.32	2.25	0.17	1.64	0.65
分区均值	3.24	6.75	4.36	0.59	1.88	2.03	0.32	1.43	0.65

中西部全年 PM_{10} 离子浓度比较

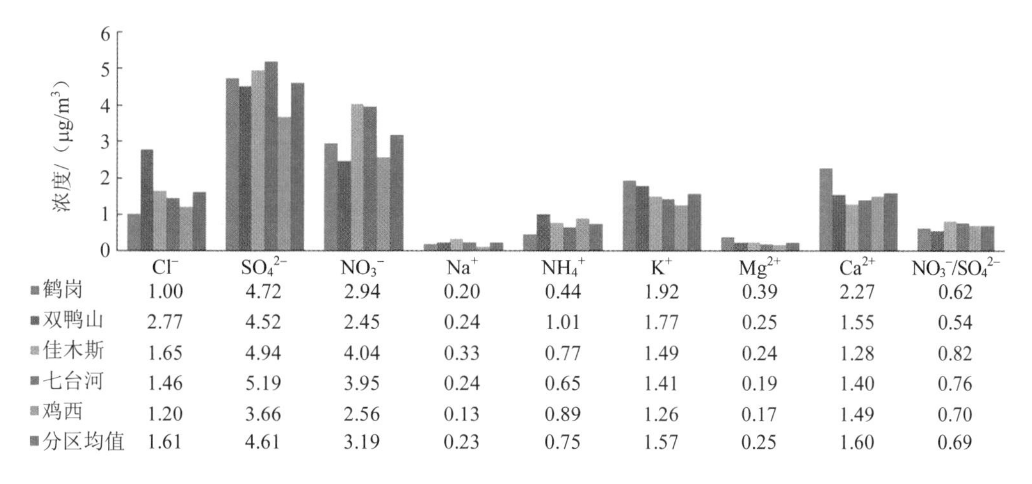

	Cl^{-}	SO_4^{2-}	NO_3^{-}	Na^{+}	NH_4^{+}	K^{+}	Mg^{2+}	Ca^{2+}	NO_3^{-}/SO_4^{2-}
鹤岗	1.00	4.72	2.94	0.20	0.44	1.92	0.39	2.27	0.62
双鸭山	2.77	4.52	2.45	0.24	1.01	1.77	0.25	1.55	0.54
佳木斯	1.65	4.94	4.04	0.33	0.77	1.49	0.24	1.28	0.82
七台河	1.46	5.19	3.95	0.24	0.65	1.41	0.19	1.40	0.76
鸡西	1.20	3.66	2.56	0.13	0.89	1.26	0.17	1.49	0.70
分区均值	1.61	4.61	3.19	0.23	0.75	1.57	0.25	1.60	0.69

东北部全年 PM_{10} 离子浓度比较

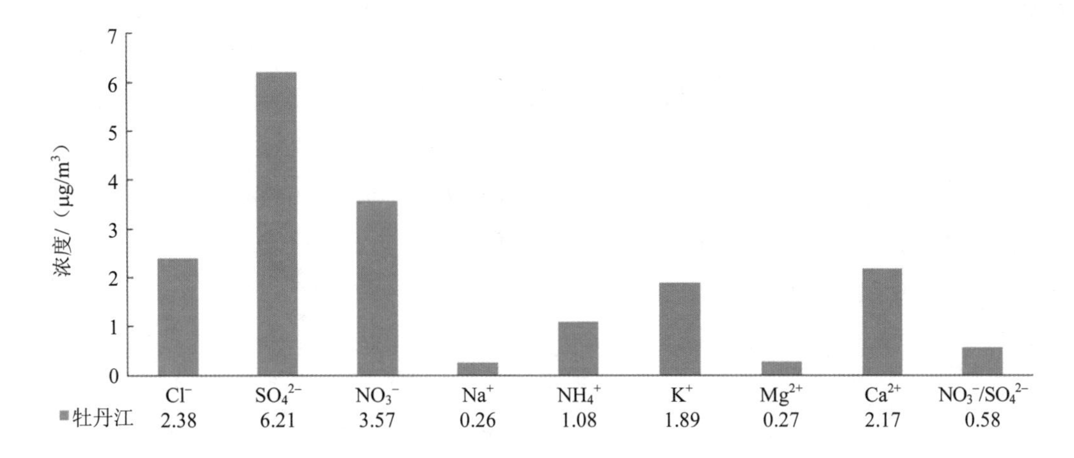

东南部全年 PM_{10} 离子浓度比较

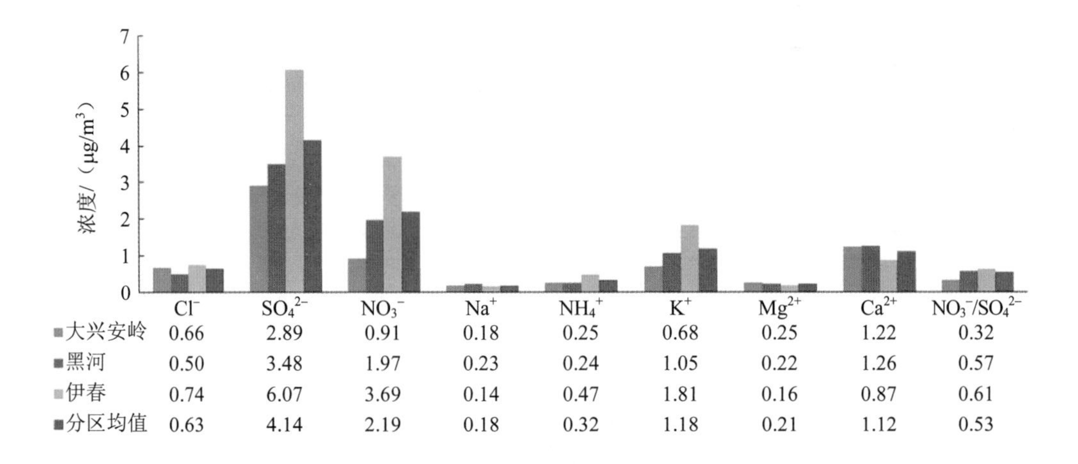

西北部全年 PM_{10} 离子浓度比较

图 5-12 黑龙江省 13 个市地全年 $PM_{2.5}$ 中的离子组分平均浓度

5.2.3 季节比较

如图 5-7～图 5-12 所示，按粒径分别做非采暖季和采暖季的离子浓度比较，在 $PM_{2.5}$ 中：

（1）各离子浓度在采暖季抬升的平均强度依次是：Cl^-（15.3 倍）、NH_4^+（4.46 倍）、K^+（4.36 倍）、Na^+（3.92 倍），采暖季 $PM_{2.5}$ 中这 4 种离子的浓度抬升主要与燃煤供暖产生的污染物直接排放强度相关；

（2）SO_4^{2-}的平均浓度在采暖季仅比在非采暖季高平均 10%，NO_3^-的平均浓度在采暖季比在非采暖季高平均 39%，虽然由于采暖季取暖导致能源消耗排放增强，但是由于光照强度在采暖季减弱，臭氧浓度较低，SO_2 和 NO_x 的光化学反应减弱，所以 SO_4^{2-}和 NO_3^-的平均浓度并没有像其他离子（Cl^-和 K^+）在采暖季显著升高；

（3）Mg^{2+}和 Ca^{2+}的平均浓度在采暖季抬升不显著，分别增加了 47%和 89%；

（4）非采暖季和采暖季的 NO_3^-/SO_4^{2-}比值受其来源和转化影响，在全省范围内，还是采暖季的比值稍高。

在 PM_{10} 中：

（1）各离子浓度在采暖季抬升的平均强度依次是：Cl^-（13.1 倍）、Na^+（4.8 倍）、K^+（4.5 倍）、NH_4^+（4.3 倍），采暖季 PM_{10} 中这 4 种离子的浓度抬升与燃煤供暖产生的污染物排放强度直接相关；

（2）SO_4^{2-}和 NO_3^-的平均浓度在采暖季仅比在非采暖季高 10%，虽然采暖季取暖导致能源消耗排放增强，但是在采暖季光照强度减弱，臭氧浓度较低，SO_2 和 NO_x 的光化学反应减弱，所以 SO_4^{2-}和 NO_3^-的平均浓度并没有在采暖季显著升高；

（3）Mg^{2+}和 Ca^{2+}的平均浓度在不同季节的变化不显著，可能与采暖季建筑施工停止有关，建筑尘排放大幅降低；

（4）非采暖季和采暖季的 NO_3^-/SO_4^{2-}比值受其来源和转化影响，在全省范围内，还是采暖季的比值稍高。

5.2.4 粒径比较

由表 5-1 可以看出：SO_4^{2-}主要存在于细颗粒中，在不同城市，比例略有差异，在佳木斯，PM_{10} 中的 SO_4^{2-}几乎全部在 $PM_{2.5}$ 中，可能以本地的燃烧排放为主，在大兴安岭，部分 SO_4^{2-}可能与外来输送和长期的光化学反应有关；K^+主要存在于 $PM_{2.5}$ 中，说明其来源主要是燃烧排放产生，而不是矿物尘；不同城市 PM_{10} 中的 Cl^-的来源各有不同，在黑河存在于粗颗粒中，可能主要来源于矿物尘；在哈尔滨则存在于细颗粒中，与人为源排放有关；PM_{10} 中的 NO_3^-、Na^+和 NH_4^+主要存在于细颗粒中，与人为源排放有关；Mg^{2+}和 Ca^{2+}主要存在于粗颗粒中，与自然源排放有关。

由表 5-2 可以看出：PM_{10} 中的 NO_3^-几乎全部在 $PM_{2.5}$ 中，尤其是在哈尔滨、双鸭山和鸡西，NO_3^-可能是以本地的燃烧排放为主；SO_4^{2-}主要存在于细颗粒中，在不同城市，比例略有差异，在鹤岗和双鸭山，PM_{10} 中的 SO_4^{2-}几乎全部在 $PM_{2.5}$ 中，可能以本地的燃烧排放为主，在大兴安岭，部分 SO_4^{2-}可能与外来输送和长期的光化学反应有关；PM_{10} 中的 K^+主要存在于 $PM_{2.5}$ 中，尤其是在哈尔滨和鹤岗，说明其来源主要是燃烧排放产生，而不是矿物尘；但是在黑河，PM_{10} 中的 K^+主要存在于粗颗粒中，其主要的可能来源是矿物尘；不同城市 PM_{10} 中的 Cl^-来源各有不同，在黑河存在于粗颗粒中，可能主要来源于矿物尘；在哈尔滨则几乎全部存在于细颗粒中，与人为源排放有关；PM_{10} 中的 Na^+主要存在于细颗粒中，与人为源排放有关，PM_{10} 中的 NH_4^+在不同城市的存在形式不同，来源也不同，在绥化，主要存在于粗颗粒中，而在其他 12 个城市则主要存在于细颗粒中，与人为源排放有关，如燃煤源。Mg^{2+}和 Ca^{2+}主要存在于粗颗粒中，与自然源排放有关。

表 5-1　各城市非采暖季离子 $PM_{2.5}/PM_{10}$ 比值

城市	Cl^-	SO_4^{2-}	NO_3^-	Na^+	NH_4^+	K^+	Mg^{2+}	Ca^{2+}
哈尔滨	0.77	0.87	0.89	0.50	0.90	0.90	0.23	0.22
齐齐哈尔	0.51	0.94	0.88	0.61	0.62	0.73	0.35	0.29
大庆	0.46	0.90	0.76	0.68	0.80	0.90	0.21	0.25
绥化	0.48	0.84	0.69	0.71	0.73	0.76	0.57	0.33
鹤岗	0.58	0.79	0.75	0.64	0.57	0.56	0.22	0.27
双鸭山	0.48	0.90	0.78	0.83	0.67	0.87	0.20	0.21
佳木斯	0.47	1.00	0.83	0.55	0.48	0.75	0.31	0.24
七台河	0.47	0.96	0.64	0.58	0.61	0.88	0.34	0.30
鸡西	0.78	0.76	0.71	0.63	0.82	0.94	0.34	0.29
牡丹江	0.40	0.76	0.75	0.62	0.60	0.79	0.24	0.25
大兴安岭	0.65	0.60	0.55	0.72	0.63	0.82	0.32	0.32
黑河	0.35	0.69	0.72	0.53	0.36	0.87	0.18	0.27
伊春	0.62	0.66	0.77	0.87	0.81	0.82	0.38	0.30
平均值	0.52	0.82	0.74	0.67	0.64	0.81	0.31	0.28

表 5-2　各城市采暖季离子 $PM_{2.5}/PM_{10}$ 比值

城市	Cl^-	SO_4^{2-}	NO_3^-	Na^+	NH_4^+	K^+	Mg^{2+}	Ca^{2+}
哈尔滨	0.90	0.88	0.91	0.50	0.88	0.96	0.32	0.27
齐齐哈尔	0.72	0.79	0.87	0.70	0.67	0.63	0.59	0.37
大庆	0.64	0.88	0.80	0.69	0.63	0.72	0.65	0.37
绥化	0.32	0.85	0.87	0.53	0.31	0.81	0.31	0.22
鹤岗	0.90	0.96	0.82	0.72	0.80	0.89	0.44	0.38
双鸭山	0.77	0.97	0.96	0.70	0.76	0.84	0.54	0.44
佳木斯	0.82	0.77	0.87	0.73	0.80	0.88	0.45	0.32
七台河	0.50	0.84	0.80	0.65	0.62	0.69	0.43	0.38
鸡西	0.70	0.82	0.95	0.57	0.75	0.79	0.67	0.39
牡丹江	0.77	0.81	0.83	0.71	0.80	0.88	0.50	0.34
大兴安岭	0.50	0.57	0.87	0.85	0.64	0.72	0.72	0.57
黑河	0.38	0.66	0.76	0.68	0.60	0.51	0.47	0.43
伊春	0.57	0.83	0.85	0.66	0.55	0.68	0.52	0.53
平均值	0.65	0.82	0.86	0.67	0.68	0.77	0.51	0.39

5.2.5　全省区域比较

5.2.5.1　区域 $PM_{2.5}$ 特征

如图 5-13 所示，黑龙江省 4 个区域非采暖季 $PM_{2.5}$ 中的离子浓度水平差异各不同：在各个区域内，SO_4^{2-}、NO_3^- 和 K^+ 都在离子中占主要地位；在中西部，$PM_{2.5}$ 中所有离子浓度水平都比其他区域高，尤其是 NH_4^+ 比其他区域高近一个数量级，而其他阳离子的浓度水平相差不大；在东北部，Cl^- 和 NH_4^+ 浓度水平是次高；在东南部，SO_4^{2-}、NO_3^-、Na^+、K^+、Mg^{2+} 和 Ca^{2+} 浓度水平是次高；在西北部，所有离子的浓度水平都是最低的；NO_3^-/SO_4^{2-} 比值在不同区域的比值略有不同，变化范围为 0.53～0.65，全省平均值为 0.58。

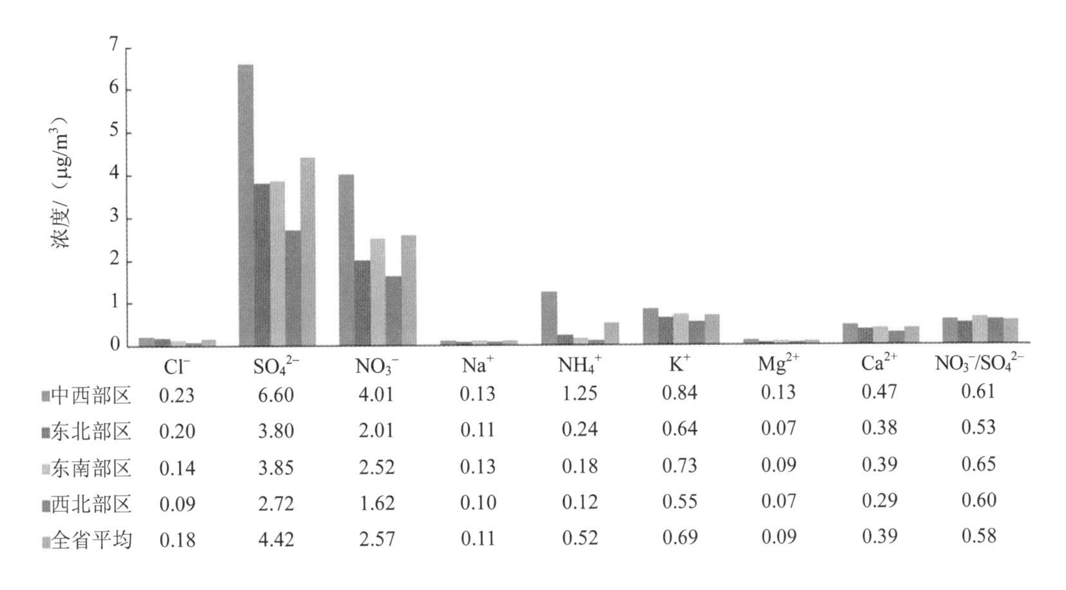

	Cl^-	SO_4^{2-}	NO_3^-	Na^+	NH_4^+	K^+	Mg^{2+}	Ca^{2+}	NO_3^-/SO_4^{2-}
中西部区	0.23	6.60	4.01	0.13	1.25	0.84	0.13	0.47	0.61
东北部区	0.20	3.80	2.01	0.11	0.24	0.64	0.07	0.38	0.53
东南部区	0.14	3.85	2.52	0.13	0.18	0.73	0.09	0.39	0.65
西北部区	0.09	2.72	1.62	0.10	0.12	0.55	0.07	0.29	0.60
全省平均	0.18	4.42	2.57	0.11	0.52	0.69	0.09	0.39	0.58

图 5-13　黑龙江省 4 个区域非采暖季 $PM_{2.5}$ 中的离子组分平均浓度

如图 5-14 所示，黑龙江省 4 个区域采暖季 $PM_{2.5}$ 中的离子浓度水平差异各不同：在各个区域内，SO_4^{2-}、NO_3^-、K^+、Cl^-、和 NH_4^+ 都在离子中占主要地位；在中西部，$PM_{2.5}$ 中除了 Na^+ 和 Ca^{2+} 离子外，所有离子浓度水平都比其他区域高，但是与其他区域没有显著差异；NO_3^- 浓度水平在东北部和东南部一样高；在东南部，SO_4^{2-}、NO_3^-、Cl^-、Na^+、K^+ 和 Ca^{2+} 浓度水平是次高；在西北部，所有离子的浓度水平都是最低的；NO_3^-/SO_4^{2-} 比值在不同区域的比值略有不同，变化范围为 0.53～0.74，全省平均值为 0.65。

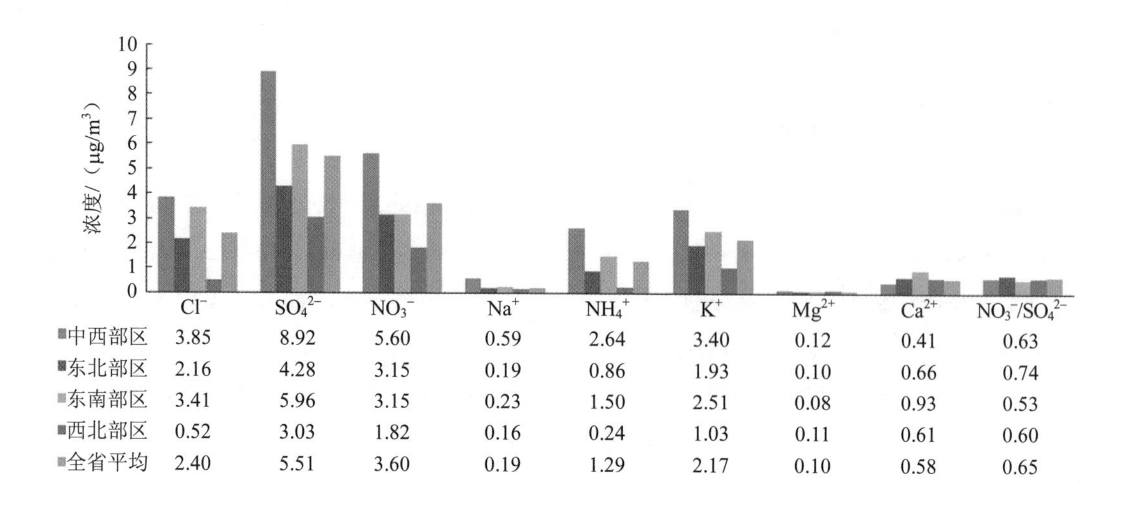

	Cl^-	SO_4^{2-}	NO_3^-	Na^+	NH_4^+	K^+	Mg^{2+}	Ca^{2+}	NO_3^-/SO_4^{2-}
中西部区	3.85	8.92	5.60	0.59	2.64	3.40	0.12	0.41	0.63
东北部区	2.16	4.28	3.15	0.19	0.86	1.93	0.10	0.66	0.74
东南部区	3.41	5.96	3.15	0.23	1.50	2.51	0.08	0.93	0.53
西北部区	0.52	3.03	1.82	0.16	0.24	1.03	0.11	0.61	0.60
全省平均	2.40	5.51	3.60	0.19	1.29	2.17	0.10	0.58	0.65

图 5-14　黑龙江省 4 个区域采暖季 $PM_{2.5}$ 中的离子组分平均浓度

如图 5-15 所示，黑龙江省 4 个区域全年 $PM_{2.5}$ 中的离子浓度水平差异各不同：在各个区域内，SO_4^{2-}、NO_3^-、Cl^-和 K^+都在离子中占主要地位；在中西部，$PM_{2.5}$ 中除了 Cl^-、Na^+、K^+和 Ca^{2+}离子外，所有离子浓度水平都比其他区域高，但是与其他区域没有显著差异；NO_3^-浓度水平在东北部和东南部基本一样高；在东南部，Cl^-、K^+、Na^+和 Ca^{2+}浓度水平最高，SO_4^{2-}、NO_3^-、NH_4^+和 Ca^{2+}浓度水平是次高；在西北部，所有离子的浓度水平基本上都是最低的；NO_3^-/SO_4^{2-}比值在不同城市的比值略有不同，变化范围为 0.58～0.64，全省平均值为 0.63。

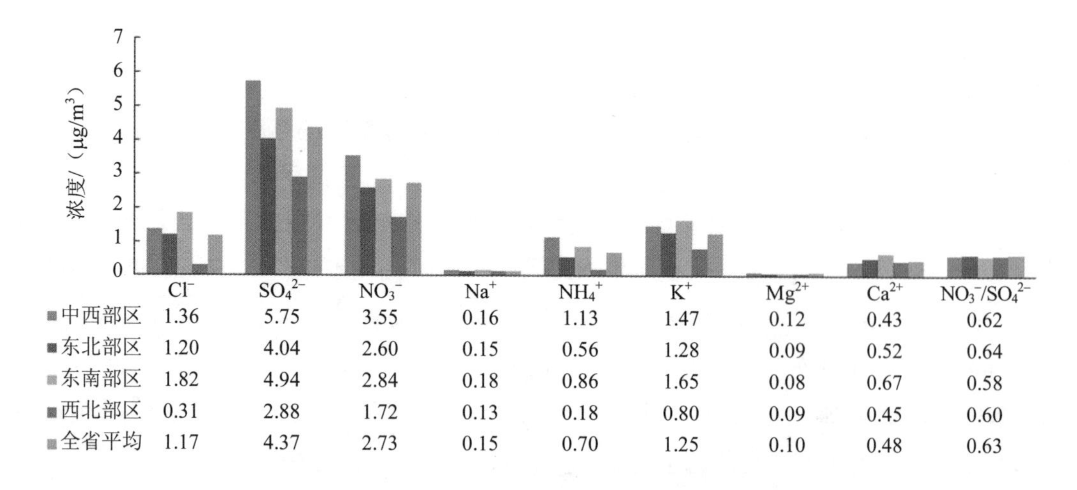

	Cl^-	SO_4^{2-}	NO_3^-	Na^+	NH_4^+	K^+	Mg^{2+}	Ca^{2+}	NO_3^-/SO_4^{2-}
中西部区	1.36	5.75	3.55	0.16	1.13	1.47	0.12	0.43	0.62
东北部区	1.20	4.04	2.60	0.15	0.56	1.28	0.09	0.52	0.64
东南部区	1.82	4.94	2.84	0.18	0.86	1.65	0.08	0.67	0.58
西北部区	0.31	2.88	1.72	0.13	0.18	0.80	0.09	0.45	0.60
全省平均	1.17	4.37	2.73	0.15	0.70	1.25	0.10	0.48	0.63

图 5-15　黑龙江省 4 个区域全年 $PM_{2.5}$ 中的离子组分平均浓度

5.2.5.2　区域 PM_{10}特征

如图 5-16 所示，黑龙江省 4 个区域非采暖季 PM_{10} 中的离子浓度水平差异各不同：在各个区域内，SO_4^{2-}、NO_3^-、NH_4^+和 K^+都在离子中占主要地位；在中西部，$PM_{2.5}$ 中所有离子浓度水平都比其他区域高，尤其是 NH_4^+比其他区域高近 5 倍，而其他阳离子的浓度水平相差不大；在东北部，只有 NH_4^+浓度水平是次高；在东南部，SO_4^{2-}、NO_3^-、Cl^-、Na^+、K^+、Mg^{2+}和 Ca^{2+}浓度水平是次高；在西北部，所有离子的浓度水平都是最低的；NO_3^-/SO_4^{2-}比值在西北部最低（0.54），而其他三个区域接近 0.64，全省平均值为 0.63；以上结果与 $PM_{2.5}$ 的基本一致。

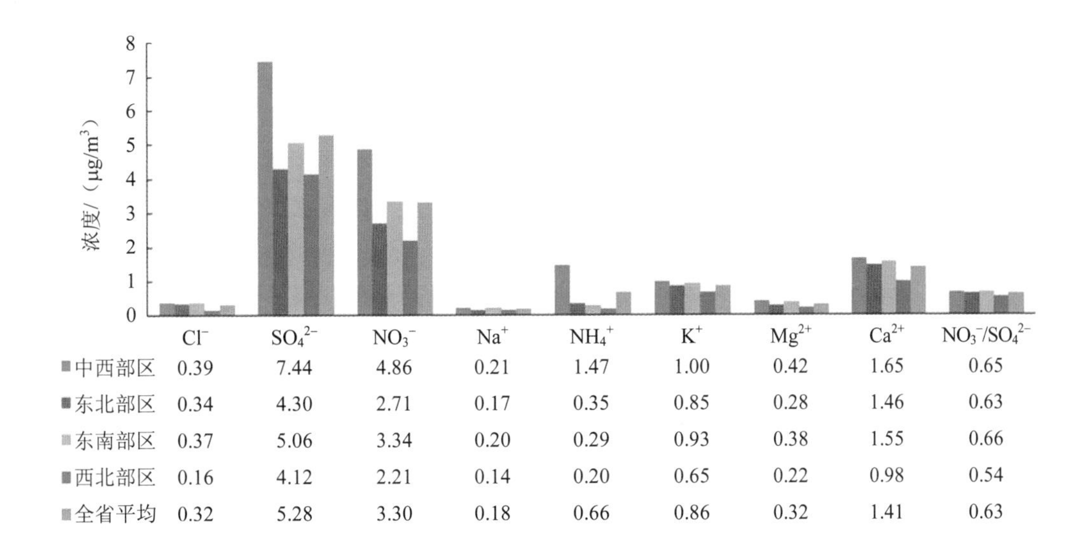

	Cl^-	SO_4^{2-}	NO_3^-	Na^+	NH_4^+	K^+	Mg^{2+}	Ca^{2+}	NO_3^-/SO_4^{2-}
中西部区	0.39	7.44	4.86	0.21	1.47	1.00	0.42	1.65	0.65
东北部区	0.34	4.30	2.71	0.17	0.35	0.85	0.28	1.46	0.63
东南部区	0.37	5.06	3.34	0.20	0.29	0.93	0.38	1.55	0.66
西北部区	0.16	4.12	2.21	0.14	0.20	0.65	0.22	0.98	0.54
全省平均	0.32	5.28	3.30	0.18	0.66	0.86	0.32	1.41	0.63

图 5-16　黑龙江省 4 个区域非采暖季 PM_{10} 中的离子组分平均浓度

如图 5-17 所示，黑龙江省 4 个区域采暖季 PM_{10} 中的离子浓度水平差异各不同：在各个区域内，SO_4^{2-}、NO_3^-、K^+、Cl^-和 NH_4^+都在离子中占主要地位；在中西部，$PM_{2.5}$ 中除了 Ca^{2+}离子外，所有离子浓度水平都明显高于其他区域，尤其是 SO_4^{2-}、NO_3^-、Cl^-、Na^+和 NH_4^+；东北部的各离子浓度水平都居中；在东南部，Ca^{2+}浓度水平是最高，SO_4^{2-}、NO_3^-、Cl^-、Na^+和 K^+浓度水平是次高；在西北部，除了 Mg^{2+}外，所有离子的浓度水平都是最低的；NO_3^-/SO_4^{2-}比值在不同区域的比值略有不同，变化范围为 0.52～0.74，全省平均值为 0.63；以上结果与 $PM_{2.5}$ 的基本一致。

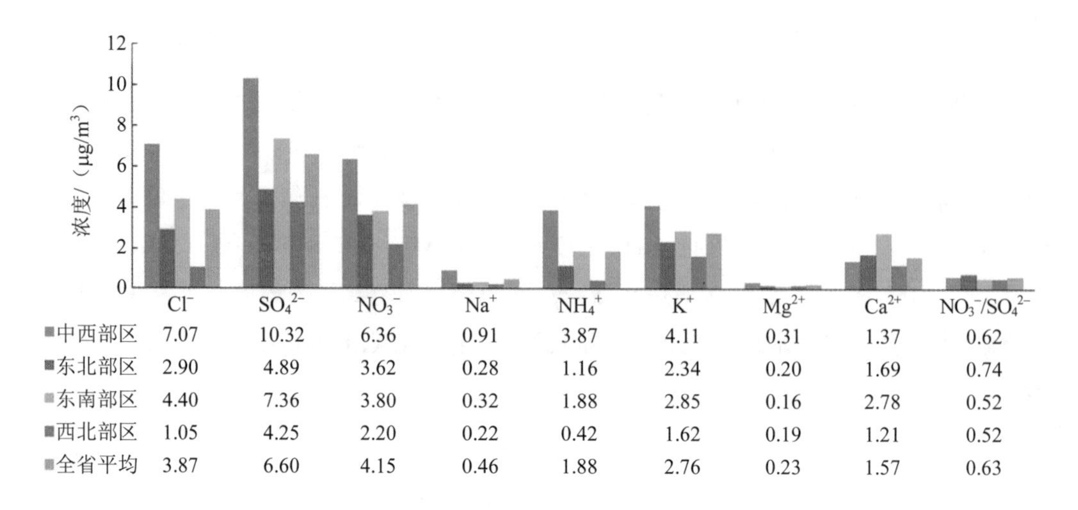

	Cl^-	SO_4^{2-}	NO_3^-	Na^+	NH_4^+	K^+	Mg^{2+}	Ca^{2+}	NO_3^-/SO_4^{2-}
中西部区	7.07	10.32	6.36	0.91	3.87	4.11	0.31	1.37	0.62
东北部区	2.90	4.89	3.62	0.28	1.16	2.34	0.20	1.69	0.74
东南部区	4.40	7.36	3.80	0.32	1.88	2.85	0.16	2.78	0.52
西北部区	1.05	4.25	2.20	0.22	0.42	1.62	0.19	1.21	0.52
全省平均	3.87	6.60	4.15	0.46	1.88	2.76	0.23	1.57	0.63

图 5-17　黑龙江省 4 个区域采暖季 PM_{10} 中的离子组分平均浓度

如图 5-18 所示，黑龙江省 4 个区域全年 PM_{10} 中的离子浓度水平差异各不同：在各个区域内，SO_4^{2-}、NO_3^-、Cl^-、K^+和 Ca^{2+}都在离子中占主要地位；在中西部，$PM_{2.5}$ 中除了 Ca^{2+}离子外，所有离子浓度水平都比其他区域高，但是与其他区域没有显著差异；东北部的各离子浓度水平都居中；在东南部，Ca^{2+}浓度水平最高，其他的离子浓度水平是次高；在西北部，所有离子的浓度水平都是最低的；NO_3^-/SO_4^{2-}比值在不同城市的比值略有不同，变化范围为 0.53～0.69，全省平均值为 0.63；以上结果与 $PM_{2.5}$ 的基本一致。

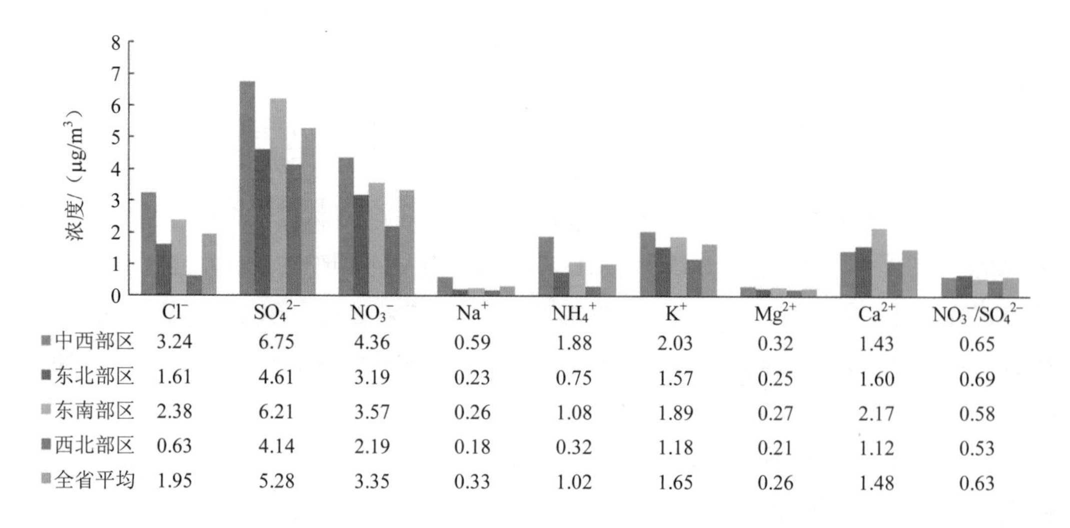

	Cl^-	SO_4^{2-}	NO_3^-	Na^+	NH_4^+	K^+	Mg^{2+}	Ca^{2+}	NO_3^-/SO_4^{2-}
中西部区	3.24	6.75	4.36	0.59	1.88	2.03	0.32	1.43	0.65
东北部区	1.61	4.61	3.19	0.23	0.75	1.57	0.25	1.60	0.69
东南部区	2.38	6.21	3.57	0.26	1.08	1.89	0.27	2.17	0.58
西北部区	0.63	4.14	2.19	0.18	0.32	1.18	0.21	1.12	0.53
全省平均	1.95	5.28	3.35	0.33	1.02	1.65	0.26	1.48	0.63

图 5-18　黑龙江省 4 个区域全年 PM_{10} 中的离子组分平均浓度

5.3 OC/EC 组分特征

5.3.1 $PM_{2.5}$ 和 PM_{10} 中的 OC 浓度特征

如图 5-19 所示，13 个市地非采暖季和采暖季 $PM_{2.5}$ 中的有机碳（OC）浓度差别较大，非采暖季、采暖季和全年 $PM_{2.5}$ 中的 OC 浓度水平都是在哈尔滨最高，分别为 19.8 μg/m^3、84.1 μg/m^3 和 26.6 μg/m^3；OC 浓度水平都是在伊春最低，分别为 8.2 μg/m^3、12.5 μg/m^3 和 10.5 μg/m^3。非采暖季各城市 OC 浓度水平差别不是很大，而在采暖季各城市 OC 浓度水平差别显著，高达 8 倍，说明采暖季燃煤取暖的贡献不容忽视。

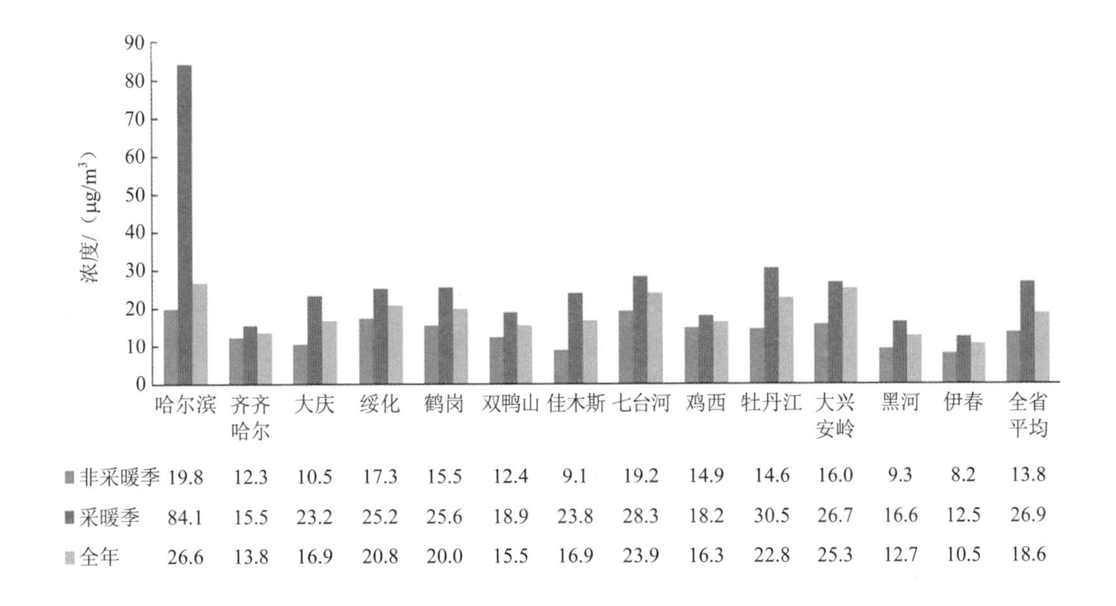

	哈尔滨	齐齐哈尔	大庆	绥化	鹤岗	双鸭山	佳木斯	七台河	鸡西	牡丹江	大兴安岭	黑河	伊春	全省平均
非采暖季	19.8	12.3	10.5	17.3	15.5	12.4	9.1	19.2	14.9	14.6	16.0	9.3	8.2	13.8
采暖季	84.1	15.5	23.2	25.2	25.6	18.9	23.8	28.3	18.2	30.5	26.7	16.6	12.5	26.9
全年	26.6	13.8	16.9	20.8	20.0	15.5	16.9	23.9	16.3	22.8	25.3	12.7	10.5	18.6

图 5-19 黑龙江省各采样时期各市地 $PM_{2.5}$ 中的 OC 平均浓度水平

如图 5-20 所示，13 个城市点位非采暖季和采暖季 PM_{10} 中的 OC 浓度差别很大，非采暖季 OC 浓度水平最高的出现在绥化（25.5 μg/m^3），采暖季和全年 PM_{10} 中的 OC 浓度都是在哈尔滨最高，分别为 86.9 μg/m^3 和 31.4 μg/m^3；非采暖季黑河 OC 浓度水平最低，为 12.2 μg/m^3，采暖季和全年都是伊春最低，分别为 15.4 μg/m^3 和 14.2 μg/m^3。非采暖季各城市 OC 浓度水平差别不是很大，而在采暖季各城市 OC 浓度水平差别显著，高达 5 倍多，同样说明采暖季燃煤取暖的贡献不容忽视。在哈尔滨无论是 $PM_{2.5}$ 还是 PM_{10} 中的 OC 浓度，在采暖季都比非采暖季高 4 倍，说明哈尔滨的 OC 浓度水平受采暖季燃煤取暖的影响。

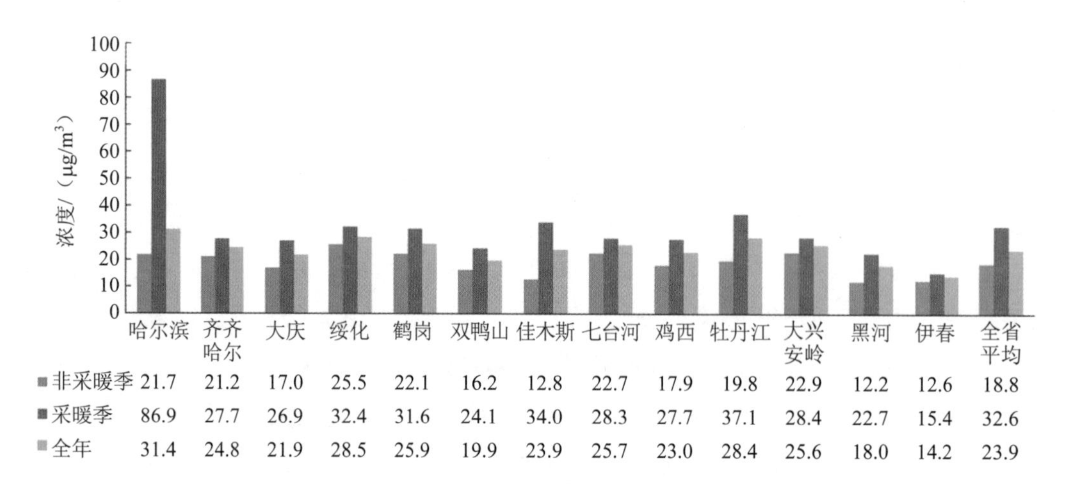

图 5-20　黑龙江省各采样时期各市地 PM_{10} 中的 OC 平均浓度水平

如图 5-21 所示，非采暖季 $PM_{2.5}$ 中的 OC 浓度与 PM_{10} 中的 OC 浓度的比值水平在哈尔滨最高（0.91），齐齐哈尔最低（0.58）；采暖季的比值在七台河最高（1.00），哈尔滨次高（0.97），齐齐哈尔最低（0.56）；全年的比值在七台河最高（0.93），齐齐哈尔最低（0.56）。这说明 PM_{10} 中的 OC 还是主要存在于细颗粒中。

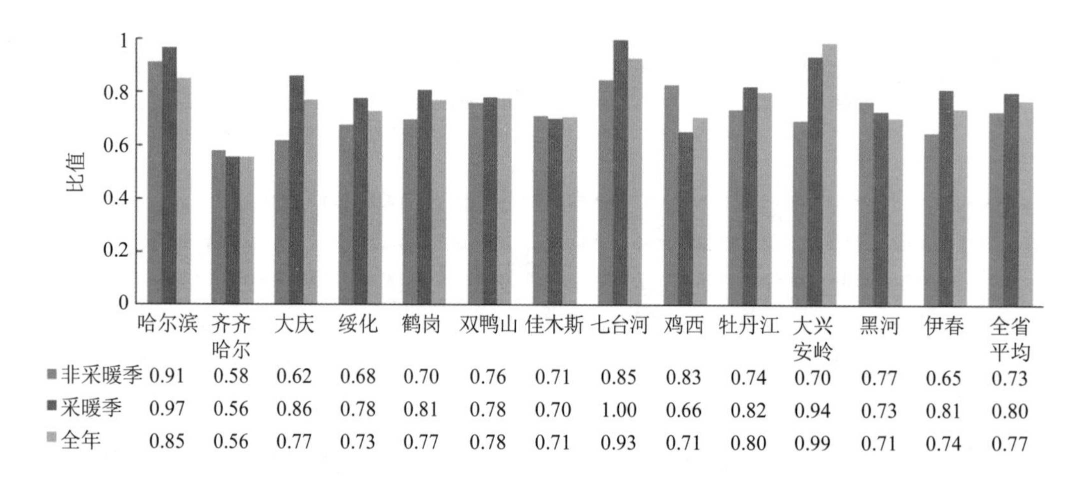

图 5-21　黑龙江省各采样时期各市地 OC 的 $PM_{2.5}/PM_{10}$ 比值水平

如图 5-22 所示，在非采暖季各区域 $PM_{2.5}$ 中的 OC 浓度差异不明显，在中西部 OC 浓度最高（15.0 μg/m³），在西北部最低（11.2 μg/m³），全省平均值为（13.8 μg/m³）；各区域 PM_{10} 中 OC 浓度差异也不明显，在中西部 OC 浓度最高（21.4 μg/m³），在西北部最低（15.9 μg/m³），全省平均值为（18.8 μg/m³）。OC 浓度的 $PM_{2.5}/PM_{10}$ 比值在各区域比较接近，介于 0.70～0.77。

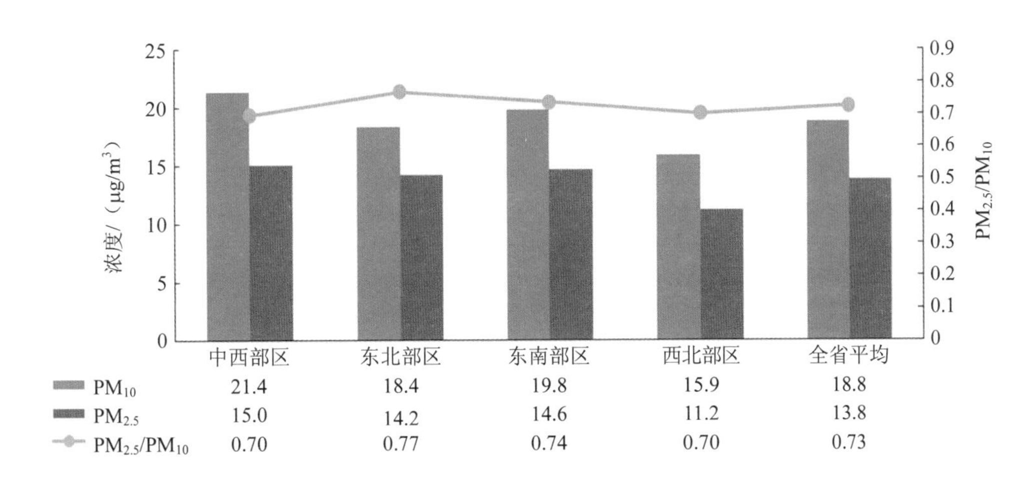

图 5-22　黑龙江省非采暖季各区域 OC 浓度及其 $PM_{2.5}/PM_{10}$ 比值水平

如图 5-23 所示，在采暖季各区域 $PM_{2.5}$ 中的 OC 浓度差异不明显，在中西部 OC 浓度最高（37 μg/m³），全省平均值为（27.5 μg/m³）；各区域 PM_{10} 中 OC 浓度差异也不明显，在中西部 OC 浓度最高（43.5 μg/m³），在西北部最低（22.2 μg/m³），全省平均值为（32.6 μg/m³）。OC 浓度的 $PM_{2.5}/PM_{10}$ 比值在各区域略有差异，在 0.79～0.83 范围内变化。

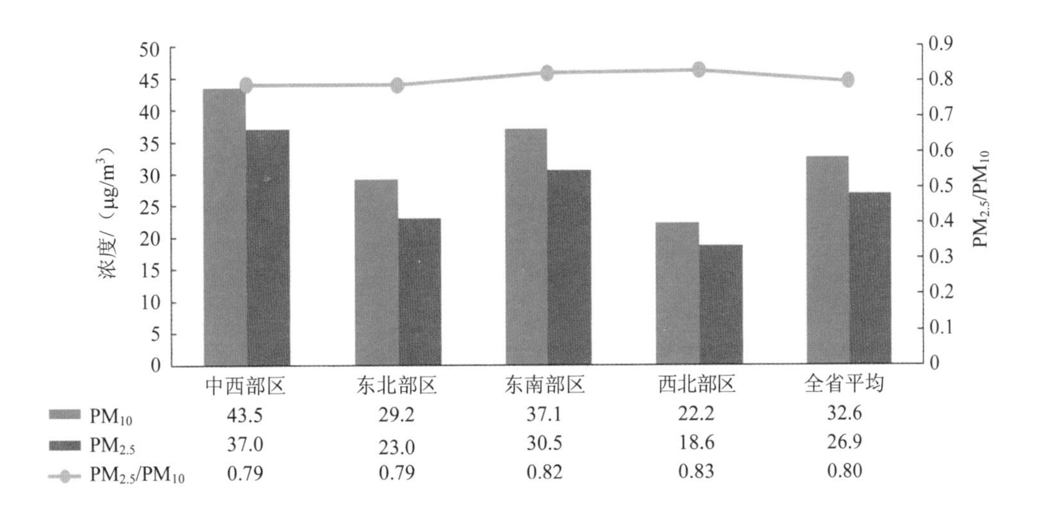

图 5-23　黑龙江省采暖季各区域 OC 浓度及其 $PM_{2.5}/PM_{10}$ 比值水平

由图 5-22、图 5-23 可知，关于非采暖季和采暖季 OC 的浓度和比值差异。在中西部 $PM_{2.5}$ 中的 OC 浓度在采暖季抬升幅度最大约 2.5 倍，在西北部地区抬升幅度最小约 1.7 倍。在中西部 PM_{10} 中的 OC 浓度在采暖季抬升幅度最大约 2 倍，在西北地区抬升幅度最小约 1.4 倍。OC 浓度的 $PM_{2.5}/PM_{10}$ 比值在采暖季明显高于非采暖季，这说明采暖季 PM_{10} 中的

OC 主要存在于细颗粒中，来自燃煤排放且主要与采暖有关。

由图 5-24 可知，在全年各区域 $PM_{2.5}$ 中的 OC 浓度差异不明显，在东南部 OC 浓度最高（22.8 μg/m^3），在西北部最低（16.2 μg/m^3），全省平均值为（18.6 μg/m^3）；各区域 PM_{10} 中的 OC 浓度差异也不明显，在东南部 OC 浓度最高（28.4 μg/m^3），在西北部最低（19.2 μg/m^3），全省平均值为（23.9 μg/m^3）。OC 浓度的 $PM_{2.5}/PM_{10}$ 比值在各区域略有差异，在 0.72～0.81 范围内变化。

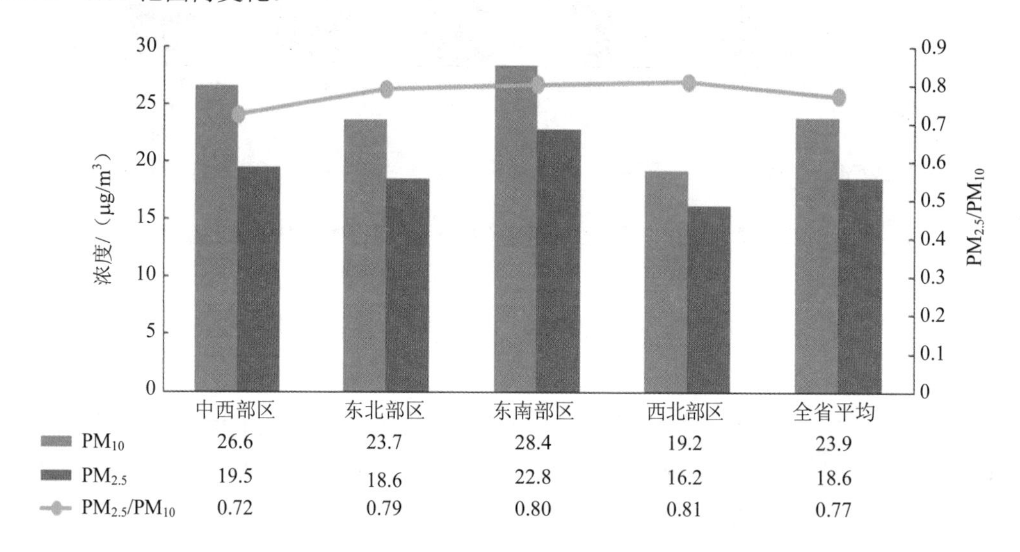

图 5-24　全年各区域 OC 浓度及其 $PM_{2.5}/PM_{10}$ 比值水平

5.3.2　$PM_{2.5}$ 和 PM_{10} 中的 EC 浓度特征

如图 5-25 所示，不同采样时期，黑龙江 13 个市地点位 $PM_{2.5}$ 中的元素碳（EC）浓度差别很大，非采暖季、采暖季和全年 $PM_{2.5}$ 中的 EC 浓度最高水平分别在佳木斯、哈尔滨和佳木斯，浓度质量分别为 10.8 μg/m^3、21.8 μg/m^3 和 8.6 μg/m^3；非采暖季、采暖季 PM_{10} 中的 EC 浓度最低水平分别是在大庆、鸡西，全年的最低值也是鸡西，非采暖季、采暖季和全年 PM_{10} 中的 EC 浓度分别为 2.1 μg/m^3、3.7 μg/m^3 和 2.9 μg/m^3。佳木斯较高的 EC 值可能主要受当地陈旧的小锅炉较多的影响，缺乏必备的除尘设施。鸡西较低的 EC 值可能与其在全省范围内燃煤消耗量较低有关。非采暖季各城市 EC 浓度水平差别较大，而在采暖季各城市 EC 浓度水平差别略有不同，尤其是佳木斯的非采暖季 EC 值高于采暖季，需要对佳木斯的小锅炉进行专项治理。

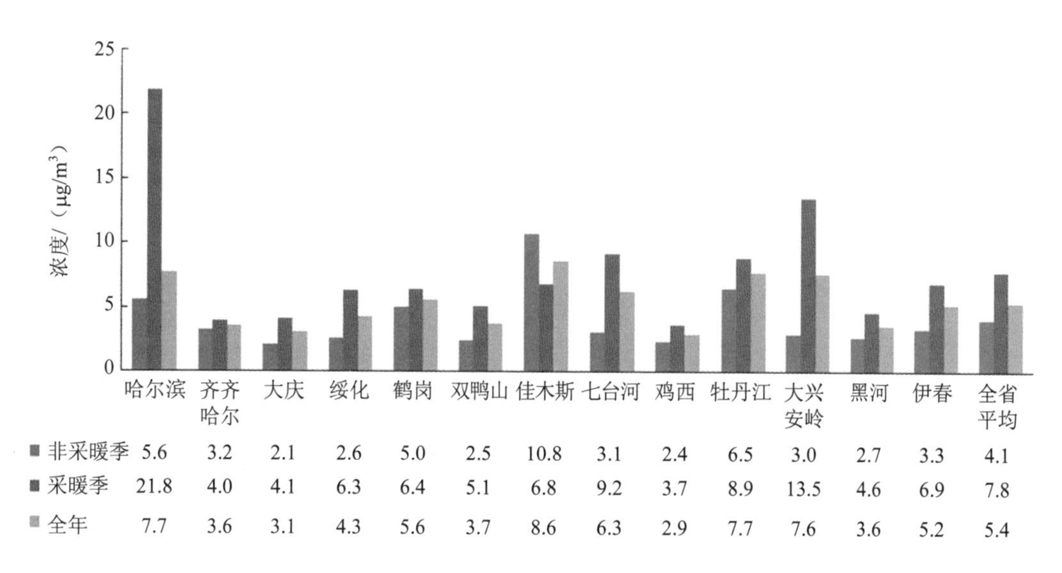

图 5-25　黑龙江省各采样时期各市地 $PM_{2.5}$ 中的 EC 平均浓度水平

如图 5-26 所示，非采暖季和采暖季 13 个市地点位 PM_{10} 中的 EC 浓度差别很大，非采暖季、采暖季和全年 PM_{10} 中的 EC 浓度最高水平分别在佳木斯、哈尔滨和牡丹江，质量浓度分别为 11.1 μg/m³、32.9 μg/m³ 和 10.5　μg/m³；非采暖季、采暖季和全年 PM_{10} 中的 EC 浓度最低水平分别是在双鸭山、鸡西和鸡西，EC 浓度分别为 3.0 μg/m³、5.0 μg/m³ 和 4.4 μg/m³。双鸭山较低的 EC 值可能与其在全省范围内燃煤消耗量较低有关。非采暖季与采暖季 PM_{10} 中 EC 浓度水平的差别在不同城市各有差异，在哈尔滨和大兴安岭 PM_{10} 中 EC 浓度在采暖季高于非采暖季 4 倍，在佳木斯则是非采暖季高于采暖季，而在鹤岗则基本相同。

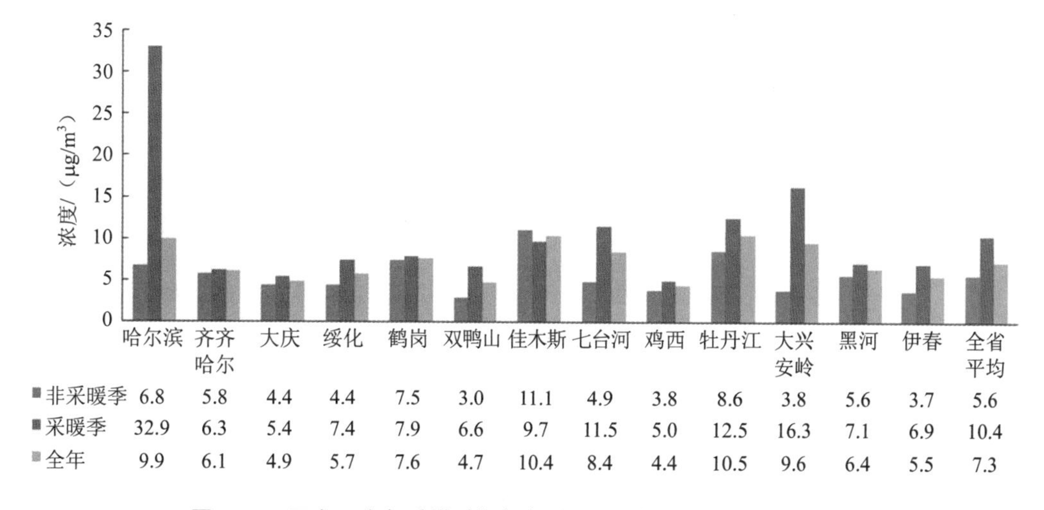

图 5-26　黑龙江省各采样时期各市地 PM_{10} 中的 EC 平均浓度水平

由图 5-27 可知，非采暖季 $PM_{2.5}$ 中的 EC 浓度与 PM_{10} 中的 EC 浓度的比值水平在佳木斯最高（0.97），大庆和黑河最低（0.48）；采暖季的比值在伊春最高（0.99），齐齐哈尔最低（0.63）；全年的比值在伊春最高（0.95），黑河最低（0.56）。较高 EC 浓度 $PM_{2.5}/PM_{10}$ 比值说明 EC 存在于细颗粒中。

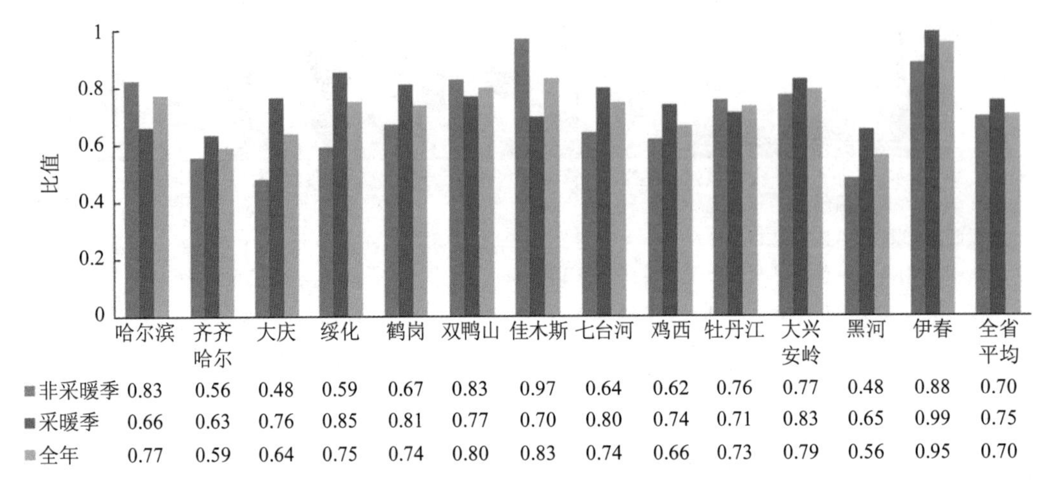

图 5-27 黑龙江省各采样时期各市地 EC 的 $PM_{2.5}/PM_{10}$ 比值水平

由图 5-28 可知，在非采暖季各区域 $PM_{2.5}$ 中的 EC 浓度差异不明显，在东南部 EC 浓度最高（6.5 μg/m^3），西北部最低（3.0 μg/m^3），全省平均值为 4.1 μg/m^3；各区域 PM_{10} 中 EC 浓度差异也不明显，在东南部 EC 浓度最高（8.6 μg/m^3），西北部最低（4.4 μg/m^3），全省平均值为 5.6 μg/m^3。EC 浓度的 $PM_{2.5}/PM_{10}$ 比值在各区域比较接近，介于 0.61～0.76。

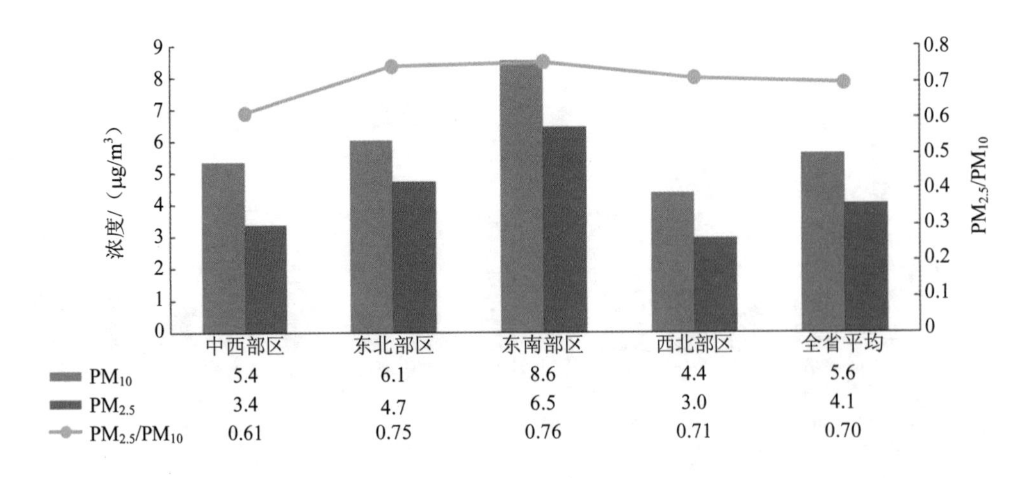

图 5-28 黑龙江省非采暖季各区域 EC 浓度及其 $PM_{2.5}/PM_{10}$ 比值水平

由图 5-29 可知，在采暖季，各区域 $PM_{2.5}$中的 EC 浓度差异不明显，在中西部 EC 浓度最高（9.1 μg/m^3），东北部最低（6.2 μg/m^3），全省平均值为 7.8 μg/m^3；各区域 PM_{10} 中 EC 浓度差异也不明显，在中西部 EC 浓度最高（13.0 μg/m^3），东北部最低（8.1 μg/m^3），全省平均值为 10.4 μg/m^3。EC 浓度的 $PM_{2.5}/PM_{10}$ 比值在各区域比较接近，介于 0.71～0.83，这个比值范围比非采暖季的略高，也证明了取暖燃煤的贡献在采暖季增加。

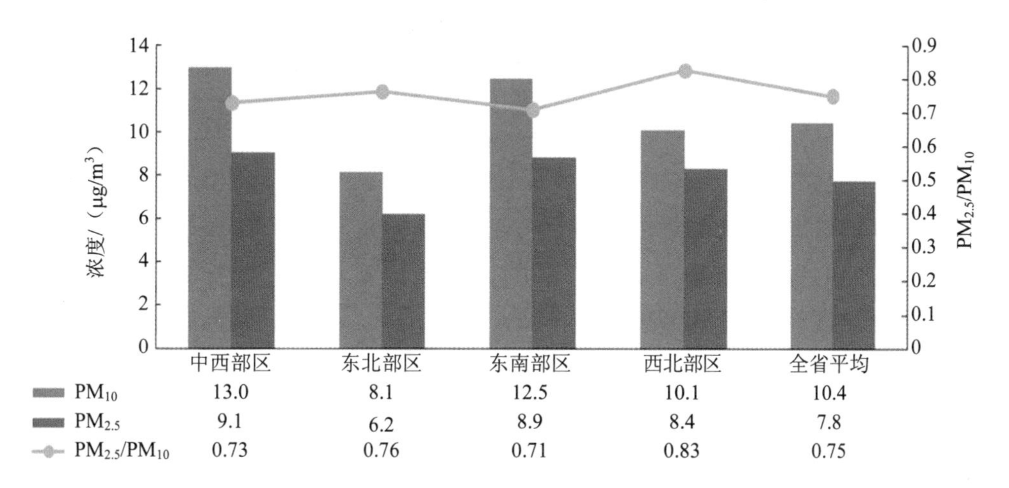

图 5-29　黑龙江省采暖季各区域 EC 浓度及其 $PM_{2.5}/PM_{10}$ 比值水平

由图 5-30 可知，在全年各区域 $PM_{2.5}$中的 EC 浓度差异不明显，在东南部 EC 浓度最高（7.7 μg/m^3），中西部最低（4.7 μg/m^3），全省平均值为 5.4 μg/m^3；各区域 PM_{10} 中 EC 浓度差异也不明显，在东南部 EC 浓度最高（10.5 μg/m^3），中西部最低（6.7 μg/m^3），全省平均值为 7.3 μg/m^3。EC 浓度的 $PM_{2.5}/PM_{10}$ 比值在各区域比较接近，介于 0.69～0.77，说明 EC 基本存在于细颗粒物中。

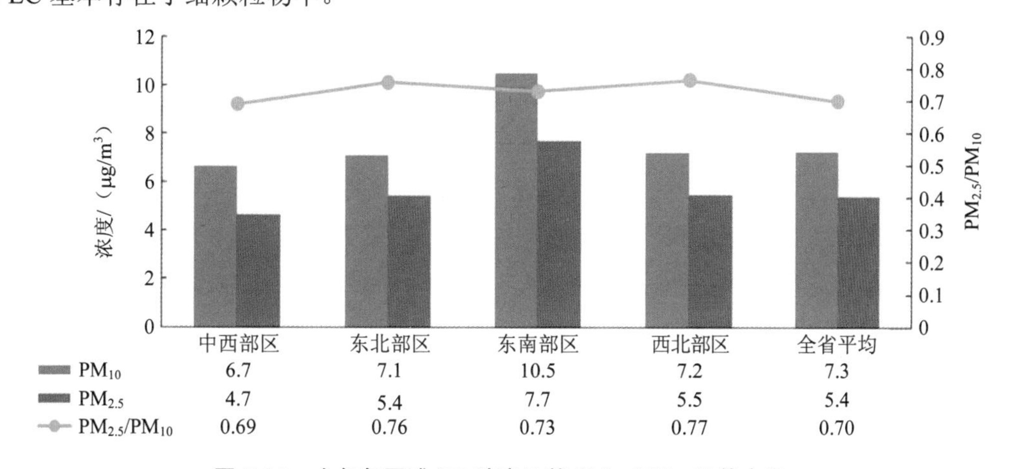

图 5-30　全年各区域 OC 浓度及其 $PM_{2.5}/PM_{10}$ 比值水平

5.3.3 $PM_{2.5}$中的 OC/EC 比值

OC/EC 比值在一定程度上可以表征一次燃烧源和二次转化对碳质组分的贡献。如图 5-31 所示，在各城市不同时期 $PM_{2.5}$中的 OC/EC 比值水平差异较大：$PM_{2.5}$中的 OC/EC 比值在采暖季普遍比非采暖季高，说明采暖季取暖提供了较多的 OC；$PM_{2.5}$中的 OC/EC 比值在非采暖季的最高值出现在绥化（6.38），说明此地 OC 前体物充足，光化学转化效率高，最低值出现在佳木斯（0.91），说明一次燃烧源对碳质组分的贡献较多，这也和前面的分析相一致，即非采暖季佳木斯的消耗燃煤较多；$PM_{2.5}$中的 OC/EC 比值在采暖季的最高值出现在大庆（5.64），说明此地 OC 前体物充足，转化效率高，最低值出现在伊春（2.21），说明采暖季燃煤是其 OC 的主要来源；$PM_{2.5}$中的 OC/EC 比值在全年的最高值出现在鸡西（6.14），说明此地 OC 前体物充足，转化效率高，最低值出现在伊春（2.35），说明燃煤是其 OC 的主要来源。

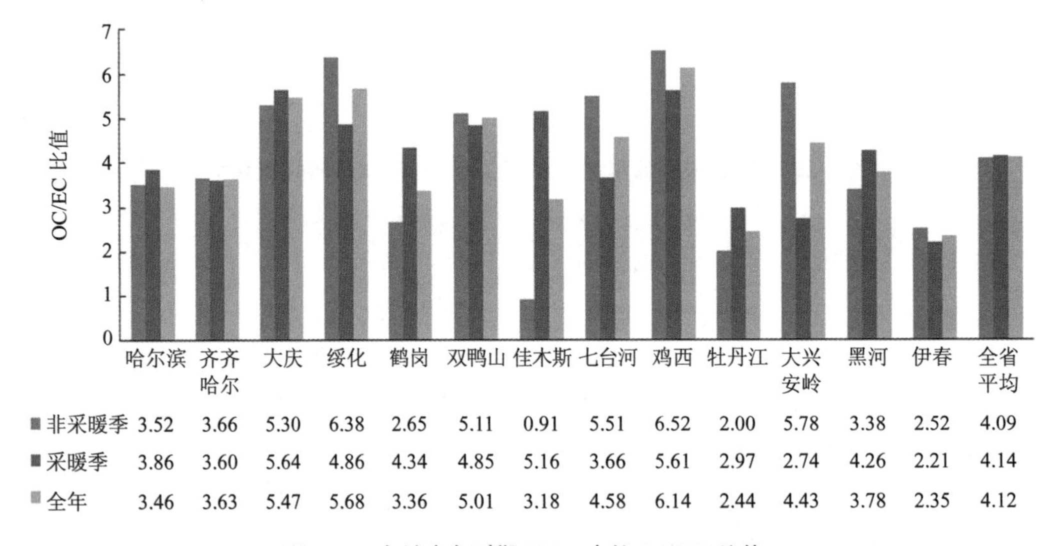

	哈尔滨	齐齐哈尔	大庆	绥化	鹤岗	双鸭山	佳木斯	七台河	鸡西	牡丹江	大兴安岭	黑河	伊春	全省平均
■非采暖季	3.52	3.66	5.30	6.38	2.65	5.11	0.91	5.51	6.52	2.00	5.78	3.38	2.52	4.09
■采暖季	3.86	3.60	5.64	4.86	4.34	4.85	5.16	3.66	5.61	2.97	2.74	4.26	2.21	4.14
■全年	3.46	3.63	5.47	5.68	3.36	5.01	3.18	4.58	6.14	2.44	4.43	3.78	2.35	4.12

图 5-31　各城市各时期 $PM_{2.5}$中的 OC/EC 比值

如图 5-32 所示，在各城市不同时期 PM_{10}中的 OC/EC 比值水平差异较大：PM_{10}中的 OC/EC 比值在采暖季普遍比非采暖季略高，说明采暖季取暖提供了较多的 OC；PM_{10}中的 OC/EC 比值在非采暖季的最高值出现在绥化（6.38），说明此地 OC 前体物充足，光化学转化效率高，最低值出现在佳木斯（1.18），讨论和结论与 $PM_{2.5}$中的一致；PM_{10}中的 OC/EC 比值在采暖季的最高值出现在鸡西（6.25），说明此地 OC 前体物充足，转化效率高，最低值出现在大兴安岭（1.84），说明采暖季燃煤是其 OC 的主要来源；PM_{10}中的 OC/EC 比值在全年的最高值出现在绥化（5.61），说明此地 OC 前体物充足，转化效率高，最低值出现在佳木斯（2.41），说明燃煤是其 OC 的主要来源。

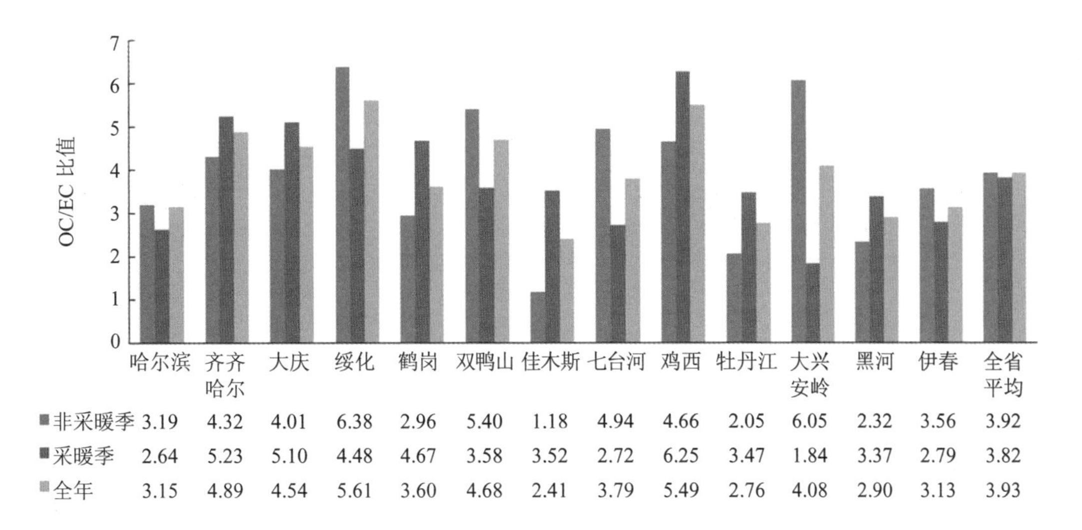

图 5-32　各城市各时期 PM_{10} 中的 OC/EC 比值

如图 5-33 所示，在各区域非采暖季 $PM_{2.5}$ 和 PM_{10} 中的 OC/EC 比值水平差异较大；非采暖季 $PM_{2.5}$ 中的 OC/EC 比值在中西部最高，西北部次高，而东南部最低；在非采暖季 PM_{10} 中的 OC/EC 比值在中西部最高，东北部次高，而东南部最低；在东南部和西北部，$PM_{2.5}$ 中的 OC/EC 比值比在 PM_{10} 中略低，而在中西部和东北部都是在 $PM_{2.5}$ 中的 OC/EC 比值显著高于在 PM_{10} 中的，这说明在非采暖季的中西部和东北部，$PM_{2.5}$ 中的 OC 的转化效率较高。

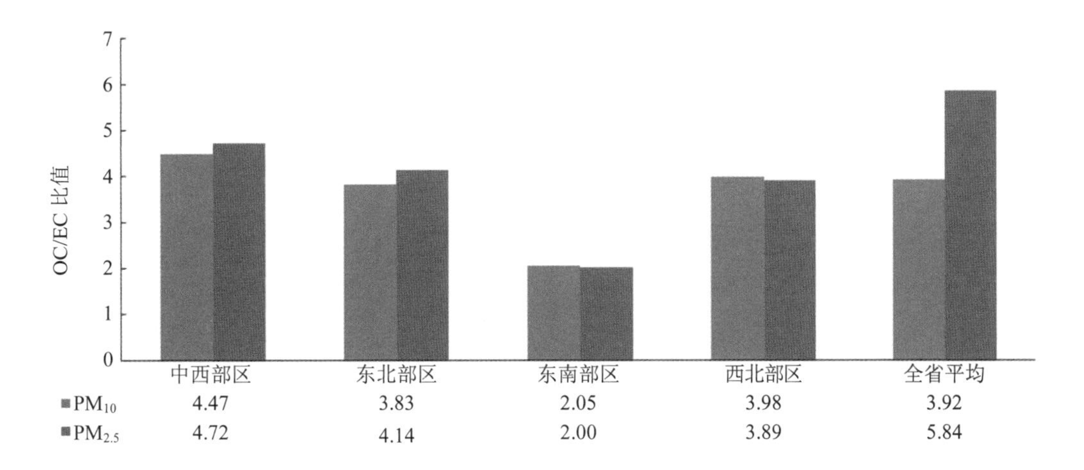

图 5-33　非采暖季区域 OC/EC 比值水平

如图 5-34 所示，在采暖季各区域 $PM_{2.5}$ 和 PM_{10} 中的 OC/EC 比值水平差异较大；采暖季 PM_{10} 中的 OC/EC 比值在中西部最高，东北部次高，而西北部最低；在采暖季 $PM_{2.5}$

中的 OC/EC 比值在东北部最高，中西部次高，而东南部最低；只有在西北部，在不同粒径中的 OC/EC 比值基本一致，而其他区域都是在 $PM_{2.5}$ 中的显著高于在 PM_{10} 中的。

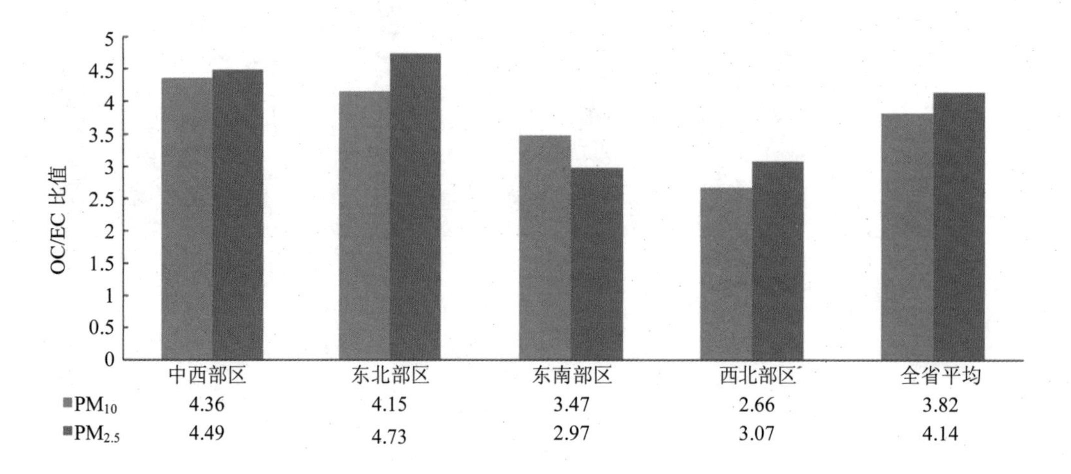

图 5-34 采暖季区域 OC/EC 比值水平

如图 5-35 所示，全年各区域 $PM_{2.5}$ 和 PM_{10} 中的 OC/EC 比值水平差异较大；全年 $PM_{2.5}$ 中的 OC/EC 比值在中西部最高，东北部次之，在 PM_{10} 中的比值与 $PM_{2.5}$ 中相近，也为中西部最高，东北部次之。只有在中西部，在不同粒径中 OC/EC 比值基本一致，东北部和西北部均表现为 $PM_{2.5}$ 中的 OC/EC 比值高于在 PM_{10} 中，仅东南部表现为 $PM_{2.5}$ 中的 OC/EC 比值小于在 PM_{10} 中。

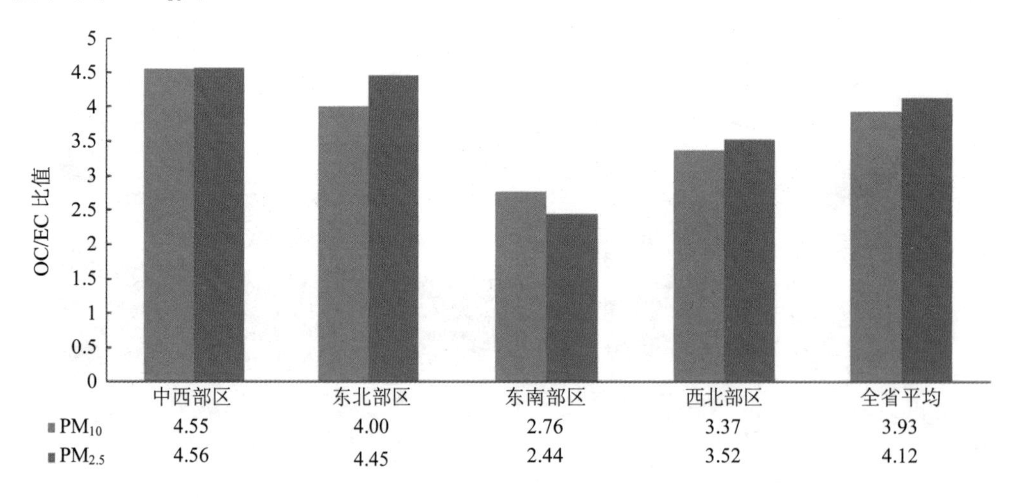

图 5-35 全年区域 OC/EC 比值水平

5.3.4　二次有机碳（SOC）形成

颗粒物中的有机组分按其来源可分为两类：一类是以颗粒物的形式直接排入大气的一次有机物（如植物蜡、树脂、长链烃等），其中植物的分解和分散是一次有机颗粒物的重要天然来源，而化石燃料和生物质的不完全燃烧是一次有机颗粒物的重要人为来源，其中生物质燃烧包括草原大火、森林大火、农业烧荒和家庭燃烧（木材、秸秆、粪便）；另一类是通过人为和生物排放的挥发性有机物与大气中 OH 自由基、NO_3 自由基、O_3 等发生氧化反应，通过气粒转化生成二次多官能团氧化态极性水溶性有机颗粒物。除了气相光化学氧化，气态有机物还可以通过含水颗粒物表面的非均相反应和内部液相氧化等途径生成极性二次产物，并且可能对二次颗粒有机物总量有重要贡献。

OC/EC 的比值常被用来判断是否有 SOC 的产生，一般认为当 OC/EC 比值超过 2.0 时，即表明 SOC 的存在。一般用以下经验公式来估算 SOC：

$$SOC = OC_{tot} - EC \times (OC/EC)_{min}$$

式中：SOC——二次有机碳；

OC_{tot}——总有机碳；

$(OC/EC)_{min}$——所观测到的 OC/EC 最小值。

图 5-36～图 5-40 为不同时期不同区域 PM_{10} 和 $PM_{2.5}$ 的 SOC 绘图。

不同城市在各时期 $PM_{2.5}$、PM_{10} 的 OC/EC 平均比值均大于 2，表明各时期均有 SOC 生成。如图 5-36 所示，在非采暖季 $PM_{2.5}$ 的 SOC 平均值都低于采暖季，主要是由于东北地区采暖季温度较低，燃煤取暖排放大量 OC 和 VOC 前体物，促进了 SOC 的转化生成。非采暖季的 SOC 最高值出现在哈尔滨（10.2 $\mu g/m^3$），采暖季 $PM_{2.5}$ 的 SOC 最高值同样出现在哈尔滨（36.3 $\mu g/m^3$），最低值都出现在伊春（非采暖季 3.2 $\mu g/m^3$，采暖季 6.2 $\mu g/m^3$），说明城市的工业化进程严重加剧了城市 $PM_{2.5}$ 中 SOC 的生成。另外，在采暖季大量的秸秆燃烧也释放了大量的一次 OC，导致了 SOC 的生成。在全年，伊春 $PM_{2.5}$ 的 SOC 年均值最低为 4.7 $\mu g/m^3$，七台河的 SOC 年均值最高为 11.5 $\mu g/m^3$。

如图 5-37 所示，在非采暖季 PM_{10} 的 SOC 平均值都低于采暖季，主要是由于东北地区采暖季温度较低，燃煤取暖排放大量 OC 和 VOC 前体物，促进了 SOC 的转化生成。非采暖季的 SOC 最高值出现在绥化（15.1 $\mu g/m^3$），而采暖季 PM_{10} 的 SOC 最高值出现在哈尔滨（42.0 $\mu g/m^3$），最低值都出现在伊春市（非采暖季 5.8 $\mu g/m^3$，采暖季 6.8 $\mu g/m^3$），说明城市的工业化进程严重加剧了城市 PM_{10} 中 SOC 的生成。另外，在哈尔滨采暖季，大量的秸秆燃烧也释放了大量的一次 OC，导致了 SOC 的生成。在全年，伊春 PM_{10} 的 SOC 年均值最低为 6.3 $\mu g/m^3$，齐齐哈尔的 SOC 年均值最高为 15.7 $\mu g/m^3$。

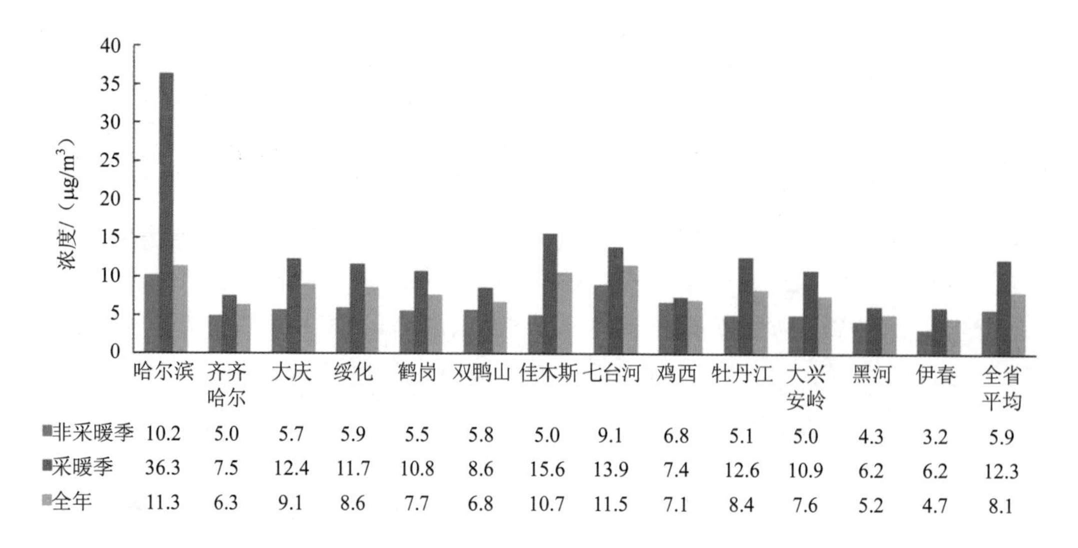

图 5-36　不同时期 $PM_{2.5}$ 中 SOC 浓度水平

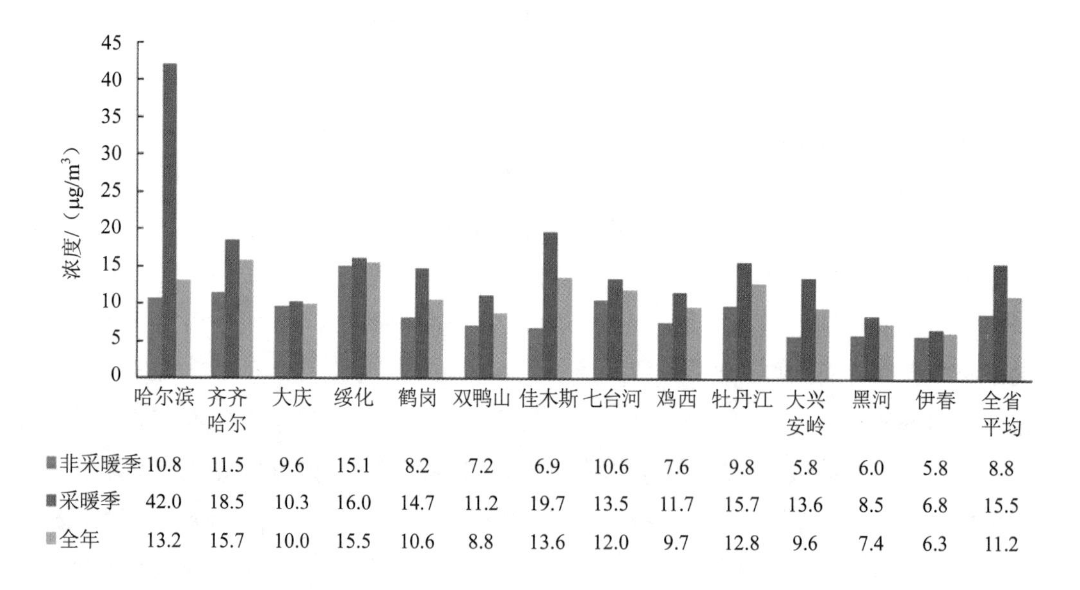

图 5-37　不同时期 PM_{10} 中 SOC 浓度水平

如图 5-38 所示，在非采暖季 $PM_{2.5}$ 和 PM_{10} 的 SOC 平均值在中西部最高，分别为 6.7 μg/m^3 和 11.0 μg/m^3；SOC 平均值在西北部最低，分别为 4.1 μg/m^3 和 5.9 μg/m^3；东北部 $PM_{2.5}$ 和 PM_{10} 的 SOC 年平均值分别为 6.4 μg/m^3 和 8.1 μg/m^3。这说明 SOC 浓度受区域的经济结构和能源消耗影响较大。

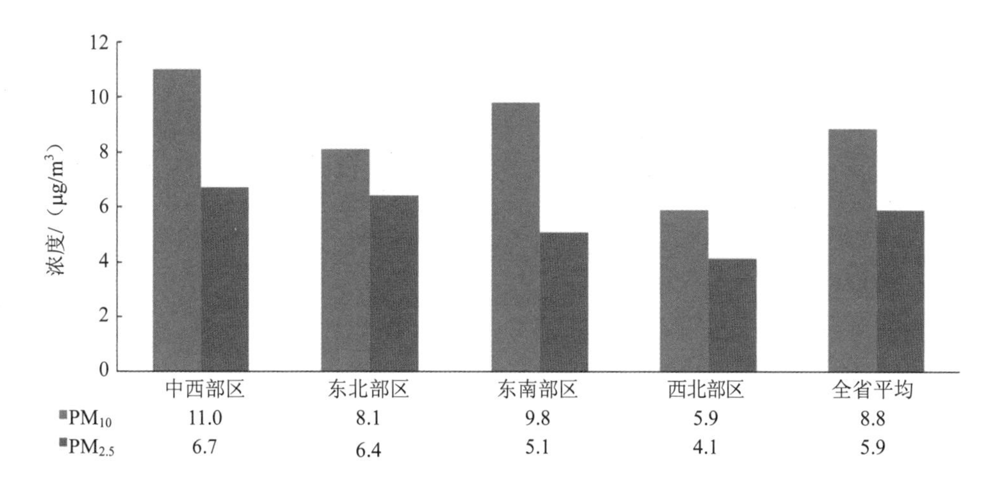

图 5-38　非采暖季各区域 SOC 浓度

如图 5-39 所示，在采暖季 $PM_{2.5}$ 和 PM_{10} 的 SOC 平均值在中西部最高，分别为 17.0 μg/m^3 和 21.7 μg/m^3；SOC 平均值在西北部最低，分别为 7.7 μg/m^3 和 9.6 μg/m^3；$PM_{2.5}$ 和 PM_{10} 的 SOC 全省平均值分别为 13.8 μg/m^3 和 15.5 μg/m^3。在非采暖季，中西部与西北部的 SOC 差值小于 2 倍，而在采暖季差值远大于 2 倍，尤其是在 $PM_{2.5}$ 中；这说明 SOC 的采暖季浓度不仅受区域的工业影响，还受燃煤取暖影响。

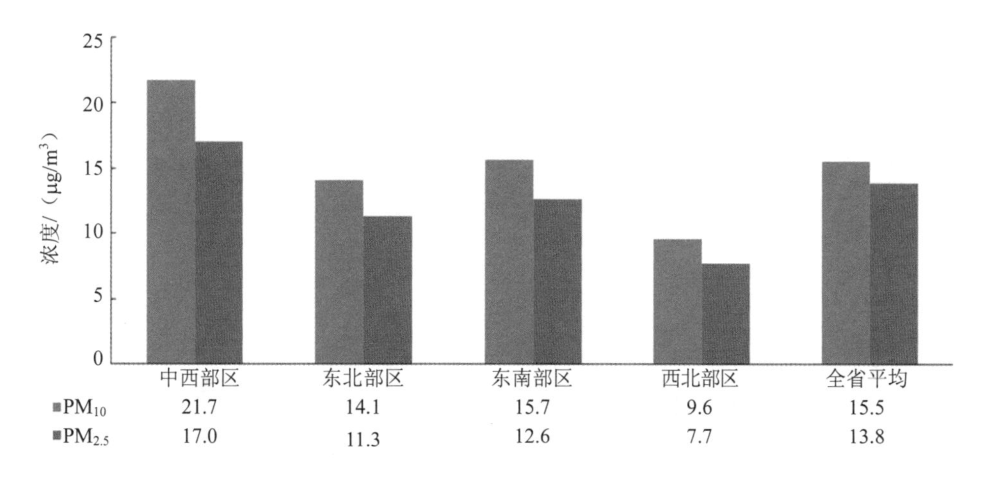

图 5-39　采暖季各区域 SOC 浓度

如图 5-40 所示，$PM_{2.5}$ 和 PM_{10} 的 SOC 年平均值在西北部最低，分别为 5.8 μg/m^3 和 7.8 μg/m^3；其他三个区域差别不大，$PM_{2.5}$ 中 SOC 年均值最高出现在中西部（8.8 μg/m^3）；PM_{10} 中 SOC 年均值最高出现在中西部（13.6 μg/m^3）；$PM_{2.5}$ 和 PM_{10} 的 SOC 全省年平均值分别为 8.1 μg/m^3 和 11.5 μg/m^3。

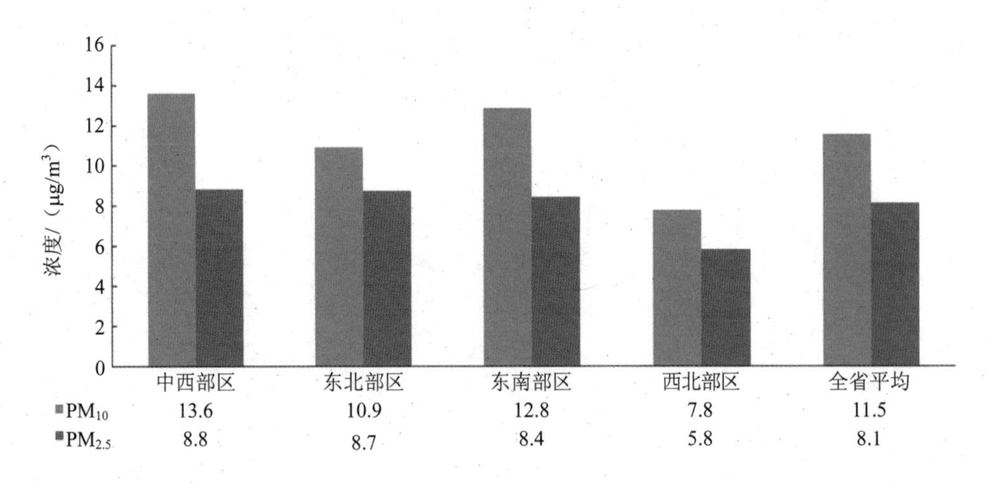

图 5-40 全年各区域 SOC 浓度

5.3.5 SOC/OC

SOC/OC 比值一般可用来表征二次 OC 转化率。如图 5-41 所示，$PM_{2.5}$ 中 SOC/OC 比值随季节在各城市有一定的变化。非采暖季和采暖季最高的 SOC/OC 比值均出现在佳木斯（0.55 和 0.66），最低的 SOC/OC 比值均出现在大兴安岭，且比值均为 0.31，全年最高的 SOC/OC 比值出现在佳木斯（0.63），最低的 SOC/OC 比值出现在大兴安岭（0.30）。整体而言，$PM_{2.5}$ 中 SOC/OC 比值在采暖季（0.46）比在非采暖季（0.43）略高。$PM_{2.5}$ 中 SOC/OC 比值在非采暖季比在采暖季高的城市有：哈尔滨、大庆、双鸭山、鸡西和黑河，说明非采暖季对这 5 个城市更有利于 $PM_{2.5}$ 中 SOC 的生成，其余的城市则在采暖季大量生成 SOC。

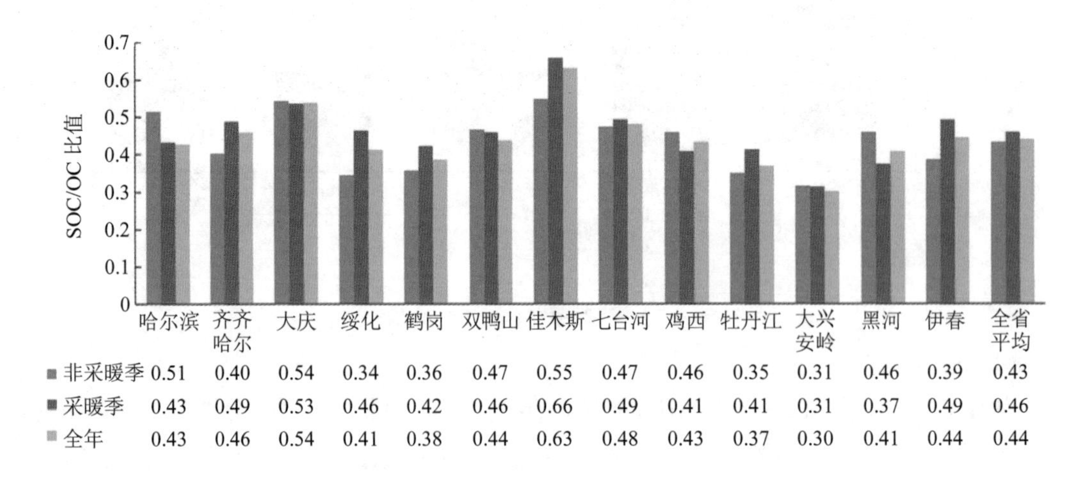

图 5-41 $PM_{2.5}$ 中各城市 SOC/OC 比值

如图 5-42 所示，PM$_{10}$ 中 SOC/OC 比值随季节在各城市有一定的变化。非采暖季和采暖季最高的 SOC/OC 比值分别出现在绥化（0.59）和齐齐哈尔（0.67），最低的 SOC/OC 比值分别出现在鹤岗（0.37）和黑河（0.37），全年最高的 SOC/OC 比值出现在齐齐哈尔（0.64），最低的 SOC/OC 比值出现在大兴安岭（0.37）。以上 PM$_{10}$ 的 SOC/OC 比值结果与 PM$_{2.5}$ 的基本一致。PM$_{10}$ 中 SOC/OC 比值在非采暖季比在采暖季高的城市有：哈尔滨、大庆、绥化、牡丹江、黑河和伊春，说明夏季对这 6 个城市更有利于 PM$_{10}$ 中 SOC 的生成，其余的城市则在采暖季大量生成 SOC。

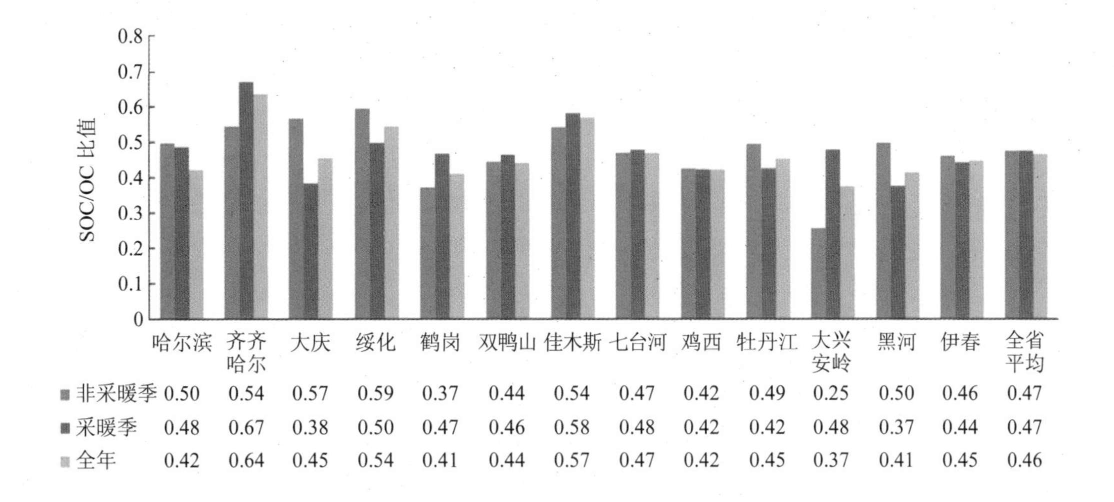

图 5-42　PM$_{10}$ 中各城市 SOC/OC 比值

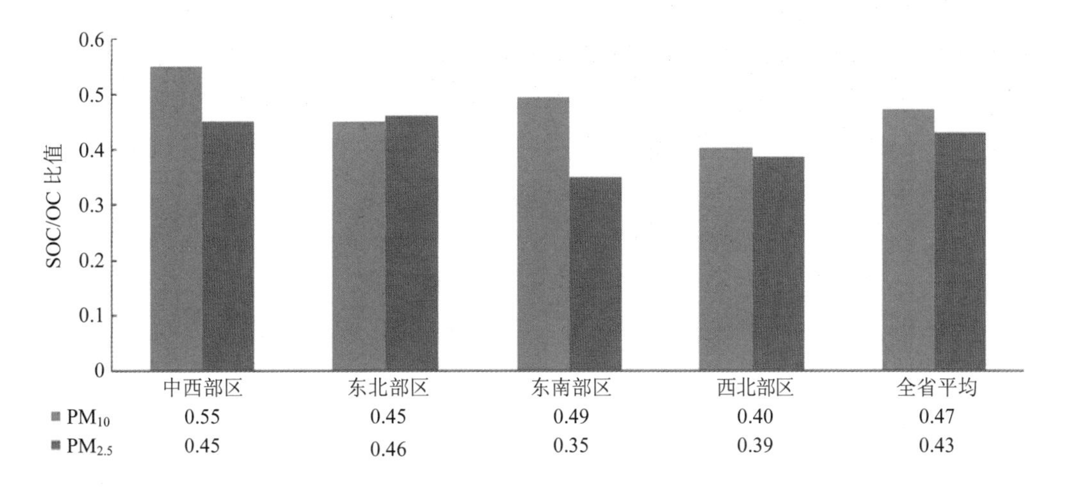

图 5-43　各区域非采暖季 SOC/OC 比值

如图 5-43 所示，在非采暖季 PM$_{2.5}$ 和 PM$_{10}$ 中 SOC/OC 比值分别在东北部和中西部最高，分别为 0.45 和 0.55；最低值分别出现在东南部和西北部，分别为 0.35 和 0.40；全省均值分别为 0.43 和 0.47。其中值得注意的是在东南部，PM_{10} 中的 OC 和 VOC 比 $PM_{2.5}$ 中的更易于转化成 SOC。

如图 5-44 所示，在采暖季 $PM_{2.5}$ 和 PM_{10} 中 SOC/OC 比值分别在东北部和中西部最高，分别为 0.49 和 0.51；最低值分别出现在西北部和东南部，分别为 0.39 和 0.42；全省均值分别为 0.46 和 0.47。除东南部 PM_{10} 中的 SOC/OC 比值外，所有采暖季 SOC/OC 比值都高于对应的非采暖季数值，这可能与采暖季燃煤取暖释放大量 OC 和 VOC 有关。

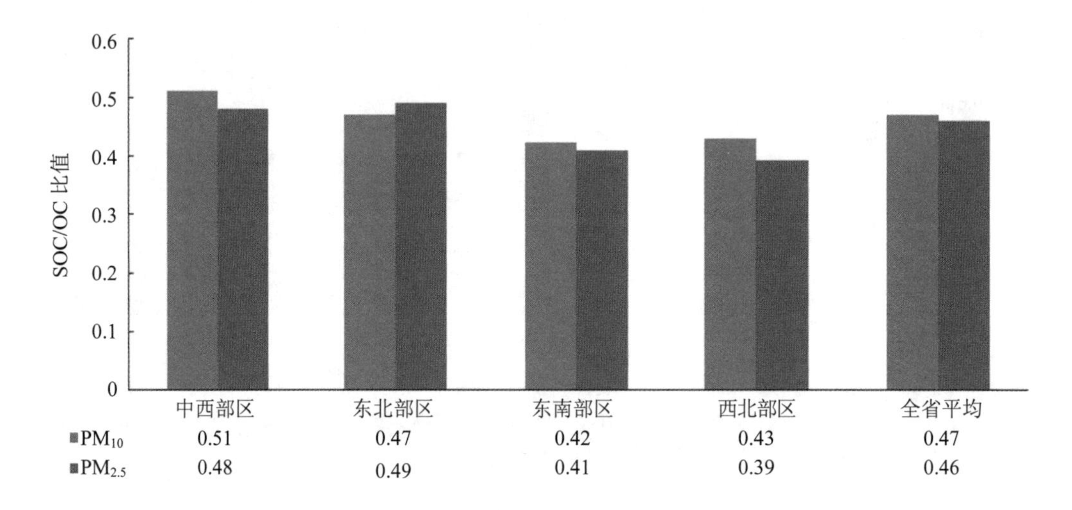

图 5-44 各区域采暖季 SOC/OC 比值

如图 5-45 所示，在全年 $PM_{2.5}$ 和 PM_{10} 中 SOC/OC 比值分别在东北部和中西部最高，

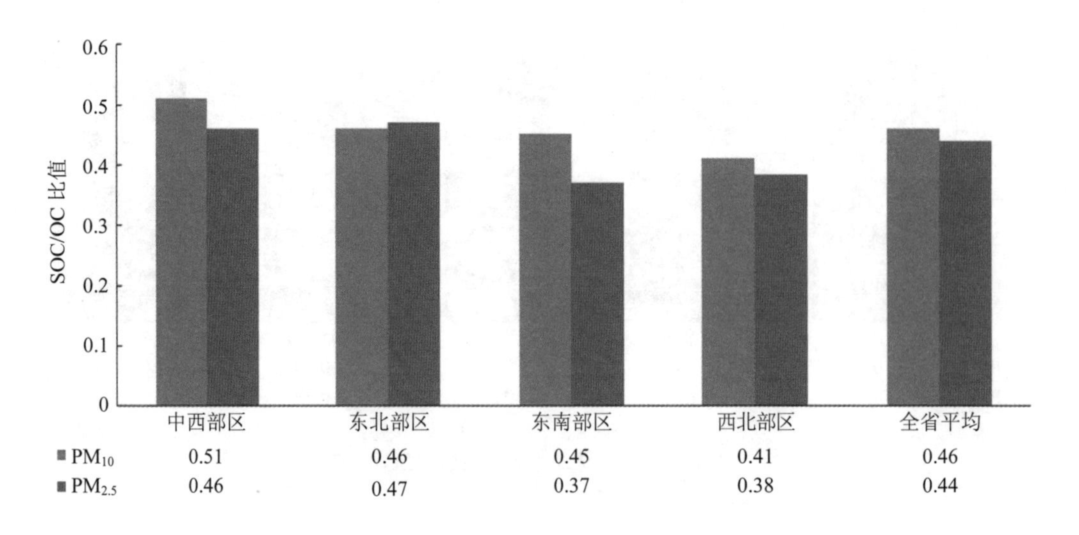

图 5-45 各区域全年 $PM_{2.5}$ 中 SOC/OC 比值

分别为 0.47 和 0.51；最低值都在西北部，分别为 0.38 和 0.41。全省 SOC/OC 比值的年均值分别为 0.44 和 0.46，在中西部、东南部和西北部，PM_{10} 中 SOC/OC 比值比 $PM_{2.5}$ 中高。

5.4　元素组分特征

5.4.1　$PM_{2.5}$ 各元素特征

5.4.1.1　非采暖季特征

如图 5-46 所示，非采暖季中西部 $PM_{2.5}$ 中元素平均浓度最高的是 Ca（3.74 μg/m^3），尤其是在绥化；其次是 Si（1.91 μg/m^3）和 Fe（1.21 μg/m^3）。其他元素的浓度相对较小，均小于 0.8 μg/m^3。重金属元素较高的是 Cr（0.33 μg/m^3）、Cu（0.32 μg/m^3）和 Ba（0.31 μg/m^3）。

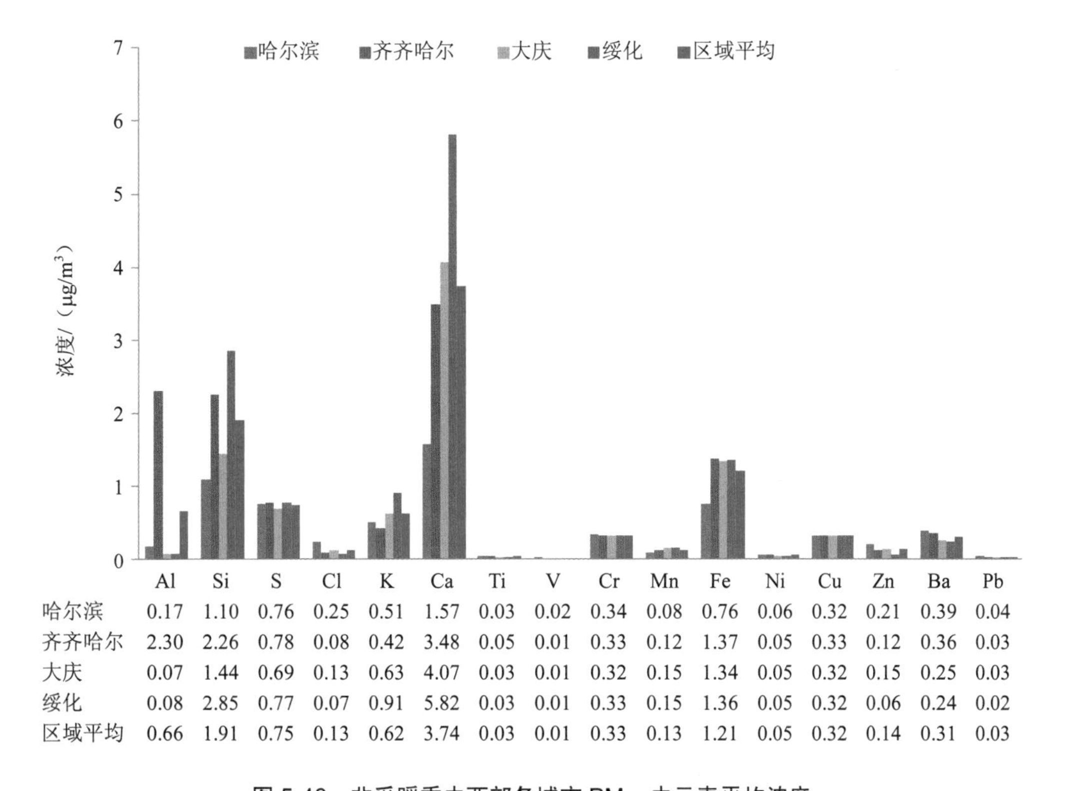

	Al	Si	S	Cl	K	Ca	Ti	V	Cr	Mn	Fe	Ni	Cu	Zn	Ba	Pb
哈尔滨	0.17	1.10	0.76	0.25	0.51	1.57	0.03	0.02	0.34	0.08	0.76	0.06	0.32	0.21	0.39	0.04
齐齐哈尔	2.30	2.26	0.78	0.08	0.42	3.48	0.05	0.01	0.33	0.12	1.37	0.05	0.33	0.12	0.36	0.03
大庆	0.07	1.44	0.69	0.13	0.63	4.07	0.03	0.01	0.32	0.15	1.34	0.05	0.32	0.15	0.25	0.03
绥化	0.08	2.85	0.77	0.07	0.91	5.82	0.03	0.01	0.33	0.15	1.36	0.05	0.32	0.06	0.24	0.02
区域平均	0.66	1.91	0.75	0.13	0.62	3.74	0.03	0.01	0.33	0.13	1.21	0.05	0.32	0.14	0.31	0.03

图 5-46　非采暖季中西部各城市 $PM_{2.5}$ 中元素平均浓度

如图 5-47 所示，非采暖季东北部 $PM_{2.5}$ 中元素平均浓度最高的是 Ca（2.65 μg/m^3），其中鹤岗较高，佳木斯的 Ca 元素相对较低；其次是 Si（1.99 μg/m^3）和 Fe（1.42 μg/m^3）。其他元素的浓度相对较小，均小于 1.0 μg/m^3。重金属元素较高的是 Cu（0.32 μg/m^3）和

Ba（0.25 μg/m³）。

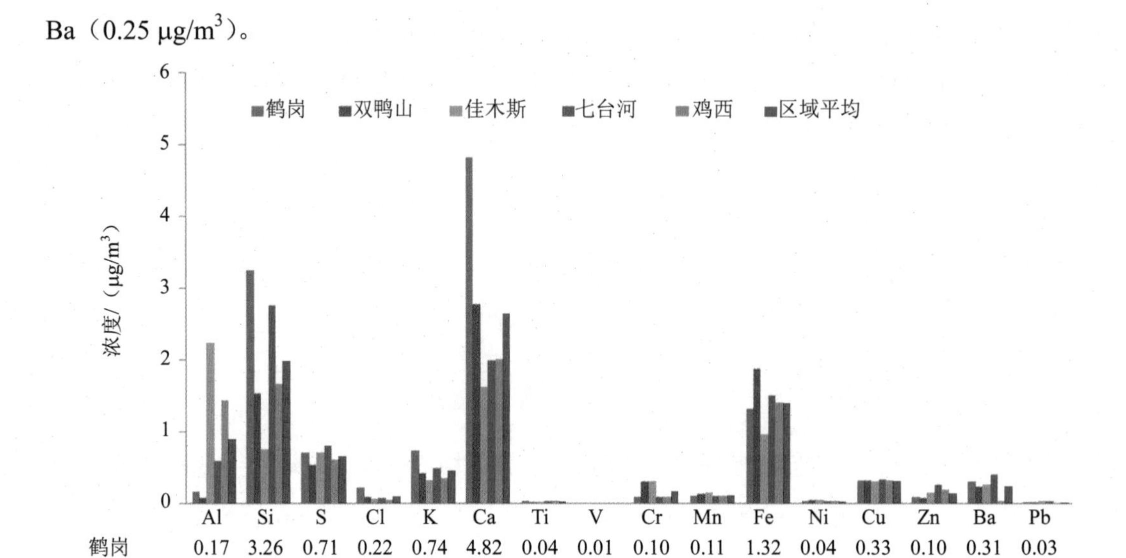

	Al	Si	S	Cl	K	Ca	Ti	V	Cr	Mn	Fe	Ni	Cu	Zn	Ba	Pb
鹤岗	0.17	3.26	0.71	0.22	0.74	4.82	0.04	0.01	0.10	0.11	1.32	0.04	0.33	0.10	0.31	0.03
双鸭山	0.08	1.53	0.54	0.10	0.42	2.78	0.03	0.01	0.30	0.15	1.88	0.05	0.32	0.09	0.23	0.02
佳木斯	2.23	0.75	0.71	0.07	0.32	1.62	0.03	0.01	0.31	0.15	0.97	0.05	0.32	0.15	0.27	0.04
七台河	0.60	2.77	0.80	0.09	0.50	2.00	0.04	0.01	0.09	0.11	1.50	0.04	0.33	0.26	0.41	0.05
鸡西	1.44	1.67	0.61	0.06	0.35	2.01	0.03	0.01	0.09	0.11	1.40	0.04	0.32	0.20	0.03	0.01
区域平均	0.91	1.99	0.67	0.11	0.47	2.65	0.03	0.01	0.18	0.12	1.42	0.04	0.32	0.16	0.25	0.03

图 5-47　非采暖季东北部 $PM_{2.5}$ 中元素平均浓度

如图 5-48 所示，非采暖季东南部 $PM_{2.5}$ 中元素平均浓度最高的是 Al（1.95 μg/m³），其次是 Ca（1.74 μg/m³）、Si（1.58 μg/m³）和 Fe（0.85 μg/m³）。其他元素的浓度相对较低，均小于 0.8 μg/m³。重金属元素较高的是 Ba（0.34 μg/m³）、Cu（0.33 μg/m³）和 Cr（0.33 μg/m³）。

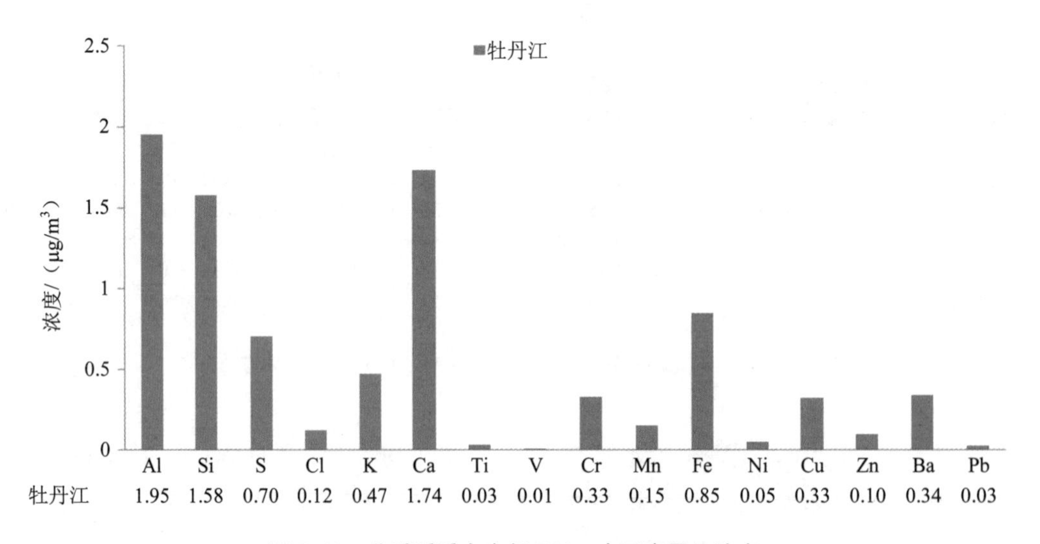

	Al	Si	S	Cl	K	Ca	Ti	V	Cr	Mn	Fe	Ni	Cu	Zn	Ba	Pb
牡丹江	1.95	1.58	0.70	0.12	0.47	1.74	0.03	0.01	0.33	0.15	0.85	0.05	0.33	0.10	0.34	0.03

图 5-48　非采暖季东南部 $PM_{2.5}$ 中元素平均浓度

如图 5-49 所示，西北部 $PM_{2.5}$ 中元素平均浓度最高的是 Ca（2.05 μg/m^3），其次是 Si（1.87 μg/m^3）和 Fe（0.89 μg/m^3）。其他元素的浓度相对较小，均小于 0.5 μg/m^3。重金属元素较高的是 Cu（0.32 μg/m^3）、Ba（0.31 μg/m^3）和 Cr（0.25 μg/m^3）。

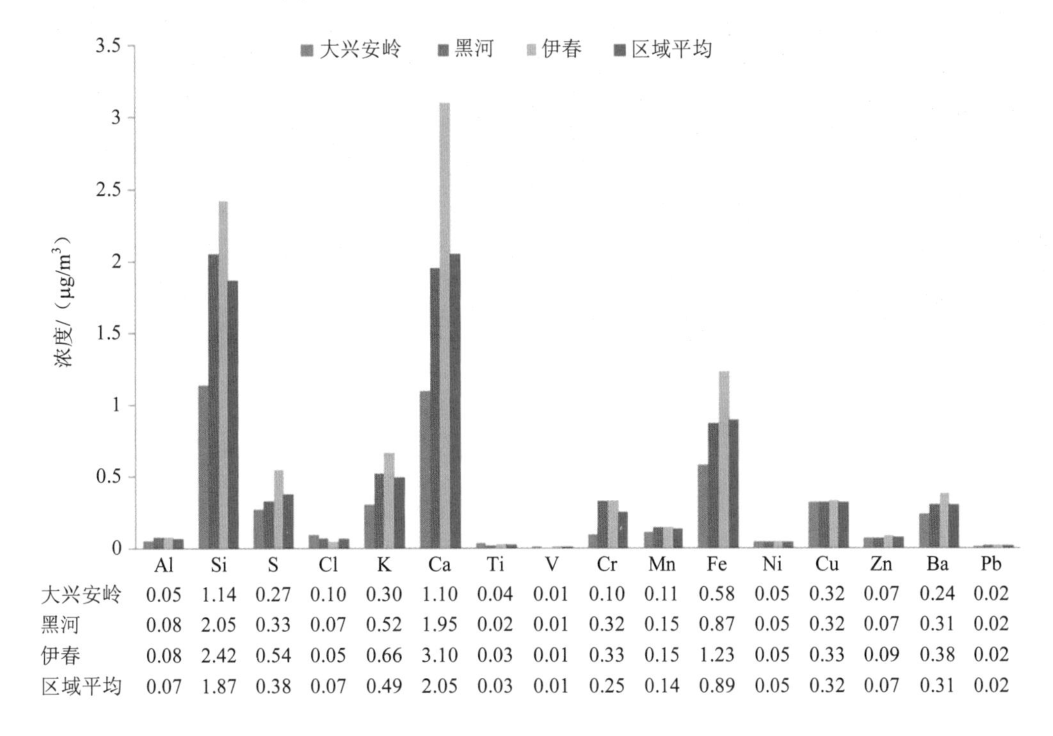

	Al	Si	S	Cl	K	Ca	Ti	V	Cr	Mn	Fe	Ni	Cu	Zn	Ba	Pb
大兴安岭	0.05	1.14	0.27	0.10	0.30	1.10	0.04	0.01	0.10	0.11	0.58	0.05	0.32	0.07	0.24	0.02
黑河	0.08	2.05	0.33	0.07	0.52	1.95	0.02	0.01	0.32	0.15	0.87	0.05	0.32	0.07	0.31	0.02
伊春	0.08	2.42	0.54	0.05	0.66	3.10	0.03	0.01	0.33	0.15	1.23	0.05	0.33	0.09	0.38	0.02
区域平均	0.07	1.87	0.38	0.07	0.49	2.05	0.03	0.01	0.25	0.14	0.89	0.05	0.32	0.07	0.31	0.02

图 5-49　非采暖季西北部 $PM_{2.5}$ 中元素平均浓度

在非采暖季黑龙江省 13 个市地平均浓度最高的基本都是 Ca，这和黑龙江省的土壤特点相一致，即土壤主要为黑钙土。唯一例外的是牡丹江市，其最高元素是 Al。另外，浓度较高的重金属元素 Cr，Cu 和 Ba 在全省范围也一致。

5.4.1.2　采暖季特征

如图 5-50 所示，采暖季中西部 $PM_{2.5}$ 中元素平均浓度最高的是 Cl（3.37 μg/m^3），其次是 K（2.86 μg/m^3）、Ca（2.51 μg/m^3），再次是 S（2.04 μg/m^3）、Si（1.83 μg/m^3）、Al（0.90 μg/m^3）和 Fe（0.87 μg/m^3）。其他元素的浓度相对较小，均小于 0.6 μg/m^3。重金属元素较高的是 Ba（0.52 μg/m^3）、Cu（0.39 μg/m^3）和 Cr（0.28 μg/m^3）。与非采暖季的结果相比，采暖季 Cl 元素浓度抬升约 26 倍，K 元素浓度抬升约 4.6 倍。这说明在采暖季 $PM_{2.5}$ 受生物质燃烧和燃煤取暖的影响尤为严重。

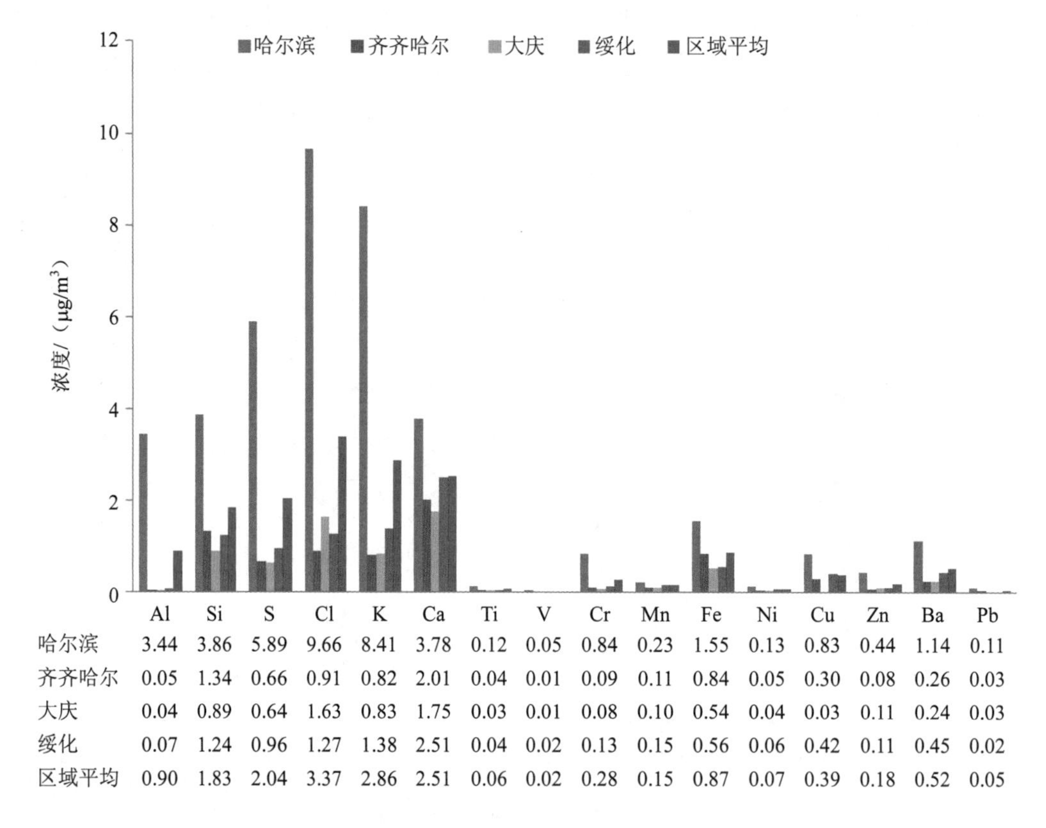

	Al	Si	S	Cl	K	Ca	Ti	V	Cr	Mn	Fe	Ni	Cu	Zn	Ba	Pb
哈尔滨	3.44	3.86	5.89	9.66	8.41	3.78	0.12	0.05	0.84	0.23	1.55	0.13	0.83	0.44	1.14	0.11
齐齐哈尔	0.05	1.34	0.66	0.91	0.82	2.01	0.04	0.01	0.09	0.11	0.84	0.05	0.30	0.08	0.26	0.03
大庆	0.04	0.89	0.64	1.63	0.83	1.75	0.03	0.01	0.08	0.10	0.54	0.04	0.03	0.11	0.24	0.03
绥化	0.07	1.24	0.96	1.27	1.38	2.51	0.04	0.02	0.13	0.15	0.56	0.06	0.42	0.11	0.45	0.02
区域平均	0.90	1.83	2.04	3.37	2.86	2.51	0.06	0.02	0.28	0.15	0.87	0.07	0.39	0.18	0.52	0.05

图 5-50　采暖季中西部 $PM_{2.5}$ 中元素平均浓度

如图 5-51 所示，采暖季东北部 $PM_{2.5}$ 中元素平均浓度最高的是 Ca（1.83 μg/m³），其次是 Cl（1.54 μg/m³）、Si（1.36 μg/m³）、S（1.05 μg/m³）、K（1.06 μg/m³），再次是 Fe（0.97 μg/m³）。其他元素的浓度相对较小，均小于 0.6 μg/m³。重金属元素较高的是 Cu（0.32 μg/m³）、Ba（0.28 μg/m³）和 Zn（0.16 μg/m³）。与非采暖季的结果相比，采暖季只有 Cl 元素浓度显著抬升约 15 倍，K、Pb 和 S 元素浓度分别抬升约 2.3 倍、1.87 倍和 1.56 倍。这说明在采暖季 $PM_{2.5}$ 受生物质燃烧和燃煤取暖的影响尤为严重。

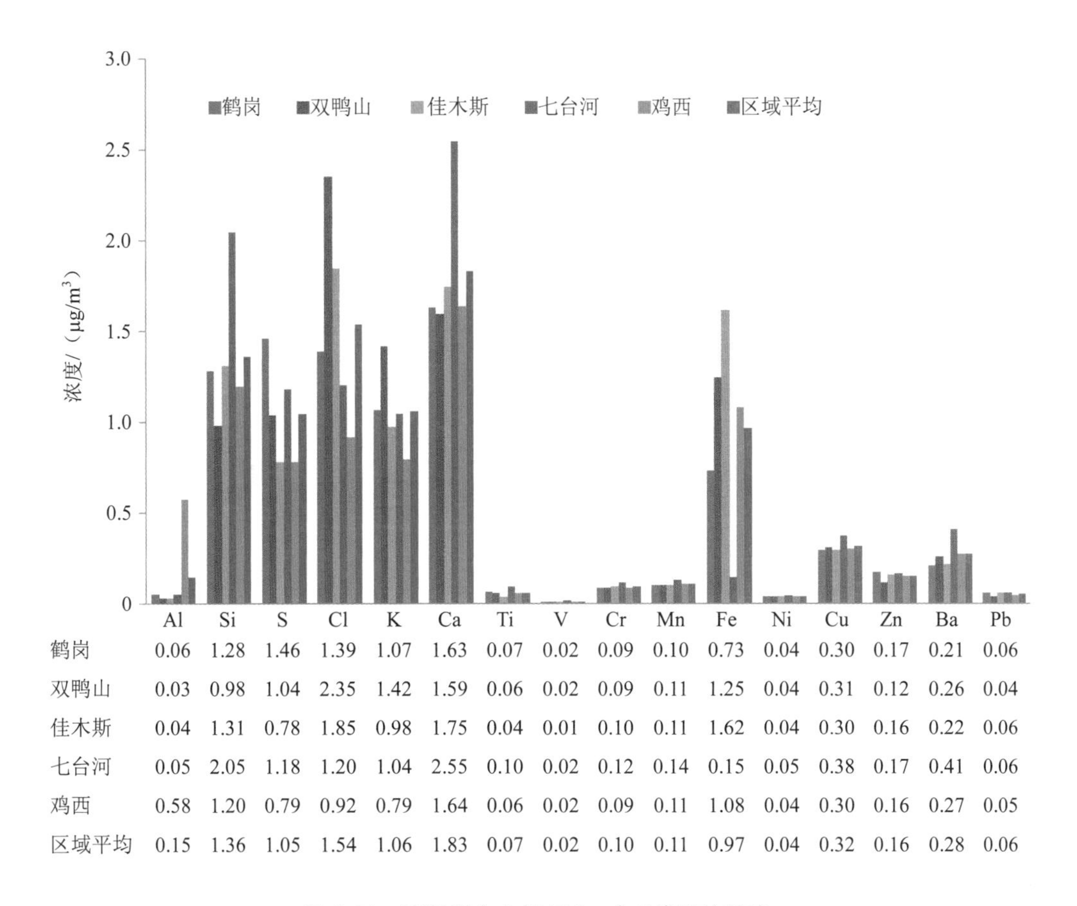

	Al	Si	S	Cl	K	Ca	Ti	V	Cr	Mn	Fe	Ni	Cu	Zn	Ba	Pb
鹤岗	0.06	1.28	1.46	1.39	1.07	1.63	0.07	0.02	0.09	0.10	0.73	0.04	0.30	0.17	0.21	0.06
双鸭山	0.03	0.98	1.04	2.35	1.42	1.59	0.06	0.02	0.09	0.11	1.25	0.04	0.31	0.12	0.26	0.04
佳木斯	0.04	1.31	0.78	1.85	0.98	1.75	0.04	0.01	0.10	0.11	1.62	0.04	0.30	0.16	0.22	0.06
七台河	0.05	2.05	1.18	1.20	1.04	2.55	0.10	0.02	0.12	0.14	0.15	0.05	0.38	0.17	0.41	0.06
鸡西	0.58	1.20	0.79	0.92	0.79	1.64	0.06	0.02	0.09	0.11	1.08	0.04	0.30	0.16	0.27	0.05
区域平均	0.15	1.36	1.05	1.54	1.06	1.83	0.07	0.02	0.10	0.11	0.97	0.04	0.32	0.16	0.28	0.06

图 5-51 采暖季东北部 PM$_{2.5}$中元素平均浓度

如图 5-52 所示，采暖季东南部 PM$_{2.5}$中元素平均浓度最高的是 Cl（2.02 μg/m^3），其次是 Ca（1.59 μg/m^3）、Si（1.42 μg/m^3）、K（1.36 μg/m^3），再次是 S（1.15 μg/m^3）和 Fe（0.63 μg/m^3）。其他元素的浓度相对较小，均小于 0.4 μg/m^3。重金属元素较高的是 Cu（0.32 μg/m^3）、Ba（0.30 μg/m^3）和 Zn（0.32 μg/m^3）。与非采暖季的结果相比，采暖季只有 Cl 元素浓度显著抬升，约 17 倍，K、Pb 和 S 元素浓度分别抬升约 2.87 倍、2.77 倍和 1.6 倍。这也说明在采暖季 PM$_{2.5}$受生物质燃烧和燃煤取暖的影响尤为严重。

如图 5-53 所示，采暖季西北部 PM$_{2.5}$中元素平均浓度最高的是 Ca（1.67 μg/m^3），其次是 Si（1.14 μg/m^3）、Cl（0.60 μg/m^3）、K（0.84 μg/m^3）和 Fe（0.84 μg/m^3），再次是 S（0.51 μg/m^3）。其他元素的浓度相对较小，均小于 0.6 μg/m^3。

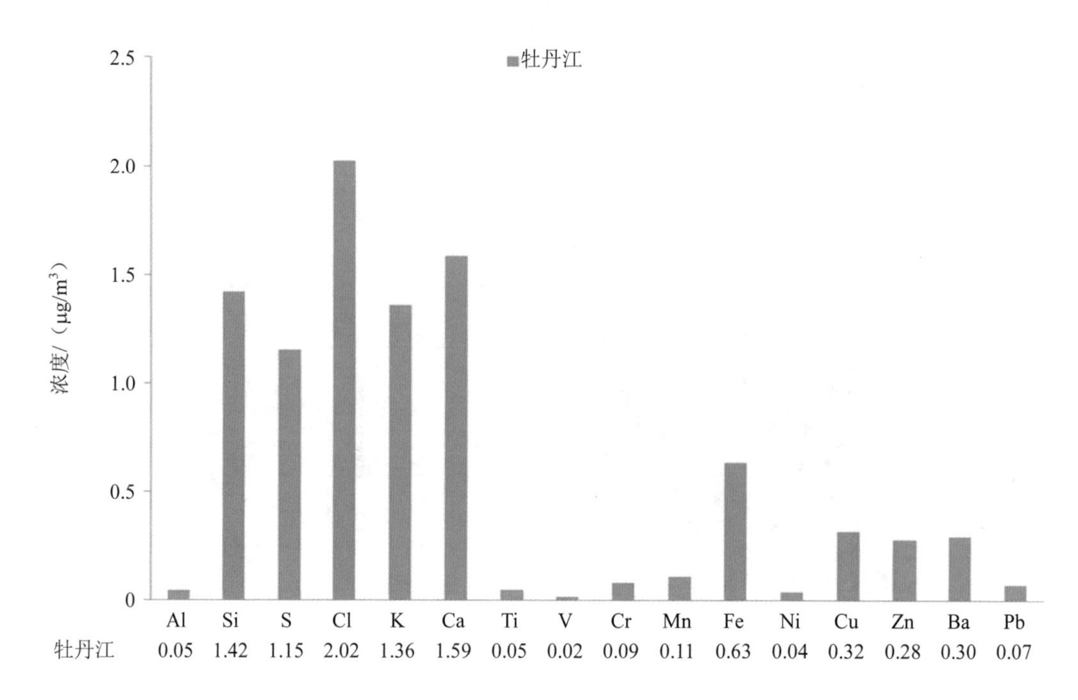

图 5-52　采暖季东南部 $PM_{2.5}$ 中元素平均浓度

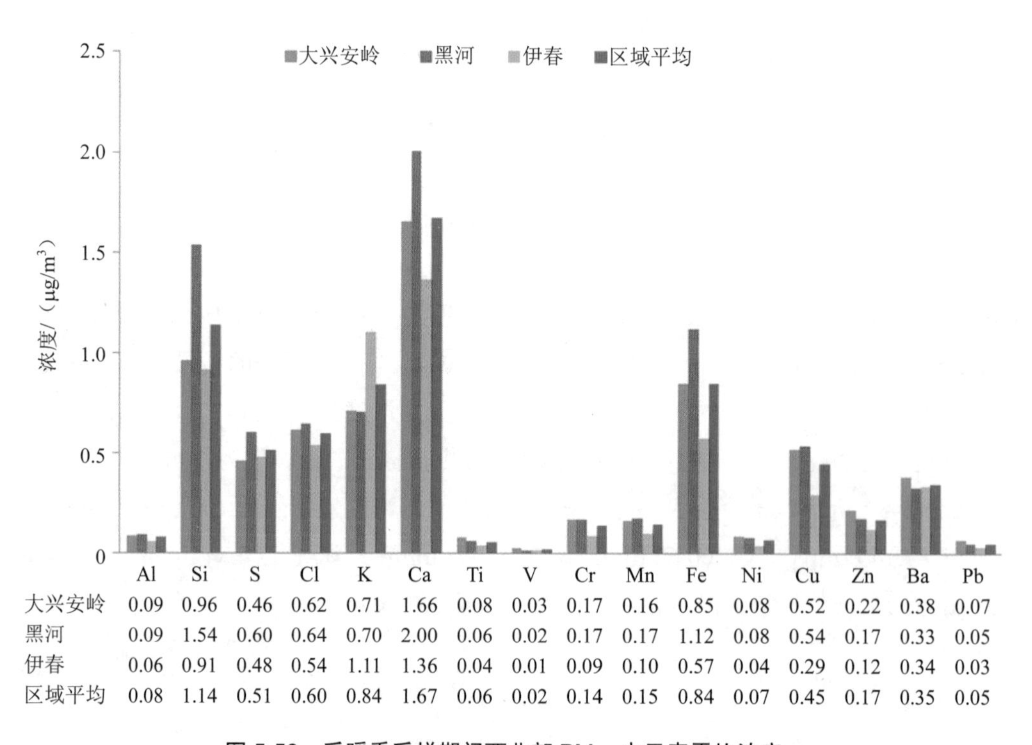

图 5-53　采暖季采样期间西北部 $PM_{2.5}$ 中元素平均浓度

重金属元素较高的是 Cu（0.45 μg/m³）、Ba（0.35 μg/m³）和 Zn（0.17 μg/m³）。与非采暖季的结果相比，采暖季只有 Cl 元素浓度显著抬升，约 12 倍，Pb、Zn、S 和 K 元素浓度分别抬升约 2.8 倍、2.5 倍、1.83 倍和 1.70 倍。这说明在采暖季 $PM_{2.5}$ 受生物质燃烧和燃煤取暖的影响尤为严重。

5.4.1.3 全年特征

如图 5-54 所示，全年中西部 $PM_{2.5}$ 中元素平均浓度最高的是 Ca（2.94 μg/m³），其次是 Si（1.64 μg/m³）、K（1.13 μg/m³）和 S（1.08 μg/m³），再次是 Fe（1.00 μg/m³）、Cl（0.97 μg/m³）和 Al（0.61 μg/m³）。其他元素的浓度相对较小，均小于 0.4 μg/m³。重金属元素较高的是 Ba（0.30 μg/m³）、Cu（0.31 μg/m³）和 Cr（0.23 μg/m³）。

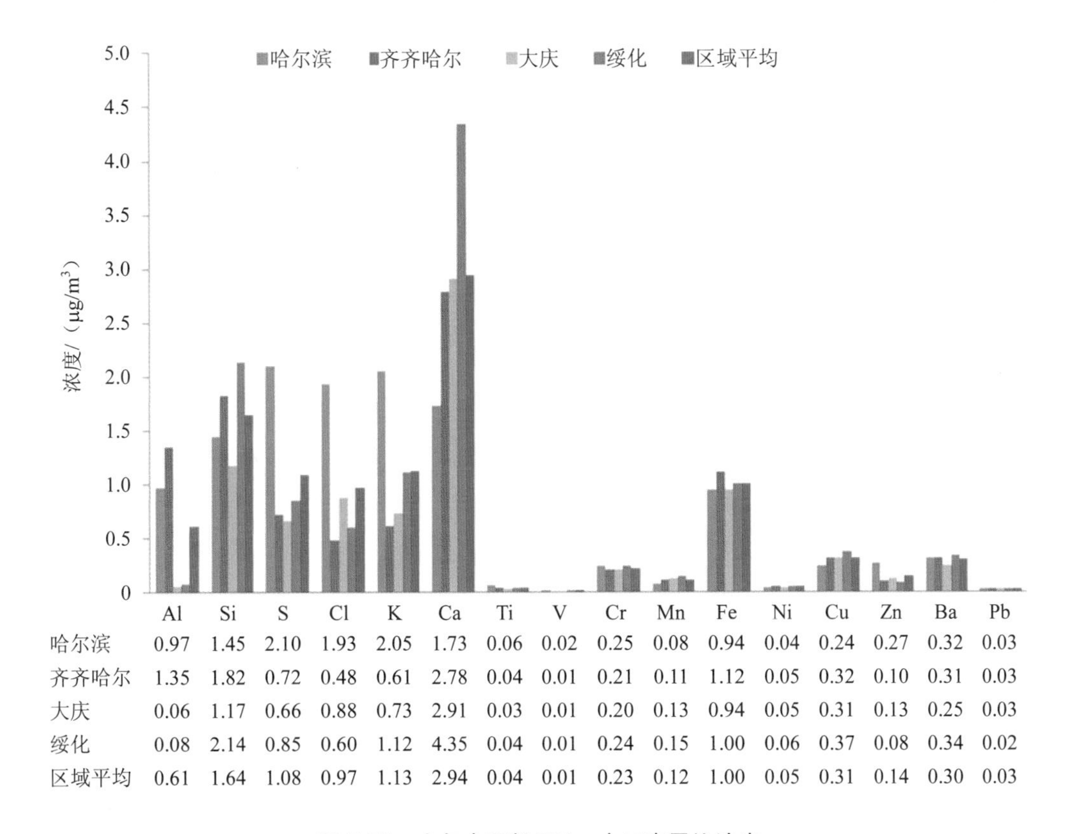

	Al	Si	S	Cl	K	Ca	Ti	V	Cr	Mn	Fe	Ni	Cu	Zn	Ba	Pb
哈尔滨	0.97	1.45	2.10	1.93	2.05	1.73	0.06	0.02	0.25	0.08	0.94	0.04	0.24	0.27	0.32	0.03
齐齐哈尔	1.35	1.82	0.72	0.48	0.61	2.78	0.04	0.01	0.21	0.11	1.12	0.05	0.32	0.10	0.31	0.03
大庆	0.06	1.17	0.66	0.88	0.73	2.91	0.03	0.01	0.20	0.13	0.94	0.05	0.31	0.13	0.25	0.03
绥化	0.08	2.14	0.85	0.60	1.12	4.35	0.04	0.01	0.24	0.15	1.00	0.06	0.37	0.08	0.34	0.02
区域平均	0.61	1.64	1.08	0.97	1.13	2.94	0.04	0.01	0.23	0.12	1.00	0.05	0.31	0.14	0.30	0.03

图 5-54 全年中西部 $PM_{2.5}$ 中元素平均浓度

如图 5-55 所示，全年东北部 $PM_{2.5}$ 中元素平均浓度最高的是 Ca（2.27 μg/m^3），其次是 Si（1.70 μg/m^3）和 Fe（1.40 μg/m^3），再次是 S（0.86 μg/m^3）、Cl（0.81 μg/m^3）、K（0.76 μg/m^3）和 Al（0.52 μg/m^3）。其他元素的浓度相对较小，均小于 0.5 μg/m^3。重金属元素较高的是 Cu（0.32 μg/m^3）、Ba（0.26 μg/m^3）、Zn（0.16 μg/m^3）和 Cr（0.14 μg/m^3）。

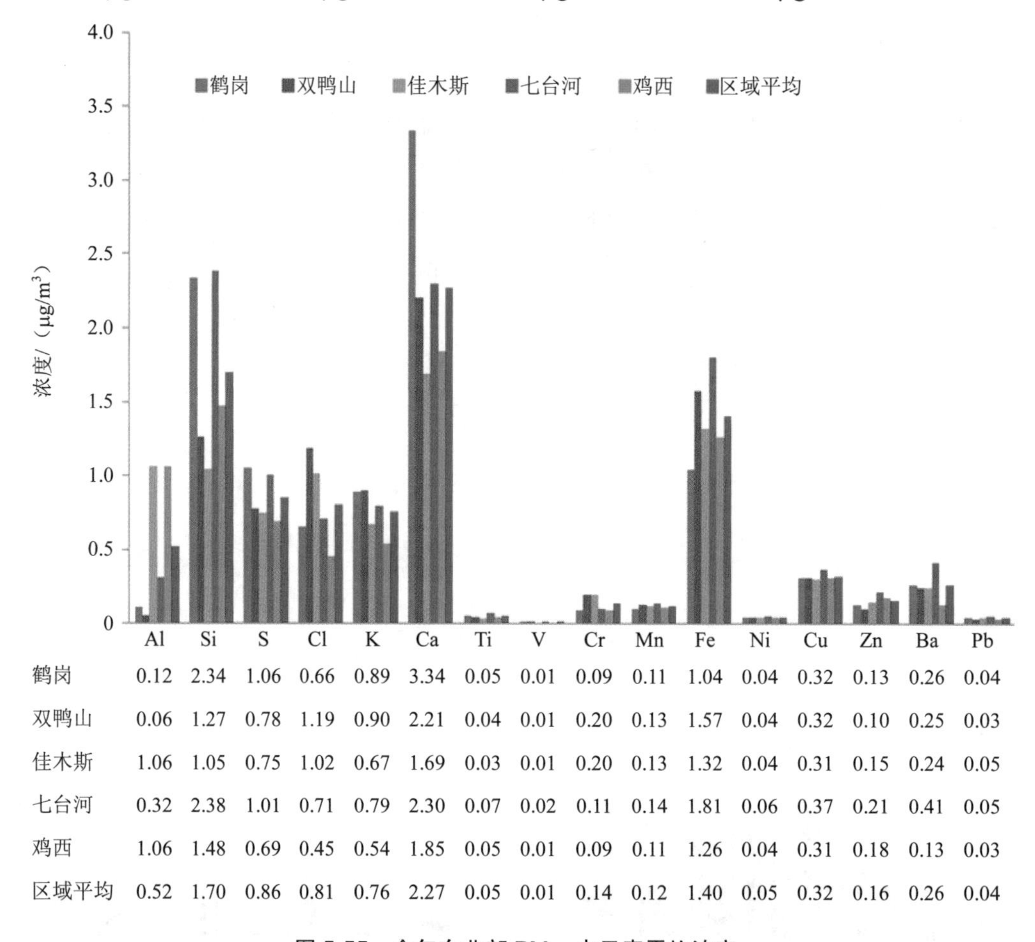

	Al	Si	S	Cl	K	Ca	Ti	V	Cr	Mn	Fe	Ni	Cu	Zn	Ba	Pb
鹤岗	0.12	2.34	1.06	0.66	0.89	3.34	0.05	0.01	0.09	0.11	1.04	0.04	0.32	0.13	0.26	0.04
双鸭山	0.06	1.27	0.78	1.19	0.90	2.21	0.04	0.01	0.20	0.13	1.57	0.04	0.32	0.10	0.25	0.03
佳木斯	1.06	1.05	0.75	1.02	0.67	1.69	0.03	0.01	0.20	0.13	1.32	0.04	0.31	0.15	0.24	0.05
七台河	0.32	2.38	1.01	0.71	0.79	2.30	0.07	0.02	0.11	0.14	1.81	0.06	0.37	0.21	0.41	0.05
鸡西	1.06	1.48	0.69	0.45	0.54	1.85	0.05	0.01	0.09	0.11	1.26	0.04	0.31	0.18	0.13	0.03
区域平均	0.52	1.70	0.86	0.81	0.76	2.27	0.05	0.01	0.14	0.12	1.40	0.05	0.32	0.16	0.26	0.04

图 5-55　全年东北部 $PM_{2.5}$ 中元素平均浓度

如图 5-56 所示，采暖季东南部 $PM_{2.5}$ 中元素平均浓度最高的是 Ca（1.66 μg/m^3），其次是 Si（1.50 μg/m^3）、Cl（1.10 μg/m^3）和 Al（0.96 μg/m^3），再次是 S（0.93 μg/m^3）、K（0.93 μg/m^3）和 Fe（0.74 μg/m^3）。其他元素的浓度相对较小，均小于 0.4 μg/m^3。重金属元素较高的是 Cu（0.32 μg/m^3）、Ba（0.32 μg/m^3）、Cr（0.20 μg/m^3）和 Zn（0.19 μg/m^3）。

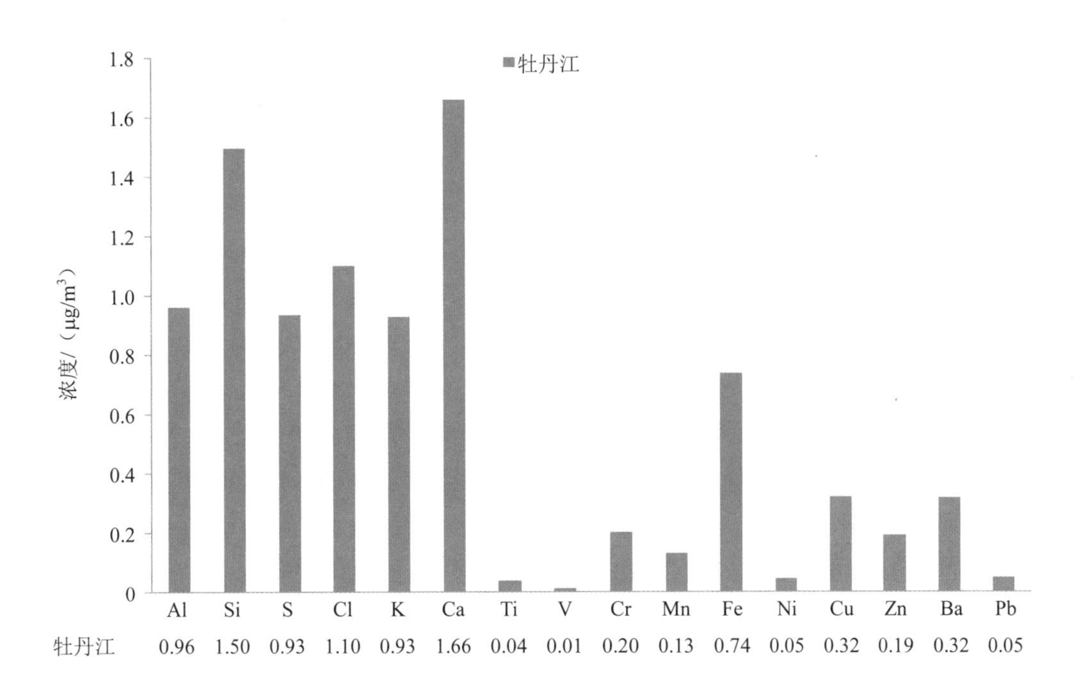

	Al	Si	S	Cl	K	Ca	Ti	V	Cr	Mn	Fe	Ni	Cu	Zn	Ba	Pb
牡丹江	0.96	1.50	0.93	1.10	0.93	1.66	0.04	0.01	0.20	0.13	0.74	0.05	0.32	0.19	0.32	0.05

图 5-56　全年东南部 $PM_{2.5}$ 中元素平均浓度

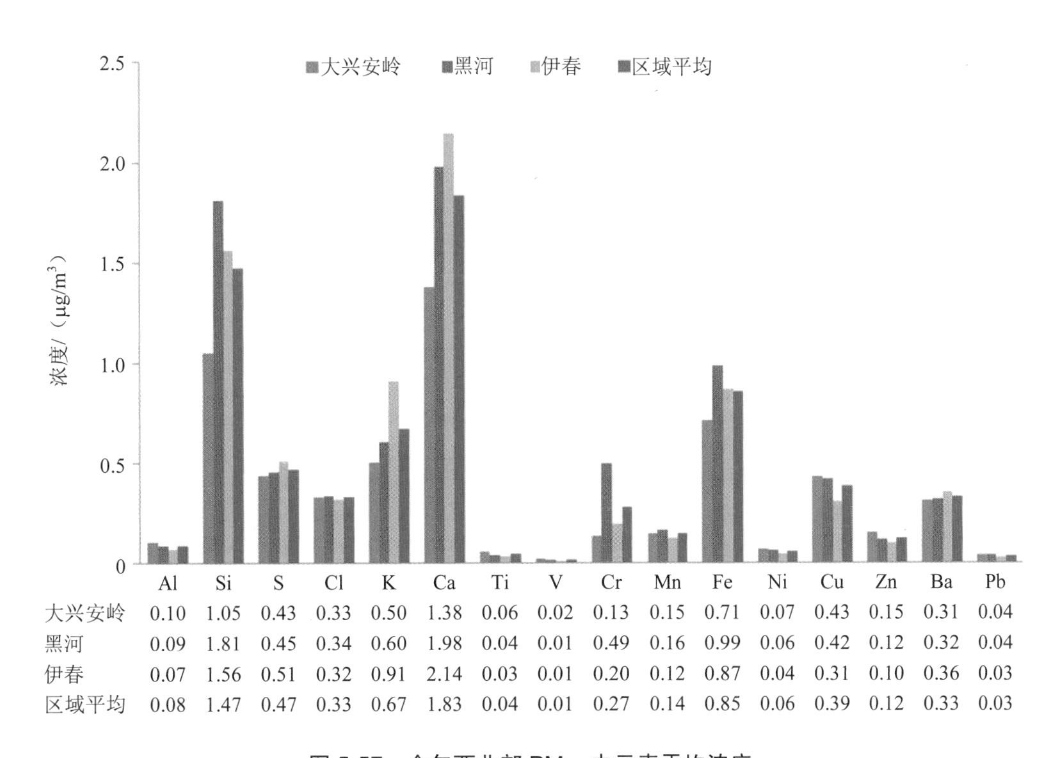

	Al	Si	S	Cl	K	Ca	Ti	V	Cr	Mn	Fe	Ni	Cu	Zn	Ba	Pb
大兴安岭	0.10	1.05	0.43	0.33	0.50	1.38	0.06	0.02	0.13	0.15	0.71	0.07	0.43	0.15	0.31	0.04
黑河	0.09	1.81	0.45	0.34	0.60	1.98	0.04	0.01	0.49	0.16	0.99	0.06	0.42	0.12	0.32	0.04
伊春	0.07	1.56	0.51	0.32	0.91	2.14	0.03	0.01	0.20	0.12	0.87	0.04	0.31	0.10	0.36	0.03
区域平均	0.08	1.47	0.47	0.33	0.67	1.83	0.04	0.01	0.27	0.14	0.85	0.06	0.39	0.12	0.33	0.03

图 5-57　全年西北部 $PM_{2.5}$ 中元素平均浓度

如图 5-57 所示，采暖季西北部 $PM_{2.5}$ 中元素平均浓度最高的是 Ca（1.83 μg/m^3），其次是 Si（1.47 μg/m^3），再次是 Fe（0.85 μg/m^3）、K（0.67 μg/m^3）、S（0.47 μg/m^3）和 Cl（0.33 μg/m^3）。其他元素的浓度相对较小，均小于 0.5 μg/m^3。重金属元素较高的是 Cu（0.39 μg/m^3）、Ba（0.33 μg/m^3）、Cr（0.27 μg/m^3）和 Zn（0. 12 μg/m^3）。

5.4.2 PM_{10} 中各元素特征

5.4.2.1 非采暖季特征

如图 5-58 所示，非采暖季中西部 PM_{10} 中元素平均浓度最高的是 Ca（5.50 μg/m^3），尤其是在绥化；其次是 Si（5.21 μg/m^3）、Fe（1.80 μg/m^3）和 Al（1.01 μg/m^3），再次是 S（0.95 μg/m^3）和 K（0.82 μg/m^3）。其他元素的浓度相对较小，均小于 0.5 μg/m^3。重金属元素较高的是 Ba（0.43 μg/m^3）、Cr（0.35 μg/m^3）和 Cu（0.33 μg/m^3）。

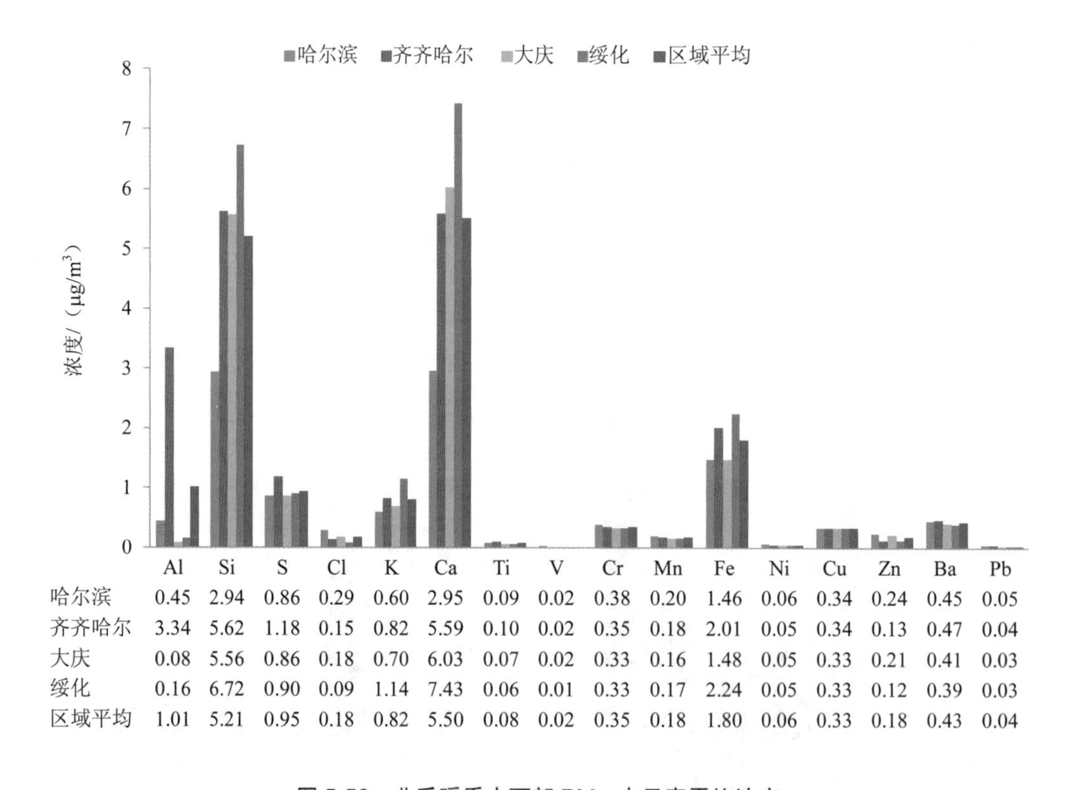

	Al	Si	S	Cl	K	Ca	Ti	V	Cr	Mn	Fe	Ni	Cu	Zn	Ba	Pb
哈尔滨	0.45	2.94	0.86	0.29	0.60	2.95	0.09	0.02	0.38	0.20	1.46	0.06	0.34	0.24	0.45	0.05
齐齐哈尔	3.34	5.62	1.18	0.15	0.82	5.59	0.10	0.02	0.35	0.18	2.01	0.05	0.34	0.13	0.47	0.04
大庆	0.08	5.56	0.86	0.18	0.70	6.03	0.07	0.02	0.33	0.16	1.48	0.05	0.33	0.21	0.41	0.03
绥化	0.16	6.72	0.90	0.09	1.14	7.43	0.06	0.01	0.33	0.17	2.24	0.05	0.33	0.12	0.39	0.03
区域平均	1.01	5.21	0.95	0.18	0.82	5.50	0.08	0.02	0.35	0.18	1.80	0.06	0.33	0.18	0.43	0.04

图 5-58　非采暖季中西部 PM_{10} 中元素平均浓度

PM_{10} 数据与 $PM_{2.5}$ 的相比，大部分的地壳元素，如 Si 和 Ti 主要集中在粗颗粒物中，其 $PM_{2.5}/PM_{10}$ 比值分别为 0.37 和 0.42；部分地壳元素，如 Al、Fe 和 Ca，多半以细颗粒物的形式存在，其 $PM_{2.5}/PM_{10}$ 比值分别为 0.65、0.67 和 0.68。其他重金属元素主要集中在

$PM_{2.5}$ 中，以细颗粒物的形式存在，其 $PM_{2.5}/PM_{10}$ 比值介于 0.72～0.97，其中 Cu 和 Cr 几乎全部都在细颗粒物中。

如图 5-59 所示，非采暖季东北部 PM_{10} 中元素平均浓度最高的是 Si（4.41 μg/m^3），尤其是在鹤岗较高；其次是 Ca（3.64 μg/m^3）；再次是 Al（2.81 μg/m^3）和 Fe（2.32 μg/m^3）。其他元素的浓度相对较小，均小于 1.1 μg/m^3。重金属元素较高的是 Ba（0.38 μg/m^3）、Cr（0.19 μg/m^3）和 Cu（0.33 μg/m^3）。

PM_{10} 数据与 $PM_{2.5}$ 的相比，大部分的地壳元素，如 Al、Ti 和 Si 主要集中在粗颗粒物中，其 $PM_{2.5}/PM_{10}$ 比值分别为 0.32、0.38 和 0.45；部分地壳元素，如 Fe 和 Ca，多半以细颗粒物的形式存在，其 $PM_{2.5}/PM_{10}$ 比值分别为 0.61 和 0.73。其他重金属元素主要集中在 $PM_{2.5}$ 中，以细颗粒物的形式存在，其 $PM_{2.5}/PM_{10}$ 比值介于 0.65～0.97。其中 Cu、Cr 和 Zn 几乎全部都在细颗粒物中。

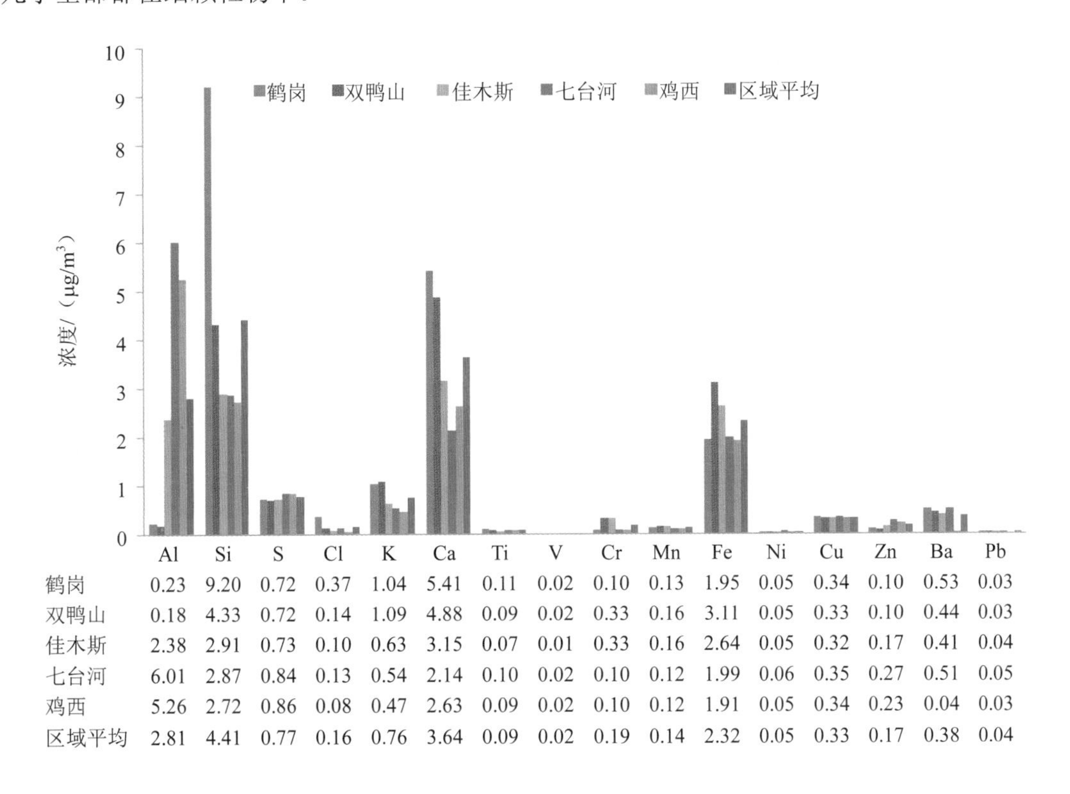

	Al	Si	S	Cl	K	Ca	Ti	V	Cr	Mn	Fe	Ni	Cu	Zn	Ba	Pb
鹤岗	0.23	9.20	0.72	0.37	1.04	5.41	0.11	0.02	0.10	0.13	1.95	0.05	0.34	0.10	0.53	0.03
双鸭山	0.18	4.33	0.72	0.14	1.09	4.88	0.09	0.02	0.33	0.16	3.11	0.05	0.33	0.10	0.44	0.03
佳木斯	2.38	2.91	0.73	0.10	0.63	3.15	0.07	0.01	0.33	0.16	2.64	0.05	0.32	0.17	0.41	0.04
七台河	6.01	2.87	0.84	0.13	0.54	2.14	0.10	0.02	0.10	0.12	1.99	0.06	0.35	0.27	0.51	0.05
鸡西	5.26	2.72	0.86	0.08	0.47	2.63	0.09	0.02	0.10	0.12	1.91	0.05	0.34	0.23	0.04	0.03
区域平均	2.81	4.41	0.77	0.16	0.76	3.64	0.09	0.02	0.19	0.14	2.32	0.05	0.33	0.17	0.38	0.04

图 5-59 非采暖季东北部 PM_{10} 中元素平均浓度

如图 5-60 所示，非采暖季东南部 PM_{10} 中元素平均浓度最高的是 Si（5.93 μg/m^3），其次是 Ca（3.79 μg/m^3）、Al（2.00 μg/m^3）和 Fe（1.68 μg/m^3）。其他元素的浓度相对较低，均小于 1.0 μg/m^3。重金属元素较高的是 Ba（0.55 μg/m^3）、Cr（0.35 μg/m^3）和 Cu（0.33 μg/m^3）。

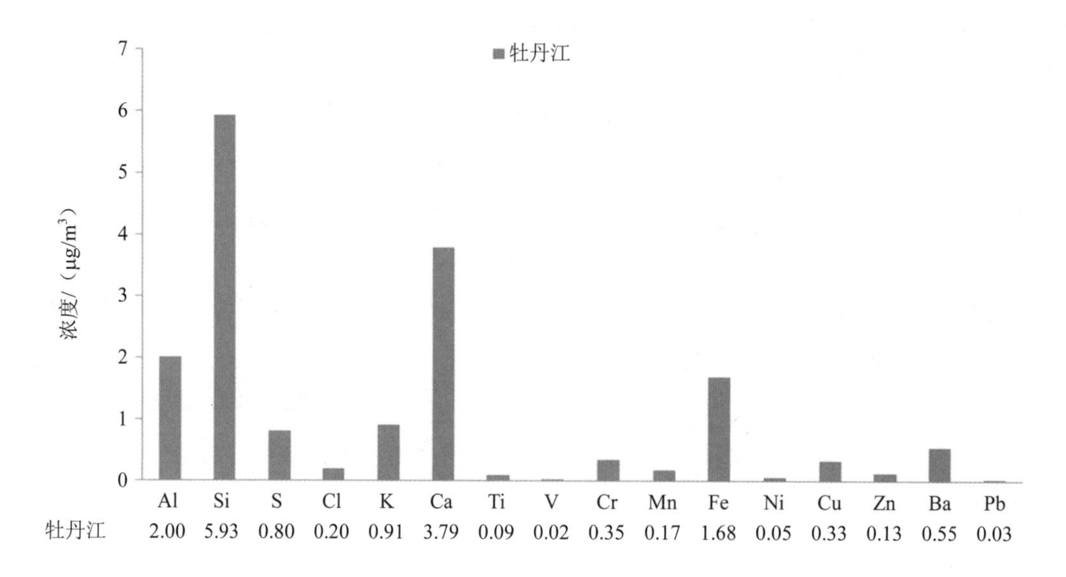

	Al	Si	S	Cl	K	Ca	Ti	V	Cr	Mn	Fe	Ni	Cu	Zn	Ba	Pb
牡丹江	2.00	5.93	0.80	0.20	0.91	3.79	0.09	0.02	0.35	0.17	1.68	0.05	0.33	0.13	0.55	0.03

图 5-60　非采暖季东南部 PM_{10} 中元素平均浓度

PM_{10} 数据与 $PM_{2.5}$ 的相比，大部分的地壳元素，如 Si、Ti 和 Ca 主要集中在粗颗粒物中，其 $PM_{2.5}/PM_{10}$ 比值分别为 0.27、0.36 和 0.46；部分地壳元素，如 Al 和 Fe，多半以细颗粒物的形式存在，其 $PM_{2.5}/PM_{10}$ 比值分别为 0.97 和 0.50。其他重金属元素主要集中在 $PM_{2.5}$ 中，以细颗粒物的形式存在，其 $PM_{2.5}/PM_{10}$ 比值介于 0.62～0.98。

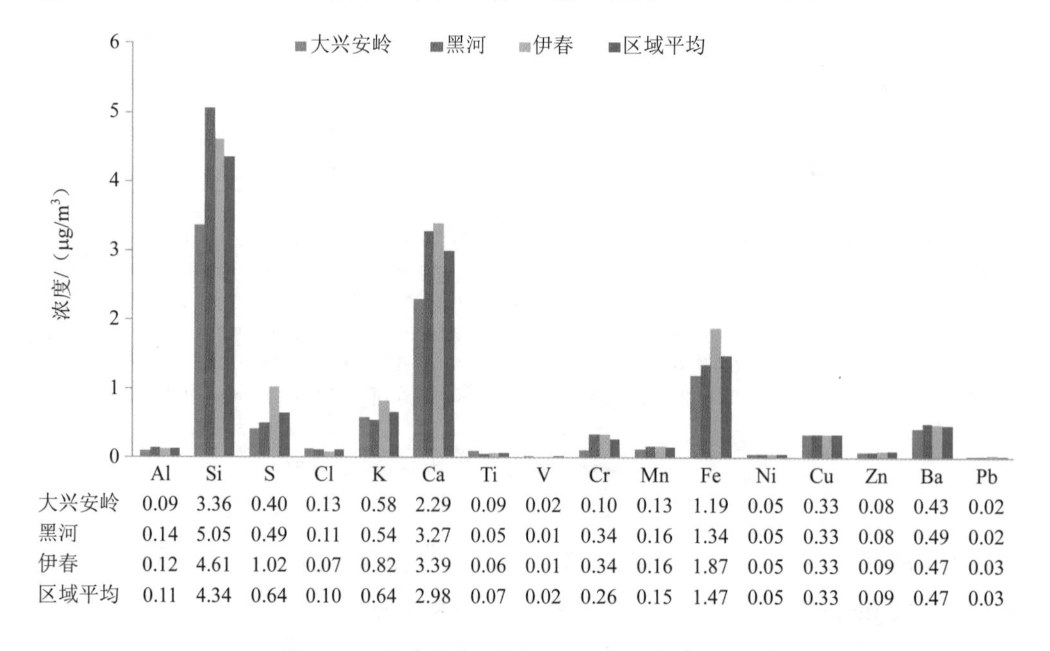

	Al	Si	S	Cl	K	Ca	Ti	V	Cr	Mn	Fe	Ni	Cu	Zn	Ba	Pb
大兴安岭	0.09	3.36	0.40	0.13	0.58	2.29	0.09	0.02	0.10	0.13	1.19	0.05	0.33	0.08	0.43	0.02
黑河	0.14	5.05	0.49	0.11	0.54	3.27	0.05	0.01	0.34	0.16	1.34	0.05	0.33	0.08	0.49	0.02
伊春	0.12	4.61	1.02	0.07	0.82	3.39	0.06	0.01	0.34	0.16	1.87	0.05	0.33	0.09	0.47	0.03
区域平均	0.11	4.34	0.64	0.10	0.64	2.98	0.07	0.02	0.26	0.15	1.47	0.05	0.33	0.09	0.47	0.03

图 5-61　非采暖季西北部 PM_{10} 中元素平均浓度

如图 5-61 所示，非采暖季西北部 PM_{10} 中元素平均浓度最高的是 Si（4.34 μg/m^3），其次是 Ca（2.98 μg/m^3）和 Fe（1.47 μg/m^3）。其他元素的浓度相对较低，均小于 1.0 μg/m^3。重金属元素较高的是 Ba（0.47 μg/m^3）、Cr（0.26 μg/m^3）和 Cu（0.33 μg/m^3）。

PM_{10} 数据与 $PM_{2.5}$ 的相比，大部分的地壳元素，如 Si 和 Ti 主要集中在粗颗粒物中，其 $PM_{2.5}/PM_{10}$ 比值都为 0.43；部分地壳元素，如 Al、Fe 和 Ca，多半以细颗粒物的形式存在，其 $PM_{2.5}/PM_{10}$ 比值分别为 0.62、0.61 和 0.69。其他重金属元素主要集中在 $PM_{2.5}$ 中，以细颗粒物的形式存在，其 $PM_{2.5}/PM_{10}$ 比值介于 0.61～0.97。

5.4.2.2　采暖季特征

如图 5-62 所示，采暖季中西部 PM_{10} 中元素平均浓度最高的是 Cl（4.75 μg/m^3）；其次是 Ca（4.46 μg/m^3）、Si（4.44 μg/m^3）和 K（3.44 μg/m^3）；再次是 S（2.48 μg/m^3）、Al（2.13 μg/m^3）和 Fe（1.72 μg/m^3）。其他元素的浓度相对较小，均小于 1.4 μg/m^3。重金属元素浓度较高的是 Ba（0.71 μg/m^3）、Cu（0.50 μg/m^3）和 Cr（0.31 μg/m^3）。

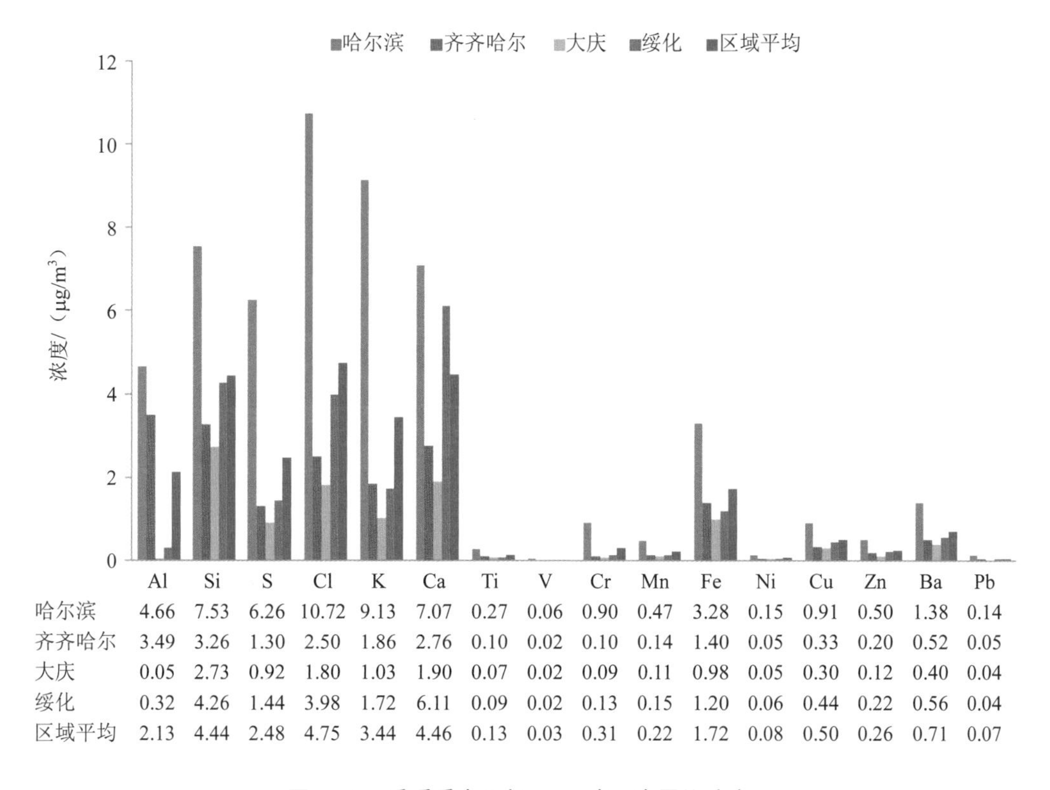

	Al	Si	S	Cl	K	Ca	Ti	V	Cr	Mn	Fe	Ni	Cu	Zn	Ba	Pb
哈尔滨	4.66	7.53	6.26	10.72	9.13	7.07	0.27	0.06	0.90	0.47	3.28	0.15	0.91	0.50	1.38	0.14
齐齐哈尔	3.49	3.26	1.30	2.50	1.86	2.76	0.10	0.02	0.10	0.14	1.40	0.05	0.33	0.20	0.52	0.05
大庆	0.05	2.73	0.92	1.80	1.03	1.90	0.07	0.02	0.09	0.11	0.98	0.05	0.30	0.12	0.40	0.04
绥化	0.32	4.26	1.44	3.98	1.72	6.11	0.09	0.02	0.13	0.15	1.20	0.06	0.44	0.22	0.56	0.04
区域平均	2.13	4.44	2.48	4.75	3.44	4.46	0.13	0.03	0.31	0.22	1.72	0.08	0.50	0.26	0.71	0.07

图 5-62　采暖季中西部 PM_{10} 中元素平均浓度

采暖季数据与非采暖季的相比，采暖季 Cl 元素浓度抬升约 27 倍，K 元素浓度抬升约 4.2 倍。这说明在采暖季 PM_{10} 受生物质燃烧和燃煤取暖的影响较为严重。

PM_{10}数据与$PM_{2.5}$的相比，大部分的地壳元素，如Si、Al和Ti主要集中在粗颗粒物中，其$PM_{2.5}/PM_{10}$比值分别为0.41、0.42和0.43；部分地壳元素，如Fe和Ca，多半以细颗粒物的形式存在，其$PM_{2.5}/PM_{10}$比值分别为0.51和0.56。其他重金属元素主要集中在$PM_{2.5}$中，以细颗粒物的形式存在，其$PM_{2.5}/PM_{10}$比值介于0.70～0.95，其中Ni、Cu和Cr几乎全部都在细颗粒物中。

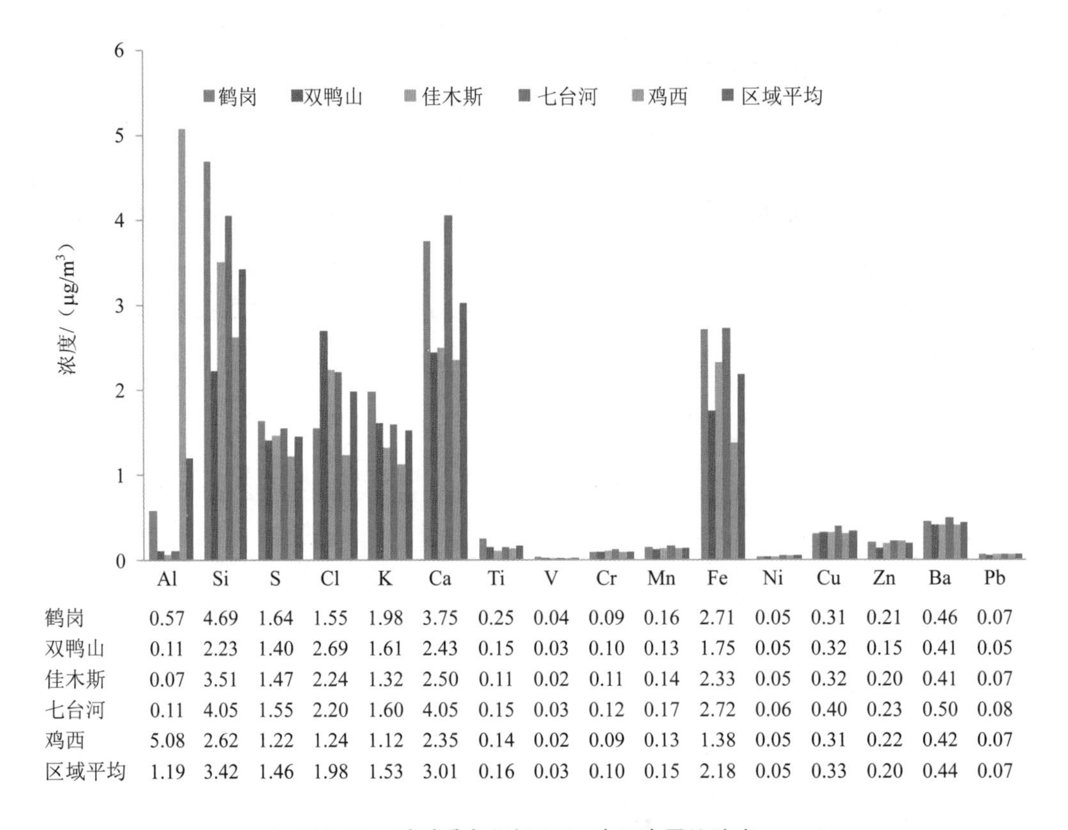

	Al	Si	S	Cl	K	Ca	Ti	V	Cr	Mn	Fe	Ni	Cu	Zn	Ba	Pb
鹤岗	0.57	4.69	1.64	1.55	1.98	3.75	0.25	0.04	0.09	0.16	2.71	0.05	0.31	0.21	0.46	0.07
双鸭山	0.11	2.23	1.40	2.69	1.61	2.43	0.15	0.03	0.10	0.13	1.75	0.05	0.32	0.15	0.41	0.05
佳木斯	0.07	3.51	1.47	2.24	1.32	2.50	0.11	0.02	0.11	0.14	2.33	0.05	0.32	0.20	0.41	0.07
七台河	0.11	4.05	1.55	2.20	1.60	4.05	0.15	0.03	0.12	0.17	2.72	0.06	0.40	0.23	0.50	0.08
鸡西	5.08	2.62	1.22	1.24	1.12	2.35	0.14	0.02	0.09	0.13	1.38	0.05	0.31	0.22	0.42	0.07
区域平均	1.19	3.42	1.46	1.98	1.53	3.01	0.16	0.03	0.10	0.15	2.18	0.05	0.33	0.20	0.44	0.07

图5-63　采暖季东北部PM_{10}中元素平均浓度

如图5-63所示，采暖季东北部PM_{10}中元素平均浓度最高的是Si（3.42 μg/m³）；其次是Ca（3.01 μg/m³）、Fe（2.18 μg/m³）和Cl（1.98 μg/m³）；再次是K（1.53 μg/m³）、S（1.46 μg/m³）、Al（1.19 μg/m³）。其他元素的浓度相对较小，均小于0.5 μg/m³。重金属元素浓度较高的是Ba（0.44 μg/m³）、Cu（0.33 μg/m³）和Zn（0.22 μg/m³）。

采暖季数据与非采暖季的相比，采暖季Cl元素浓度抬升约12倍，K元素浓度抬升约2.0倍。这说明在采暖季PM_{10}受生物质燃烧和燃煤取暖的影响较为严重。

PM_{10}数据与$PM_{2.5}$的相比，大部分的地壳元素，如Al、Si和Ti主要集中在粗颗粒物中，其$PM_{2.5}/PM_{10}$比值分别为0.13、0.40和0.41；部分地壳元素，如Fe和Ca，多半以细颗粒物的形式存在，其$PM_{2.5}/PM_{10}$比值分别为0.62和061。其他重金属元素主要集中在

$PM_{2.5}$ 中，以细颗粒物的形式存在，其 $PM_{2.5}/PM_{10}$ 比值介于 0.63～1.00，其中 Ni、Cu 和 Cr 几乎全部都在细颗粒物中。

如图 5-64 所示，采暖季东南部 PM_{10} 中元素平均浓度最高的是 Si（5.13 $\mu g/m^3$）；其次是 Ca（2.81 $\mu g/m^3$）、K（2.54 $\mu g/m^3$）和 Cl（2.46 $\mu g/m^3$）；再次是 S（1.84 $\mu g/m^3$）和 Fe（1.43 $\mu g/m^3$）。其他元素的浓度相对较小，均小于 0.5 $\mu g/m^3$。重金属元素浓度较高的是 Ba（0.45 $\mu g/m^3$）、Zn（0.40 $\mu g/m^3$）和 Cu（0.38 $\mu g/m^3$）。

采暖季数据与非采暖季的相比，采暖季 Cl 元素浓度抬升约 12 倍，Zn 元素浓度抬升约 3.1 倍，Pb 元素浓度抬升约 2.9 倍，K 元素浓度抬升约 2.8 倍。这说明在采暖季 PM_{10} 受生物质燃烧和燃煤取暖的影响较为严重。

PM_{10} 数据与 $PM_{2.5}$ 的相比，大部分的地壳元素，如 Ti、Si、Fe 和 Al 主要集中在粗颗粒物中，其 $PM_{2.5}/PM_{10}$ 比值分别为 0.24、0.28、0.44 和 0.49；部分地壳元素，如 Ca，多半以细颗粒物的形式存在，其 $PM_{2.5}/PM_{10}$ 比值为 0.56。其他重金属元素主要集中在 $PM_{2.5}$ 中，以细颗粒物的形式存在，其 $PM_{2.5}/PM_{10}$ 比值介于 0.62～0.89，其中 Cr 几乎全部都在细颗粒物中。

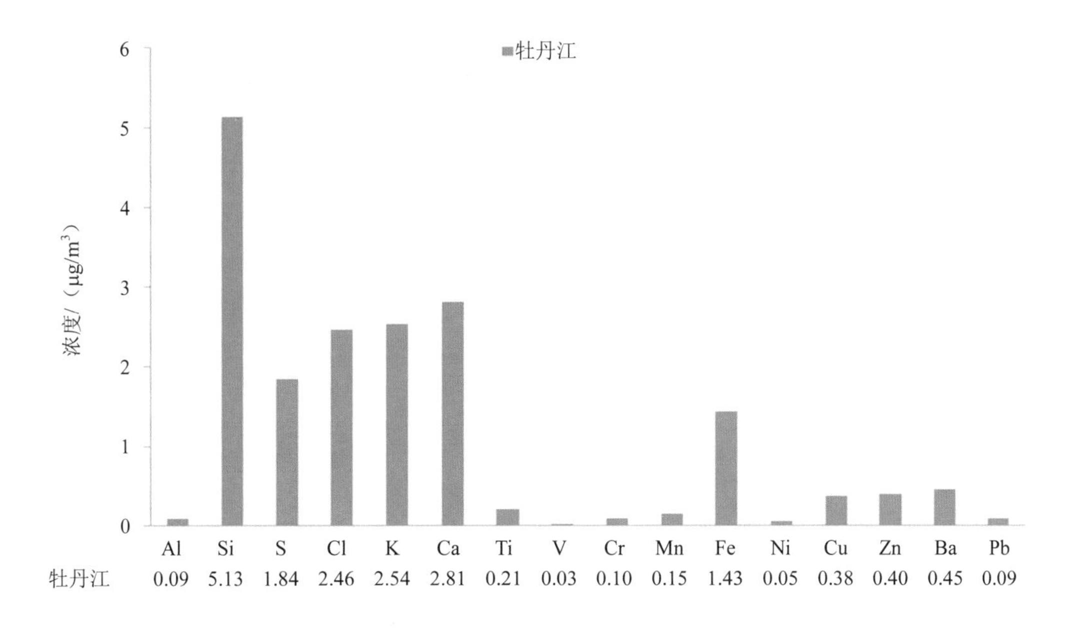

图 5-64　采暖季东南部 PM_{10} 中元素平均浓度

如图 5-65 所示，采暖季西北部 PM_{10} 中元素平均浓度最高的是 Si（3.97 $\mu g/m^3$）；其次是 Ca（2.92 $\mu g/m^3$）；再次是 Fe（1.17 $\mu g/m^3$）、K（1.26 $\mu g/m^3$）、Cl（1.10 $\mu g/m^3$）和 S（0.96 $\mu g/m^3$）。其他元素的浓度相对较小，均小于 0.6 $\mu g/m^3$。重金属元素浓度较高的是 Ba（0.59 $\mu g/m^3$）、Cu（0.47 $\mu g/m^3$）和 Zn（0.19 $\mu g/m^3$）。

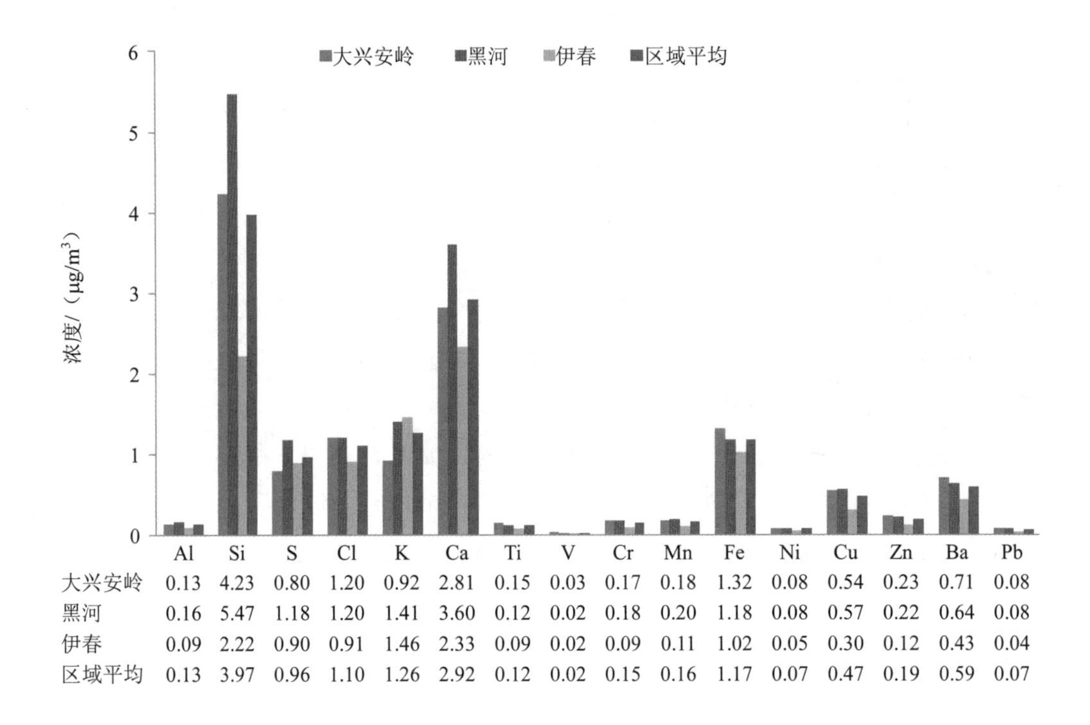

	Al	Si	S	Cl	K	Ca	Ti	V	Cr	Mn	Fe	Ni	Cu	Zn	Ba	Pb
大兴安岭	0.13	4.23	0.80	1.20	0.92	2.81	0.15	0.03	0.17	0.18	1.32	0.08	0.54	0.23	0.71	0.08
黑河	0.16	5.47	1.18	1.20	1.41	3.60	0.12	0.02	0.18	0.20	1.18	0.08	0.57	0.22	0.64	0.08
伊春	0.09	2.22	0.90	0.91	1.46	2.33	0.09	0.02	0.09	0.11	1.02	0.05	0.30	0.12	0.43	0.04
区域平均	0.13	3.97	0.96	1.10	1.26	2.92	0.12	0.02	0.15	0.16	1.17	0.07	0.47	0.19	0.59	0.07

图 5-65 采暖季西北部 PM_{10} 中元素平均浓度

采暖季数据与非采暖季的相比，采暖季 Cl 元素浓度抬升约 11 倍，Pb 元素浓度抬升约 2.6 倍，Zn 元素浓度抬升约 2.2 倍，K 元素浓度抬升约 1.96 倍。这说明在采暖季 PM_{10} 受生物质燃烧和燃煤取暖的影响较为严重。

PM_{10} 数据与 $PM_{2.5}$ 的相比，大部分的地壳元素，如 Ti、Si、Fe 和 Al 主要集中在粗颗粒物中，其 $PM_{2.5}/PM_{10}$ 比值分别为 0.24、0.28、0.44 和 0.49；部分地壳元素，如 Ca，多半以细颗粒物的形式存在，其 $PM_{2.5}/PM_{10}$ 比值为 0.56。其他重金属元素主要集中在 $PM_{2.5}$ 中，以细颗粒物的形式存在，其 $PM_{2.5}/PM_{10}$ 比值介于 0.62～0.89，其中 Cr 几乎全部都在细颗粒物中。

5.4.2.3 全年特征

如图 5-66 所示，全年中西部 PM_{10} 中元素平均浓度最高的是 Ca（4.59 μg/m^3），其次是 Si（4.42 μg/m^3），再次是 Fe（1.65 μg/m^3）、Cl（1.61 μg/m^3）、K（1.50 μg/m^3）、S（1.41 μg/m^3）和 Al（1.27 μg/m^3）。其他元素的浓度相对较小，均小于 0.5 μg/m^3。重金属元素较高的是 Ba（0.43 μg/m^3）、Cu（0.32 μg/m^3）、Cr（0.24 μg/m^3）和 Zn（0.20 μg/m^3）。

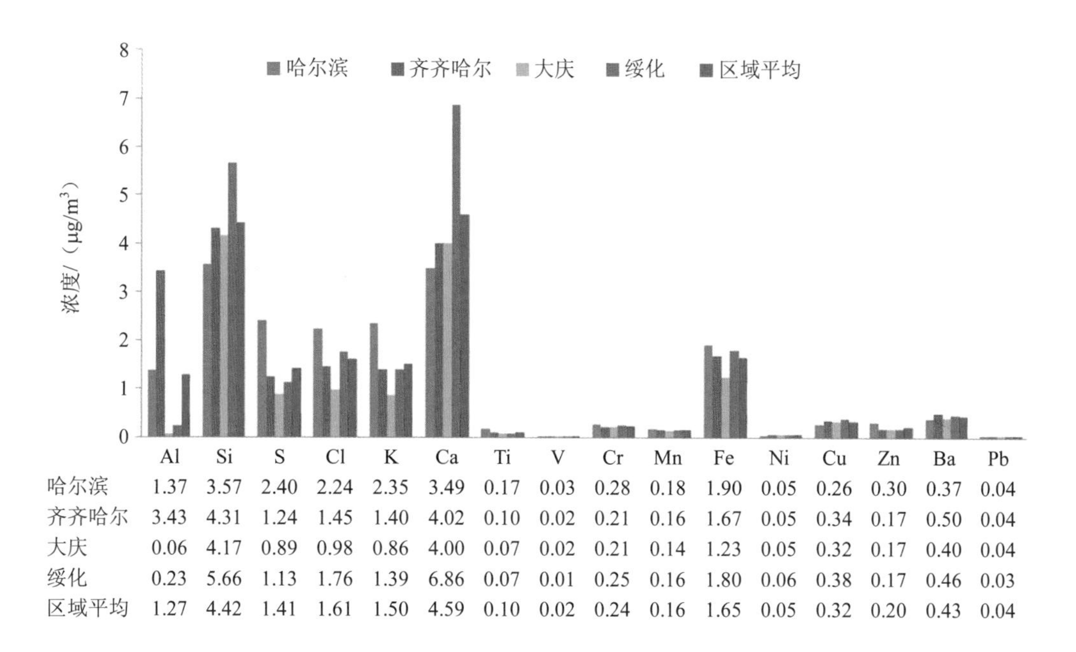

	Al	Si	S	Cl	K	Ca	Ti	V	Cr	Mn	Fe	Ni	Cu	Zn	Ba	Pb
哈尔滨	1.37	3.57	2.40	2.24	2.35	3.49	0.17	0.03	0.28	0.18	1.90	0.05	0.26	0.30	0.37	0.04
齐齐哈尔	3.43	4.31	1.24	1.45	1.40	4.02	0.10	0.02	0.21	0.16	1.67	0.05	0.34	0.17	0.50	0.04
大庆	0.06	4.17	0.89	0.98	0.86	4.00	0.07	0.02	0.21	0.14	1.23	0.05	0.32	0.17	0.40	0.04
绥化	0.23	5.66	1.13	1.76	1.39	6.86	0.07	0.01	0.25	0.16	1.80	0.06	0.38	0.17	0.46	0.03
区域平均	1.27	4.42	1.41	1.61	1.50	4.59	0.10	0.02	0.24	0.16	1.65	0.05	0.32	0.20	0.43	0.04

图 5-66　全年中西部 PM_{10} 中元素平均浓度

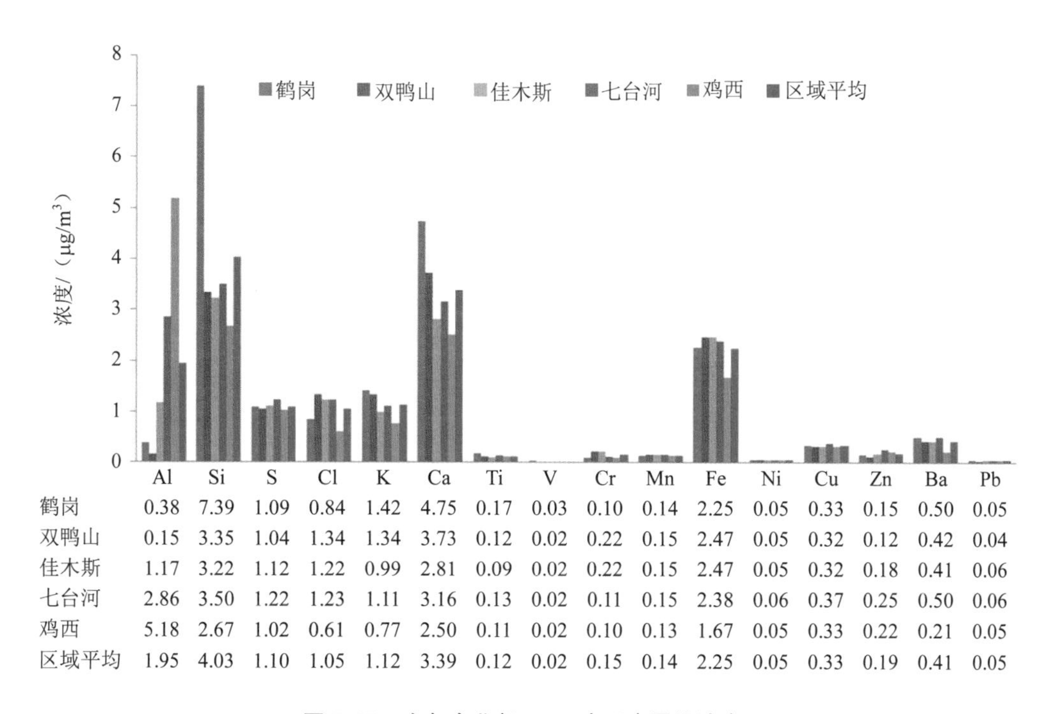

	Al	Si	S	Cl	K	Ca	Ti	V	Cr	Mn	Fe	Ni	Cu	Zn	Ba	Pb
鹤岗	0.38	7.39	1.09	0.84	1.42	4.75	0.17	0.03	0.10	0.14	2.25	0.05	0.33	0.15	0.50	0.05
双鸭山	0.15	3.35	1.04	1.34	1.34	3.73	0.12	0.02	0.22	0.15	2.47	0.05	0.32	0.12	0.42	0.04
佳木斯	1.17	3.22	1.12	1.22	0.99	2.81	0.09	0.02	0.22	0.15	2.47	0.05	0.32	0.18	0.41	0.06
七台河	2.86	3.50	1.22	1.23	1.11	3.16	0.13	0.02	0.11	0.15	2.38	0.06	0.37	0.25	0.50	0.06
鸡西	5.18	2.67	1.02	0.61	0.77	2.50	0.11	0.02	0.10	0.13	1.67	0.05	0.33	0.22	0.21	0.05
区域平均	1.95	4.03	1.10	1.05	1.12	3.39	0.12	0.02	0.15	0.14	2.25	0.05	0.33	0.19	0.41	0.05

图 5-67　全年东北部 PM_{10} 中元素平均浓度

如图 5-67 所示，全年东北部 PM_{10} 中元素平均浓度最高的是 Si（4.03 $\mu g/m^3$），其次是 Ca（3.39 $\mu g/m^3$），再次是 Fe（2.25 $\mu g/m^3$）、Al（1.95 $\mu g/m^3$）、K（1.12 $\mu g/m^3$）、S（1.10 $\mu g/m^3$）

和 Cl（1.05 μg/m^3）。其他元素的浓度相对较小，均小于 0.5 μg/m^3。重金属元素较高的是 Ba（0.41 μg/m^3）、Cu（0.33 μg/m^3）、Zn（0.19 μg/m^3）和 Cr（0.15 μg/m^3）。

如图 5-68 所示，全年东南部 PM_{10} 中元素平均浓度最高的是 Si（5.53 μg/m^3），其次是 Ca（3.30 μg/m^3），再次是 K（1.72 μg/m^3）、Fe（1.56 μg/m^3）、Cl（1.33 μg/m^3）、S（1.32 μg/m^3）和 Al（1.05 μg/m^3）。其他元素的浓度相对较小，均小于 0.5 μg/m^3。重金属元素较高的是 Ba（0.50 μg/m^3）、Cu（0.35 μg/m^3）、Zn（0.26 μg/m^3）和 Cr（0.22 μg/m^3）。

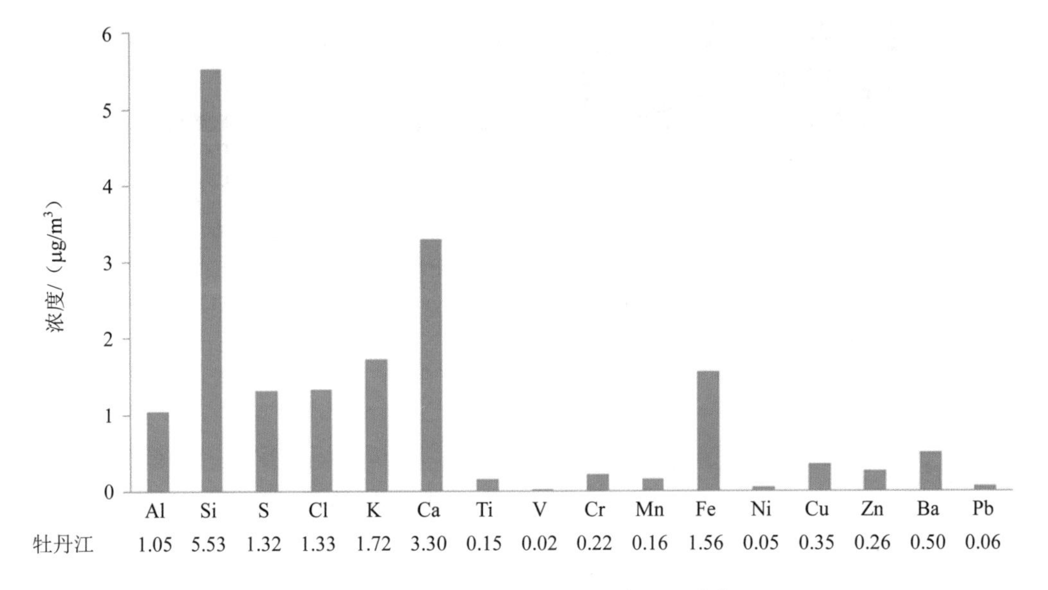

图 5-68 全年东南部 PM_{10} 中元素平均浓度

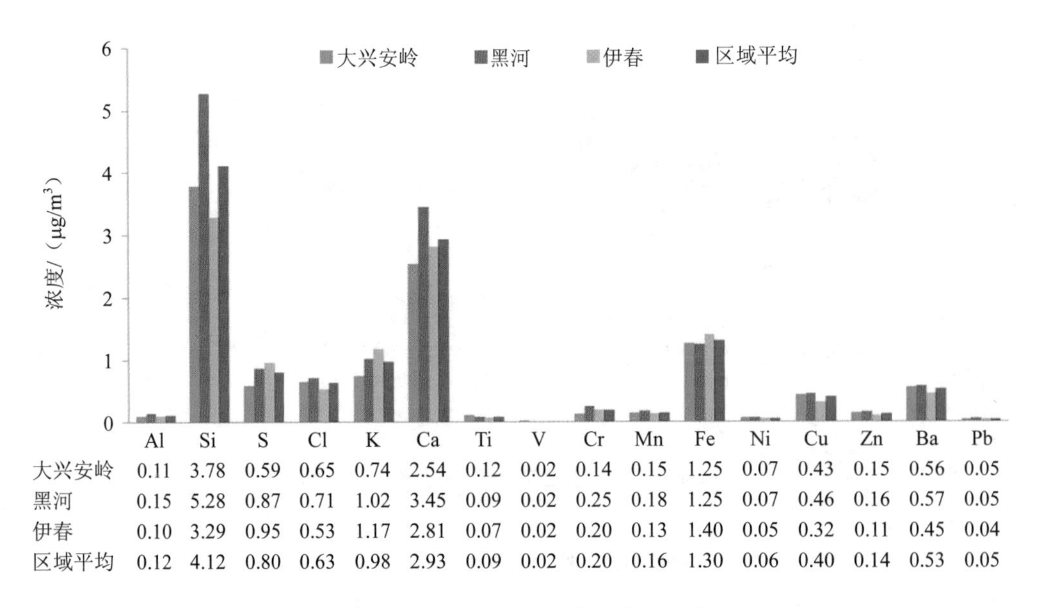

图 5-69 全年西北部 PM_{10} 中元素平均浓度

如图 5-69 所示，全年西北部 PM_{10} 中元素平均浓度最高的是 Si（4.12 μg/m^3），其次是 Ca（2.93 μg/m^3），再次是 Fe（1.30 μg/m^3）、K（0.98 μg/m^3）、S（0.80 μg/m^3）和 Cl（0.63 μg/m^3）。其他元素的浓度相对较小，均小于 0.5 μg/m^3。重金属元素较高的是 Ba（0.53 μg/m^3）、Cu（0.40 μg/m^3）和 Cr（0.20 μg/m^3）。

5.4.3　各区域元素特征

如图 5-70 所示，黑龙江省非采暖季各区域 $PM_{2.5}$ 中元素平均浓度最高的是 Ca（2.81 μg/m^3），在中西部最高（3.74 μg/m^3），东南部最低（1.74 μg/m^3）；其次是 Si（1.93 μg/m^3），全省内几乎无差别。其他重金属元素中全省平均浓度最高的是 Ba（0.29 μg/m^3），其次是 Cu（0.32 μg/m^3），这两种元素的浓度水平在全省内差别不大；再次是 Cr（0.25 μg/m^3），中西部和东南部较高（均为 0.33 μg/m^3），东北部较低（0.18 μg/m^3）。

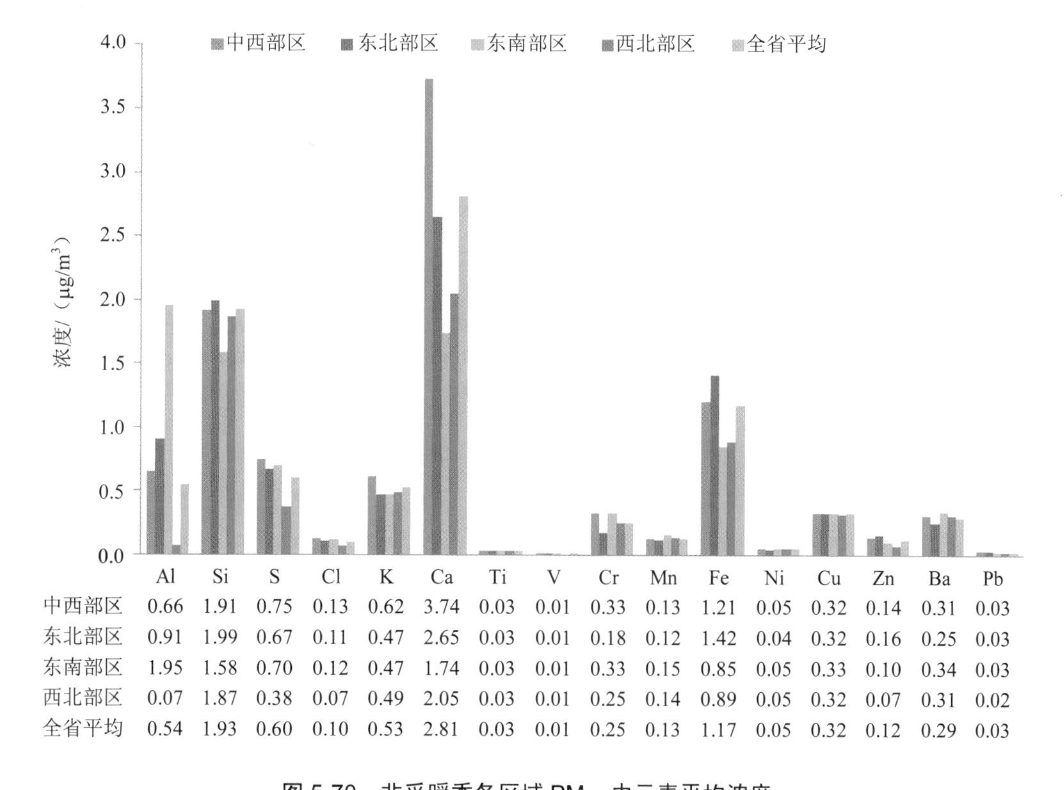

	Al	Si	S	Cl	K	Ca	Ti	V	Cr	Mn	Fe	Ni	Cu	Zn	Ba	Pb
中西部区	0.66	1.91	0.75	0.13	0.62	3.74	0.03	0.01	0.33	0.13	1.21	0.05	0.32	0.14	0.31	0.03
东北部区	0.91	1.99	0.67	0.11	0.47	2.65	0.03	0.01	0.18	0.12	1.42	0.04	0.32	0.16	0.25	0.03
东南部区	1.95	1.58	0.70	0.12	0.47	1.74	0.03	0.01	0.33	0.15	0.85	0.05	0.33	0.10	0.34	0.03
西北部区	0.07	1.87	0.38	0.07	0.49	2.05	0.03	0.01	0.25	0.14	0.89	0.05	0.32	0.07	0.31	0.02
全省平均	0.54	1.93	0.60	0.10	0.53	2.81	0.03	0.01	0.25	0.13	1.17	0.05	0.32	0.12	0.29	0.03

图 5-70　非采暖季各区域 $PM_{2.5}$ 中元素平均浓度

如图 5-71 所示，黑龙江省采暖季各区域 $PM_{2.5}$ 中元素平均浓度最高的是 Ca（1.90 μg/m^3），在中西部最高（2.51 μg/m^3），东南部最低（1.59 μg/m^3）；其次是 Cl（1.89 μg/m^3），在中西部最高（3.37 μg/m^3），西北部最低（0.60 μg/m^3）；再次是 K（1.53 μg/m^3），在中西部最高（2.86 μg/m^3），西北部最低（0.84 μg/m^3）；以及 S（1.19 μg/m^3），在中西部最高（2.04 μg/m^3），

西北部最低（0.51 μg/m^3）；Cl、K 和 S 元素在各区域的较大差异可能与采暖季的秸秆焚烧和燃煤取暖有直接关系。其他重金属元素中全省平均浓度最高的是 Ba（0.36 μg/m^3），其次是 Cu（0.37 μg/m^3），这两种元素的浓度水平在全省内差别不大；再次是 Zn（0.20 μg/m^3），东南部较高（0.28 μg/m^3），东北部较低（0.16 μg/m^3）。

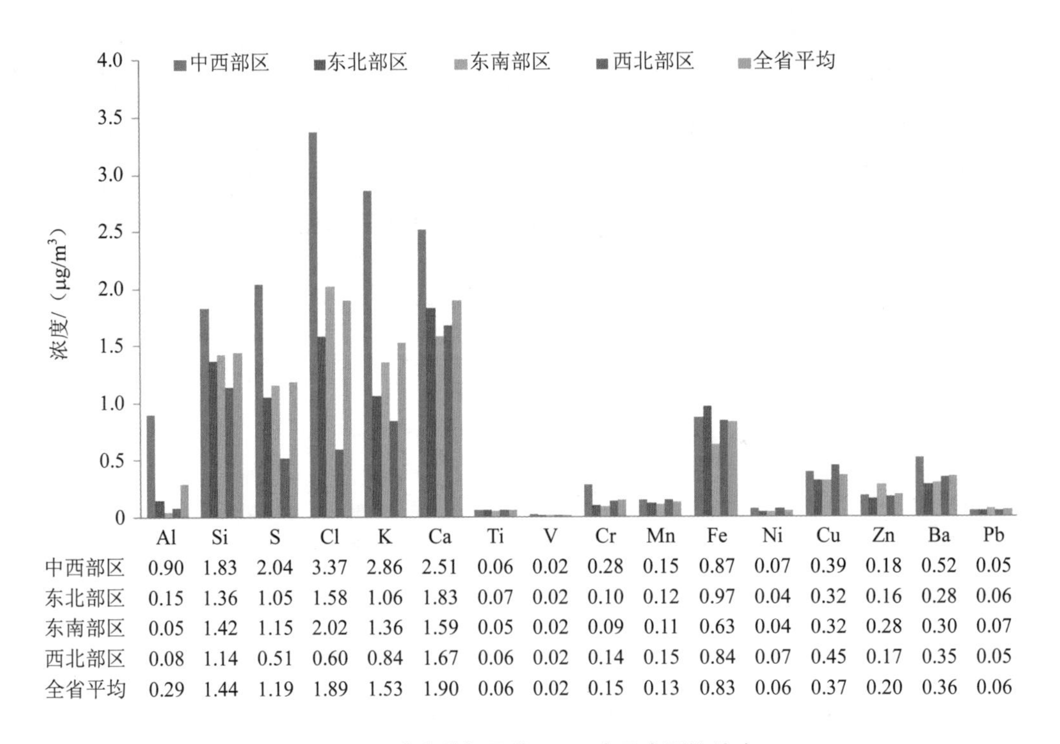

	Al	Si	S	Cl	K	Ca	Ti	V	Cr	Mn	Fe	Ni	Cu	Zn	Ba	Pb
中西部区	0.90	1.83	2.04	3.37	2.86	2.51	0.06	0.02	0.28	0.15	0.87	0.07	0.39	0.18	0.52	0.05
东北部区	0.15	1.36	1.05	1.58	1.06	1.83	0.07	0.02	0.10	0.12	0.97	0.04	0.32	0.16	0.28	0.06
东南部区	0.05	1.42	1.15	2.02	1.36	1.59	0.05	0.02	0.09	0.11	0.63	0.04	0.32	0.28	0.30	0.07
西北部区	0.08	1.14	0.51	0.60	0.84	1.67	0.06	0.02	0.14	0.15	0.84	0.07	0.45	0.17	0.35	0.05
全省平均	0.29	1.44	1.19	1.89	1.53	1.90	0.06	0.02	0.15	0.13	0.83	0.06	0.37	0.20	0.36	0.06

图 5-71　采暖季各区域 $PM_{2.5}$ 中元素平均浓度

采暖季与非采暖季的数据相比，发现 Cl 元素在采暖季平均升高约 19 倍，其中在中西部升高最多，约 26 倍；K 和 S 在采暖季比非采暖季平均升高分别约为 3.0 倍和 2.1 倍，同样也是在中西部升高最为显著。

如图 5-72 所示，黑龙江省全年各区域 $PM_{2.5}$ 中元素平均浓度最高的是 Ca（2.54 μg/m^3），在中西部最高（3.74 μg/m^3），东南部最低（1.74 μg/m^3）；其次是 Si（1.84 μg/m^3），在全省范围内无明显差异；再次是 Fe（1.09 μg/m^3），在东北部最高（1.42 μg/m^3），东南部最低（0.85 μg/m^3）。其他重金属元素中全省平均浓度最高的是 Cu（0.32 μg/m^3），其次是 Ba（0.30 μg/m^3），这两种元素的浓度水平在全省内差别不大；再次是 Cr（0.27 μg/m^3），中西部较高（0.33 μg/m^3），东北部较低（0.18 μg/m^3）。

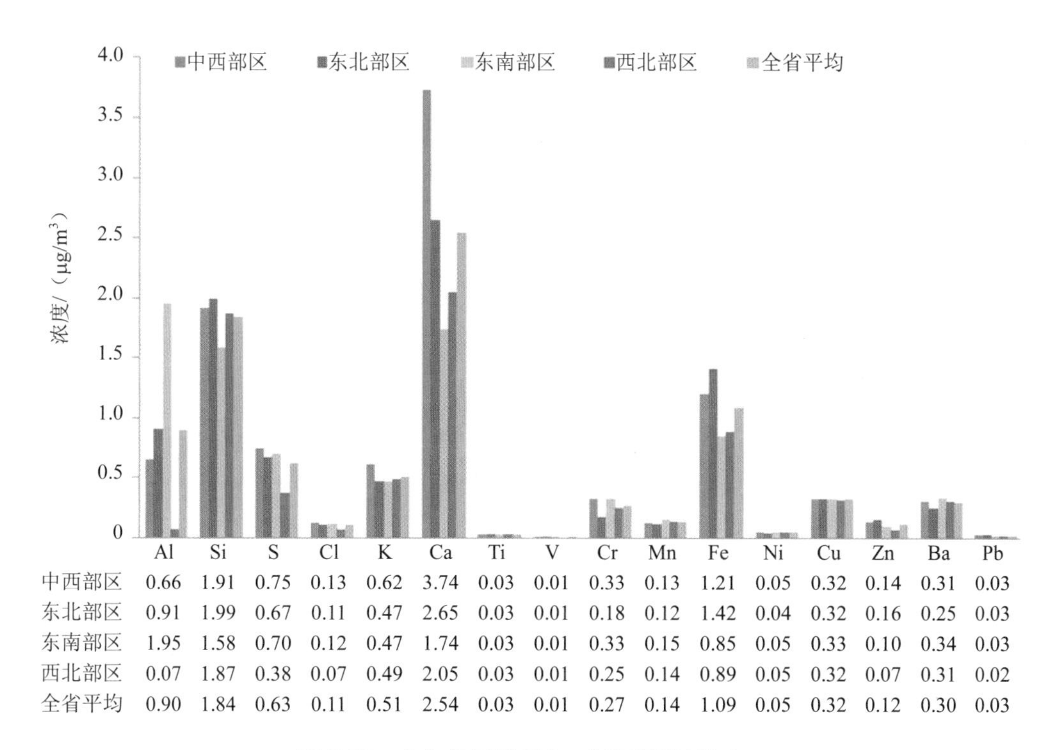

	Al	Si	S	Cl	K	Ca	Ti	V	Cr	Mn	Fe	Ni	Cu	Zn	Ba	Pb
中西部区	0.66	1.91	0.75	0.13	0.62	3.74	0.03	0.01	0.33	0.13	1.21	0.05	0.32	0.14	0.31	0.03
东北部区	0.91	1.99	0.67	0.11	0.47	2.65	0.03	0.01	0.18	0.12	1.42	0.04	0.32	0.16	0.25	0.03
东南部区	1.95	1.58	0.70	0.12	0.47	1.74	0.03	0.01	0.33	0.15	0.85	0.05	0.33	0.10	0.34	0.03
西北部区	0.07	1.87	0.38	0.07	0.49	2.05	0.03	0.01	0.25	0.14	0.89	0.05	0.32	0.07	0.31	0.02
全省平均	0.90	1.84	0.63	0.11	0.51	2.54	0.03	0.01	0.27	0.14	1.09	0.05	0.32	0.12	0.30	0.03

图 5-72　全年各区域 $PM_{2.5}$ 中元素平均浓度

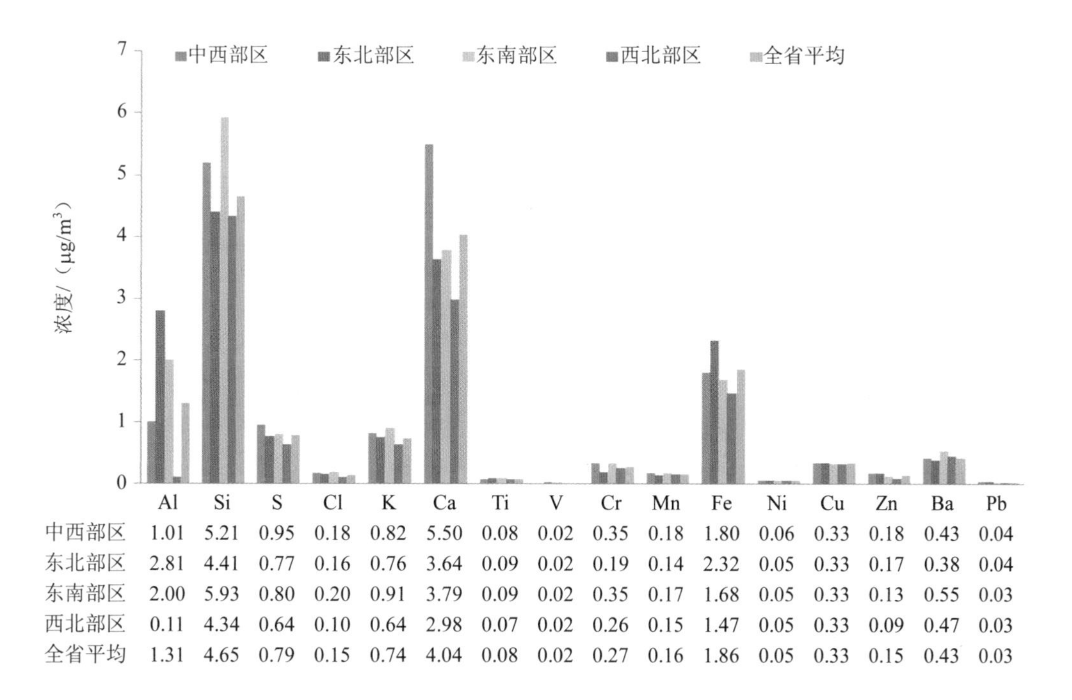

	Al	Si	S	Cl	K	Ca	Ti	V	Cr	Mn	Fe	Ni	Cu	Zn	Ba	Pb
中西部区	1.01	5.21	0.95	0.18	0.82	5.50	0.08	0.02	0.35	0.18	1.80	0.06	0.33	0.18	0.43	0.04
东北部区	2.81	4.41	0.77	0.16	0.76	3.64	0.09	0.02	0.19	0.14	2.32	0.05	0.33	0.17	0.38	0.04
东南部区	2.00	5.93	0.80	0.20	0.91	3.79	0.09	0.02	0.35	0.17	1.68	0.05	0.33	0.13	0.55	0.03
西北部区	0.11	4.34	0.64	0.10	0.64	2.98	0.07	0.02	0.26	0.15	1.47	0.05	0.33	0.09	0.47	0.03
全省平均	1.31	4.65	0.79	0.15	0.74	4.04	0.08	0.02	0.27	0.16	1.86	0.05	0.33	0.15	0.43	0.03

图 5-73　非采暖季各区域 PM_{10} 中元素平均浓度

如图 5-73 所示，黑龙江省非采暖季各区域 PM_{10} 中元素平均浓度最高的是 Si（4.65 μg/m^3），在全省内差别不大；其次是 Ca（4.04 μg/m^3），中西部较高（5.50 μg/m^3），西北部较低（2.98 μg/m^3）。其他重金属元素中全省平均浓度最高的是 Ba（0.43 μg/m^3），其次是 Cu（0.33 μg/m^3），这两种元素的浓度水平在全省内差别不大；再次是 Cr（0.27 μg/m^3），中西和东南部较高（均为 0.35 μg/m^3），东北部较低（0.19 μg/m^3）。

PM_{10} 与 $PM_{2.5}$ 的非采暖季数据相比，PM_{10} 中的地壳元素 Al、Si 和 Ti 约是 $PM_{2.5}$ 中的 2.4 倍、2.4 倍和 2.5 倍；Cu、Cr、Ni、Zn 和 Pb 元素的浓度水平在 $PM_{2.5}$ 和 PM_{10} 之间基本无差别。

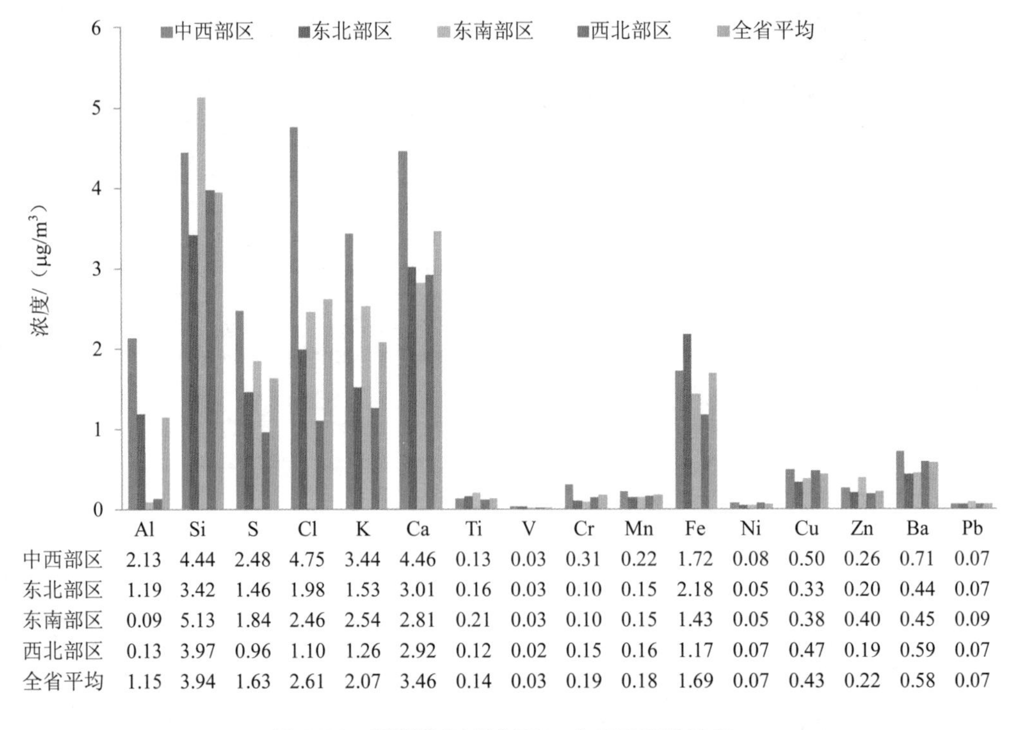

	Al	Si	S	Cl	K	Ca	Ti	V	Cr	Mn	Fe	Ni	Cu	Zn	Ba	Pb
中西部区	2.13	4.44	2.48	4.75	3.44	4.46	0.13	0.03	0.31	0.22	1.72	0.08	0.50	0.26	0.71	0.07
东北部区	1.19	3.42	1.46	1.98	1.53	3.01	0.16	0.03	0.10	0.15	2.18	0.05	0.33	0.20	0.44	0.07
东南部区	0.09	5.13	1.84	2.46	2.54	2.81	0.21	0.03	0.10	0.15	1.43	0.05	0.38	0.40	0.45	0.09
西北部区	0.13	3.97	0.96	1.10	1.26	2.92	0.12	0.02	0.15	0.16	1.17	0.07	0.47	0.19	0.59	0.07
全省平均	1.15	3.94	1.63	2.61	2.07	3.46	0.14	0.03	0.19	0.18	1.69	0.07	0.43	0.22	0.58	0.07

图 5-74　采暖季各区域 PM_{10} 中元素平均浓度

如图 5-74 所示，黑龙江省采暖季各区域 $PM_{2.5}$ 中元素平均浓度最高的是 Si（3.94 μg/m^3），在东南部最高（5.13 μg/m^3），东北部最低（3.42 μg/m^3）；其次是 Ca（3.46 μg/m^3），在中西部最高（4.46 μg/m^3），东南部最低（2.81 μg/m^3）；Cl（2.61 μg/m^3），在中西部最高（4.75 μg/m^3），西北部最低（1.10 μg/m^3）；再次是 K（2.07 μg/m^3），在中西部最高（3.44 μg/m^3），西北部最低（1.26 μg/m^3）；以及 Fe（1.69 μg/m^3），在东北部最高（2.18 μg/m^3），西北部最低（1.17 μg/m^3）；S（1.63 μg/m^3），在中西部最高（2.48 μg/m^3），西北部最低（0.96 μg/m^3）；Cl、K 和 S 元素在各区域的较大差异可能与采暖季的秸秆焚烧和燃煤取暖有直接关系。其他重金属元素中全省平均浓度最高的是 Ba（0.58 μg/m^3），其次

是 Cu（0.43 μg/m³），这两种元素的浓度水平在全省内呈中西部高、东北部低的特点；再次是 Zn（0.22 μg/m³），东南部较高（0.40 μg/m³），西北部较低（0.19 μg/m³）。

PM_{10} 采暖季与非采暖季的数据相比，发现 Cl 元素在采暖季平均升高约 18 倍，其中在中西部升高最多，约 27 倍；K 和 S 在采暖季比非采暖季平均升高分别为 2.8 倍和 2.1 倍，同样也是在中西部升高最为显著。

PM_{10} 与 $PM_{2.5}$ 采暖季数据相比，PM_{10} 中的地壳元素 Al、Si 和 Ti 约是 $PM_{2.5}$ 中的 3.0 倍、2.7 倍和 2.3 倍；Cu、Cr、Ni、Zn 和 Pb 元素的浓度水平在 $PM_{2.5}$ 和 PM_{10} 之间基本无差别。

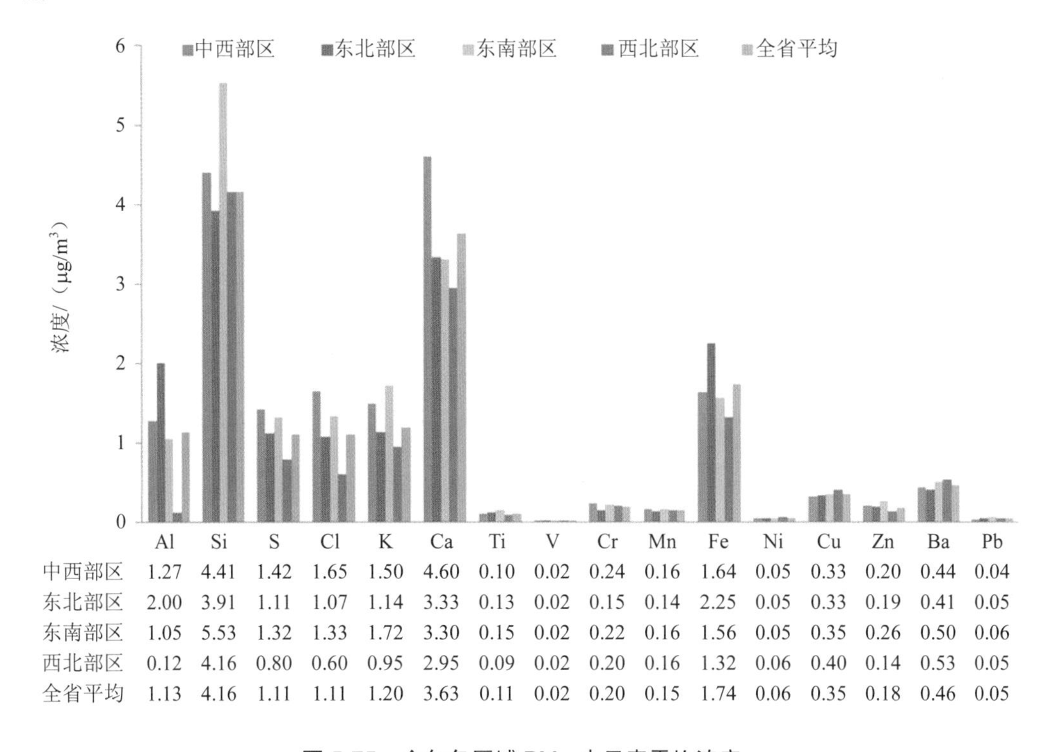

	Al	Si	S	Cl	K	Ca	Ti	V	Cr	Mn	Fe	Ni	Cu	Zn	Ba	Pb
中西部区	1.27	4.41	1.42	1.65	1.50	4.60	0.10	0.02	0.24	0.16	1.64	0.05	0.33	0.20	0.44	0.04
东北部区	2.00	3.91	1.11	1.07	1.14	3.33	0.13	0.02	0.15	0.14	2.25	0.05	0.33	0.19	0.41	0.05
东南部区	1.05	5.53	1.32	1.33	1.72	3.30	0.15	0.02	0.22	0.16	1.56	0.05	0.35	0.26	0.50	0.06
西北部区	0.12	4.16	0.80	0.60	0.95	2.95	0.09	0.02	0.20	0.16	1.32	0.06	0.40	0.14	0.53	0.05
全省平均	1.13	4.16	1.11	1.11	1.20	3.63	0.11	0.02	0.20	0.15	1.74	0.06	0.35	0.18	0.46	0.05

图 5-75　全年各区域 PM_{10} 中元素平均浓度

如图 5-75 所示，黑龙江省全年各区域 PM_{10} 中元素平均浓度最高的是 Si（4.16 μg/m³），在全省内差别不大；其次是 Ca（3.63 μg/m³），中西部较高（4.60 μg/m³），西北部较低（2.95 μg/m³）。其他重金属元素中全省平均浓度最高的是 Ba（0.46 μg/m³），其次是 Cu（0.35 μg/m³），这两种元素的浓度水平在全省内差别不大；再次是 Cr（0.20 μg/m³），中西部较高（0.24 μg/m³），东北部较低（0.15 μg/m³）。

PM_{10} 与 $PM_{2.5}$ 的非采暖季数据相比，PM_{10} 中的地壳元素 Al、Si、和 Ti 是 $PM_{2.5}$ 中的 2.7 倍、2.6 倍和 2.4 倍；Cu、Cr 和 Ni 元素的浓度水平在 $PM_{2.5}$ 和 PM_{10} 之间基本无差别。

5.5 $PM_{2.5}$和PM_{10}化学质量闭合与组成特征

5.5.1 化学质量闭合

化学质量闭合就是将称重得到气溶胶质量与构建的气溶胶化学质量相比较，构建质量浓度的公式比较多，应根据当地的实际情况采用如下公式构建颗粒物：

PM 质量构建=[二次无机盐]+[有机物]+[元素碳（EC）]+[地壳物质]+[微量元素]

其中，[二次无机盐]=[硫酸盐]+[硝酸盐]+[铵盐]；[有机颗粒物（OM）]=1.4×[OC]；[元素碳]=[EC]；[地壳物质]=2.14×Si+1.89×Al+1.4×Ca+1.43×Fe

各个时期 13 个市地 $PM_{2.5}$和 PM_{10}的化学质量闭合结果见表 5-3～表 5-8。各城市化学组分见图 5-76～图 5-81。如表 5-3 所示，非采暖季、采暖季和全年各城市 $PM_{2.5}$的化学质量闭合分别达到 74%～95%、63%～86%和 71%～84%；PM_{10}的化学质量闭合分别介于 67%～88%、65%～78%和 71%～82%；非采暖季 $PM_{2.5}$和 PM_{10}的化学质量闭合都达到了 83%，而在采暖季分别达到了 73%和 72%。在黑龙江省，采暖季严寒且漫长，这就加重了燃煤取暖的强度，也增加了大气中的湿度；较高的空气湿度就会使得空气中的细粒子吸湿成长，造成空气中的大气颗粒物具有较高的含水量，进而降低了质量闭合的程度。

表 5-3 $PM_{2.5}$非采暖季化学质量闭合

地区	二次无机盐	矿物尘	OM	EC	微量元素	其他
哈尔滨	20.0%	12.4%	40%	8.7%	3.6%	15.5%
齐齐哈尔	10.5%	29.9%	28%	5.7%	3.1%	23.0%
大庆	12.8%	27.0%	31%	4.8%	3.6%	21.0%
绥化	11.6%	28.3%	38%	4.3%	2.4%	15.7%
中西部	13.7%	24.4%	34%	5.9%	3.2%	18.8%
鹤岗	8.9%	28.1%	36%	8.9%	2.3%	15.9%
双鸭山	10.6%	24.7%	37%	5.5%	3.6%	18.9%
佳木斯	11.7%	22.3%	26%	21.3%	3.5%	15.2%
七台河	8.1%	23.5%	48%	6.3%	3.1%	10.8%
鸡西	14.2%	28.0%	45%	5.3%	3.0%	4.6%
东北部	10.7%	25.3%	38%	9.5%	3.1%	13.1%
东南部/牡丹江	10.4%	26.0%	30%	10.5%	3.8%	19.4%
大兴安岭	3.4%	12.7%	48%	6.7%	2.9%	26.1%
黑河	10.8%	28.4%	30%	6.5%	4.9%	19.8%
伊春	14.0%	30.7%	27%	7.9%	4.3%	16.0%
西北部	9.4%	23.9%	35%	7.0%	4.0%	20.7%

表 5-4　$PM_{2.5}$ 采暖季化学质量闭合

地区	二次无机盐	矿物尘	OM	EC	微量元素	其他
哈尔滨	11.0%	16.9%	41%	6.8%	4.3%	19.6%
齐齐哈尔	10.7%	15.3%	46%	8.5%	2.3%	17.0%
大庆	7.0%	10.8%	37%	5.5%	2.3%	37.4%
绥化	8.6%	12.7%	42%	8.5%	2.8%	25.1%
中西部	9.3%	13.9%	42%	7.3%	2.9%	24.8%
鹤岗	5.1%	7.6%	47%	8.8%	1.4%	30.2%
双鸭山	7.9%	9.6%	43%	6.9%	1.8%	31.1%
佳木斯	6.7%	11.6%	37%	7.7%	1.7%	35.4%
七台河	9.1%	11.1%	43%	8.1%	1.9%	26.9%
鸡西	6.3%	12.0%	43%	5.1%	2.1%	31.5%
东北部	7.0%	10.4%	43%	7.3%	1.7%	31.0%
东南部/牡丹江	6.4%	7.2%	43%	7.6%	1.4%	34.5%
大兴安岭	3.9%	8.3%	57%	14.1%	3.0%	14.1%
黑河	6.3%	16.6%	51%	7.6%	3.9%	14.3%
伊春	8.7%	11.8%	37%	10.1%	3.1%	29.5%
西北部	6.3%	12.2%	48%	10.6%	3.4%	19.3%

表 5-5　$PM_{2.5}$ 全年化学质量闭合

地区	二次无机盐	矿物尘	OM	EC	微量元素	其他
哈尔滨	13.3%	14.7%	41%	7.0%	4.4%	19.6%
齐齐哈尔	10.6%	22.9%	37%	7.0%	2.7%	20.2%
大庆	9.9%	18.9%	34%	5.2%	3.0%	29.2%
绥化	10.3%	21.3%	40%	6.2%	2.6%	19.8%
中西部	11.0%	19.5%	38%	6.3%	3.2%	22.2%
鹤岗	7.2%	18.9%	41%	8.9%	1.9%	22.3%
双鸭山	9.2%	17.4%	40%	6.2%	2.7%	24.9%
佳木斯	8.9%	16.6%	32%	14.0%	2.5%	26.1%
七台河	8.6%	17.1%	45%	7.2%	2.5%	19.1%
鸡西	10.7%	21.0%	44%	5.2%	2.6%	16.4%
东北部	8.9%	18.2%	40.4%	8.3%	2.4%	21.8%
东南部/牡丹江	8.3%	16.3%	37%	9.0%	2.6%	27.2%
大兴安岭	3.7%	10.5%	52%	10.4%	2.9%	20.1%
黑河	8.6%	23.0%	40%	7.0%	4.4%	17.4%
伊春	11.2%	20.6%	32%	9.1%	3.7%	23.2%
西北部	7.8%	18.0%	41.4%	8.8%	3.7%	20.3%

表 5-6　PM_{10}非采暖季化学质量闭合

地区	二次无机盐	矿物尘	OM	EC	微量元素	其他
哈尔滨	19.3%	16.6%	34%	7.2%	2.9%	20.5%
齐齐哈尔	8.6%	34.7%	35%	4.4%	2.5%	14.5%
大庆	10.6%	34.2%	31%	5.7%	2.7%	16.0%
绥化	10.2%	32.8%	40%	4.7%	1.9%	10.7%
中西部	12.2%	29.6%	35%	5.5%	2.5%	15.4%
鹤岗	6.5%	32.3%	30%	7.6%	1.8%	22.0%
双鸭山	8.3%	31.4%	30%	4.2%	3.0%	22.7%
佳木斯	9.1%	29.8%	25%	15.3%	2.9%	17.8%
七台河	8.2%	33.8%	42%	6.8%	2.7%	6.6%
鸡西	11.4%	34.6%	34%	5.4%	2.3%	11.9%
东北部	8.7%	32.4%	32%	7.9%	2.6%	16.2%
东南部/牡丹江	9.5%	34.9%	26%	8.9%	2.9%	17.6%
大兴安岭	3.4%	17.4%	39%	4.8%	2.1%	33.4%
黑河	9.6%	35.6%	28%	10.0%	4.1%	13.0%
伊春	12.1%	33.1%	27%	5.6%	3.3%	18.8%
西北部	8.3%	28.7%	31%	6.8%	3.2%	21.8%

表 5-7　PM_{10}采暖季化学质量闭合

地区	二次无机盐	矿物尘	OM	EC	微量元素	其他
哈尔滨	9.8%	18.0%	38%	8.3%	3.9%	22%
齐齐哈尔	5.4%	21.9%	39%	6.3%	1.8%	26%
大庆	7.0%	15.1%	39%	5.4%	2.3%	31%
绥化	8.9%	19.1%	36%	6.4%	1.8%	28%
中西部	7.8%	18.5%	38%	6.6%	2.4%	27%
鹤岗	4.3%	17.9%	43%	7.2%	1.5%	26%
双鸭山	6.4%	11.0%	38%	7.5%	1.6%	35%
佳木斯	6.1%	13.6%	38%	7.0%	1.5%	34%
七台河	7.0%	16.0%	38%	9.4%	1.6%	28%
鸡西	5.4%	19.1%	45%	4.9%	1.6%	25%
东北部	5.8%	15.5%	40%	7.2%	1.6%	30%
东南部/牡丹江	6.0%	12.9%	37%	7.0%	1.4%	35%
大兴安岭	5.2%	16.6%	37%	14.7%	2.7%	24%
黑河	3.8%	21.5%	37%	6.4%	2.7%	28%
伊春	8.1%	18.2%	35%	7.8%	2.7%	28%
西北部	5.7%	18.8%	36%	9.7%	2.7%	27%

表 5-8　PM_{10}全年化学质量闭合

地区	二次无机盐	矿物尘	OM	EC	微量元素	其他
哈尔滨	12.7%	17.1%	37%	6.9%	3.9%	22.7%
齐齐哈尔	6.7%	27.6%	37%	5.5%	2.1%	20.8%
大庆	8.8%	24.8%	35%	5.6%	2.5%	23.3%
绥化	9.7%	27.0%	38%	5.4%	1.9%	17.9%
中西部	9.5%	24.1%	37%	5.8%	2.6%	21.2%
鹤岗	5.6%	26.5%	35%	7.5%	1.7%	23.5%
双鸭山	7.4%	21.8%	34%	5.8%	2.3%	28.6%
佳木斯	7.4%	21.3%	32%	10.9%	2.2%	26.4%
七台河	7.6%	24.3%	40%	8.2%	2.1%	18.0%
鸡西	8.5%	27.2%	39%	5.1%	2.0%	17.9%
东北部	7.3%	24.2%	36.0%	7.5%	2.1%	22.9%
东南部/牡丹江	7.7%	23.9%	32%	7.9%	2.1%	26.5%
大兴安岭	4.2%	17.0%	38%	9.6%	2.4%	29.0%
黑河	6.2%	27.9%	33%	8.0%	3.3%	21.7%
伊春	9.9%	24.9%	32%	6.8%	3.0%	23.9%
西北部	6.8%	23.3%	34%	8.2%	2.9%	24.9%

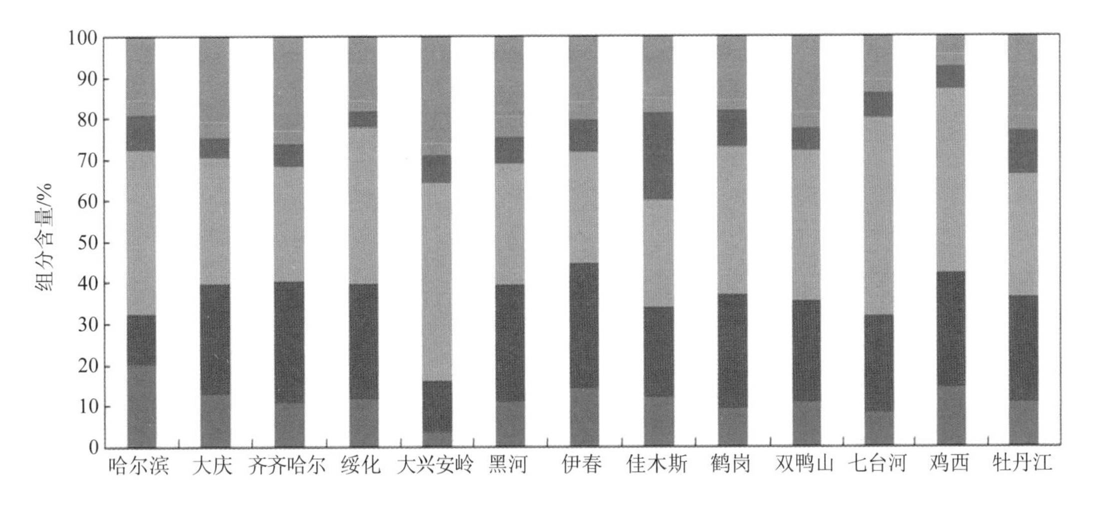

图 5-76　非采暖季各城市$PM_{2.5}$的化学组成

由图 5-76、表 5-3 可知，在非采暖季黑龙江省 13 个市地的$PM_{2.5}$，鸡西的质量闭合最高（95%），大兴安岭最低（74%）；东北部区域质量闭合最高（87%），西北部区域最低（79%）。

东北部区域是煤工业基地，工业排放较多；而在西北部区域，基本上没有较大规模的工业，OC 基本上以二次转化为主，在质量闭合计算时，约 1.4 倍的转化系数偏低，造成了质量闭合计算数值偏低。

由图 5-77、表 5-4 可知，在采暖季黑龙江省 13 个市地的 $PM_{2.5}$，大兴安岭的质量闭合最高（86%），大庆最低（63%）；西北部区域质量闭合最高（81%），东北部区域最低（69%）。在采暖季受燃煤取暖影响，人均能源消耗越高，大气颗粒物含水量也越高，造成了质量闭合计算数值偏低。

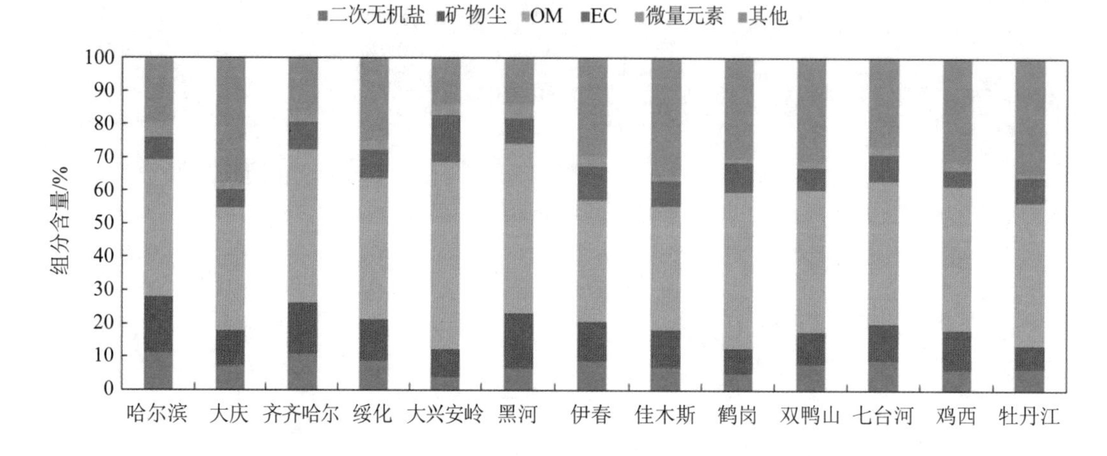

图 5-77 采暖季各城市 $PM_{2.5}$ 的化学组成

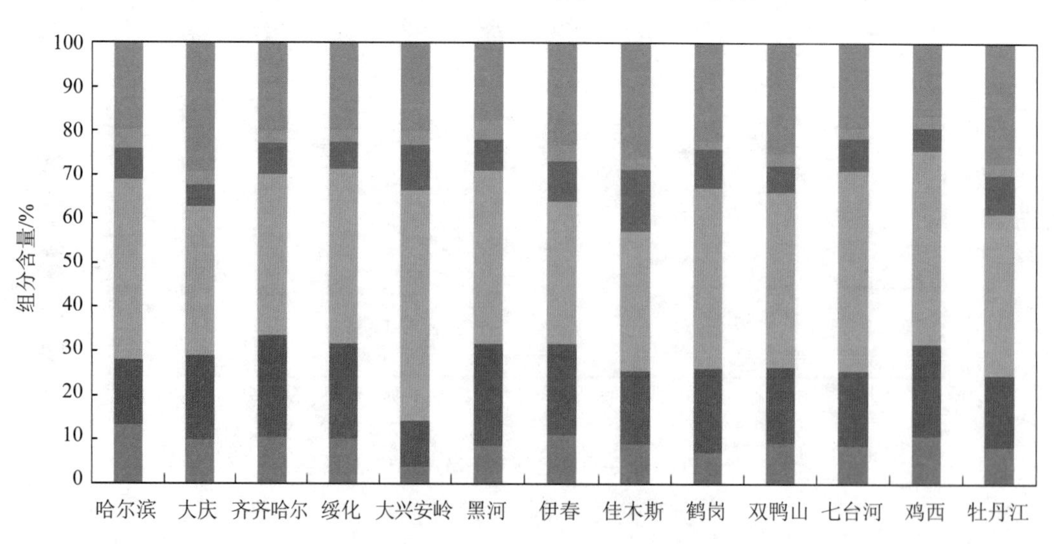

图 5-78 全年各城市 $PM_{2.5}$ 的化学组成

由图 5-78、表 5-5 可知，在全年黑龙江省 13 个市地的 $PM_{2.5}$，鸡西的质量闭合最高（84%），大庆最低（71%）；西北部区域质量闭合最高（80%），东南部区域最低（73%）；在中西部和东北部居中，都是 80%。

由图 5-79、表 5-6 可知，在非采暖季黑龙江省 13 个市地的 PM_{10}，七台河的质量闭合最高（95%），大兴安岭最低（67%）；中西部区域质量闭合最高（85%），西北部区域最低（78%）。中西部区域工业排放较多；而在西北部区域，基本上没有较大规模的工业，OC 基本上以二次转化为主，在质量闭合计算时，约 1.4 倍的转化系数偏低，造成了质量闭合计算数值偏低。在非采暖季，$PM_{2.5}$ 和 PM_{10} 的闭合程度基本一致，均为 84%。

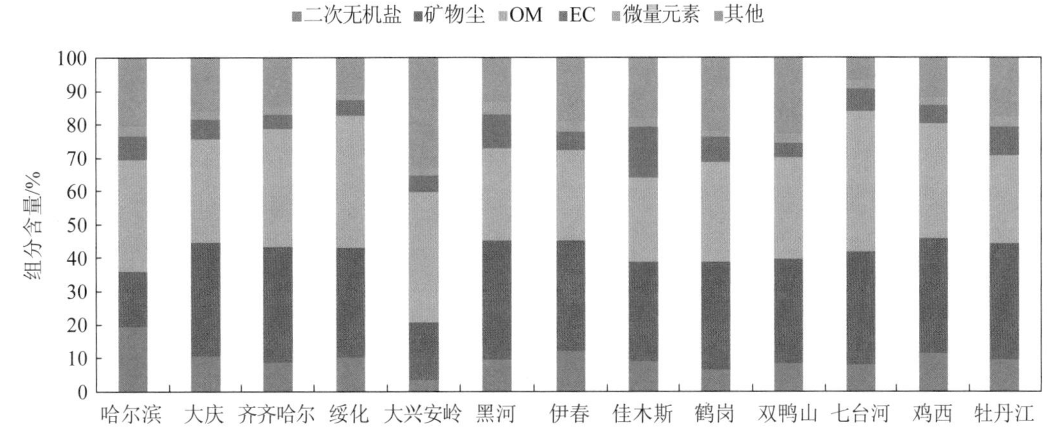

图 5-79 非采暖季各城市 PM_{10} 的化学组成

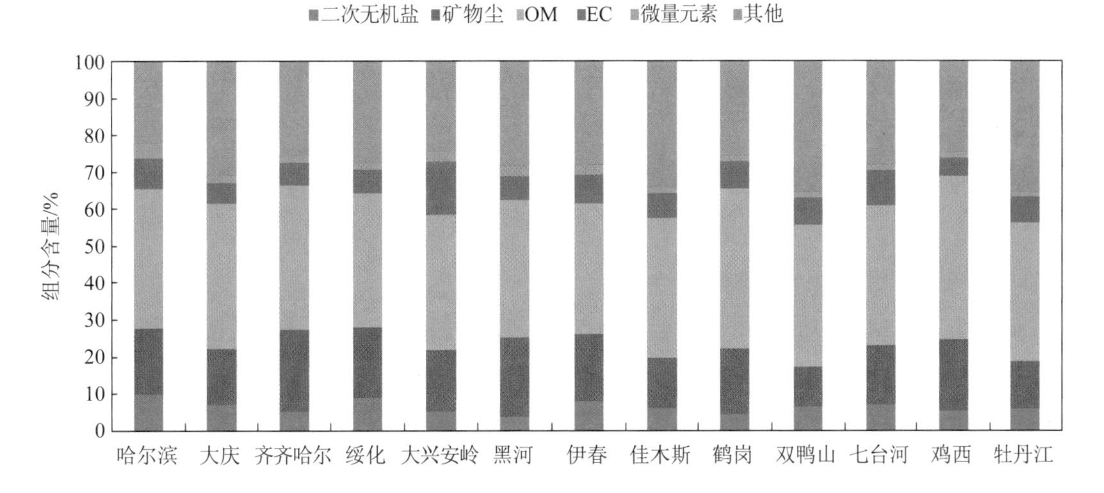

图 5-80 采暖季各城市 PM_{10} 的化学组成

由图 5-80、表 5-7 可知，在采暖季黑龙江省 13 个市地的 PM_{10}，哈尔滨的质量闭合最高（78%），牡丹江最低（65%）；中西部区域质量闭合最高（73%），东南部区域最低（65%）。在采暖季，$PM_{2.5}$ 和 PM_{10} 的闭合程度基本一致，分别为 73%和 72%。

由图 5-81、表 5-8 可知，在全年黑龙江省 13 个市地的 PM_{10}，七台河的质量闭合最高（82%），大兴安岭最低（71%）；中西部区域质量闭合最高（79%），东南部区域最低（73%）。在全年，$PM_{2.5}$ 和 PM_{10} 的闭合程度基本一致，均为 78%。

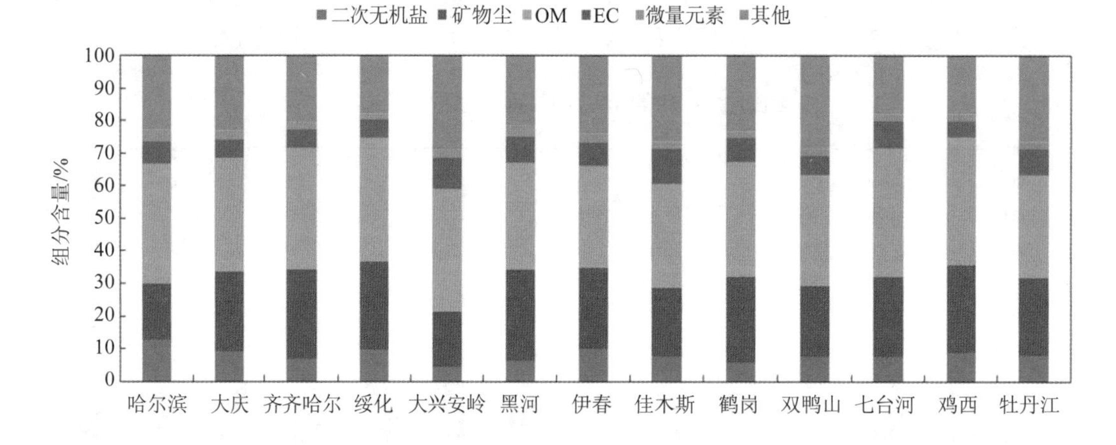

图 5-81　全年各城市 PM_{10} 的化学组成

5.5.2　化学组成特征

各化学组成成分按照地域分粒径、分季节求平均后列于表 5-9～表 5-14 中。

在非采暖季，$PM_{2.5}$ 的主要组分是有机物（30%～38%）、二次水溶性离子（9.4%～13.7%）、矿物尘（24%～26%），PM_{10} 的主要组分是有机物（26%～35%）、二次水溶性离子（8.3%～12.2%）、矿物尘（29%～35%）。

在采暖季，$PM_{2.5}$ 的主要组分是有机物（42%～48%）、二次水溶性离子（6.3%～9.3%）、矿物尘（7.2%～13.9%），PM_{10} 的主要组分是有机物（36%～45%）、二次水溶性离子（5.7%～7.8%）、矿物尘（12.9%～18.8%）。

矿物尘在 PM_{10} 中的比例略高于 $PM_{2.5}$，而二次水溶性离子、有机颗粒物和元素碳在 $PM_{2.5}$ 中的比例高于 PM_{10}。采暖季的有机物比例比非采暖季高，这可能与秋季生物质燃烧和采暖季供暖燃煤排放增加有关；非采暖季的二次水溶性离子比例比采暖季高，这可能跟非采暖季二次转化率较高有关，并随着温度降低，二次转化率逐渐降低。PM_{10} 和 $PM_{2.5}$ 中元素碳和微量元素的质量百分比季节变化不大。

表 5-9　各区域非采暖季 $PM_{2.5}$ 化学组分质量闭合

$PM_{2.5}$ 非采暖季	二次无机盐	矿物尘	OM	EC	微量元素	其他
中西部区域	13.7%	24.4%	34%	5.9%	3.2%	18.8%
东北部区域	10.7%	25.3%	38%	9.5%	3.1%	13.1%
牡丹江/东南部	10.4%	26.0%	30%	10.5%	3.8%	19.4%
西北部区域	9.4%	23.9%	35%	7.0%	4.0%	20.7%
全省平均	11.9%	25.0%	36%	8.1%	3.2%	16.0%

表 5-10　各区域采暖季 $PM_{2.5}$ 化学组分质量闭合

$PM_{2.5}$ 采暖季	二次无机盐	矿物尘	OM	EC	微量元素	其他
中西部区域	9.3%	13.9%	42%	7.3%	2.9%	24.8%
东北部区域	7.0%	10.4%	43%	7.3%	1.7%	31.0%
牡丹江/东南部	6.4%	7.2%	43%	7.6%	1.4%	34.5%
西北部区域	6.3%	12.2%	48%	10.6%	3.4%	19.3%
全省平均	7.6%	11.7%	43%	8.0%	2.4%	26.8%

表 5-11　各区域全年 $PM_{2.5}$ 化学组分质量闭合

$PM_{2.5}$ 全年	二次无机盐	矿物尘	OM	EC	微量元素	其他
中西部区域	11.0%	19.5%	38%	6.3%	3.2%	22.2%
东北部区域	8.9%	18.2%	40.4%	8.3%	2.4%	21.8%
牡丹江/东南部	8.3%	16.3%	37%	9.0%	2.6%	27.2%
西北部区域	7.8%	18.0%	41.4%	8.8%	3.7%	20.3%
全省平均	9.7%	18.6%	39%	7.5%	2.8%	22.4%

表 5-12　各区域非采暖季 PM_{10} 化学组分质量闭合

PM_{10} 非采暖季	二次无机盐	矿物尘	OM	EC	微量元素	其他
中西部区域	12.2%	29.6%	35%	5.5%	2.5%	15.4%
东北部区域	8.7%	32.4%	32%	7.9%	2.6%	16.2%
牡丹江/东南部	9.5%	34.9%	26%	8.9%	2.9%	17.6%
西北部区域	8.3%	28.7%	31%	6.8%	3.2%	21.8%
全省平均	10.2%	31.4%	33%	7.0%	2.6%	16.0%

表 5-13　各区域采暖季 PM_{10} 化学组分质量闭合

PM_{10} 采暖季	二次无机盐	矿物尘	OM	EC	微量元素	其他
中西部区域	7.8%	18.5%	38%	6.6%	2.4%	27%
东北部区域	5.8%	15.5%	40%	7.2%	1.6%	30%
牡丹江/东南部	6.0%	12.9%	37%	7.0%	1.4%	35%
西北部区域	5.7%	18.8%	36%	9.7%	2.7%	27%
全省平均	6.5%	17.0%	39%	7.5%	2.1%	28%

表 5-14　各区域采暖季 PM_{10} 化学组分质量闭合

PM_{10} 采暖季	二次无机盐	矿物尘	OM	EC	微量元素	其他
中西部区域	9.5%	24.1%	37%	5.8%	2.6%	21.2%
东北部区域	7.3%	24.2%	36.0%	7.5%	2.1%	22.9%
牡丹江/东南部	7.7%	23.9%	32%	7.9%	2.1%	26.5%
西北部区域	6.8%	23.3%	34%	8.2%	2.9%	24.9%
全省平均	8.2%	24.1%	36%	6.8%	2.3%	22.5%

第 6 章　源成分谱特征分析

大气颗粒物各排放源类成分谱之间的差异主要体现在谱的组成、含量范围、特征元素和源成分谱的共线性等方面。

6.1　源成分谱的组成

城市扬尘、土壤风沙尘、建筑水泥尘（水泥窑炉尘）、燃煤尘、机动车尾气、生物质燃烧尘、工业源（石化、炼铁）是黑龙江省各城市大气颗粒物的主要源类，分别建立了 13 个市地 PM_{10}、$PM_{2.5}$ 排放源的成分谱，源成分谱由 3 部分组成：（1）化学元素谱：包括 Al、Si、P、S、Cl、K、Ca、Ti、V、Cr、Mn、Fe、Co、Ni、Cu、Zn、As、Cd、Ba、Hg，共计 20 种；（2）碳组分谱：包括 TC、OC 和 EC，共计 3 种；（3）离子谱：包括 Na^+、Mg^{2+}、K^+、Ca^{2+}、NH_4^+、Cl^-、SO_4^{2-}和 NO_3^-，共计 8 种。哈尔滨、齐齐哈尔、大庆、绥化、鹤岗、双鸭山、佳木斯、七台河、鸡西、牡丹江、大兴安岭、黑河、伊春 13 个市地的污染源谱见图 6-1。

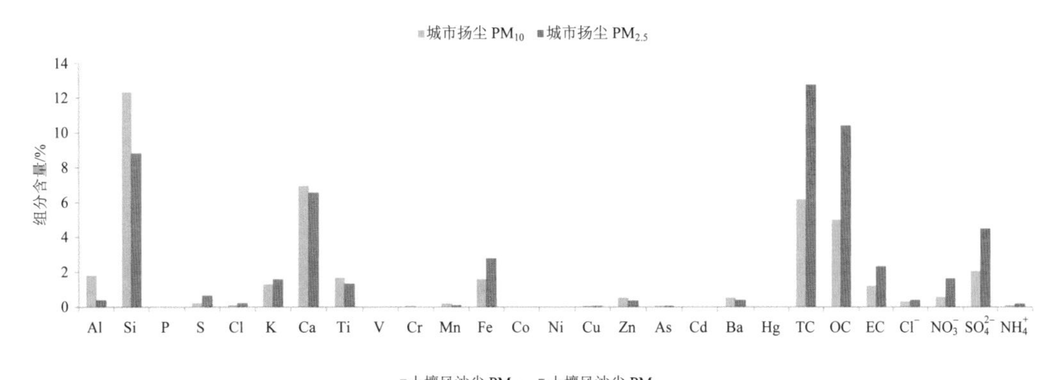

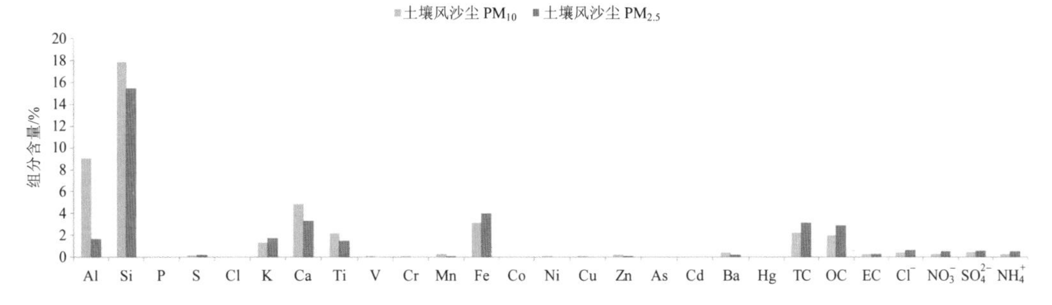

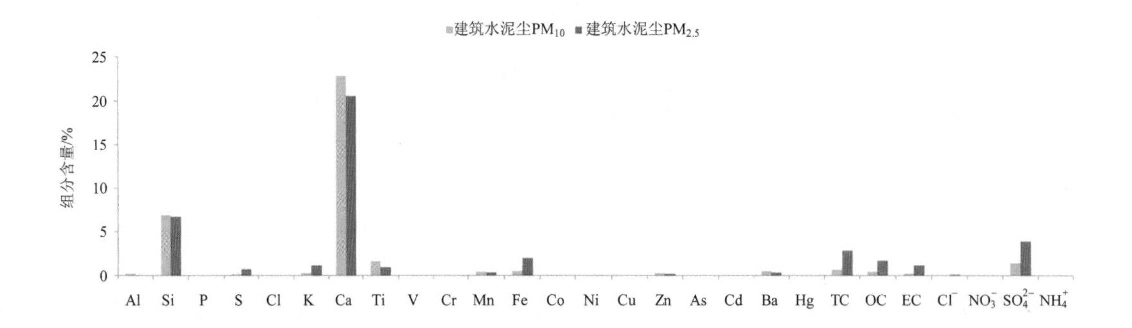
建筑水泥尘PM10 建筑水泥尘PM2.5
组分含量/%
Al Si P S Cl K Ca Ti V Cr Mn Fe Co Ni Cu Zn As Cd Ba Hg TC OC EC Cl⁻ NO₃⁻ SO₄²⁻ NH₄⁺

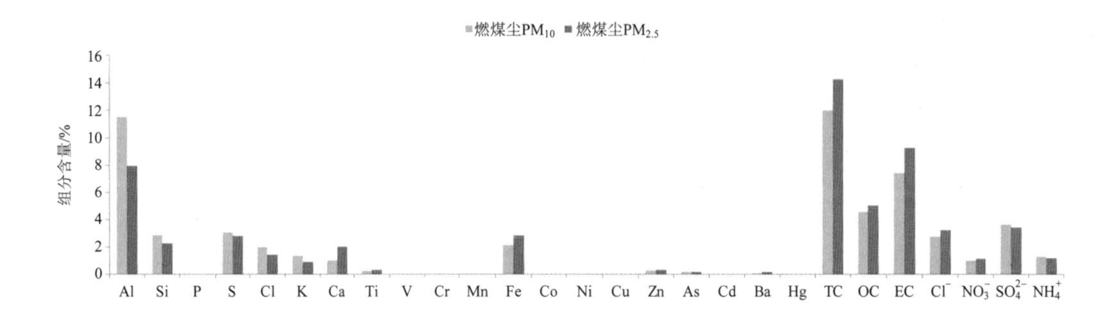
燃煤尘PM10 燃煤尘PM2.5
组分含量/%
Al Si P S Cl K Ca Ti V Cr Mn Fe Co Ni Cu Zn As Cd Ba Hg TC OC EC Cl⁻ NO₃⁻ SO₄²⁻ NH₄⁺

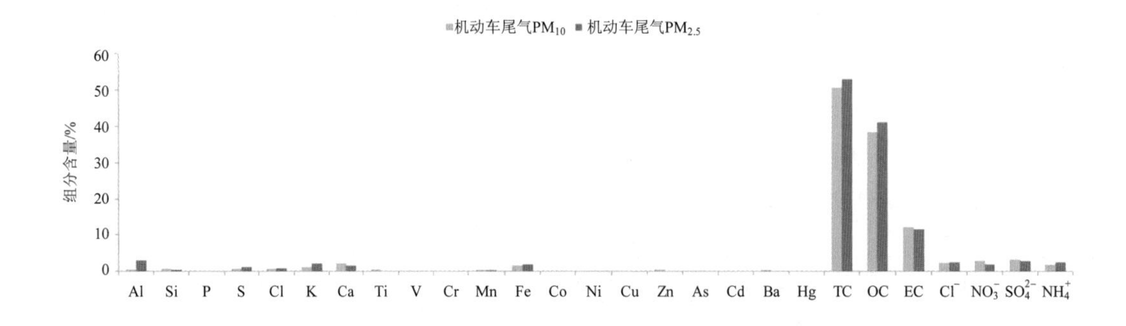
机动车尾气PM10 机动车尾气PM2.5
组分含量/%
Al Si P S Cl K Ca Ti V Cr Mn Fe Co Ni Cu Zn As Cd Ba Hg TC OC EC Cl⁻ NO₃⁻ SO₄²⁻ NH₄⁺

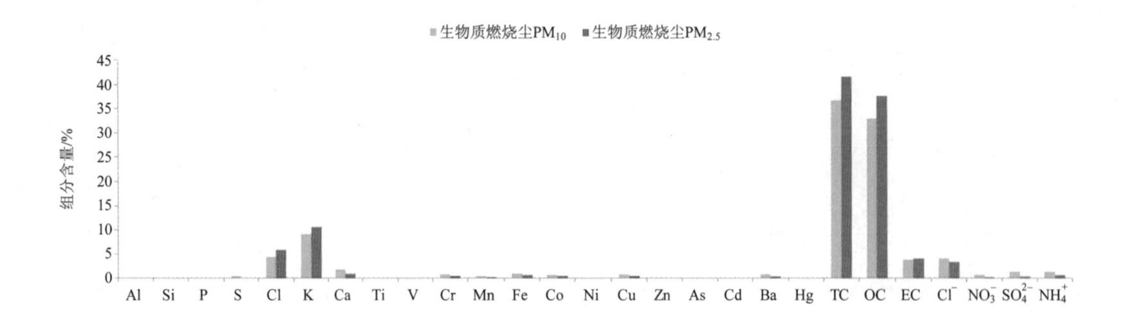
生物质燃烧尘PM10 生物质燃烧尘PM2.5
组分含量/%
Al Si P S Cl K Ca Ti V Cr Mn Fe Co Ni Cu Zn As Cd Ba Hg TC OC EC Cl⁻ NO₃⁻ SO₄²⁻ NH₄⁺

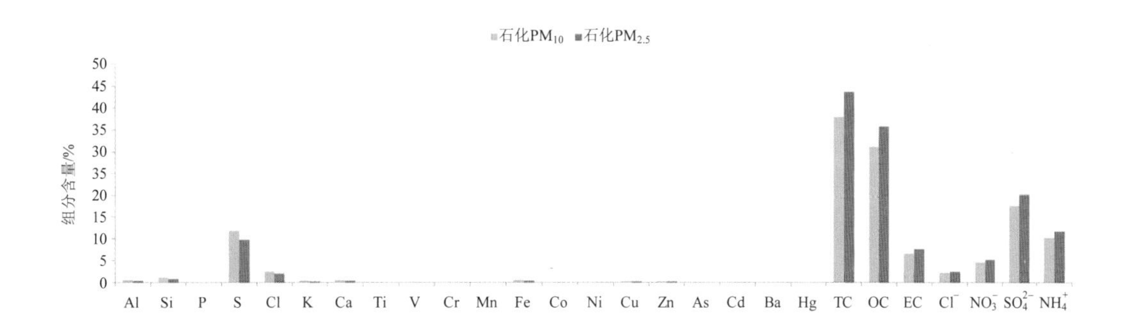
石化PM_{10} 石化$PM_{2.5}$
组分含量/%
0 5 10 15 20 25 30 35 40 45 50
Al Si P S Cl K Ca Ti V Cr Mn Fe Co Ni Cu Zn As Cd Ba Hg TC OC EC Cl^- NO_3^- SO_4^{2-} NH_4^+

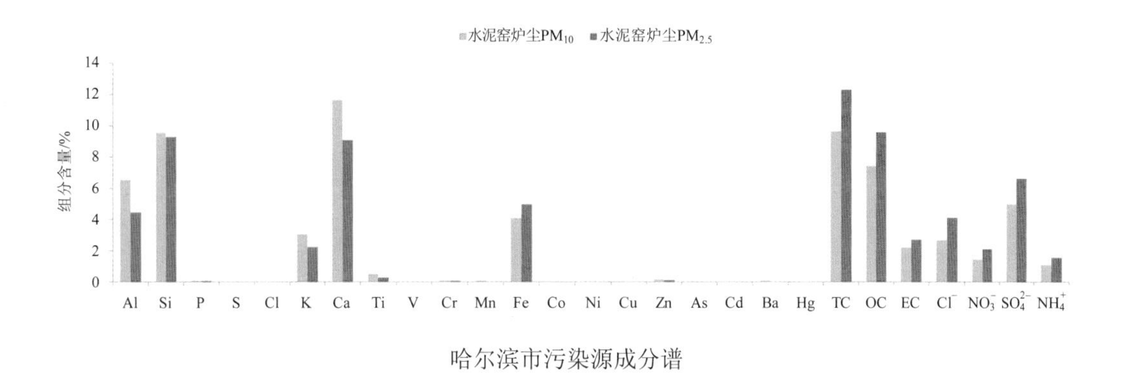
水泥窑炉尘PM_{10} 水泥窑炉尘$PM_{2.5}$
组分含量/%
0 2 4 6 8 10 12 14
Al Si P S Cl K Ca Ti V Cr Mn Fe Co Ni Cu Zn As Cd Ba Hg TC OC EC Cl^- NO_3^- SO_4^{2-} NH_4^+

哈尔滨市污染源成分谱

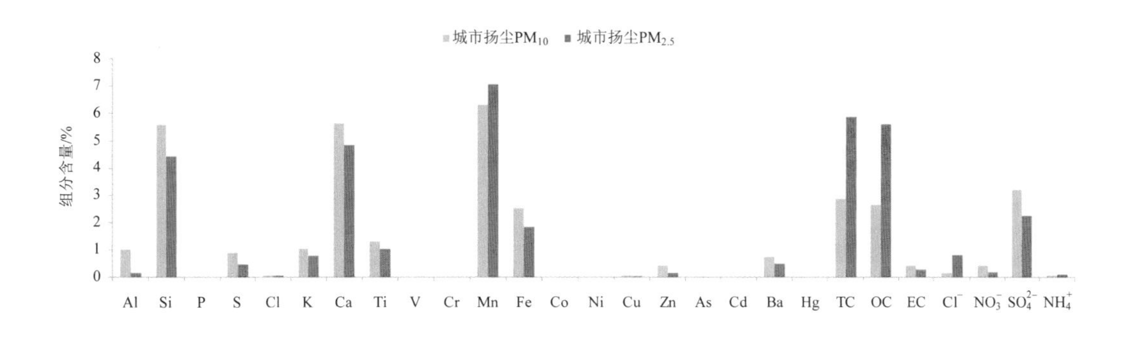
城市扬尘PM_{10} 城市扬尘$PM_{2.5}$
组分含量/%
0 1 2 3 4 5 6 7 8
Al Si P S Cl K Ca Ti V Cr Mn Fe Co Ni Cu Zn As Cd Ba Hg TC OC EC Cl^- NO_3^- SO_4^{2-} NH_4^+

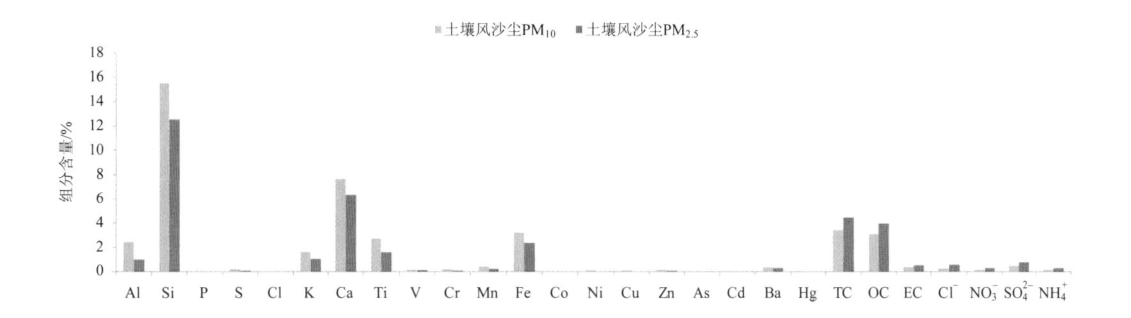
土壤风沙尘PM_{10} 土壤风沙尘$PM_{2.5}$
组分含量/%
0 2 4 6 8 10 12 14 16 18
Al Si P S Cl K Ca Ti V Cr Mn Fe Co Ni Cu Zn As Cd Ba Hg TC OC EC Cl^- NO_3^- SO_4^{2-} NH_4^+

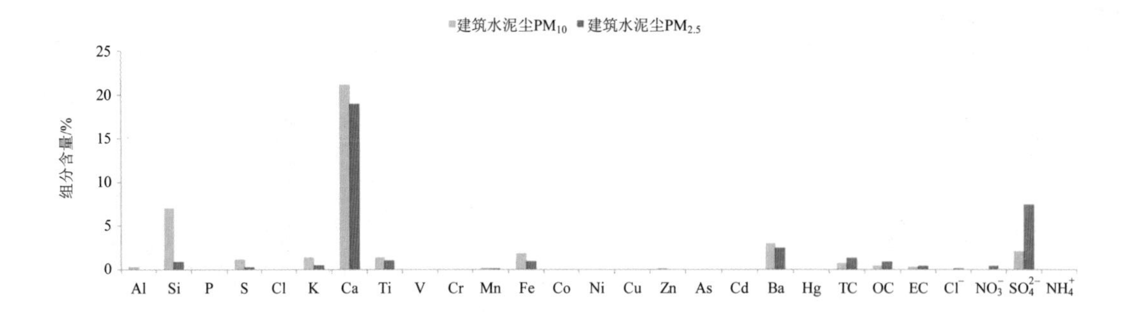
建筑水泥尘PM10 建筑水泥尘PM2.5
组分含量/%
25
20
15
10
5
0
Al Si P S Cl K Ca Ti V Cr Mn Fe Co Ni Cu Zn As Cd Ba Hg TC OC EC Cl⁻ NO3⁻ SO4²⁻ NH4⁺

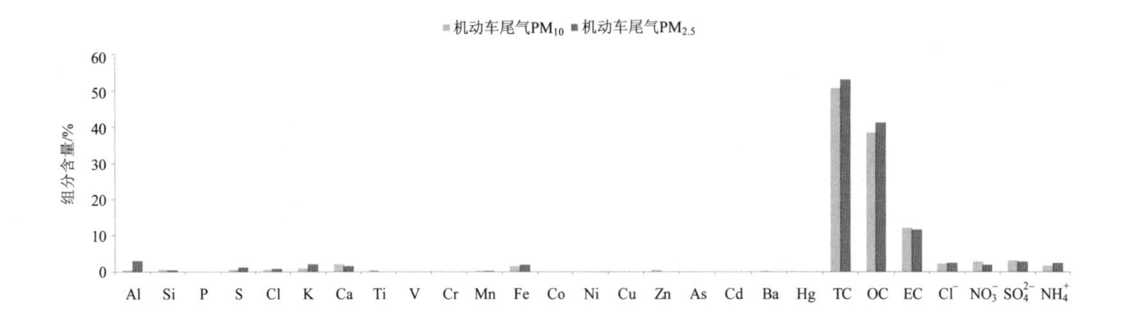
机动车尾气PM10 机动车尾气PM2.5
组分含量/%
60
50
40
30
20
10
0
Al Si P S Cl K Ca Ti V Cr Mn Fe Co Ni Cu Zn As Cd Ba Hg TC OC EC Cl⁻ NO3⁻ SO4²⁻ NH4⁺

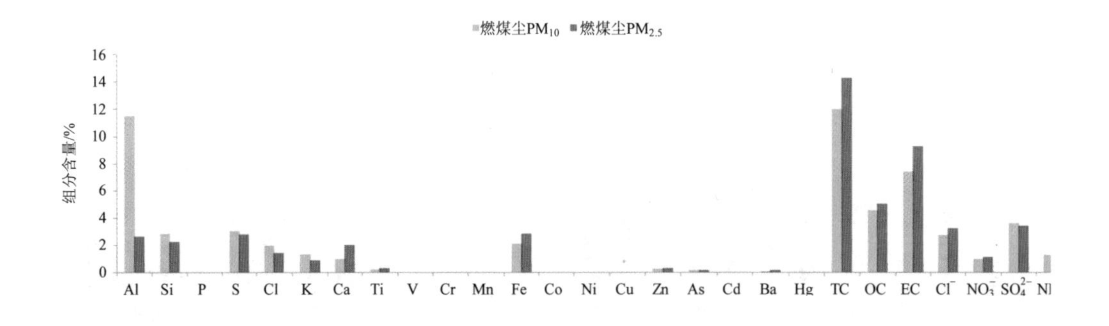
燃煤尘PM10 燃煤尘PM2.5
组分含量/%
16
14
12
10
8
6
4
2
0
Al Si P S Cl K Ca Ti V Cr Mn Fe Co Ni Cu Zn As Cd Ba Hg TC OC EC Cl⁻ NO3⁻ SO4²⁻

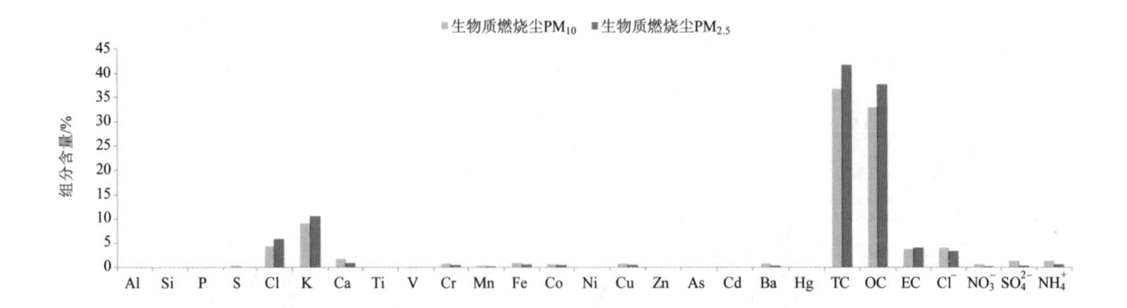
生物质燃烧尘PM10 生物质燃烧尘PM2.5
组分含量/%
45
40
35
30
25
20
15
10
5
0
Al Si P S Cl K Ca Ti V Cr Mn Fe Co Ni Cu Zn As Cd Ba Hg TC OC EC Cl⁻ NO3⁻ SO4²⁻ NH4⁺

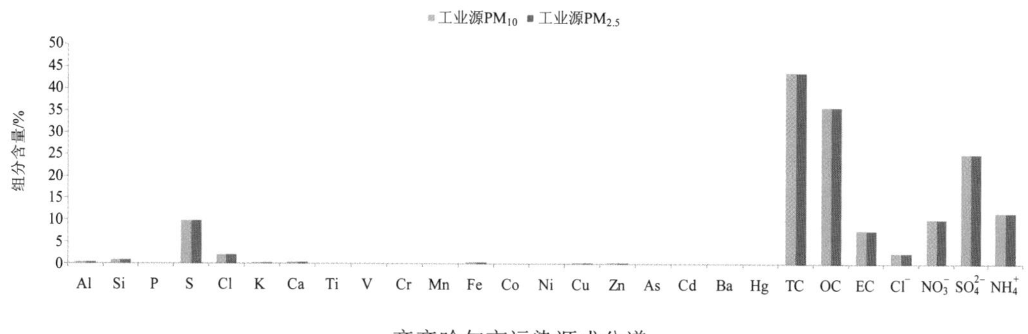

齐齐哈尔市污染源成分谱

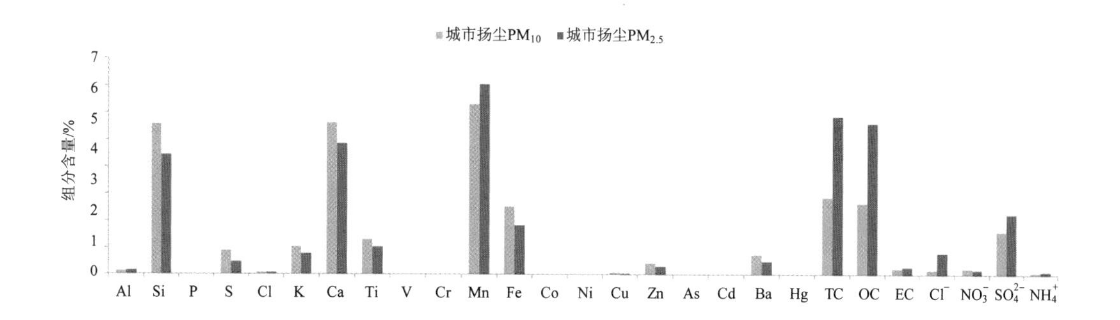

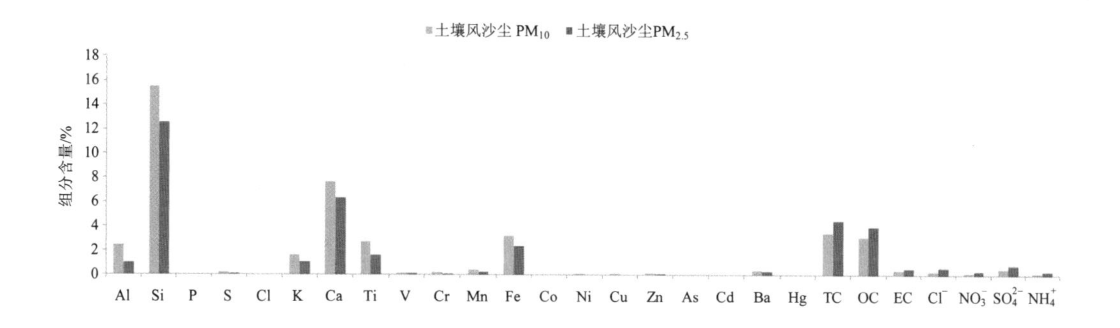

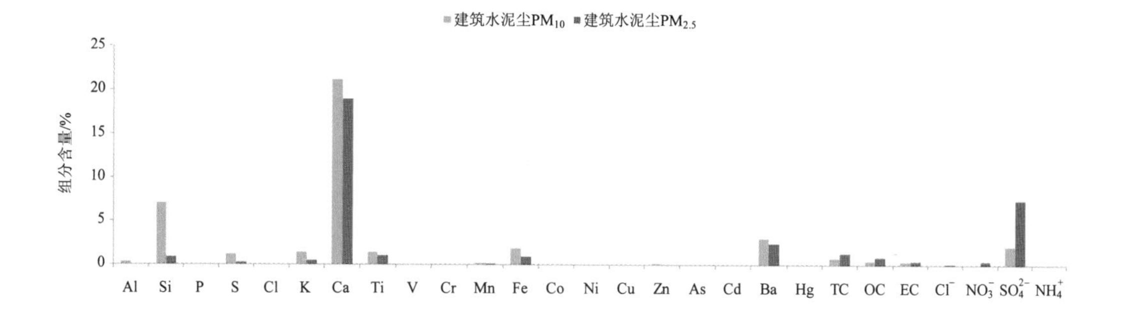

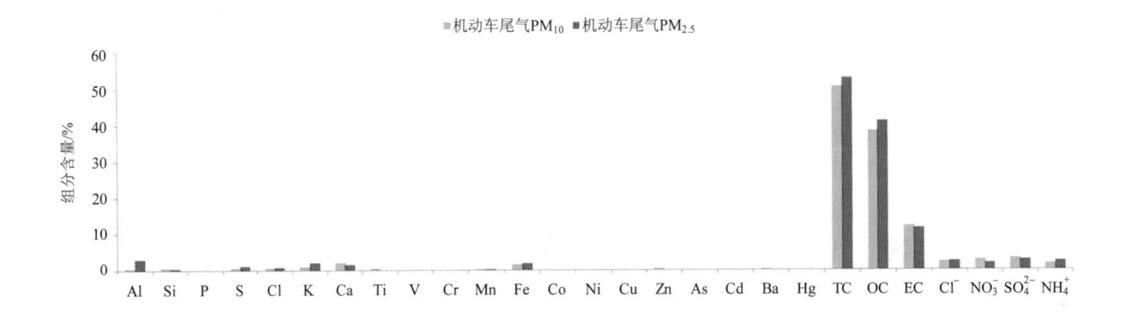
机动车尾气PM_{10} 机动车尾气$PM_{2.5}$
组分含量/%
0
10
20
30
40
50
60
Al Si P S Cl K Ca Ti V Cr Mn Fe Co Ni Cu Zn As Cd Ba Hg TC OC EC Cl^- NO_3^- SO_4^{2-} NH_4^+

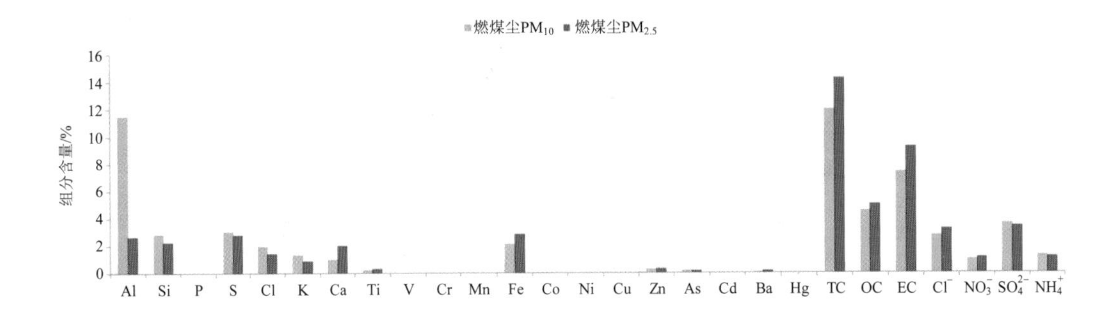
燃煤尘PM_{10} 燃煤尘$PM_{2.5}$
组分含量/%
0
2
4
6
8
10
12
14
16
Al Si P S Cl K Ca Ti V Cr Mn Fe Co Ni Cu Zn As Cd Ba Hg TC OC EC Cl^- NO_3^- SO_4^{2-} NH_4^+

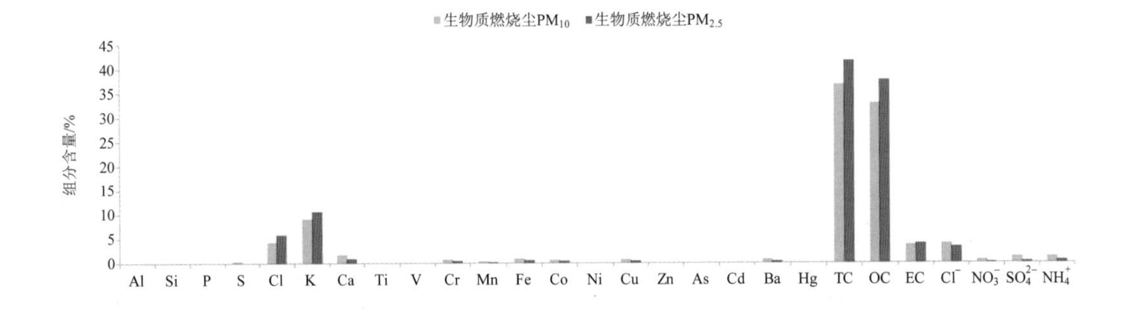
生物质燃烧尘PM_{10} 生物质燃烧尘$PM_{2.5}$
组分含量/%
0
5
10
15
20
25
30
35
40
45
Al Si P S Cl K Ca Ti V Cr Mn Fe Co Ni Cu Zn As Cd Ba Hg TC OC EC Cl^- NO_3^- SO_4^{2-} NH_4^+

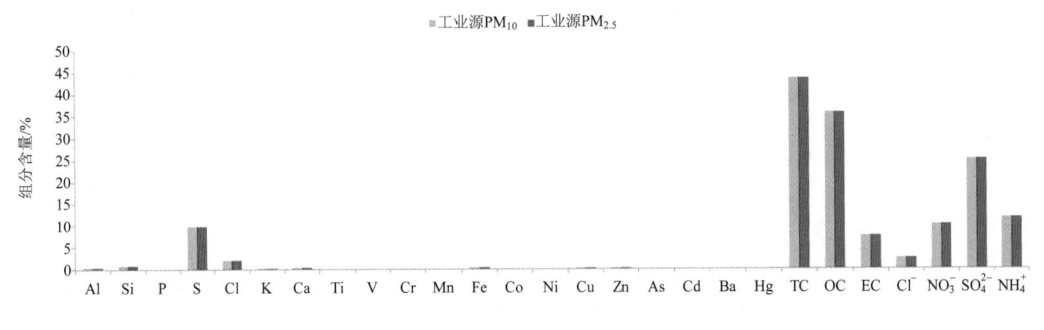
工业源PM_{10} 工业源$PM_{2.5}$
组分含量/%
0
5
10
15
20
25
30
35
40
45
50
Al Si P S Cl K Ca Ti V Cr Mn Fe Co Ni Cu Zn As Cd Ba Hg TC OC EC Cl^- NO_3^- SO_4^{2-} NH_4^+

大庆市污染源成分谱

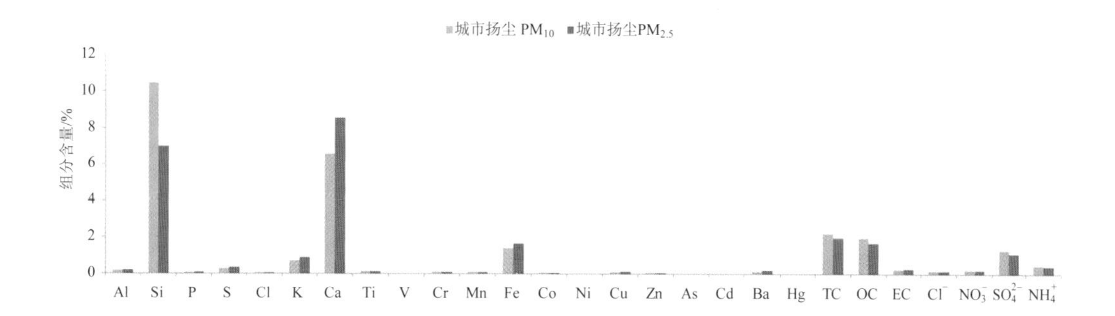
城市扬尘 PM_{10} 城市扬尘$PM_{2.5}$
组分含量/%
12
10
8
6
4
2
0
Al Si P S Cl K Ca Ti V Cr Mn Fe Co Ni Cu Zn As Cd Ba Hg TC OC EC Cl^- NO_3^- SO_4^{2-} NH_4^+

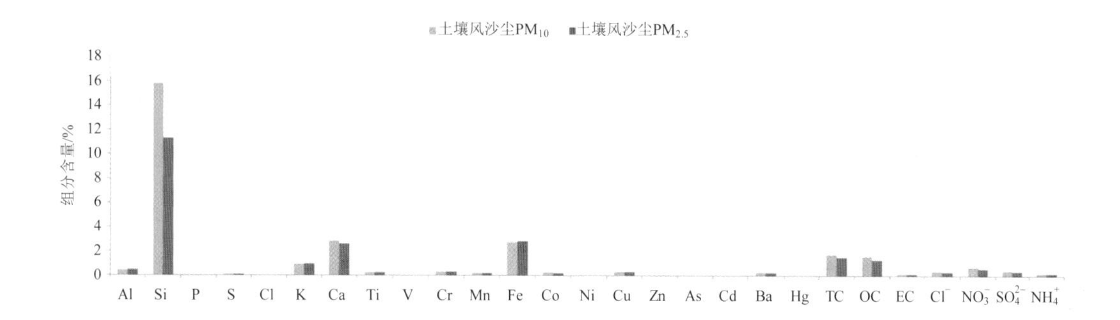
土壤风沙尘PM_{10} 土壤风沙尘$PM_{2.5}$
组分含量/%
18
16
14
12
10
8
6
4
2
0
Al Si P S Cl K Ca Ti V Cr Mn Fe Co Ni Cu Zn As Cd Ba Hg TC OC EC Cl^- NO_3^- SO_4^{2-} NH_4^+

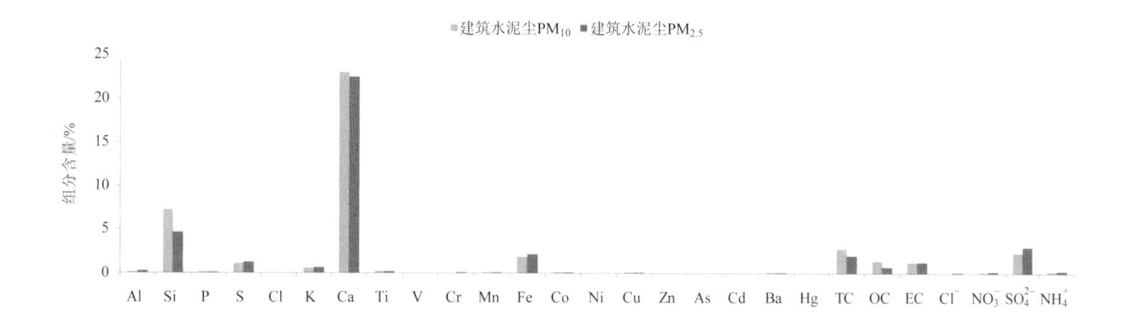
建筑水泥尘PM_{10} 建筑水泥尘$PM_{2.5}$
组分含量/%
25
20
15
10
5
0
Al Si P S Cl K Ca Ti V Cr Mn Fe Co Ni Cu Zn As Cd Ba Hg TC OC EC Cl^- NO_3^- SO_4^{2-} NH_4^+

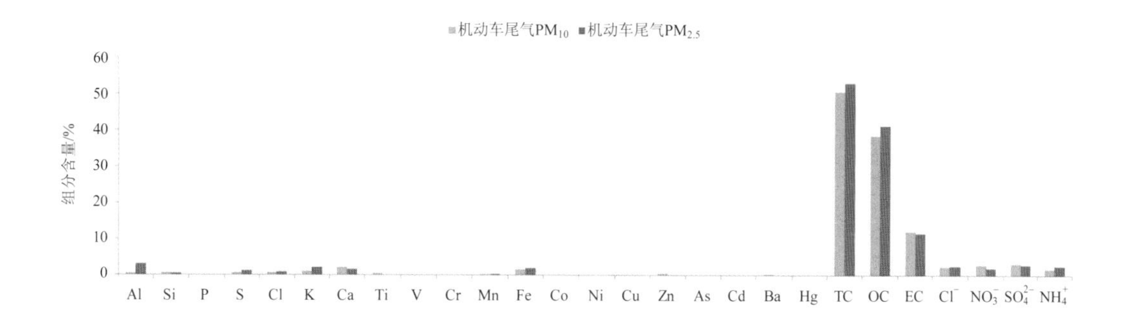
机动车尾气PM_{10} 机动车尾气$PM_{2.5}$
组分含量/%
60
50
40
30
20
10
0
Al Si P S Cl K Ca Ti V Cr Mn Fe Co Ni Cu Zn As Cd Ba Hg TC OC EC Cl^- NO_3^- SO_4^{2-} NH_4^+

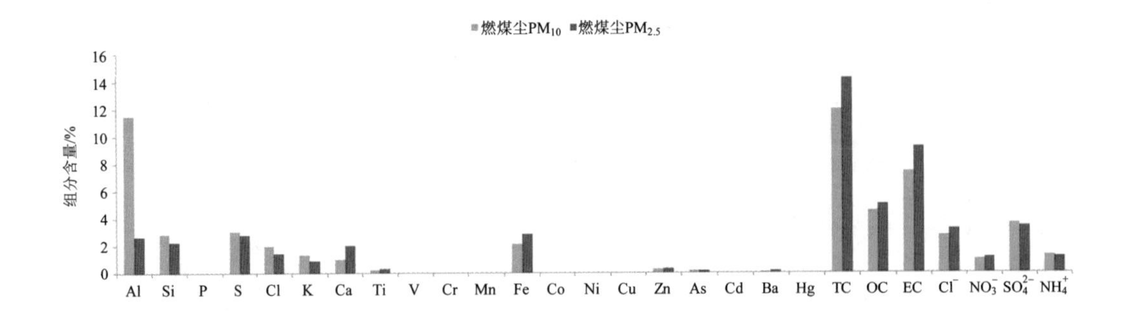
燃煤尘PM_{10} 燃煤尘$PM_{2.5}$
组分含量/%
16
14
12
10
8
6
4
2
0
Al Si P S Cl K Ca Ti V Cr Mn Fe Co Ni Cu Zn As Cd Ba Hg TC OC EC Cl^- NO_3^- SO_4^{2-} NH_4^+

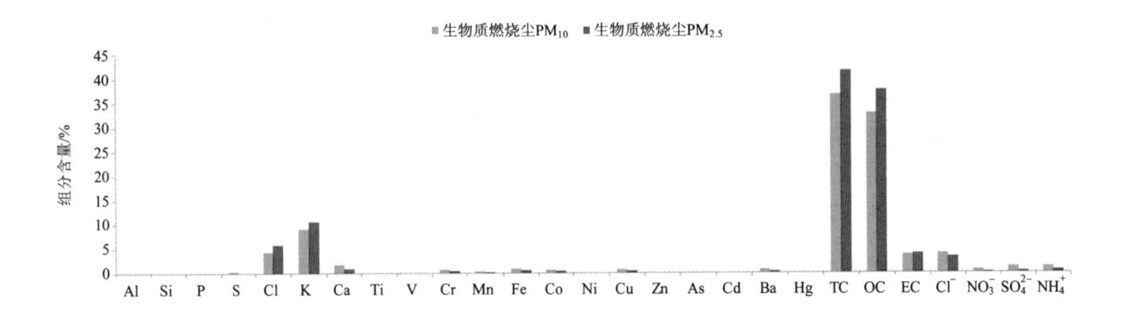
生物质燃烧尘PM_{10} 生物质燃烧尘$PM_{2.5}$
组分含量/%
45
40
35
30
25
20
15
10
5
0
Al Si P S Cl K Ca Ti V Cr Mn Fe Co Ni Cu Zn As Cd Ba Hg TC OC EC Cl^- NO_3^- SO_4^{2-} NH_4^+

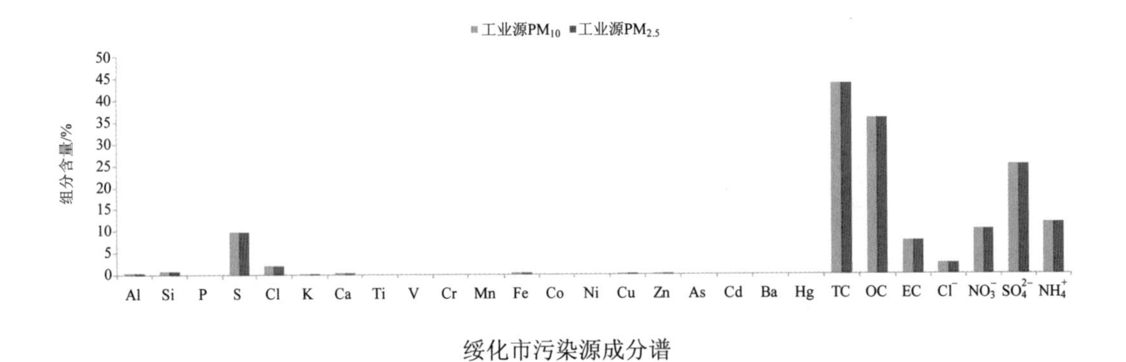
工业源PM_{10} 工业源$PM_{2.5}$
组分含量/%
50
45
40
35
30
25
20
15
10
5
0
Al Si P S Cl K Ca Ti V Cr Mn Fe Co Ni Cu Zn As Cd Ba Hg TC OC EC Cl^- NO_3^- SO_4^{2-} NH_4^+

绥化市污染源成分谱

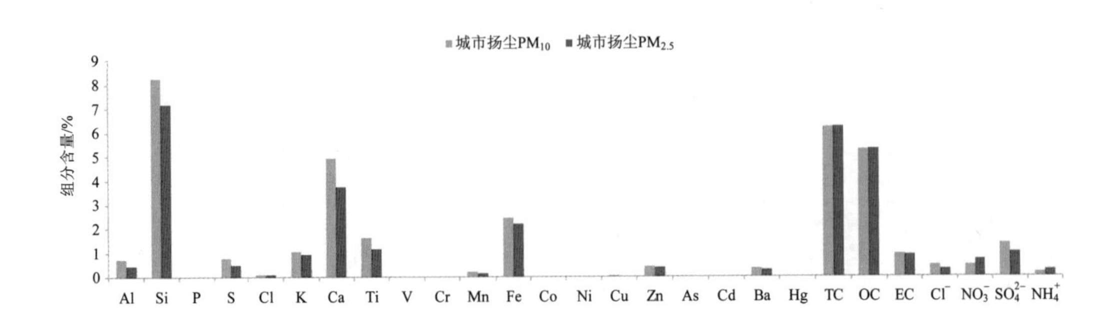
城市扬尘PM_{10} 城市扬尘$PM_{2.5}$
组分含量/%
9
8
7
6
5
4
3
2
1
0
Al Si P S Cl K Ca Ti V Cr Mn Fe Co Ni Cu Zn As Cd Ba Hg TC OC EC Cl^- NO_3^- SO_4^{2-} NH_4^+

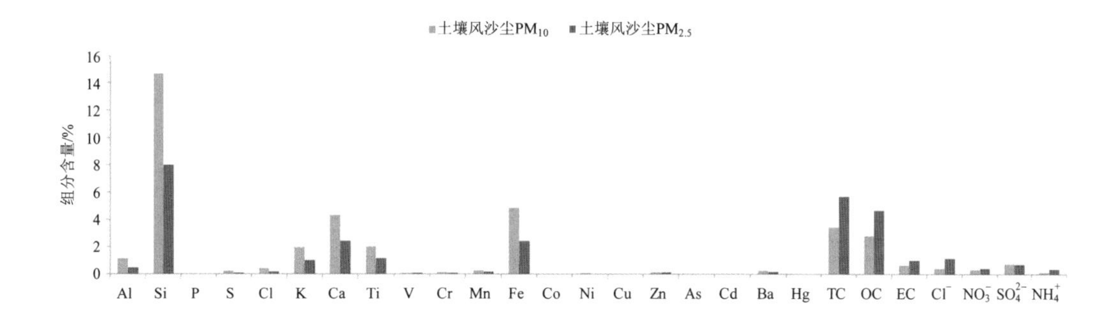
土壤风沙尘PM_{10} 土壤风沙尘$PM_{2.5}$
组分含量/%
16
14
12
10
8
6
4
2
0
Al Si P S Cl K Ca Ti V Cr Mn Fe Co Ni Cu Zn As Cd Ba Hg TC OC EC Cl^- NO_3^- SO_4^{2-} NH_4^+

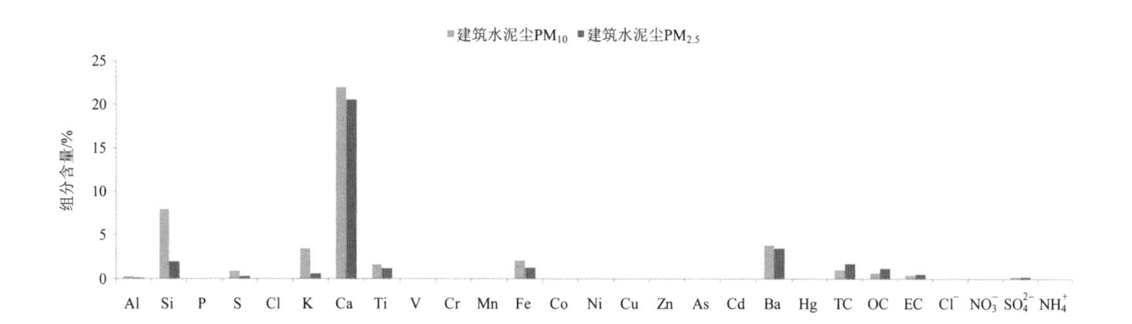
建筑水泥尘PM_{10} 建筑水泥尘$PM_{2.5}$
组分含量/%
25
20
15
10
5
0
Al Si P S Cl K Ca Ti V Cr Mn Fe Co Ni Cu Zn As Cd Ba Hg TC OC EC Cl^- NO_3^- SO_4^{2-} NH_4^+

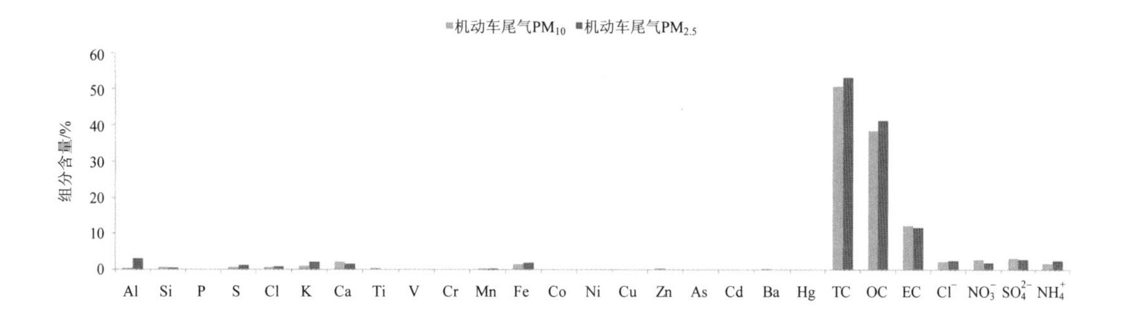
机动车尾气PM_{10} 机动车尾气$PM_{2.5}$
组分含量/%
60
50
40
30
20
10
0
Al Si P S Cl K Ca Ti V Cr Mn Fe Co Ni Cu Zn As Cd Ba Hg TC OC EC Cl^- NO_3^- SO_4^{2-} NH_4^+

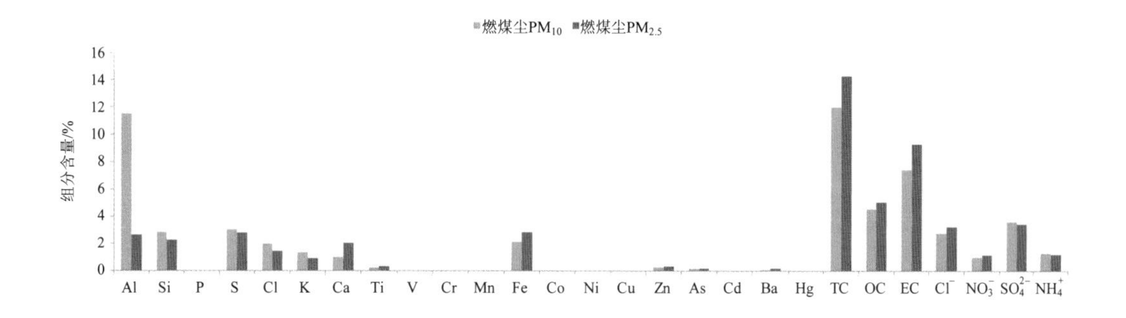
燃煤尘PM_{10} 燃煤尘$PM_{2.5}$
组分含量/%
16
14
12
10
8
6
4
2
0
Al Si P S Cl K Ca Ti V Cr Mn Fe Co Ni Cu Zn As Cd Ba Hg TC OC EC Cl^- NO_3^- SO_4^{2-} NH_4^+

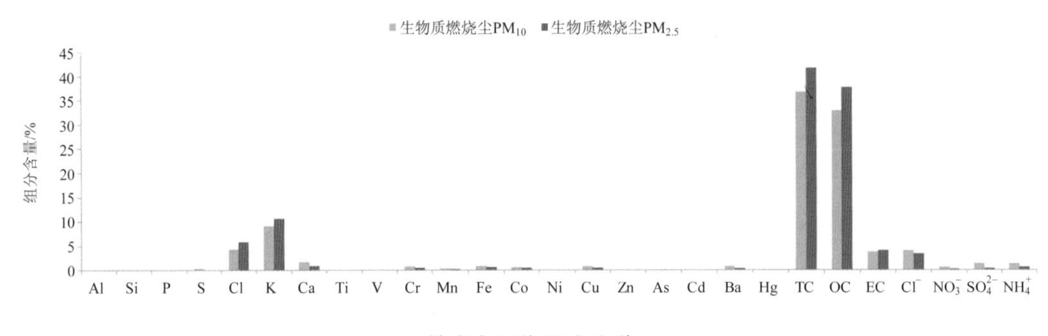
■生物质燃烧尘PM10 ■生物质燃烧尘PM2.5
组分含量/%
45
40
35
30
25
20
15
10
5
0
Al Si P S Cl K Ca Ti V Cr Mn Fe Co Ni Cu Zn As Cd Ba Hg TC OC EC Cl⁻ NO3⁻ SO4²⁻ NH4⁺

鹤岗市污染源成分谱

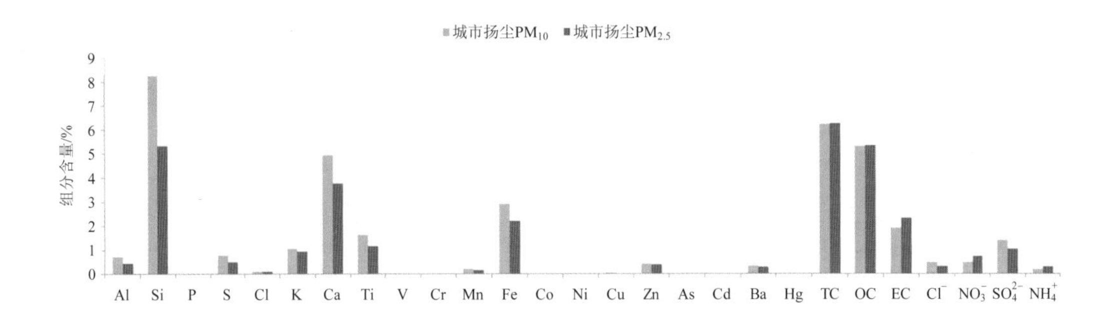
■城市扬尘PM10 ■城市扬尘PM2.5
组分含量/%
9
8
7
6
5
4
3
2
1
0
Al Si P S Cl K Ca Ti V Cr Mn Fe Co Ni Cu Zn As Cd Ba Hg TC OC EC Cl⁻ NO3⁻ SO4²⁻ NH4⁺

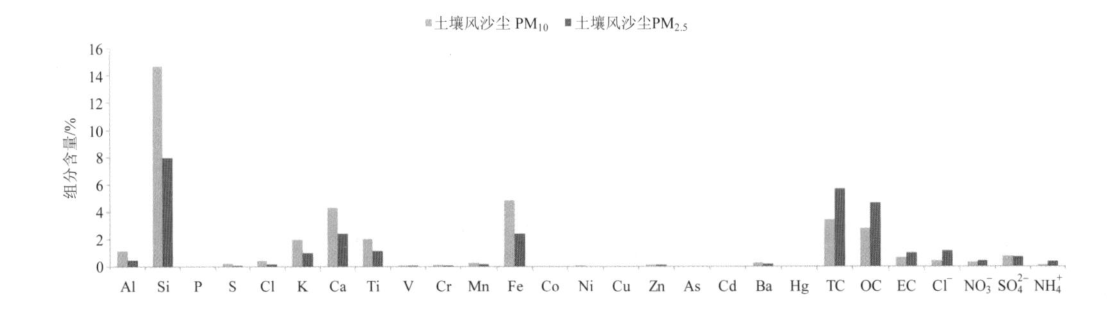
■土壤风沙尘 PM10 ■土壤风沙尘PM2.5
组分含量/%
16
14
12
10
8
6
4
2
0
Al Si P S Cl K Ca Ti V Cr Mn Fe Co Ni Cu Zn As Cd Ba Hg TC OC EC Cl⁻ NO3⁻ SO4²⁻ NH4⁺

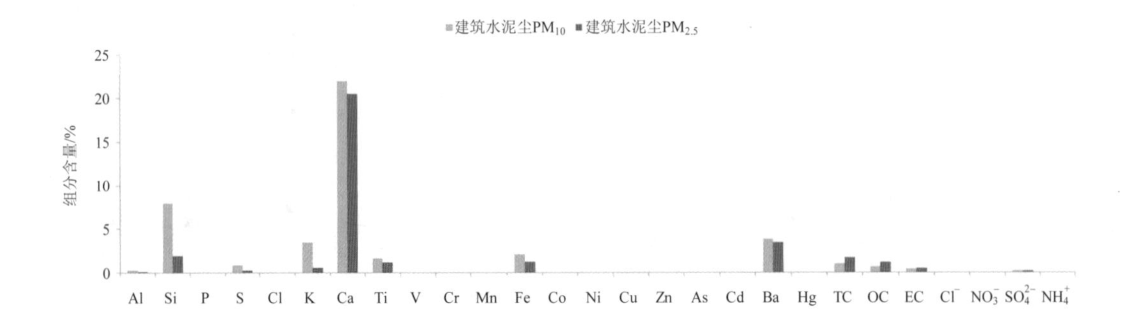
■建筑水泥尘PM10 ■建筑水泥尘PM2.5
组分含量/%
25
20
15
10
5
0
Al Si P S Cl K Ca Ti V Cr Mn Fe Co Ni Cu Zn As Cd Ba Hg TC OC EC Cl⁻ NO3⁻ SO4²⁻ NH4⁺

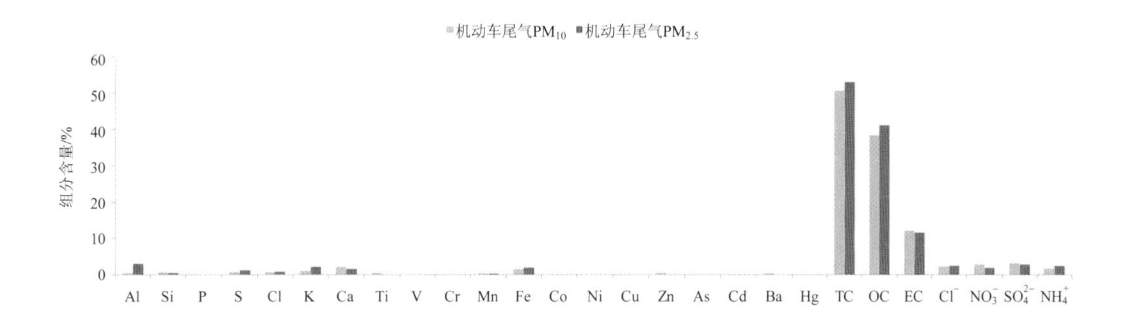

机动车尾气PM_{10} 机动车尾气$PM_{2.5}$
组分含量/%
0 10 20 30 40 50 60
Al Si P S Cl K Ca Ti V Cr Mn Fe Co Ni Cu Zn As Cd Ba Hg TC OC EC Cl^- NO_3^- SO_4^{2-} NH_4^+

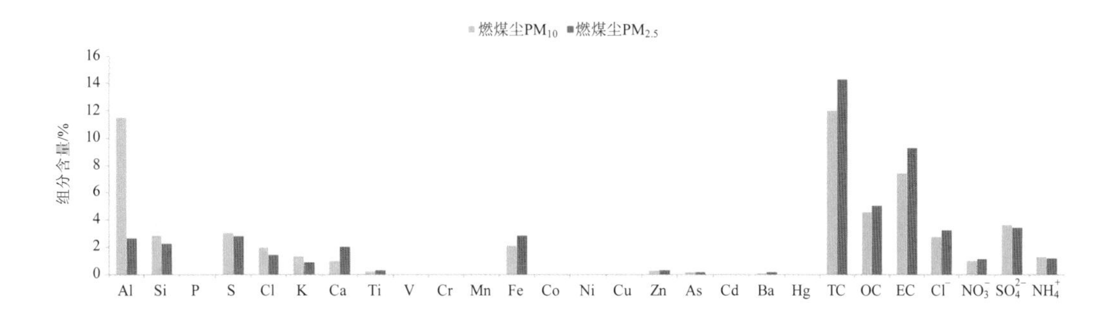

燃煤尘PM_{10} 燃煤尘$PM_{2.5}$
组分含量/%
0 2 4 6 8 10 12 14 16
Al Si P S Cl K Ca Ti V Cr Mn Fe Co Ni Cu Zn As Cd Ba Hg TC OC EC Cl^- NO_3^- SO_4^{2-} NH_4^+

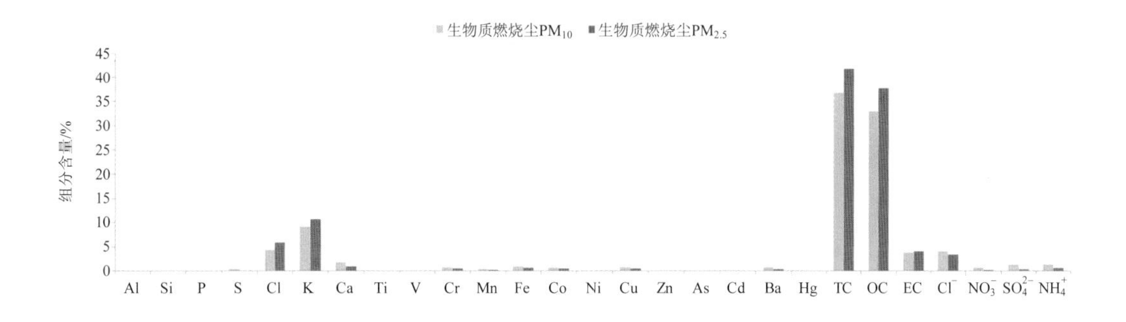

生物质燃烧尘PM_{10} 生物质燃烧尘$PM_{2.5}$
组分含量/%
0 5 10 15 20 25 30 35 40 45
Al Si P S Cl K Ca Ti V Cr Mn Fe Co Ni Cu Zn As Cd Ba Hg TC OC EC Cl^- NO_3^- SO_4^{2-} NH_4^+

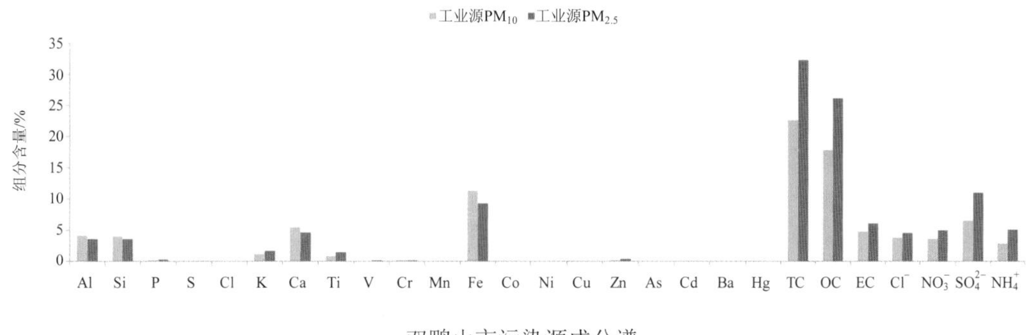

工业源PM_{10} 工业源$PM_{2.5}$
组分含量/%
0 5 10 15 20 25 30 35
Al Si P S Cl K Ca Ti V Cr Mn Fe Co Ni Cu Zn As Cd Ba Hg TC OC EC Cl^- NO_3^- SO_4^{2-} NH_4^+

双鸭山市污染源成分谱

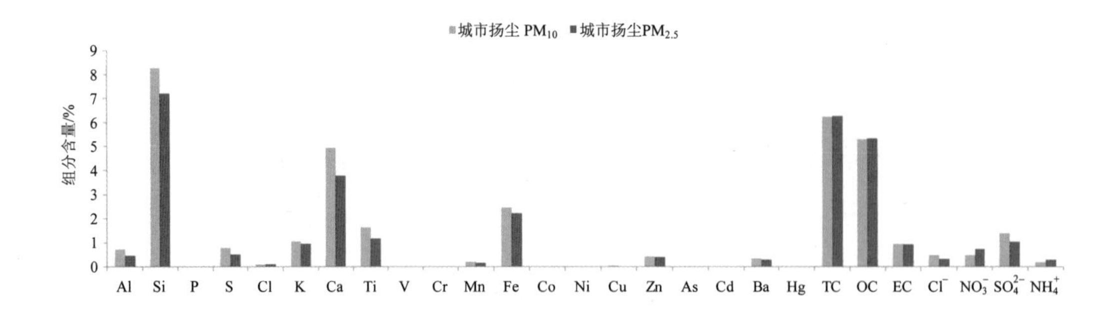
城市扬尘 PM10 城市扬尘PM2.5
组分含量/%
Al Si P S Cl K Ca Ti V Cr Mn Fe Co Ni Cu Zn As Cd Ba Hg TC OC EC Cl⁻ NO3⁻ SO4²⁻ NH4⁺

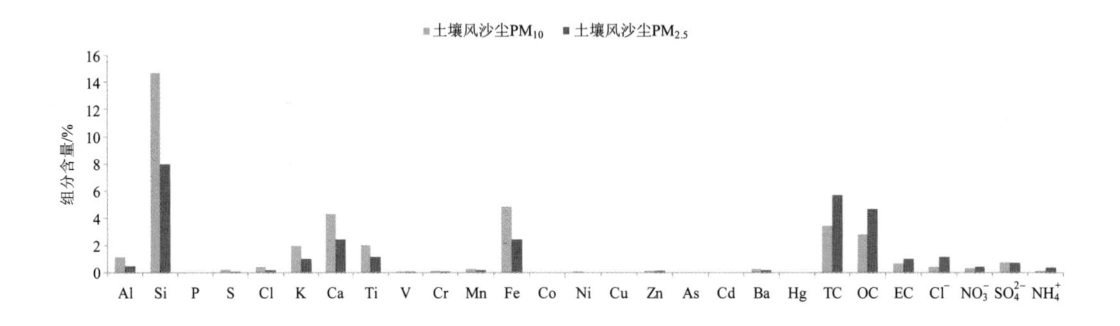
土壤风沙尘PM10 土壤风沙尘PM2.5
组分含量/%
Al Si P S Cl K Ca Ti V Cr Mn Fe Co Ni Cu Zn As Cd Ba Hg TC OC EC Cl⁻ NO3⁻ SO4²⁻ NH4⁺

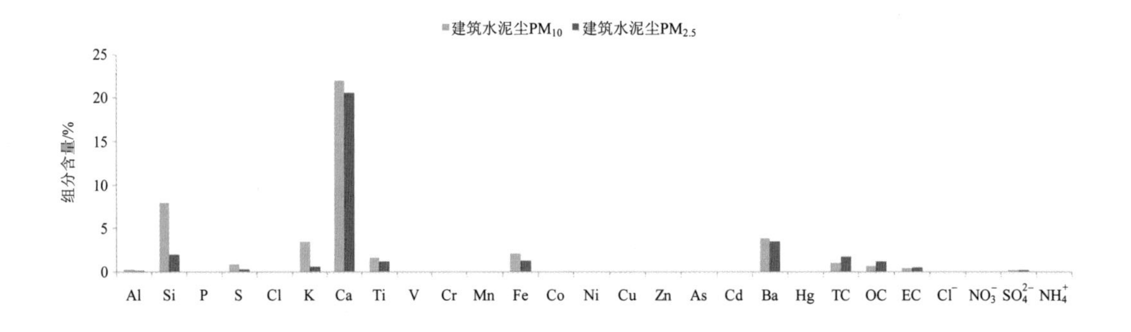
建筑水泥尘PM10 建筑水泥尘PM2.5
组分含量/%
Al Si P S Cl K Ca Ti V Cr Mn Fe Co Ni Cu Zn As Cd Ba Hg TC OC EC Cl⁻ NO3⁻ SO4²⁻ NH4⁺

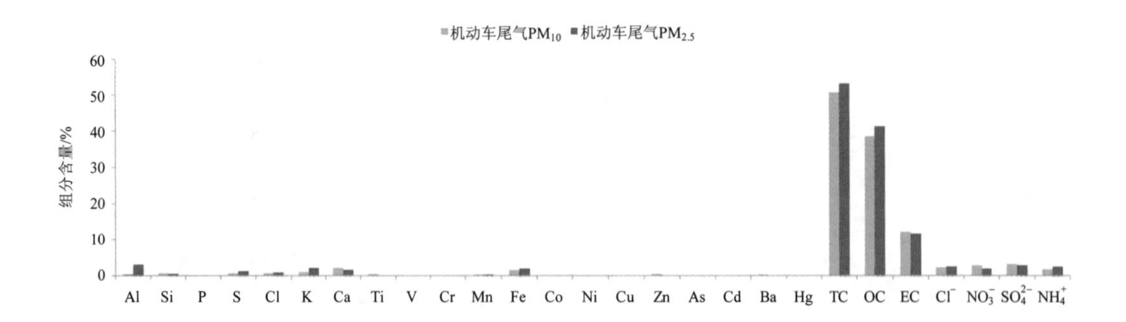
机动车尾气PM10 机动车尾气PM2.5
组分含量/%
Al Si P S Cl K Ca Ti V Cr Mn Fe Co Ni Cu Zn As Cd Ba Hg TC OC EC Cl⁻ NO3⁻ SO4²⁻ NH4⁺

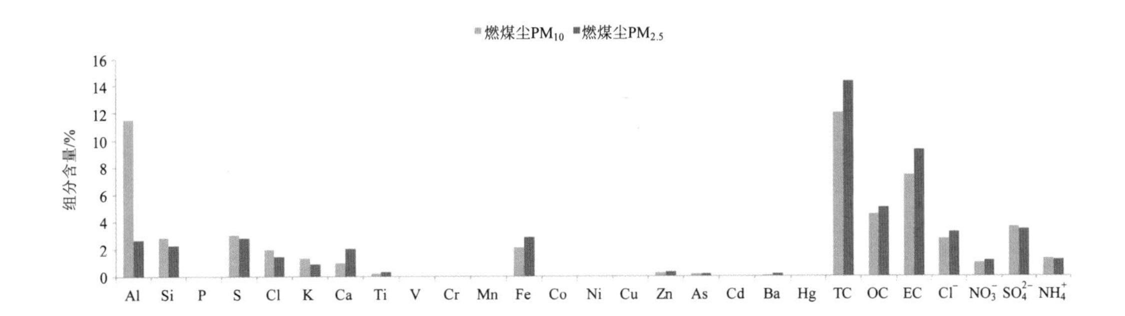

燃煤尘PM_{10} 燃煤尘$PM_{2.5}$
组分含量/%
0 2 4 6 8 10 12 14 16
Al Si P S Cl K Ca Ti V Cr Mn Fe Co Ni Cu Zn As Cd Ba Hg TC OC EC Cl^- NO_3^- SO_4^{2-} NH_4^+

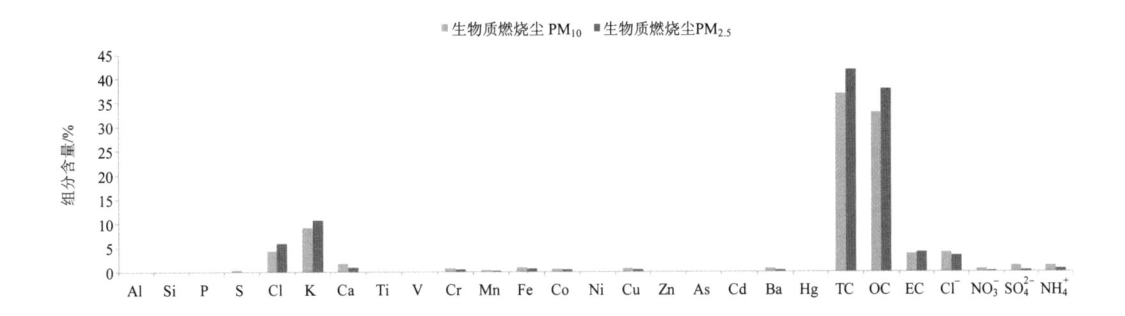

生物质燃烧尘 PM_{10} 生物质燃烧尘$PM_{2.5}$
组分含量/%
0 5 10 15 20 25 30 35 40 45
Al Si P S Cl K Ca Ti V Cr Mn Fe Co Ni Cu Zn As Cd Ba Hg TC OC EC Cl^- NO_3^- SO_4^{2-} NH_4^+

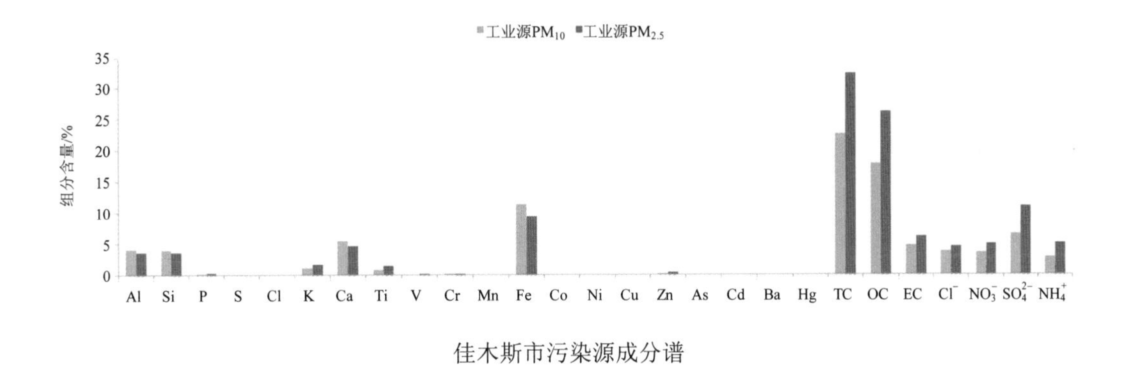

工业源PM_{10} 工业源$PM_{2.5}$
组分含量/%
0 5 10 15 20 25 30 35
Al Si P S Cl K Ca Ti V Cr Mn Fe Co Ni Cu Zn As Cd Ba Hg TC OC EC Cl^- NO_3^- SO_4^{2-} NH_4^+

佳木斯市污染源成分谱

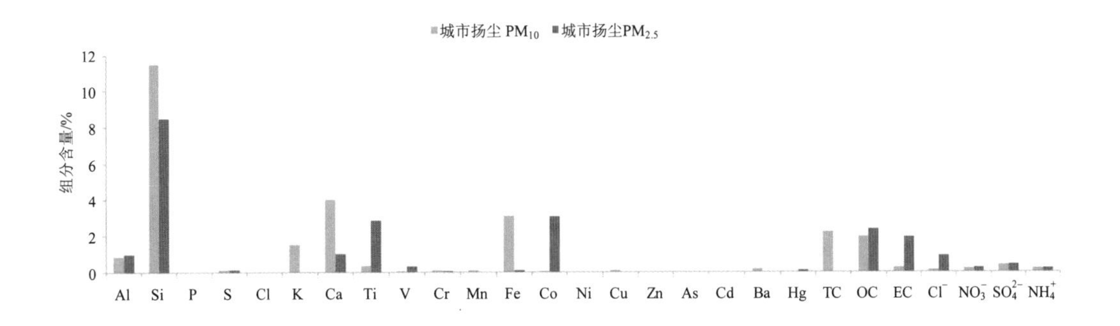

城市扬尘 PM_{10} 城市扬尘$PM_{2.5}$
组分含量/%
0 2 4 6 8 10 12
Al Si P S Cl K Ca Ti V Cr Mn Fe Co Ni Cu Zn As Cd Ba Hg TC OC EC Cl^- NO_3^- SO_4^{2-} NH_4^+

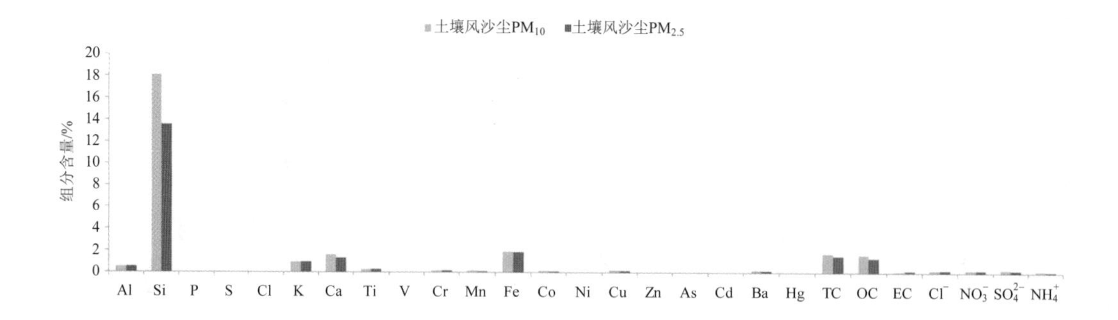

土壤风沙尘PM_{10} 土壤风沙尘$PM_{2.5}$
组分含量/%
0 2 4 6 8 10 12 14 16 18 20
Al Si P S Cl K Ca Ti V Cr Mn Fe Co Ni Cu Zn As Cd Ba Hg TC OC EC Cl^- NO_3^- SO_4^{2-} NH_4^+

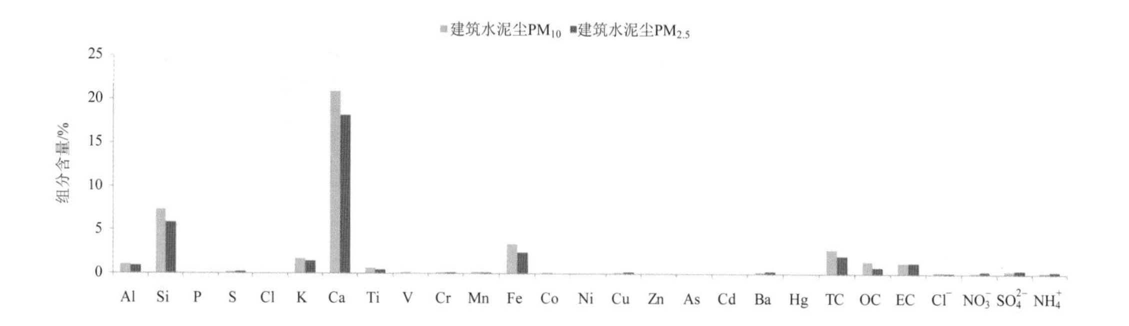

建筑水泥尘PM_{10} 建筑水泥尘$PM_{2.5}$
组分含量/%
0 5 10 15 20 25
Al Si P S Cl K Ca Ti V Cr Mn Fe Co Ni Cu Zn As Cd Ba Hg TC OC EC Cl^- NO_3^- SO_4^{2-} NH_4^+

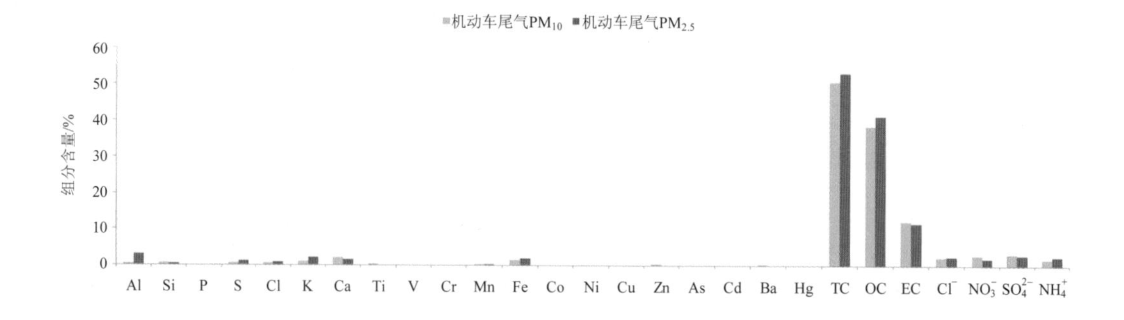

机动车尾气PM_{10} 机动车尾气$PM_{2.5}$
组分含量/%
0 10 20 30 40 50 60
Al Si P S Cl K Ca Ti V Cr Mn Fe Co Ni Cu Zn As Cd Ba Hg TC OC EC Cl^- NO_3^- SO_4^{2-} NH_4^+

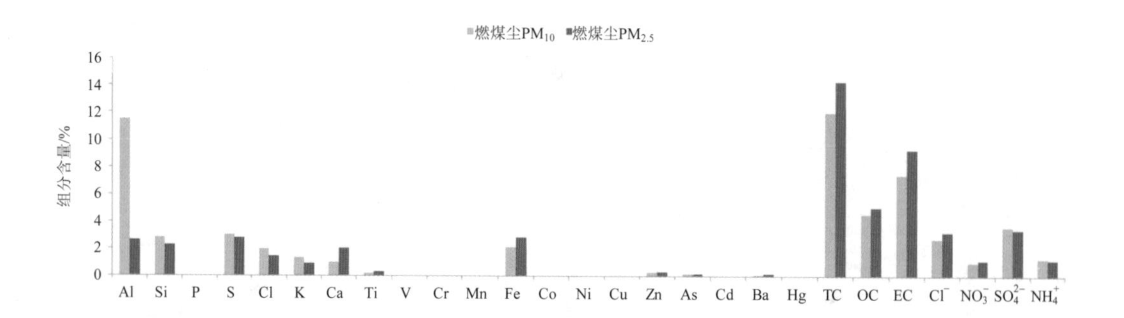

燃煤尘PM_{10} 燃煤尘$PM_{2.5}$
组分含量/%
0 2 4 6 8 10 12 14 16
Al Si P S Cl K Ca Ti V Cr Mn Fe Co Ni Cu Zn As Cd Ba Hg TC OC EC Cl^- NO_3^- SO_4^{2-} NH_4^+

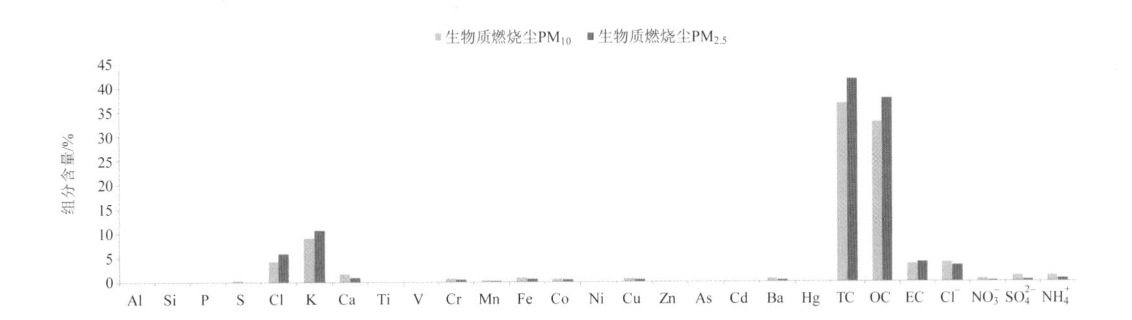
生物质燃烧尘PM_{10}
生物质燃烧尘$PM_{2.5}$
组分含量/%
45
40
35
30
25
20
15
10
5
0
Al Si P S Cl K Ca Ti V Cr Mn Fe Co Ni Cu Zn As Cd Ba Hg TC OC EC Cl^- NO_3^- SO_4^{2-} NH_4^+

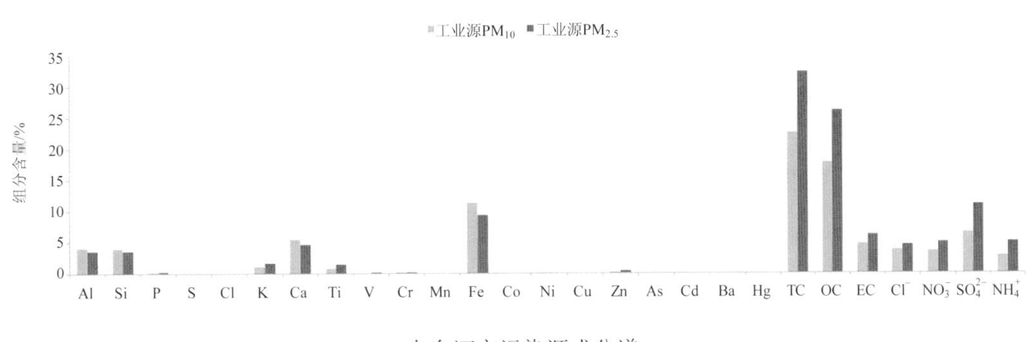
工业源PM_{10}
工业源$PM_{2.5}$
组分含量/%
35
30
25
20
15
10
5
0
Al Si P S Cl K Ca Ti V Cr Mn Fe Co Ni Cu Zn As Cd Ba Hg TC OC EC Cl^- NO_3^- SO_4^{2-} NH_4^+

七台河市污染源成分谱

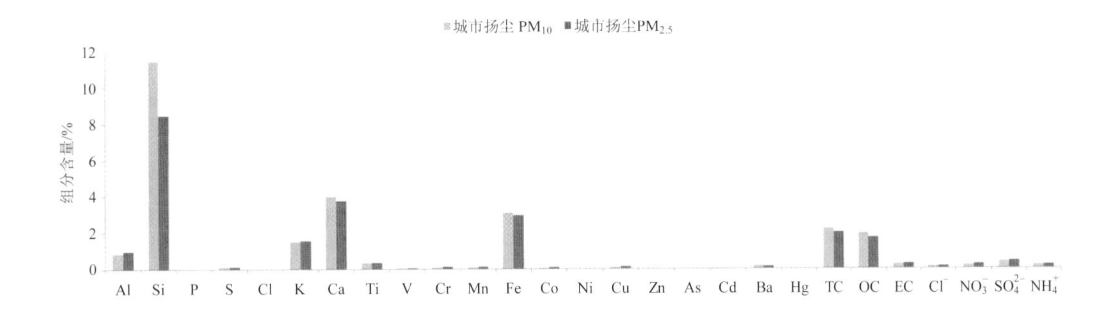
城市扬尘 PM_{10}
城市扬尘$PM_{2.5}$
组分含量/%
12
10
8
6
4
2
0
Al Si P S Cl K Ca Ti V Cr Mn Fe Co Ni Cu Zn As Cd Ba Hg TC OC EC Cl^- NO_3^- SO_4^{2-} NH_4^+

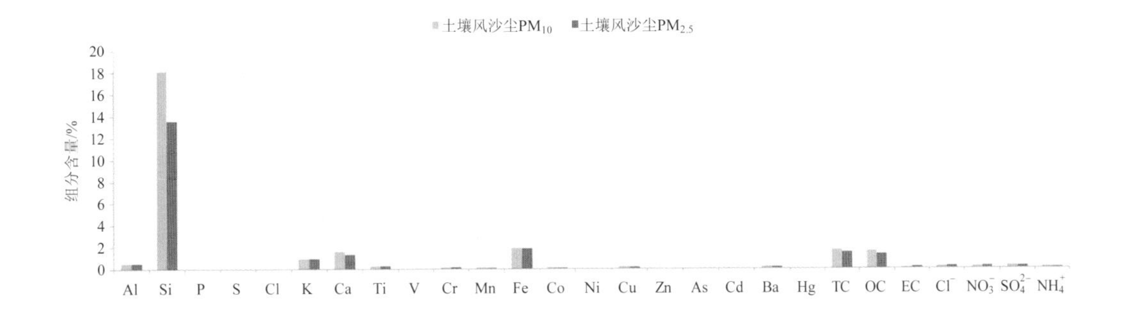
土壤风沙尘PM_{10}
土壤风沙尘$PM_{2.5}$
组分含量/%
20
18
16
14
12
10
8
6
4
2
0
Al Si P S Cl K Ca Ti V Cr Mn Fe Co Ni Cu Zn As Cd Ba Hg TC OC EC Cl^- NO_3^- SO_4^{2-} NH_4^+

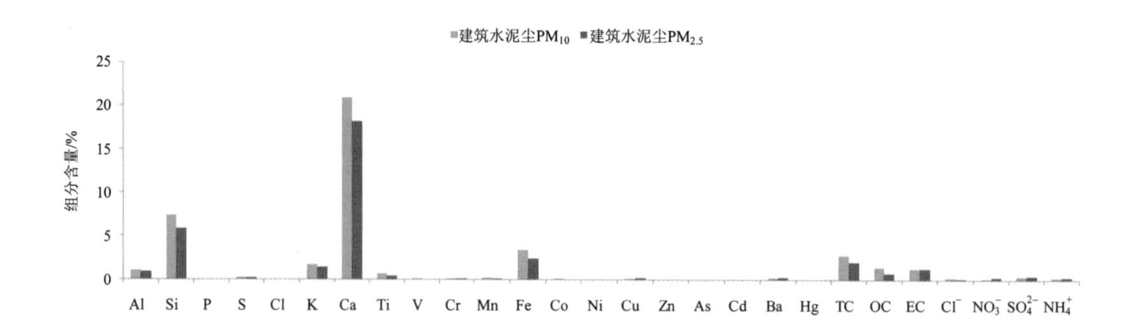
建筑水泥尘PM_{10} 建筑水泥尘$PM_{2.5}$
组分含量/%
0 5 10 15 20 25
Al Si P S Cl K Ca Ti V Cr Mn Fe Co Ni Cu Zn As Cd Ba Hg TC OC EC Cl^- NO_3^- SO_4^{2-} NH_4^+

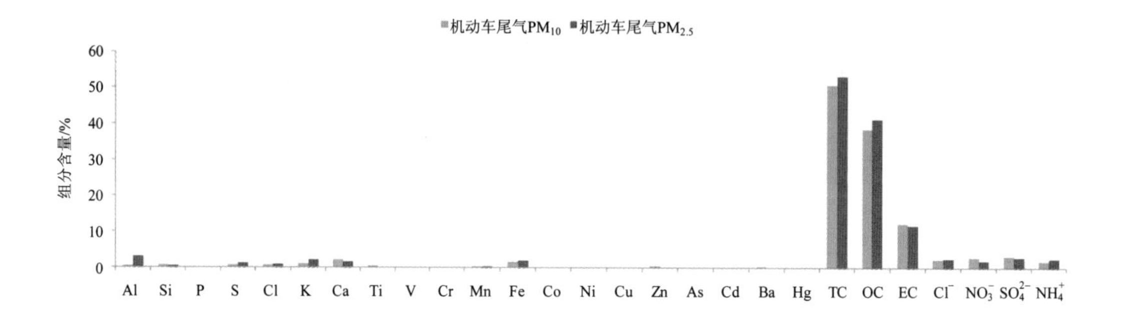
机动车尾气PM_{10} 机动车尾气$PM_{2.5}$
组分含量/%
0 10 20 30 40 50 60
Al Si P S Cl K Ca Ti V Cr Mn Fe Co Ni Cu Zn As Cd Ba Hg TC OC EC Cl^- NO_3^- SO_4^{2-} NH_4^+

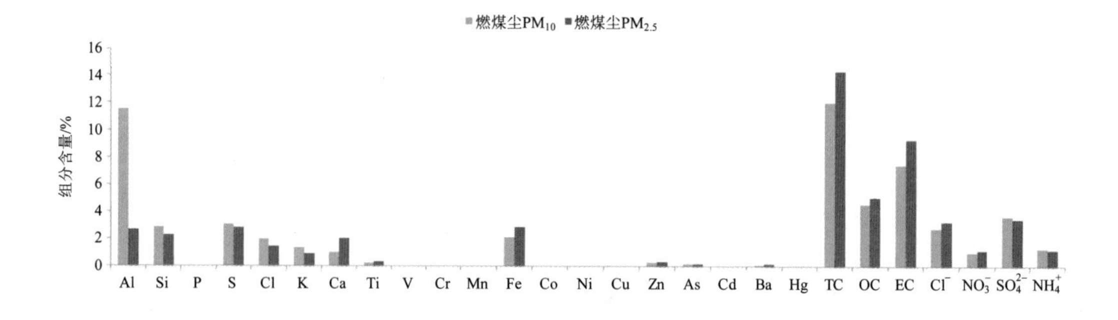
燃煤尘PM_{10} 燃煤尘$PM_{2.5}$
组分含量/%
0 2 4 6 8 10 12 14 16
Al Si P S Cl K Ca Ti V Cr Mn Fe Co Ni Cu Zn As Cd Ba Hg TC OC EC Cl^- NO_3^- SO_4^{2-} NH_4^+

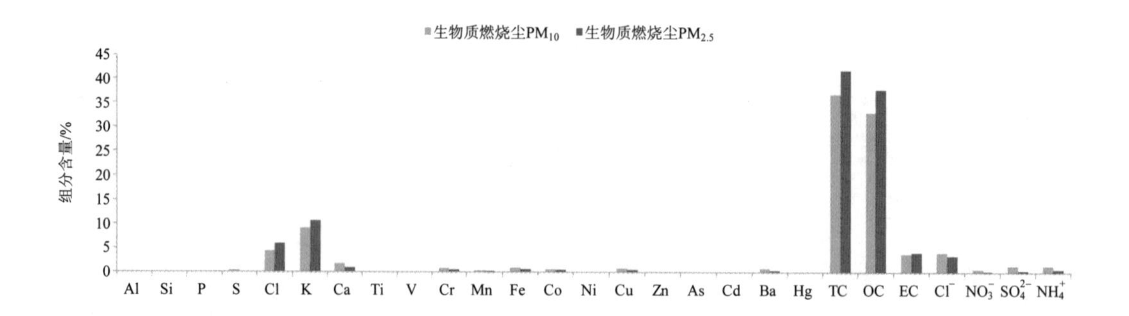
生物质燃烧尘PM_{10} 生物质燃烧尘$PM_{2.5}$
组分含量/%
0 5 10 15 20 25 30 35 40 45
Al Si P S Cl K Ca Ti V Cr Mn Fe Co Ni Cu Zn As Cd Ba Hg TC OC EC Cl^- NO_3^- SO_4^{2-} NH_4^+

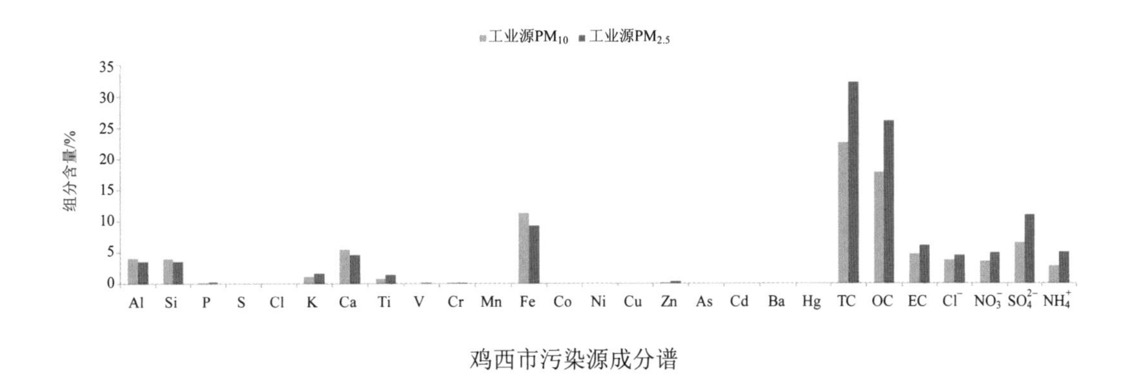
工业源PM_{10} 工业源$PM_{2.5}$
组分含量/%
35
30
25
20
15
10
5
0
Al Si P S Cl K Ca Ti V Cr Mn Fe Co Ni Cu Zn As Cd Ba Hg TC OC EC Cl^- NO_3^- SO_4^{2-} NH_4^+

鸡西市污染源成分谱

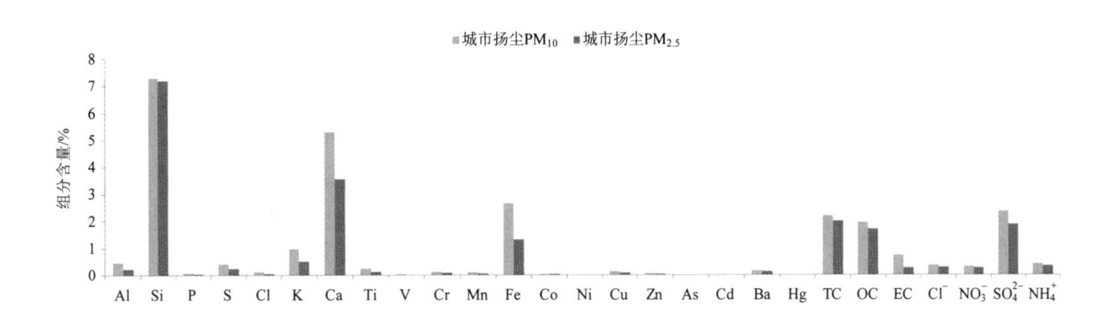
城市扬尘PM_{10} 城市扬尘$PM_{2.5}$
组分含量/%
8
7
6
5
4
3
2
1
0
Al Si P S Cl K Ca Ti V Cr Mn Fe Co Ni Cu Zn As Cd Ba Hg TC OC EC Cl^- NO_3^- SO_4^{2-} NH_4^+

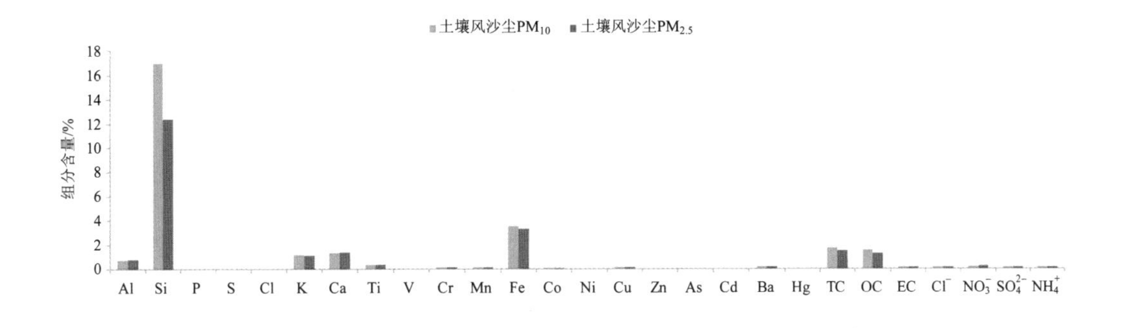
土壤风沙尘PM_{10} 土壤风沙尘$PM_{2.5}$
组分含量/%
18
16
14
12
10
8
6
4
2
0
Al Si P S Cl K Ca Ti V Cr Mn Fe Co Ni Cu Zn As Cd Ba Hg TC OC EC Cl^- NO_3^- SO_4^{2-} NH_4^+

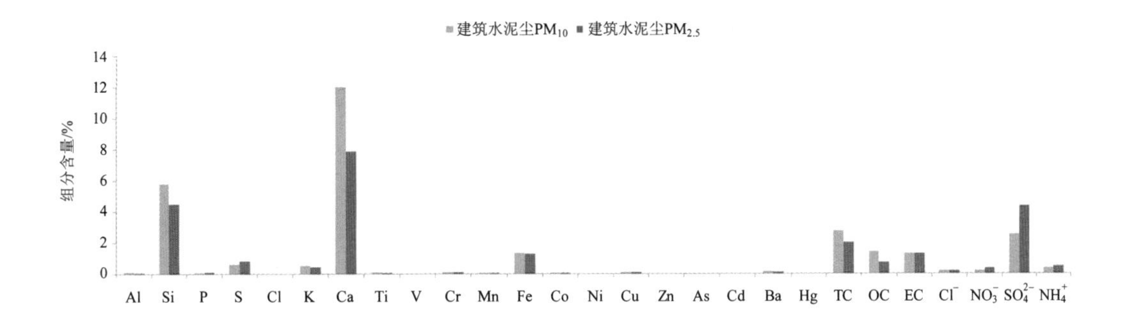
建筑水泥尘PM_{10} 建筑水泥尘$PM_{2.5}$
组分含量/%
14
12
10
8
6
4
2
0
Al Si P S Cl K Ca Ti V Cr Mn Fe Co Ni Cu Zn As Cd Ba Hg TC OC EC Cl^- NO_3^- SO_4^{2-} NH_4^+

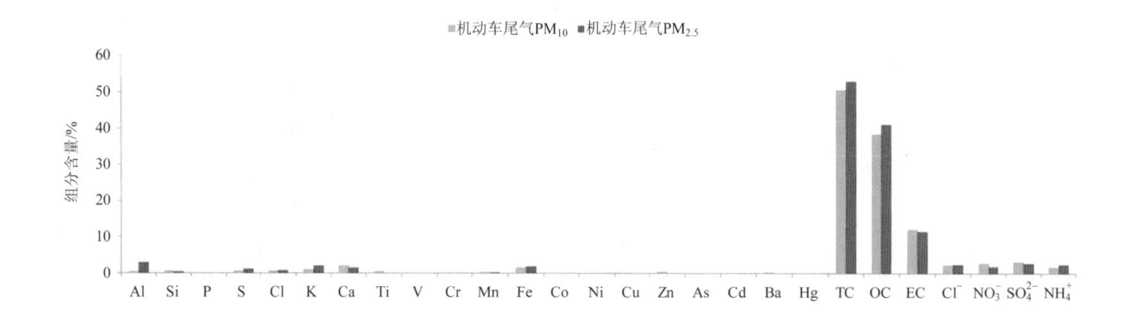
机动车尾气PM10 机动车尾气PM2.5
组分含量/%
60
50
40
30
20
10
0
Al Si P S Cl K Ca Ti V Cr Mn Fe Co Ni Cu Zn As Cd Ba Hg TC OC EC Cl⁻ NO3⁻ SO4²⁻ NH4⁺

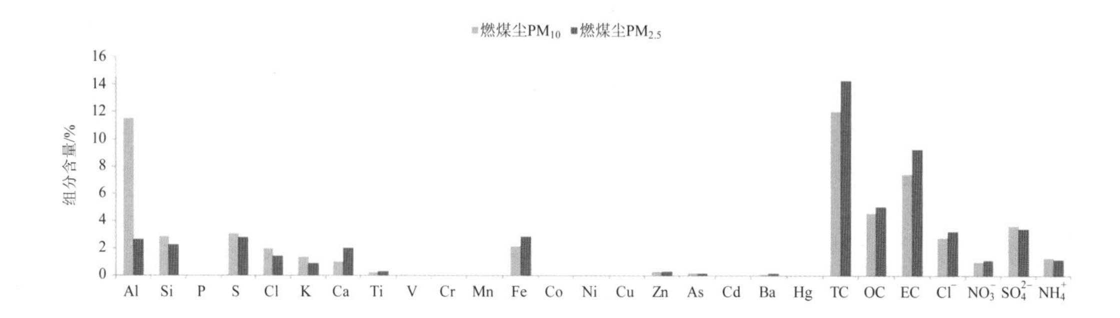
燃煤尘PM10 燃煤尘PM2.5
组分含量/%
16
14
12
10
8
6
4
2
0
Al Si P S Cl K Ca Ti V Cr Mn Fe Co Ni Cu Zn As Cd Ba Hg TC OC EC Cl⁻ NO3⁻ SO4²⁻ NH4⁺

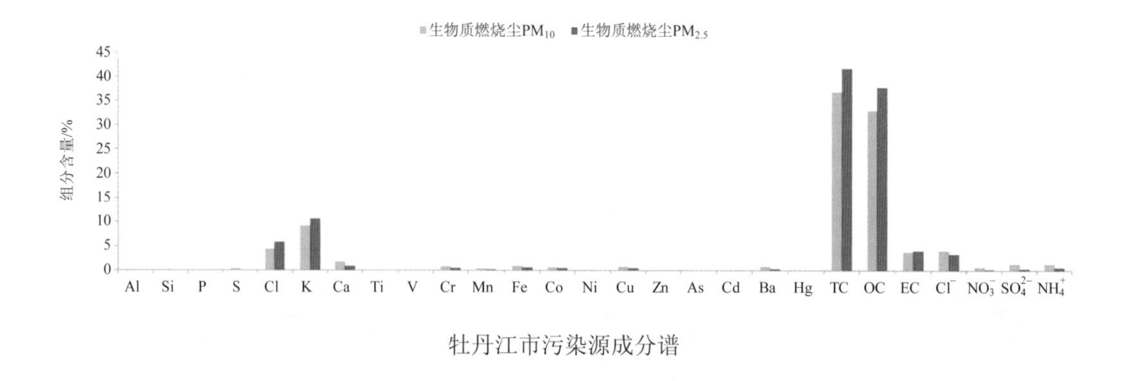
生物质燃烧尘PM10 生物质燃烧尘PM2.5
组分含量/%
45
40
35
30
25
20
15
10
5
0
Al Si P S Cl K Ca Ti V Cr Mn Fe Co Ni Cu Zn As Cd Ba Hg TC OC EC Cl⁻ NO3⁻ SO4²⁻ NH4⁺

牡丹江市污染源成分谱

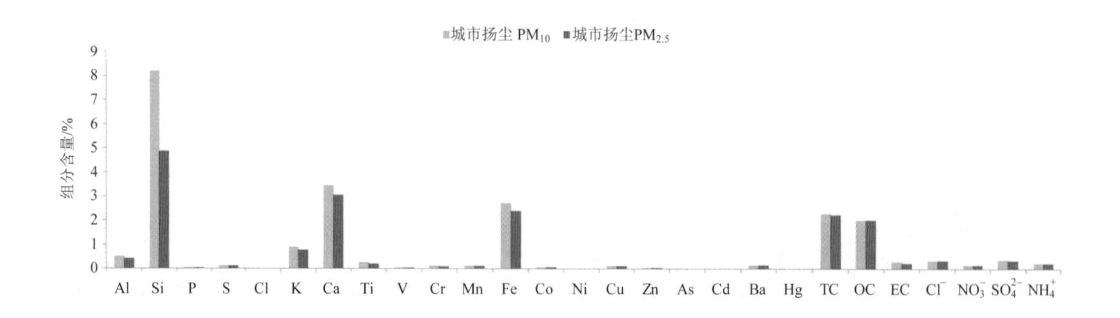
城市扬尘 PM10 城市扬尘PM2.5
组分含量/%
9
8
7
6
5
4
3
2
1
0
Al Si P S Cl K Ca Ti V Cr Mn Fe Co Ni Cu Zn As Cd Ba Hg TC OC EC Cl⁻ NO3⁻ SO4²⁻ NH4⁺

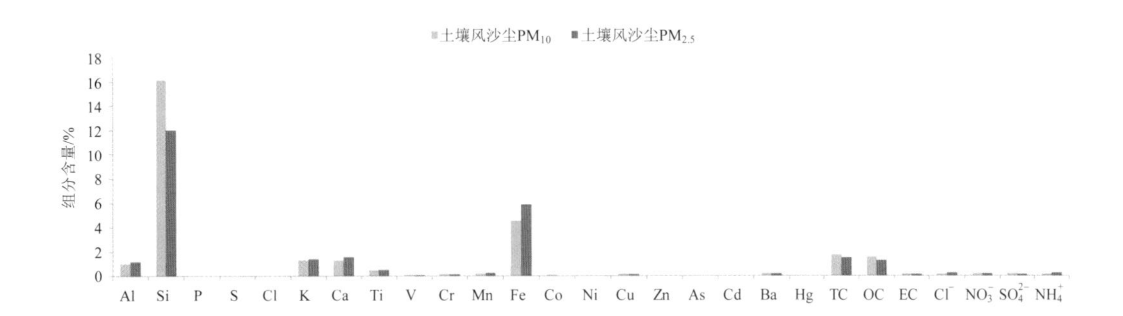
土壤风沙尘PM_{10}　土壤风沙尘$PM_{2.5}$
组分含量/%
0 2 4 6 8 10 12 14 16 18
Al Si P S Cl K Ca Ti V Cr Mn Fe Co Ni Cu Zn As Cd Ba Hg TC OC EC Cl^- NO_3^- SO_4^{2-} NH_4^+

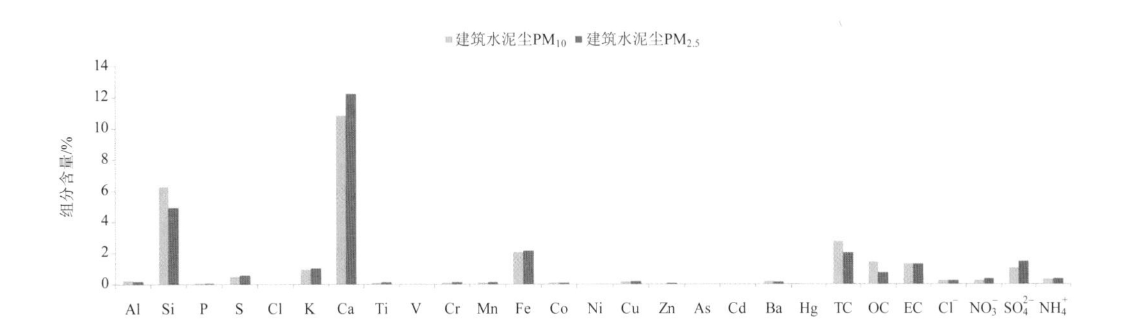
建筑水泥尘PM_{10}　建筑水泥尘$PM_{2.5}$
组分含量/%
0 2 4 6 8 10 12 14
Al Si P S Cl K Ca Ti V Cr Mn Fe Co Ni Cu Zn As Cd Ba Hg TC OC EC Cl^- NO_3^- SO_4^{2-} NH_4^+

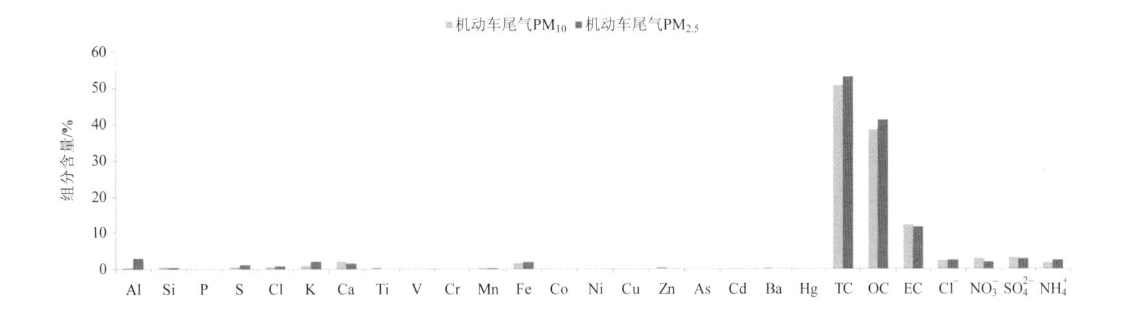
机动车尾气PM_{10}　机动车尾气$PM_{2.5}$
组分含量/%
0 10 20 30 40 50 60
Al Si P S Cl K Ca Ti V Cr Mn Fe Co Ni Cu Zn As Cd Ba Hg TC OC EC Cl^- NO_3^- SO_4^{2-} NH_4^+

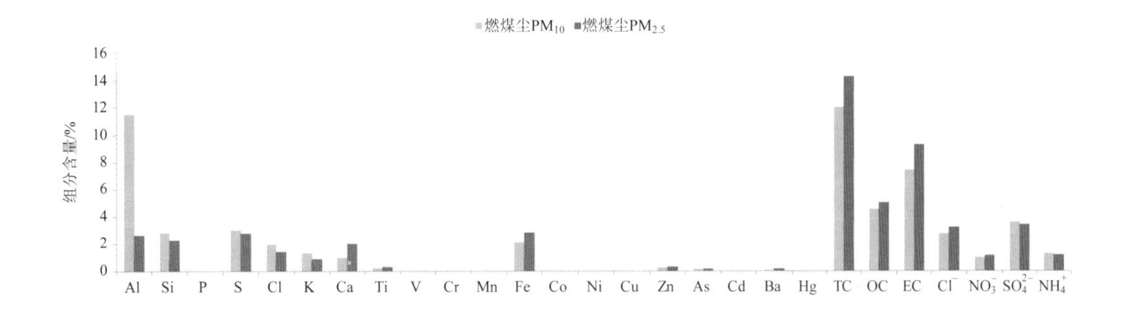
燃煤尘PM_{10}　燃煤尘$PM_{2.5}$
组分含量/%
0 2 4 6 8 10 12 14 16
Al Si P S Cl K Ca Ti V Cr Mn Fe Co Ni Cu Zn As Cd Ba Hg TC OC EC Cl^- NO_3^- SO_4^{2-} NH_4^+

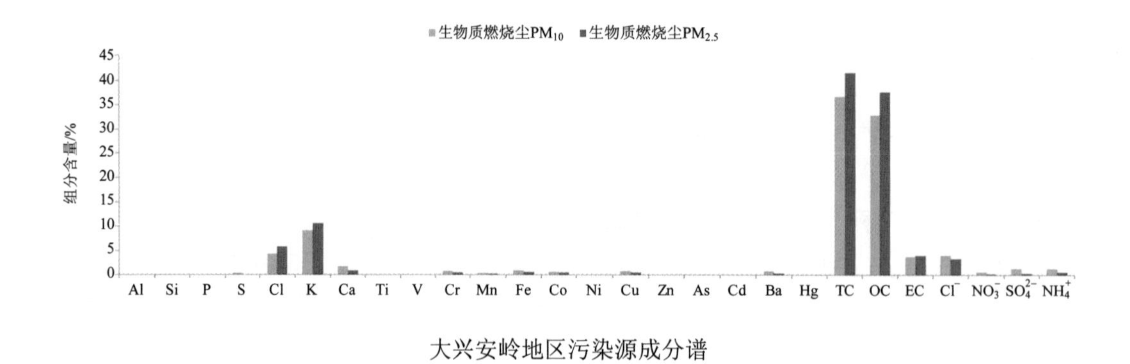

大兴安岭地区污染源成分谱

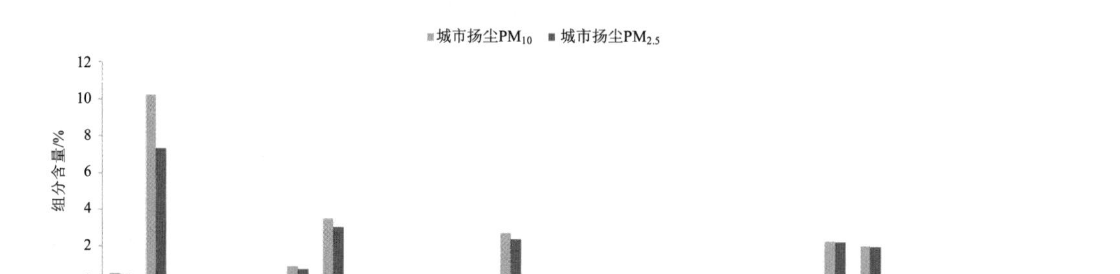

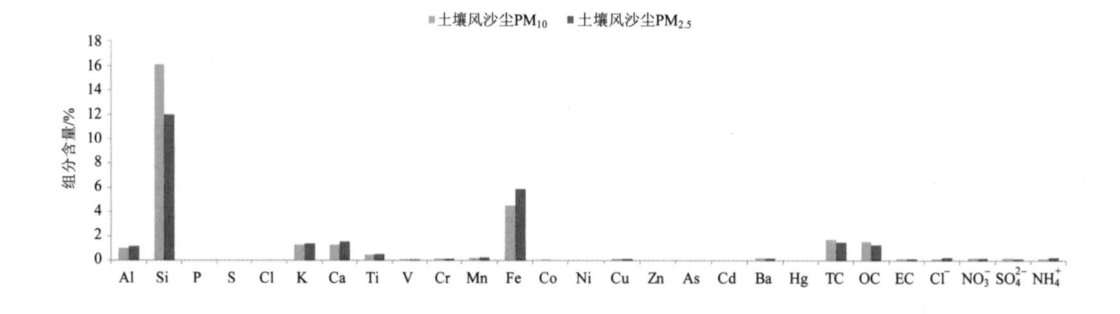

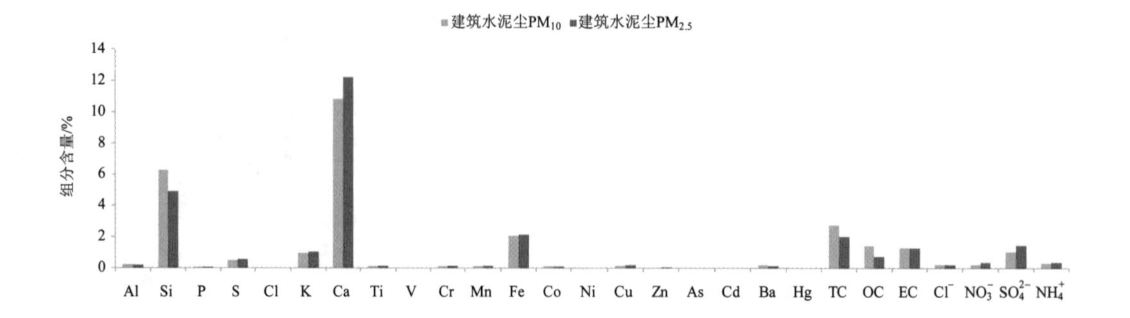

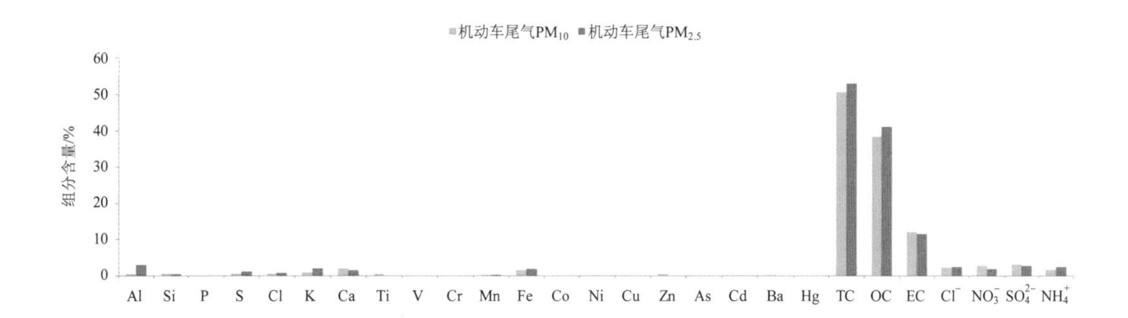
机动车尾气PM_{10} 机动车尾气$PM_{2.5}$
组分含量/%
0 10 20 30 40 50 60
Al Si P S Cl K Ca Ti V Cr Mn Fe Co Ni Cu Zn As Cd Ba Hg TC OC EC Cl^- NO_3^- SO_4^{2-} NH_4^+

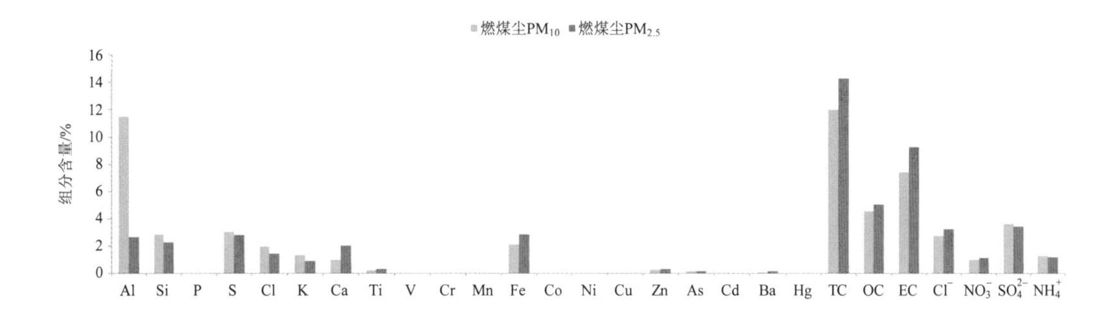
燃煤尘PM_{10} 燃煤尘$PM_{2.5}$
组分含量/%
0 2 4 6 8 10 12 14 16
Al Si P S Cl K Ca Ti V Cr Mn Fe Co Ni Cu Zn As Cd Ba Hg TC OC EC Cl^- NO_3^- SO_4^{2-} NH_4^+

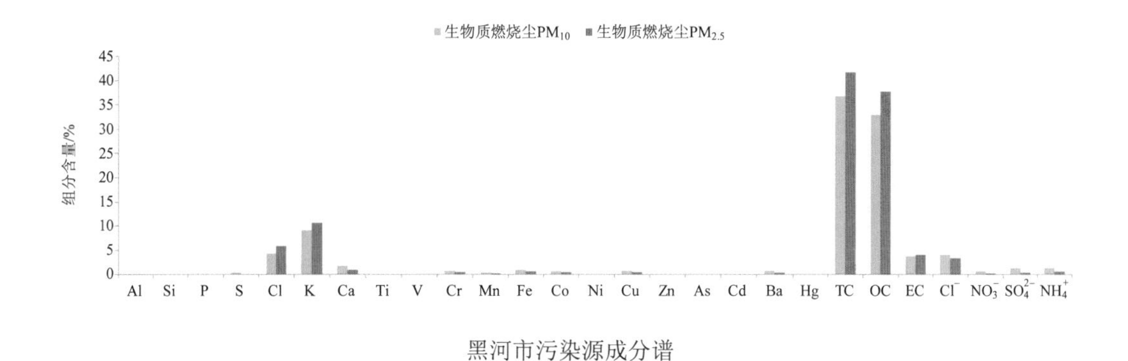
生物质燃烧尘PM_{10} 生物质燃烧尘$PM_{2.5}$
组分含量/%
0 5 10 15 20 25 30 35 40 45
Al Si P S Cl K Ca Ti V Cr Mn Fe Co Ni Cu Zn As Cd Ba Hg TC OC EC Cl^- NO_3^- SO_4^{2-} NH_4^+

黑河市污染源成分谱

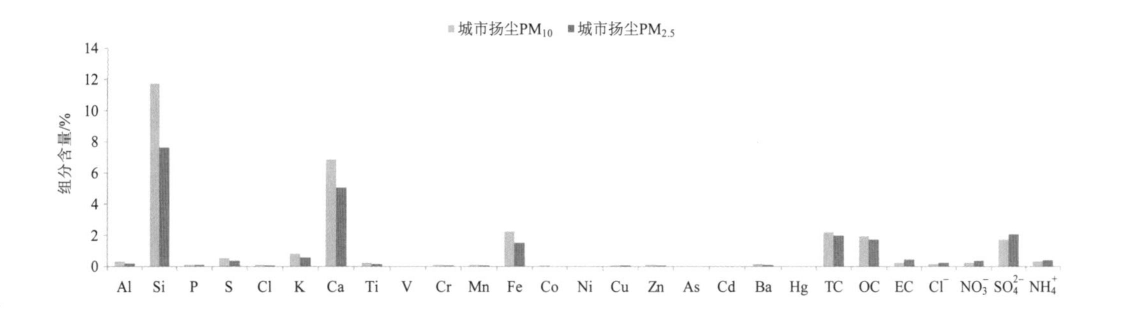
城市扬尘PM_{10} 城市扬尘$PM_{2.5}$
组分含量/%
0 2 4 6 8 10 12 14
Al Si P S Cl K Ca Ti V Cr Mn Fe Co Ni Cu Zn As Cd Ba Hg TC OC EC Cl^- NO_3^- SO_4^{2-} NH_4^+

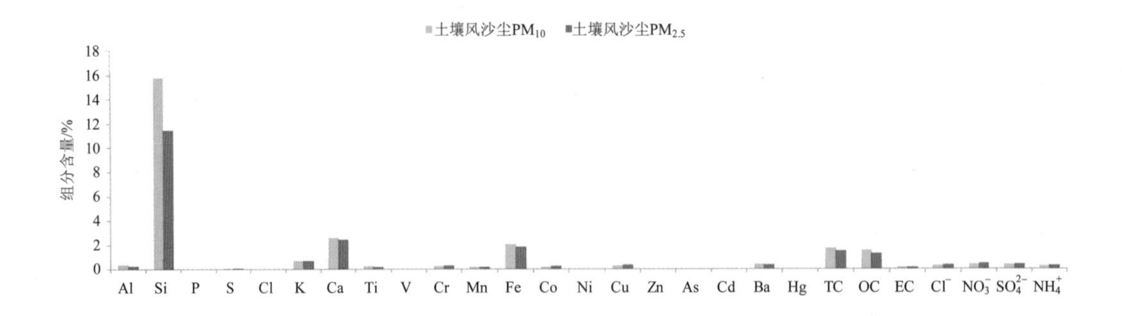
土壤风沙尘PM10
土壤风沙尘PM2.5
组分含量/%
18
16
14
12
10
8
6
4
2
0
Al Si P S Cl K Ca Ti V Cr Mn Fe Co Ni Cu Zn As Cd Ba Hg TC OC EC Cl⁻ NO3⁻ SO4²⁻ NH4⁺

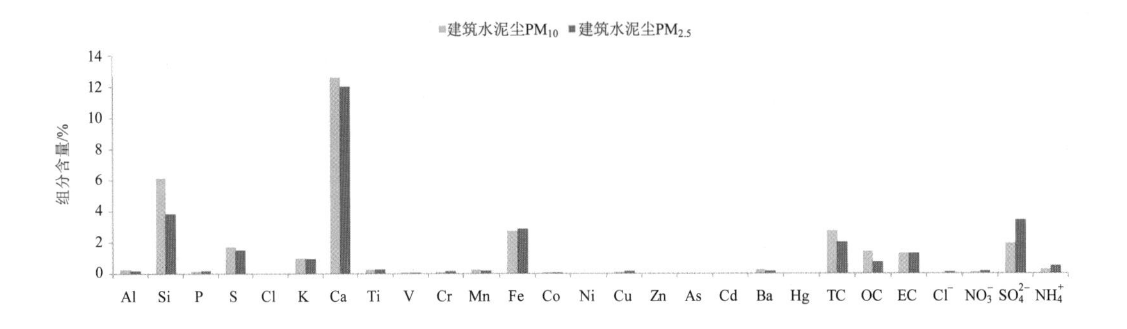
建筑水泥尘PM10
建筑水泥尘PM2.5
组分含量/%
14
12
10
8
6
4
2
0
Al Si P S Cl K Ca Ti V Cr Mn Fe Co Ni Cu Zn As Cd Ba Hg TC OC EC Cl⁻ NO3⁻ SO4²⁻ NH4⁺

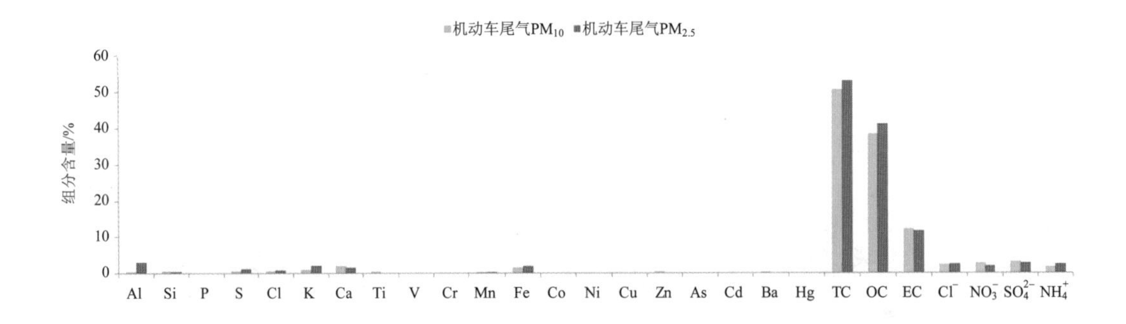
机动车尾气PM10
机动车尾气PM2.5
组分含量/%
60
50
40
30
20
10
0
Al Si P S Cl K Ca Ti V Cr Mn Fe Co Ni Cu Zn As Cd Ba Hg TC OC EC Cl⁻ NO3⁻ SO4²⁻ NH4⁺

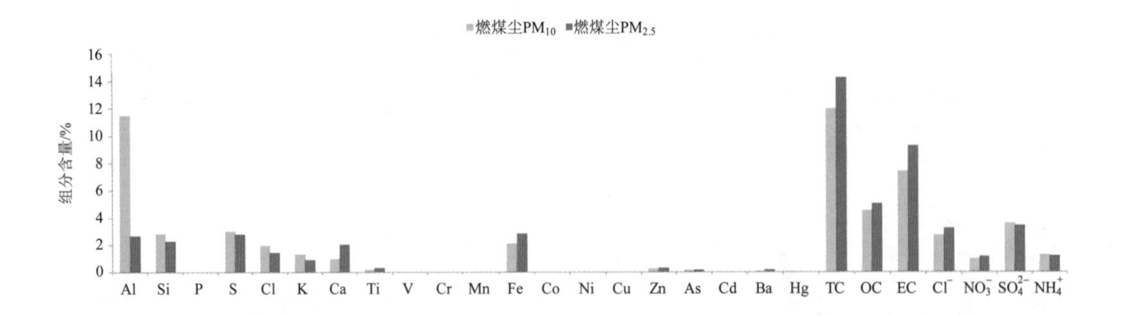
燃煤尘PM10
燃煤尘PM2.5
组分含量/%
16
14
12
10
8
6
4
2
0
Al Si P S Cl K Ca Ti V Cr Mn Fe Co Ni Cu Zn As Cd Ba Hg TC OC EC Cl⁻ NO3⁻ SO4²⁻ NH4⁺

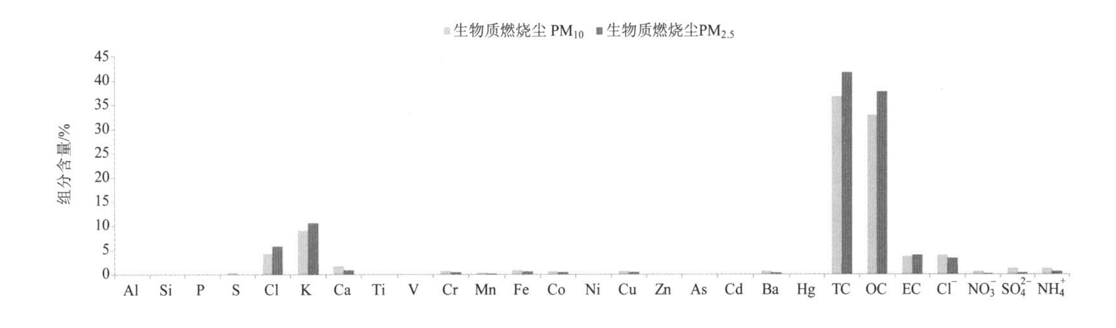

伊春市污染源成分谱

图 6-1　黑龙江省各市地污染源成分谱

将各类源的化学组分的含量按 F_{ij}<0.1%、0.1%≤F_{ij}<1%、1%≤F_{ij}<10%、F_{ij}≥10%划分为四档，划分入各档中的化学组分如表 6-1、表 6-2 所示。

表 6-1　黑龙江省 PM_{10} 颗粒物排放源类中的化学成分

源类	化学成分质量百分含量			
	<0.1%	0.1%～1%	1%～10%	≥10%
城市扬尘	P，V，Cr，Co，Ni，Cu，As，Cd，Hg，Mg^{2+}，NH_4^+	S，Cl，Mn，Zn，Ba，Na^+，K^+，Cl^-，NO_3^-，EC	Al，K，Ca，Ti，Fe，Ca^{2+}，SO_4^{2-}，TC，OC	Si
土壤风沙尘	P，Cl，V，Co，Ni，Cu，As，Cd，Hg，Mg^{2+}	S，Cr，Mn，Zn，Ba，Na^+，K^+，Ca^{2+}，NH_4^+，Cl^-，SO_4^{2-}，NO_3^-，EC	Al，K，Ca，Ti，Fe，TC，OC	Si
建筑水泥尘	Al，P，Cl，V，Cr，Co，Ni，Cu，As，Cd，Hg，Mg^{2+}，NH_4^+，Cl^-，NO_3^-	S，K，Mn，Fe，Zn，Ba，Na^+，K^+，TC，OC，EC	Si，Ti，Ca^{2+}，SO_4^{2-}	Ca
水泥窑炉尘	P，S，Cl，V，Cr，Mn，Co，Ni，Cu，As，Cd，Ba，Hg，Mg^{2+}	Ti，Zn，Na^+，K^+	Al，Si，K，Fe，TC，OC，EC，Cl^-，Ca^{2+}，SO_4^{2-}，NH_4^+，NO_3^-	Ca
燃煤尘	P，V，Cr，Mn，Co，Ni，Cu，As，Cd，Hg，Ba，Mg^{2+}	Ca，Ti，Zn，K^+，Ca^{2+}	Si，S，Cl，K，Fe，Na^+，NH_4^+，Cl^-，NO_3^-，SO_4^{2-}，OC，EC	Al，TC
机动车尾气	P，Cr，Co，Ni，Cu，As，Cd，Hg，Ba，Mg^{2+}	Al，Si，S，Cl，K，Ti，V，Mn，Zn，K^+，Ca^{2+}	Ca，Fe，Na^+，NH_4^+，Cl^-，NO_3^-，SO_4^{2-}	TC，OC，EC
生物质燃烧尘	Si，P，Ti，V，Ni，Zn，As，Cd，Hg，Ba，Mg^{2+}	Al，S，Cr，Mn，Fe，Co，Cu，NO_3^-，NH_4^+，Na^+，Ca^{2+}	Cl，K，Ca，Cl^-，SO_4^{2-}，K^+，EC	TC，OC
石化	P，Ti，V，Cr，Mn，Co，Ni，As，Cd，Hg，Ba，Mg^{2+}	Al，Si，K，Ca，Fe，Cu，Zn，K^+，Ca^{2+}，Na^+	S，Cl，EC，Cl^-	TC，OC，NO_3^-，SO_4^{2-}，NH_4^+
炼铁	Mn，Co，Ni，Cu，As，Cd，Hg，Ba，Mg^{2+}，Ca^{2+}	P，S，Cl，Ti，V，Cr，Zn，Na^+，K^+	Al，Si，K，Ca，NH_4^+，Cl^-，NO_3^-，SO_4^{2-}，EC	Fe，TC，OC

表 6-2　黑龙江省 $PM_{2.5}$ 颗粒物排放源类中的化学成分

源类	化学成分质量百分含量			
	＜0.1%	0.1%～1%	1%～10%	≥10%
城市扬尘	P，V，Cr，Co，Ni，Cu，As，Cd，Hg，Mg^{2+}	Al，Cl，Mn，Zn，Ba，Na^+，K^+，NH_4^+，Cl^-	Si，S，K，Ca，Ti，Fe，Ca^{2+}，SO_4^{2-}，NO_3^-，EC	TC，OC
土壤风沙尘	P，Cl，V，Cr，Co，Ni，Cu，As，Cd，Hg，Mg^{2+}	S，Mn，Zn，Ba，Na^+，K^+，Ca^{2+}，NH_4^+，Cl^-，SO_4^{2-}，NO_3^-，EC	Al，K，Ca，Ti，Fe，TC，OC	Si
建筑水泥尘	Al，P，Cl，V，Cr，Co，Ni，Cu，As，Cd，Hg，Zn，Mg^{2+}，NH_4^+，NO_3^-	S，Ti，Mn，Ba，K^+，Cl^-	Si，K，Fe，Na^+，Ca^{2+}，SO_4^{2-}，TC，OC，EC	Ca
水泥窑炉	P，S，Cl，V，Cr，Mn，Co，Ni，Cu，As，Cd，Ba，Hg，Mg^{2+}	Ti，Zn，Na^+，K^+	Al，Si，K，Ca，Fe，OC，EC，Cl^-，Ca^{2+}，SO_4^{2-}，NH_4^+，NO_3^-	TC
煤烟尘	P，V，Cr，Mn，Co，Ni，Cu，As，Cd，Hg	K，Ti，Zn，Ba，K^+，Mg^{2+}	Al，Si，S，Cl，Ca，Fe，Na^+，Ca^{2+}，NH_4^+，Cl^-，NO_3^-，SO_4^{2-}，OC，EC	TC
机动车尾气	P，V，Cr，Co，Ni，Cu，As，Cd，Hg，Zn，Ba，Mg^{2+}	Si，Cl，Ti，Mn，K^+，Ca^{2+}	Al，S，K，Ca，Fe，Na^+，NH_4^+，Cl^-，NO_3^-，SO_4^{2-}	TC，OC，EC
生物质燃烧尘	P，Ti，V，Ni，Zn，As，Cd，Hg，Ba	Al，Si，S，Ca，Cr，Mn，Fe，Co，Cu，NO_3^-，SO_4^{2-}，NH_4^+，Na^+，Mg^{2+}，Ca^{2+}	Cl，K^+，Cl^-，EC	K，TC，OC
石化	P，Ti，V，Cr，Mn，Co，Ni，As，Cd，Hg，Ba，Mg^{2+}	Al，Si，K，Ca，Fe，Cu，Zn，K^+，Ca^{2+}，Na^+	S，Cl，EC，Cl^-	TC，OC，NO_3^-，SO_4^{2-}，NH_4^+
炼铁	Mn，Co，Ni，Cu，As，Cd，Hg，Ba，Mg^{2+}，Ca^{2+}	P，S，Cl，Ti，V，Cr，Zn，Na^+，K^+	Al，Si，K，Ca，Fe，NH_4^+，Cl^-，NO_3^-，EC	SO_4^{2-}，TC，OC

6.2　源成分谱中化学组分含量水平特征分析

13 个市地各类源成分谱中的化学组分含量水平如表 6-3、表 6-4 所示。

表 6-3　PM_{10} 排放源类中化学成分的含量水平　　单位：%

源类	元素和	离子和	总碳
城市扬尘	17.0～27.6	2.9～5.9	2.2～6.2
土壤风沙尘	23.5～40.0	2.7～4.7	1.8～3.4
建筑水泥尘	21.2～42.4	2.2～5.3	0.7～2.7
水泥窑炉尘	35.9	10.1	9.6
机动车尾气	9.2	12.5	50.6
燃煤尘	24.9	12.0	12.0
生物质燃烧尘	20.2	9.5	36.7
石化	18.1	34.7	38.0
炼铁	27.9	16.7	22.6

表 6-4　$PM_{2.5}$ 排放源类中化学成分的含量水平　　单位：%

源类	元素和	离子和	总碳
城市扬尘	12.6～23.6	3.2～9.9	2～12.8
土壤风沙尘	16.4～28.8	3.9～5.9	1.5～5.7
建筑水泥尘	15.8～33.2	3.4～9.0	1.3～2.9
水泥窑炉尘	30.6	14.4	12.3
机动车尾气	11.9	12.9	52.9
燃煤尘	16.3	13.8	14.3
生物质燃烧尘	20.6	7.5	41.7
石化	15.1	39.9	43.7
炼铁	25.4	25.6	32.3

由表 6-3、表 6-4 可知，对所测定的化学组分来说，9 类污染源 PM_{10} 中的碳含量总和为 0.7%～50.6%，离子含量总和为 2.2%～34.7%，元素含量总和为 7.4%～42.4%。其中开放源（包括城市扬尘、土壤风沙尘及建筑水泥尘）中的碳含量较低，均小于 6%，元素含量较高，均在 17%以上。机动车尾气、生物质燃烧尘、石化中碳含量较高，均在 36%以上。

$PM_{2.5}$ 中的碳含量总和为 1.3%～52.9%，离子含量总和为 3.2%～39.9%，元素含量总和在 11.9%～33.2%。其中，机动车尾气、生物质燃烧尘、石化中碳含量较高，总和均在 41%以上。城市扬尘、土壤风沙尘、燃煤源和建筑水泥尘中则以元素含量最高。

6.3 二次颗粒物源成分谱的建立

环境空气中的气态污染物在一定条件下能够转化生成的颗粒物质被称为二次颗粒物，能够转化为颗粒物质的不同类的气态污染物被称为二次颗粒物排放源类，主要分为以下几类：

（1）SO_4^{2-}的排放源类

环境空气中的气态物质：硫氧化物（SO_x）和硫化物（H_xS）等，包括 SO_2、H_2S 等，在一定的条件下可以转化为硫酸盐粒子（SO_4^{2-}）。燃烧矿物燃料（煤或油）的工业或民用设施排放二氧化硫（SO_2），机动车尾气排放的二氧化硫（SO_2），蛋白质等有机物的分解，火山喷发的气体或温泉产生的气体中含有的硫化氢（H_2S）等气态物质。

硫酸盐排放源类的成分谱用纯硫酸铵的组成代替，见表 6-5。

（2）NO_3^-的排放源类

环境空气中的气态物质：氮氧化物（NO_x），包括 NO、NO_2、N_2O、NO_3、N_2O_3、N_2O_4、N_2O_5 等，在一定的条件下可以转化为硝酸盐粒子（NO_3^-）。氮氧化物可以由燃烧矿物燃料（煤或油）的工业或民用设施排放，机动车尾气排放，生物活动如土壤中细菌的厌氧还原产生。

硝酸盐排放源类的成分谱用纯硝酸铵的组成代替，见表 6-5。

（3）OC 的排放源类

环境空气中的气态的碳氢化合物在一定的条件下转化为有机碳粒子。主要由燃烧或产业活动排放以及自然界中动植物等有机物腐烂等产生的。

二次有机碳排放源类的成分谱采用纯有机碳的成分谱，见表 6-5。

表 6-5 硫酸盐、硝酸盐和二次有机碳排放源类成分谱

源类	硫酸盐		硝酸盐		二次有机碳	
成分	含量值/（g/g）	标准偏差/（g/g）	含量值/（g/g）	标准偏差/（g/g）	含量值/（g/g）	标准偏差/（g/g）
Na	0	0.000 1	0	0.000 1	0	0.000 1
Mg	0	0.000 1	0	0.000 1	0	0.000 1
……	……	……	……	……	……	……
TC	0	0.000 1	0	0.000 1	1	0.1
OC	0	0.000 1	0	0.000 1	1	0.1
EC	0	0.000 1	0	0.000 1	0	0.000 1
Cl^-	0	0.000 1	0	0.000 1	0	0.000 1
NO_3^-	0	0.000 1	0.775	0.077 5	0	0.000 1
SO_4^{2-}	0.727	0.072 7	0	0.000 1	0	0.000 1
NH_4^+	0.273	0.027 3	0.225	0.022 5	0	0.000 1

6.4　源成分谱的特征组分分析

源成分谱的特征组分也称为标识组分，是某源类区别于其他源类的重要标志。某一源类成分谱中有些组分对源贡献值和对贡献值的标准偏差影响的程度不一样，影响大的表示该组分的灵敏度高，影响小的表示灵敏度低。特征组分就是那些灵敏度最高的组分。在 CMB 模型算法中，MPIN 矩阵是反映组分对 CMB 模型模拟灵敏程度的矩阵，该矩阵提供了判定源特征组分的方法。

表 6-6～表 6-18 中列出黑龙江省 13 个市地（哈尔滨、齐齐哈尔、大庆、绥化、鹤岗、双鸭山、佳木斯、七台河、鸡西、牡丹江、大兴安岭、黑河、伊春）主要源类的 MPIN 矩阵，其中 MPIN 绝对值为 1 的组分即为灵敏组分，也就是相应源的特征组分。根据灵敏度矩阵所给出的结果，得出大气颗粒物各排放源类的特征组分。

表 6-6　哈尔滨市 PM_{10} 源 MPIN 灵敏度矩阵

组分	土壤风沙尘	水泥窑炉尘	机动车	燃煤尘	生物质燃烧尘	石化	硫酸盐	硝酸盐	SOC
Al	−0.04	−0.05	−0.13	1.00	0.22	0.00	−0.01	0.01	0.02
Si	1.00	−0.33	−0.24	0.01	0.01	0.03	0.02	0.04	0.16
S	−0.04	0.01	−0.09	−0.02	−0.01	1.00	−0.34	−0.29	−0.23
K	0.00	0.00	−0.35	0.04	1.00	−0.03	0.02	0.05	−0.02
Ca	−0.49	1.00	0.11	−0.14	−0.17	0.09	−0.08	−0.07	−0.09
Mn	0.52	−0.63	0.60	−0.58	0.12	0.21	−0.07	−0.19	−0.70
Fe	−0.16	0.15	0.13	0.38	−0.19	−0.28	0.04	0.03	0.00
As	−0.34	−0.07	−0.10	0.16	−0.21	−0.72	0.15	0.18	0.26
OC	0.00	0.00	0.00	0.00	0.00	0.00	0.00	0.00	1.00
EC	−0.06	−0.17	1.00	−0.02	−0.18	0.04	−0.05	−0.11	−0.36
NO_3^-	0.00	0.00	0.00	0.00	0.00	0.00	0.00	1.00	0.00
SO_4^{2-}	0.00	0.00	0.00	0.00	0.00	0.00	1.00	0.00	0.00

表 6-7　齐齐哈尔市 PM_{10} 源 MPIN 灵敏度矩阵

组分	土壤风沙尘	建筑水泥尘	机动车	燃煤尘	硫酸盐	硝酸盐	SOC	生物质燃烧尘	石化
Al	−0.64	0.40	−0.76	1.00	0.29	0.38	0.77	−0.31	−0.98
Si	1.00	−0.57	0.00	−0.06	−0.02	−0.03	−0.02	−0.12	0.09
S	−0.06	0.09	−0.33	0.00	−0.41	−0.31	−0.14	0.04	1.00
K	0.03	−0.10	−0.12	0.00	0.00	0.01	−0.17	1.00	−0.01
Ca	−0.28	1.00	0.00	0.01	0.01	0.03	0.04	−0.06	−0.08

组分	土壤风沙尘	建筑水泥尘	机动车	燃煤尘	硫酸盐	硝酸盐	SOC	生物质燃烧尘	石化
Zn	0.06	−0.22	0.79	−0.03	−0.04	−0.11	−0.44	−0.17	−0.06
OC	0.00	0.00	0.00	0.00	0.00	0.00	1.00	0.00	0.00
EC	−0.01	−0.26	1.00	−0.01	−0.06	−0.15	−0.57	−0.19	−0.05
NO_3^-	0.00	0.00	0.00	0.00	0.00	1.00	0.00	0.00	0.00
SO_4^{2-}	0.00	0.00	0.00	0.00	1.00	0.00	0.00	0.00	0.00

表 6-8 大庆市 PM_{10} 源 MPIN 灵敏度矩阵

组分	土壤风沙尘	建筑水泥尘	机动车	燃煤尘	硫酸盐	硝酸盐	SOC	生物质燃烧尘	石化
Al	−0.65	0.58	−0.67	1.00	0.32	0.38	0.61	−0.27	−0.86
Si	1.00	−0.65	−0.08	−0.15	−0.05	−0.04	0.01	−0.06	0.20
S	−0.04	0.09	−0.21	0.01	−0.48	−0.31	−0.11	0.02	1.00
Cl	−0.14	0.09	−0.13	0.17	0.00	0.03	0.06	0.12	−0.03
K	0.05	−0.10	−0.08	−0.04	0.00	0.00	−0.10	1.00	0.01
Ca	−0.23	1.00	0.00	0.00	0.01	0.02	0.03	−0.05	−0.05
Fe	0.07	−0.23	0.34	0.24	0.07	0.01	−0.13	−0.24	−0.33
OC	0.00	0.00	0.00	0.00	0.00	0.00	1.00	0.00	0.00
EC	0.00	−0.43	1.00	−0.20	−0.16	−0.27	−0.63	−0.24	0.11
NO_3^-	0.00	0.00	0.00	0.00	0.00	1.00	0.00	0.00	0.00
SO_4^{2-}	0.00	0.00	0.00	0.00	1.00	0.00	0.00	0.00	0.00

表 6-9 绥化市 PM_{10} 源 MPIN 灵敏度矩阵

组分	土壤风沙尘	建筑水泥尘	机动车	燃煤尘	硫酸盐	硝酸盐	SOC	生物质燃烧尘	石化
Si	1.00	−0.08	−0.16	−0.04	−0.02	−0.02	0.07	−0.08	0.07
S	−0.03	0.01	−0.30	−0.02	−0.45	−0.34	−0.24	0.06	1.00
K	−0.04	−0.03	−0.54	0.09	0.01	0.04	−0.10	1.00	−0.01
Ca	−0.73	1.00	−0.02	−0.03	0.01	0.06	0.05	−0.02	−0.11
Mn	0.33	−0.08	0.65	−0.60	−0.08	−0.17	−0.55	0.19	0.20
Fe	−0.02	0.05	0.03	0.42	0.08	0.08	0.09	−0.09	−0.31
Zn	−0.06	−0.07	0.61	0.05	−0.04	−0.07	−0.21	−0.21	−0.01
As	−0.45	−0.01	−0.41	1.00	0.20	0.24	0.38	−0.11	−0.66
Cd	−0.03	0.01	−0.26	0.22	0.04	0.06	0.09	0.15	−0.12
OC	0.00	0.00	0.00	0.00	0.00	0.00	1.00	0.00	0.00
EC	−0.13	−0.04	1.00	0.05	−0.07	−0.10	−0.26	−0.18	0.05
NO_3^-	0.00	0.00	0.00	0.00	0.00	1.00	0.00	0.00	0.00
SO_4^{2-}	0.00	0.00	0.00	0.00	1.00	0.00	0.00	0.00	0.00

表 6-10　鹤岗市 PM_{10} 源 MPIN 灵敏度矩阵

组分	土壤风沙尘	建筑水泥尘	机动车	燃煤尘	硫酸盐	硝酸盐	SOC	生物质燃烧尘
Si	1.00	−0.22	−0.09	0.02	−0.01	0.01	0.10	−0.16
S	−0.59	0.23	−1.00	1.00	−0.12	0.10	0.88	−0.29
K	0.09	−0.06	−0.09	−0.09	0.01	0.01	−0.30	1.00
Ca	−0.41	1.00	0.09	−0.04	0.01	0.00	0.02	−0.23
Zn	0.16	−0.15	0.80	−0.16	−0.07	−0.16	−0.67	−0.13
OC	0.00	0.00	0.00	0.00	0.00	0.00	1.00	0.00
EC	0.00	−0.12	1.00	−0.08	−0.08	−0.16	−0.65	−0.10
Cl^-	−0.14	−0.08	−0.09	0.27	−0.06	−0.02	−0.02	0.16
NO_3^-	0.00	0.00	0.00	0.00	0.00	1.00	0.00	0.00
SO_4^{2-}	0.00	0.00	0.00	0.00	1.00	0.00	0.00	0.00

表 6-11　双鸭山市 PM_{10} 源 MPIN 灵敏度矩阵

组分	土壤风沙尘	建筑水泥尘	机动车	燃煤尘	硫酸盐	硝酸盐	SOC	生物质燃烧尘	炼铁
Si	1.00	−0.26	0.06	−0.02	0.04	0.04	0.02	−0.12	−0.45
S	−0.82	0.64	−0.70	1.00	−0.14	0.16	0.74	−0.22	−0.11
K	0.07	−0.17	−0.09	−0.02	0.00	0.02	−0.22	1.00	−0.06
Ca	−0.20	1.00	0.02	−0.02	0.00	0.00	0.00	−0.09	0.03
Fe	−0.17	−0.42	−0.13	0.03	−0.11	−0.10	0.00	0.01	1.00
OC	0.00	0.00	0.00	0.00	0.00	0.00	1.00	0.00	0.00
EC	0.21	−0.56	1.00	−0.15	−0.13	−0.36	−1.00	−0.16	−0.46
NO_3^-	0.00	0.00	0.00	0.00	0.00	1.00	0.00	0.00	0.00
SO_4^{2-}	0.00	0.00	0.00	0.00	1.00	0.00	0.00	0.00	0.00

表 6-12　佳木斯市 PM_{10} 源 MPIN 灵敏度矩阵

组分	土壤风沙尘	建筑水泥尘	机动车	燃煤尘	硫酸盐	硝酸盐	SOC	生物质燃烧尘	炼铁
Si	1.00	−0.16	−0.20	0.07	0.04	0.06	0.17	−0.11	−0.41
S	−0.49	0.24	−0.53	1.00	−0.12	0.02	0.23	0.00	−0.28
K	−0.05	−0.01	−0.37	0.17	−0.01	0.03	−0.07	1.00	−0.06
Ca	−0.21	1.00	0.08	−0.06	0.00	−0.01	−0.02	−0.06	0.03
Mn	0.40	−0.34	0.45	−0.47	0.01	−0.09	−0.53	0.19	−0.19
Fe	−0.14	−0.43	−0.16	0.00	−0.10	−0.08	−0.06	0.03	1.00
Co	−0.02	−0.09	−0.32	0.00	0.01	0.03	−0.08	0.95	0.03
Zn	−0.11	−0.11	0.71	0.18	−0.08	−0.10	−0.32	−0.26	−0.18
OC	0.00	0.00	0.00	0.00	0.00	0.00	1.00	0.00	0.00
EC	−0.17	−0.05	1.00	0.19	−0.07	−0.07	−0.21	−0.13	−0.12
NO_3^-	0.00	0.00	0.00	0.00	0.00	1.00	0.00	0.00	0.00
SO_4^{2-}	0.00	0.00	0.00	0.00	1.00	0.00	0.00	0.00	0.00

表 6-13 七台河市 PM_{10} 源 MPIN 灵敏度矩阵

组分	土壤风沙尘	建筑水泥尘	机动车	燃煤尘	硫酸盐	硝酸盐	SOC	生物质燃烧尘	炼铁
Si	1.00	−0.03	−0.05	0.05	0.01	0.02	0.13	−0.16	−0.17
S	−0.33	0.14	−0.44	1.00	−0.10	0.04	0.37	−0.03	−0.45
K	−0.06	−0.02	−0.39	0.14	0.00	0.04	−0.06	1.00	−0.02
Ca	−0.26	1.00	−0.04	0.02	0.02	0.03	0.10	−0.07	−0.16
Mn	0.23	−0.16	0.73	−0.42	−0.02	−0.13	−0.92	0.12	−0.11
Fe	−0.08	−0.30	−0.10	−0.05	−0.10	−0.09	−0.11	−0.01	1.00
Co	0.07	−0.03	−0.40	−0.04	0.03	0.05	−0.07	0.93	0.02
OC	0.00	0.00	0.00	0.00	0.00	0.00	1.00	0.00	0.00
EC	−0.09	−0.11	1.00	0.21	−0.10	−0.12	−0.53	−0.32	−0.24
Cl^-	−0.12	−0.09	−0.07	0.24	−0.05	−0.02	−0.09	0.26	0.02
NO_3^-	0.00	0.00	0.00	0.00	0.00	1.00	0.00	0.00	0.00
SO_4^{2-}	0.00	0.00	0.00	0.00	1.00	0.00	0.00	0.00	0.00

表 6-14 鸡西市 PM_{10} 源 MPIN 灵敏度矩阵

组分	土壤风沙尘	建筑水泥尘	机动车	燃煤尘	硫酸盐	硝酸盐	SOC	生物质燃烧尘	炼铁
Si	1.00	−0.06	0.04	0.00	0.04	0.01	0.00	−0.13	−0.20
S	−0.44	0.27	−0.73	1.00	−0.21	0.25	0.75	−0.37	−0.38
K	0.04	−0.04	−0.07	−0.04	0.02	0.02	−0.14	1.00	−0.03
Ca	−0.23	1.00	0.02	0.00	0.05	0.03	0.03	−0.12	−0.18
Fe	−0.09	−0.25	−0.13	−0.01	−0.24	−0.13	0.01	−0.06	1.00
OC	0.00	0.00	0.00	0.00	0.00	0.00	1.00	0.00	0.00
EC	0.13	−0.23	1.00	−0.19	−0.25	−0.42	−0.91	−0.26	−0.32
Cl^-	−0.11	−0.11	0.02	0.18	−0.15	−0.06	−0.06	0.02	0.05
NO_3^-	0.00	0.00	0.00	0.00	0.00	1.00	0.00	0.00	0.00
SO_4^{2-}	0.00	0.00	0.00	0.00	1.00	0.00	0.00	0.00	0.00

表 6-15 牡丹江市 PM_{10} 源 MPIN 灵敏度矩阵

组分	土壤风沙尘	建筑水泥尘	机动车	燃煤尘	硫酸盐	硝酸盐	SOC	生物质燃烧尘
Si	1.00	0.06	−0.39	−0.02	0.05	0.10	0.27	−0.05
P	−0.16	0.11	−0.21	0.35	−0.04	0.02	0.13	−0.09
S	−0.50	0.12	−0.63	1.00	−0.12	0.05	0.39	−0.21
K	0.05	−0.21	−0.07	−0.05	0.00	−0.01	−0.25	1.00
Ca	−0.17	1.00	0.05	−0.07	−0.02	−0.01	−0.03	0.01
Ti	0.17	−0.48	0.47	−0.29	−0.06	−0.23	−0.60	−0.14

组分	土壤风沙尘	建筑水泥尘	机动车	燃煤尘	硫酸盐	硝酸盐	SOC	生物质燃烧尘
Fe	0.22	−0.16	0.06	0.24	−0.05	−0.05	−0.05	−0.07
Zn	−0.13	−0.20	0.41	0.00	−0.04	−0.11	−0.26	−0.06
OC	0.00	0.00	0.00	0.00	0.00	0.00	1.00	0.00
EC	−0.18	−0.22	1.00	0.01	−0.06	−0.13	−0.30	−0.06
NO_3^-	0.00	0.00	0.00	0.00	0.00	1.00	0.00	0.00
SO_4^{2-}	0.00	0.00	0.00	0.00	1.00	0.00	0.00	0.00

表 6-16　大兴安岭地区 PM_{10} 源 MPIN 灵敏度矩阵

组分	土壤风沙尘	建筑水泥尘	机动车	燃煤尘	硫酸盐	硝酸盐	SOC	生物质燃烧尘
Si	1.00	0.00	−0.34	−0.04	0.06	0.11	0.12	−0.09
S	−0.63	−0.02	−0.71	1.00	−0.29	−0.03	0.20	−0.34
K	0.06	−0.07	−0.10	−0.02	−0.01	0.00	−0.14	1.00
Ca	−0.63	1.00	0.15	−0.11	−0.03	−0.04	−0.03	−0.07
Ti	0.25	−0.09	0.33	−0.01	−0.03	−0.10	−0.09	−0.10
V	0.10	−0.11	0.08	−0.26	−0.03	−0.24	−0.29	−0.01
Fe	0.21	0.01	−0.22	0.28	−0.08	−0.01	0.06	−0.12
Zn	−0.32	−0.01	0.15	0.28	−0.13	−0.11	−0.05	−0.13
Ba	0.02	0.03	0.09	−0.08	0.01	−0.01	−0.04	0.12
OC	0.00	0.00	0.00	0.00	0.00	0.00	1.00	0.00
EC	−0.22	0.00	1.00	0.18	−0.08	−0.07	−0.03	−0.07
NO_3^-	0.00	0.00	0.00	0.00	0.00	1.00	0.00	0.00
SO_4^{2-}	0.00	0.00	0.00	0.00	1.00	0.00	0.00	0.00

表 6-17　黑河市 PM_{10} 源 MPIN 灵敏度矩阵

组分	土壤风沙尘	建筑水泥尘	机动车	燃煤尘	硫酸盐	硝酸盐	SOC	生物质燃烧尘
Si	1.00	0.00	−0.14	0.00	0.03	0.04	0.15	−0.06
S	−0.89	0.25	−0.81	1.00	−0.10	0.15	0.80	−0.34
Cl	−0.37	0.06	−0.36	0.41	−0.04	0.07	0.30	0.09
K	0.18	−0.07	−0.02	−0.15	0.02	0.01	−0.20	1.00
Ca	−0.58	1.00	−0.01	−0.03	−0.01	0.00	0.02	−0.04
Fe	0.38	−0.16	0.29	0.05	−0.07	−0.10	−0.27	−0.19
OC	0.00	0.00	0.00	0.00	0.00	0.00	1.00	0.00
EC	0.17	−0.42	1.00	−0.28	−0.11	−0.30	−0.96	−0.24
Cl^-	−0.24	−0.11	0.08	0.24	−0.08	−0.06	−0.11	−0.02
NO_3^-	0.00	0.00	0.00	0.00	0.00	1.00	0.00	0.00
SO_4^{2-}	0.00	0.00	0.00	0.00	1.00	0.00	0.00	0.00

表 6-18 伊春市 PM_{10} 源 MPIN 灵敏度矩阵

组分	土壤风沙尘	建筑水泥尘	机动车	燃煤尘	硫酸盐	硝酸盐	SOC	生物质燃烧尘
Si	1.00	−0.23	−0.17	0.09	0.00	0.00	0.12	−0.09
P	0.00	0.00	0.00	0.01	0.00	0.00	0.00	0.00
S	−0.47	0.16	−0.63	1.00	−0.12	0.01	0.40	−0.26
K	−0.02	−0.08	−0.33	0.11	−0.01	0.02	−0.11	1.00
Ca	−0.29	1.00	−0.04	−0.07	−0.01	0.01	0.05	−0.06
Mn	0.31	−0.19	0.44	−0.55	0.01	−0.10	−0.70	0.14
Zn	−0.09	−0.26	0.68	0.24	−0.09	−0.11	−0.43	−0.28
OC	0.00	0.00	0.00	0.00	0.00	0.00	1.00	0.00
EC	−0.11	−0.16	1.00	0.20	−0.06	−0.07	−0.29	−0.18
NO_3^-	0.00	0.00	0.00	0.00	0.00	1.00	0.00	0.00
SO_4^{2-}	0.00	0.00	0.00	0.00	1.00	0.00	0.00	0.00

特征组分在 CMB 模型拟合中有两个作用：一是参加 CMB 拟合的组分主要选用特征组分，特征元素对源贡献值的计算结果起决定作用；二是特征组分对 CMB 拟合优良程度影响很大。黑龙江省 13 个市地各类源特征组分的含量水平如图 6-2～图 6-14 所示。

从图 6-2 中可以看出，土壤风沙尘中 Si 的含量最高；水泥窑炉尘中 Ca 的含量最高；燃煤尘中 Al 的含量最高；机动车尾气中 OC、EC 含量均较高，因其 OC 含量低于 SOC，所以机动车尾气选择 EC 为标志性组分；生物质燃烧尘中 K 元素含量最高；石化源类中 S 的含量最高；SOC 中 OC 含量最高；SO_4^{2-}和 NO_3^-分别以$(NH_4)_2SO_4$和 NH_4NO_3中的最高。

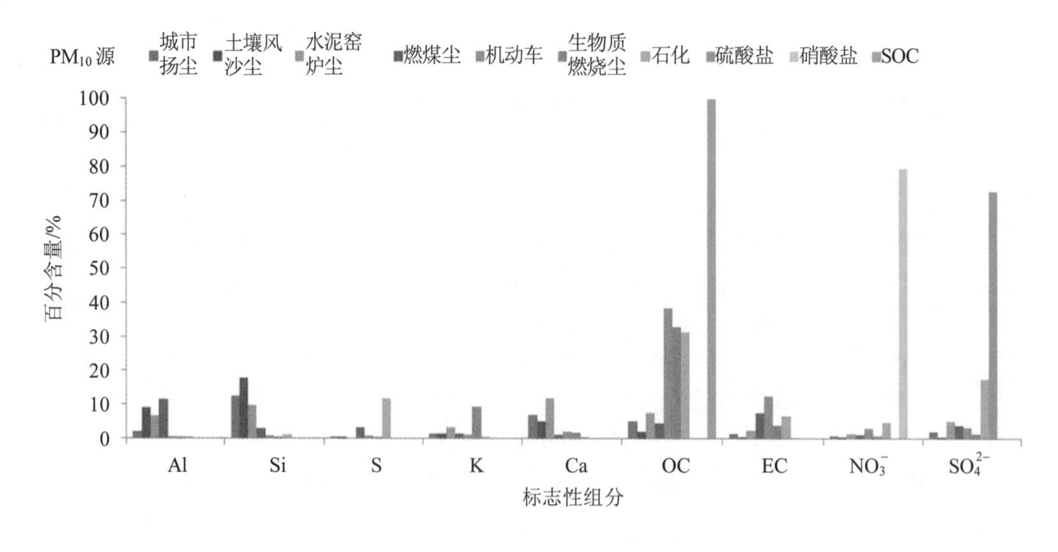

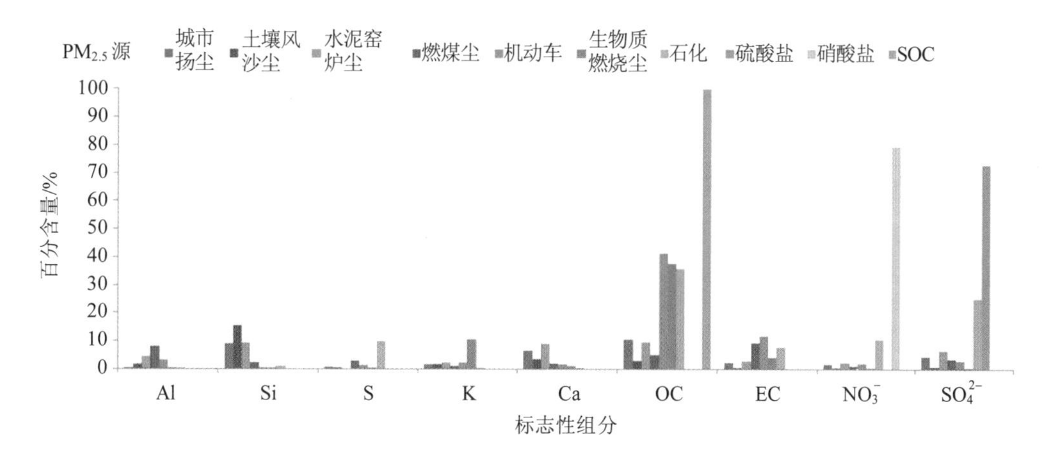

图 6-2　哈尔滨市各类污染源中标志性组分的百分含量

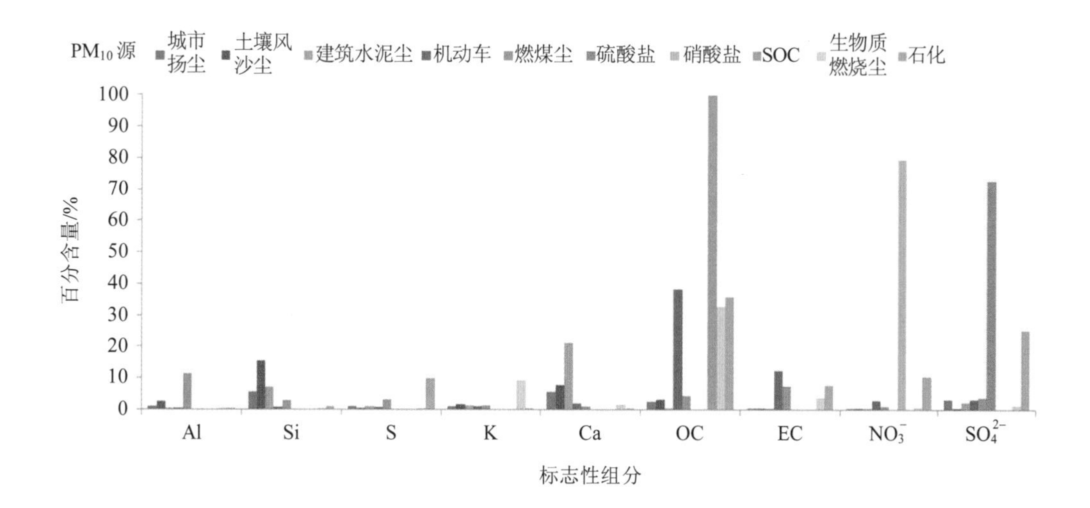

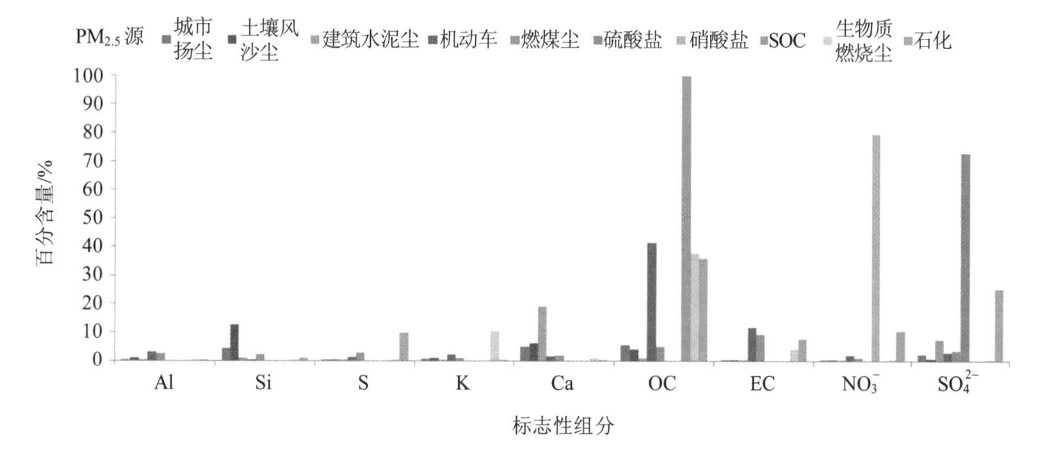

图 6-3　齐齐哈尔市各类污染源中标志性组分的百分含量

从图 6-3 中可以看出，齐齐哈尔市土壤风沙尘中 Si 的含量最高；建筑水泥尘中 Ca 的含量最高；燃煤尘中 Al 的含量最高；机动车尾气中 OC、EC 含量均较高，因其 OC 含量低于 SOC，因此机动车尾气选择 EC 为标志性组分；SOC 中 OC 含量最高；SO_4^{2-}和 NO_3^-分别以$(NH_4)_2SO_4$和 NH_4NO_3中的最高；生物质燃烧尘中 K 元素含量最高；石化源类中 S 的含量最高。

从图 6-4 中可以看出，大庆市土壤风沙尘中 Si 的含量最高；建筑水泥尘中 Ca 的含量最高；燃煤尘中 Al 的含量最高；机动车尾气中 OC、EC 含量均较高，因其 OC 含量低于 SOC，所以机动车尾气选择 EC 为标志性组分；SOC 中 OC 含量最高；SO_4^{2-}和 NO_3^-分别以$(NH_4)_2SO_4$和 NH_4NO_3中的最高；生物质燃烧尘中 K 元素含量最高；石化源类中 S 的含量最高。

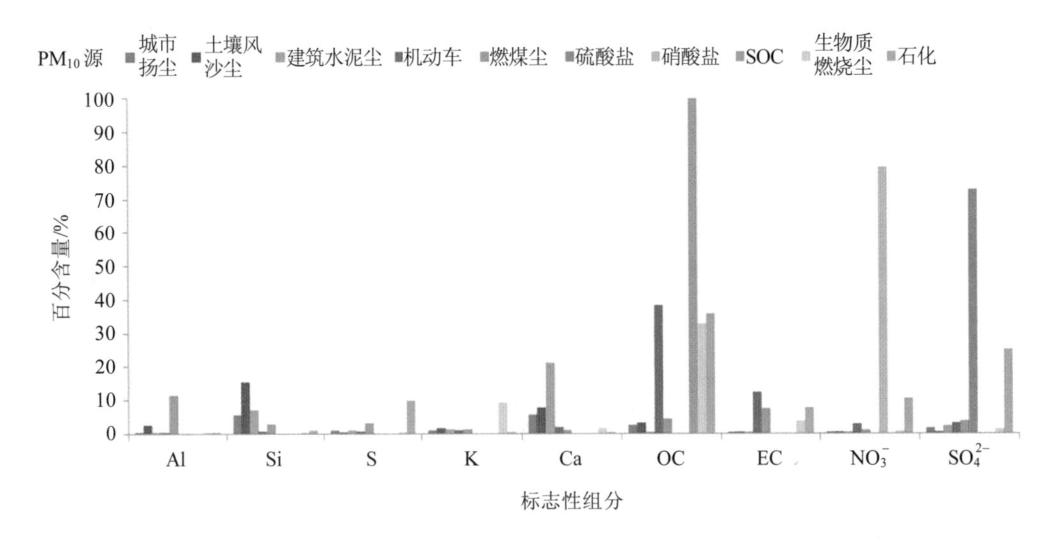

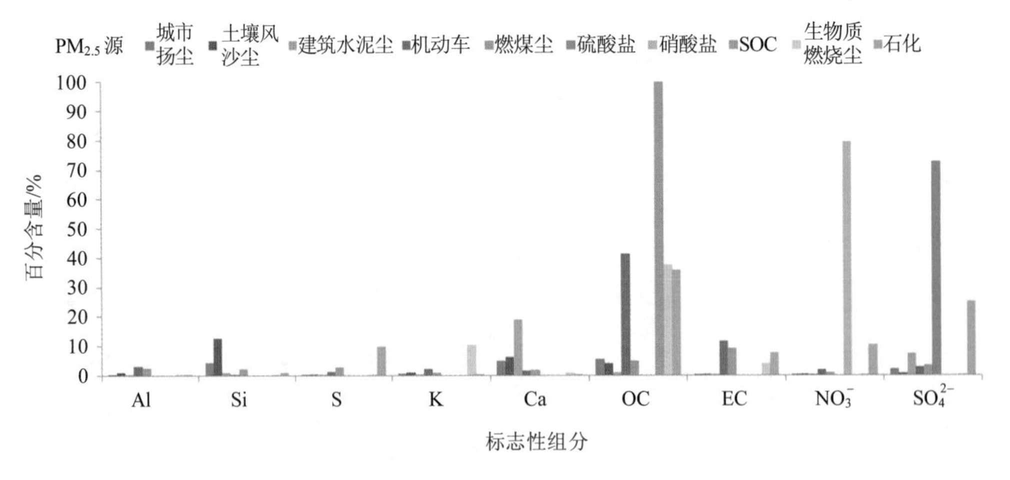

图 6-4 大庆市各类污染源中标志性组分的百分含量

从图 6-5 中可以看出，绥化市土壤风沙尘中 Si 的含量最高；建筑水泥尘中 Ca 的含量最高；燃煤尘中 As 的含量最高；机动车尾气中 OC、EC 含量均较高，因其 OC 含量低于 SOC，所以机动车尾气选择 EC 为标志性组分；SOC 中 OC 含量最高；SO_4^{2-}和 NO_3^-分别以$(NH_4)_2SO_4$和 NH_4NO_3中的最高；生物质燃烧尘中 K 元素含量最高；石化源类中 S 的含量最高。

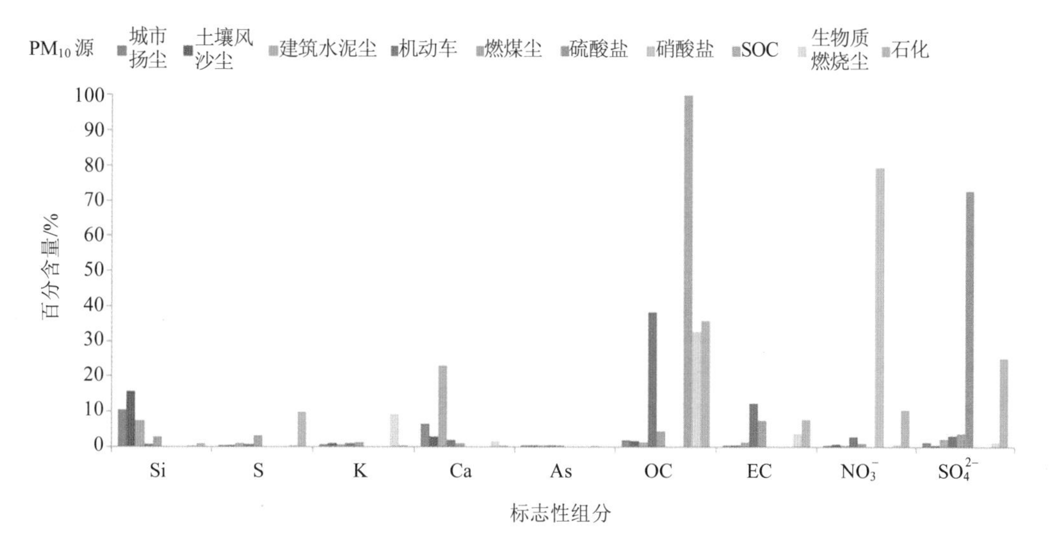

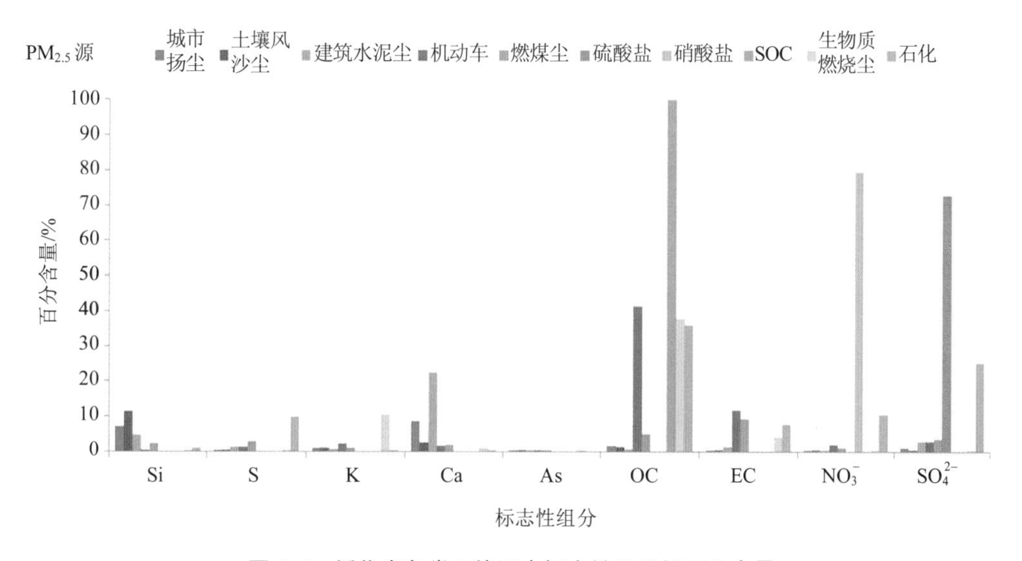

图 6-5　绥化市各类污染源中标志性组分的百分含量

从图 6-6 中可以看出，鹤岗市土壤风沙尘中 Si 的含量最高；建筑水泥尘中 Ca 的含量最高；燃煤尘中 S 的含量最高；机动车尾气中 OC、EC 含量均较高，因其 OC 含量低于 SOC，因此机动车尾气选择 EC 为标志性组分；SO_4^{2-}和 NO_3^-分别以$(NH_4)_2SO_4$和 NH_4NO_3中的最高；SOC 中 OC 含量最高；生物质燃烧尘中 K 元素含量最高。

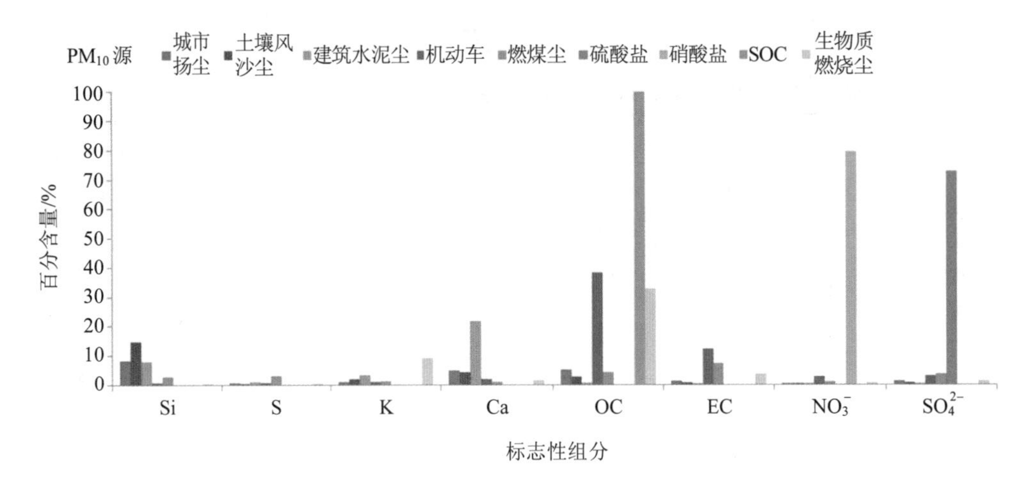

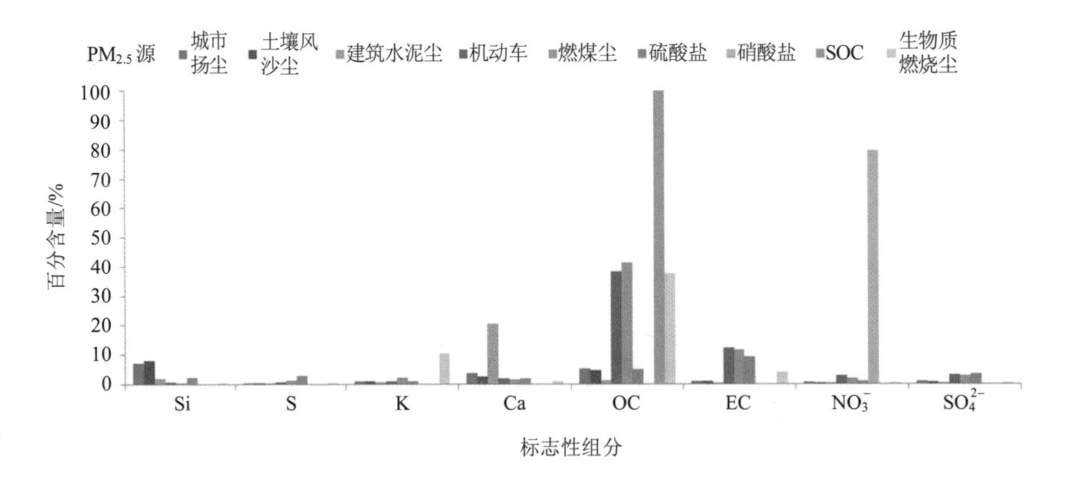

图 6-6 鹤岗市各类污染源中标志性组分的百分含量

从图 6-7 中可以看出，双鸭山市土壤风沙尘中 Si 的含量最高；建筑水泥尘中 Ca 的含量最高；燃煤尘中 S 的含量最高；机动车尾气中 OC、EC 含量均较高，因其 OC 含量低于 SOC，所以机动车尾气选择 EC 为标志性组分；SO_4^{2-}和 NO_3^-分别以$(NH_4)_2SO_4$和 NH_4NO_3中的最高；SOC 中 OC 含量最高；生物质燃烧尘中 K 元素含量最高；钢铁冶炼中 Fe 元素含量最高。

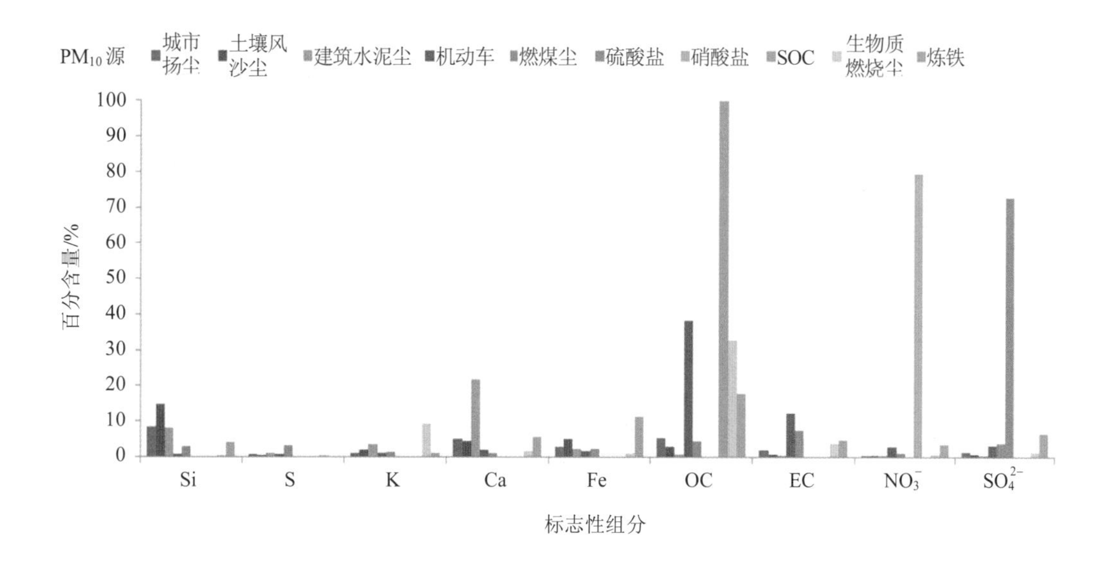

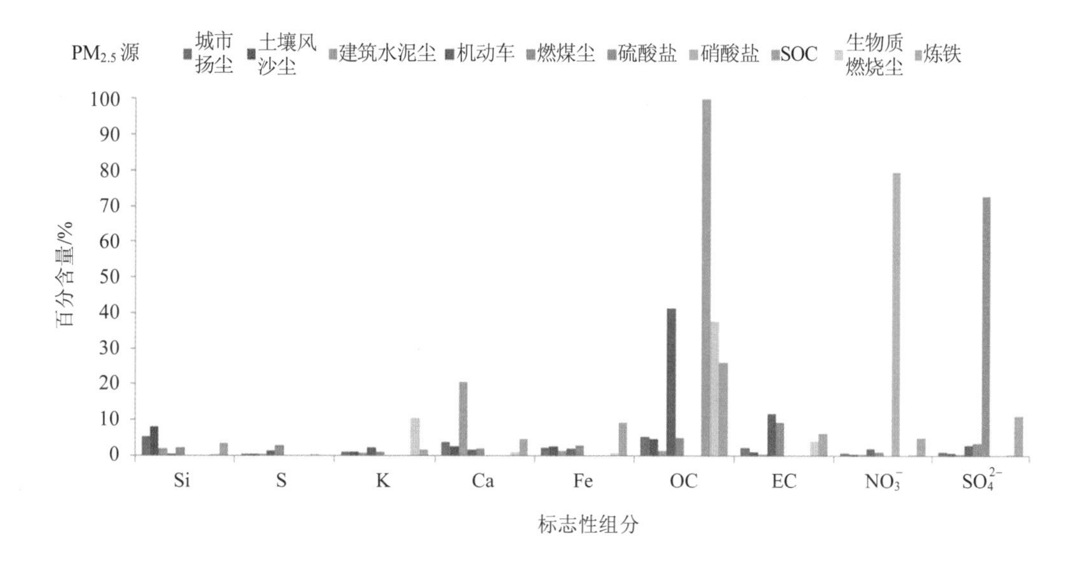

图 6-7 双鸭山市各类污染源中标志性组分的百分含量

从图 6-8 中可以看出，佳木斯市土壤风沙尘中 Si 的含量最高；建筑水泥尘中 Ca 的含量最高；燃煤尘中 S 的含量最高；机动车尾气中 OC、EC 含量均较高，因其 OC 含量低于 SOC，所以机动车尾气选择 EC 为标志性组分；SO_4^{2-}和 NO_3^-分别以$(NH_4)_2SO_4$ 和 NH_4NO_3 中的最高；SOC 中 OC 含量最高；生物质燃烧尘中 K 元素含量最高；钢铁冶炼中 Fe 元素含量最高。

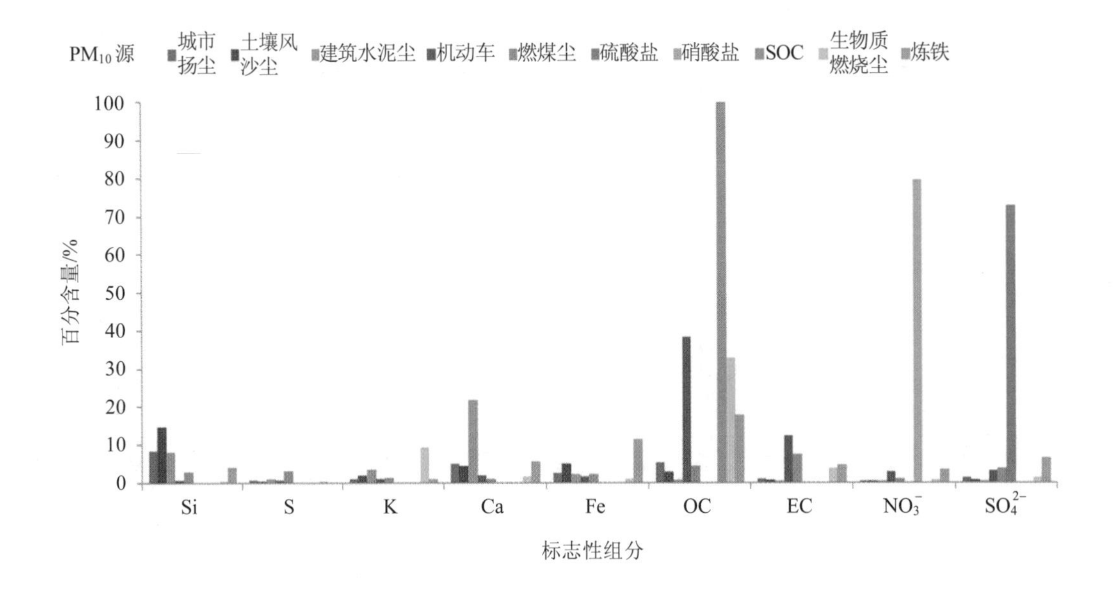

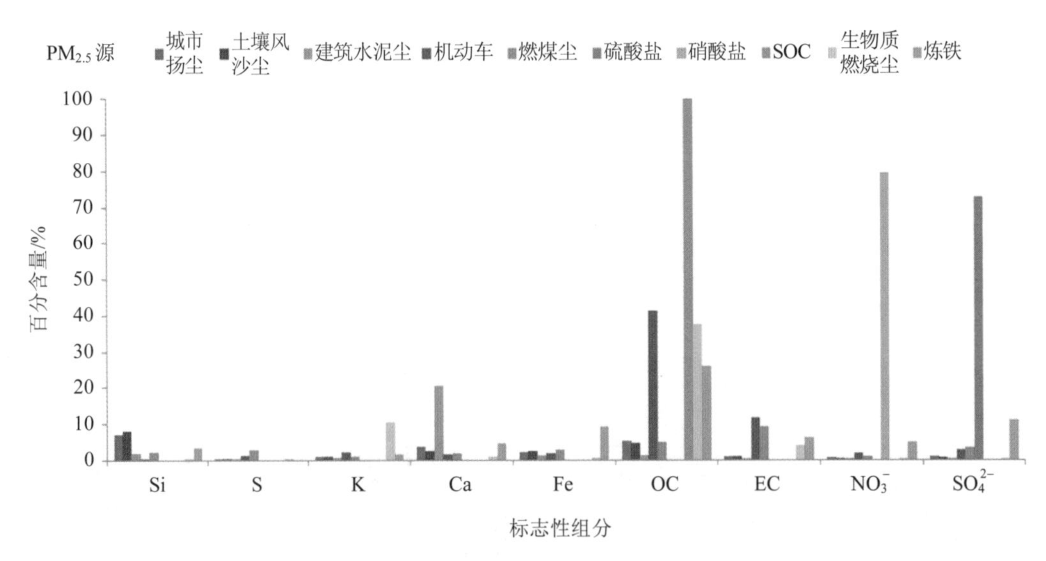

图 6-8　佳木斯市各类污染源中标志性组分的百分含量

从图 6-9 中可以看出，七台河市土壤风沙尘中 Si 的含量最高；建筑水泥尘中 Ca 的含量最高；燃煤尘中 S 的含量最高；机动车尾气中 OC、EC 的含量均较高，因其 OC 含量低于 SOC，所以机动车尾气选择 EC 为标志性组分；SO_4^{2-}和 NO_3^-分别以$(NH_4)_2SO_4$和 NH_4NO_3中的最高；SOC 中 OC 含量最高；生物质燃烧尘中 K 元素含量最高；钢铁冶炼中 Fe 元素含量最高。

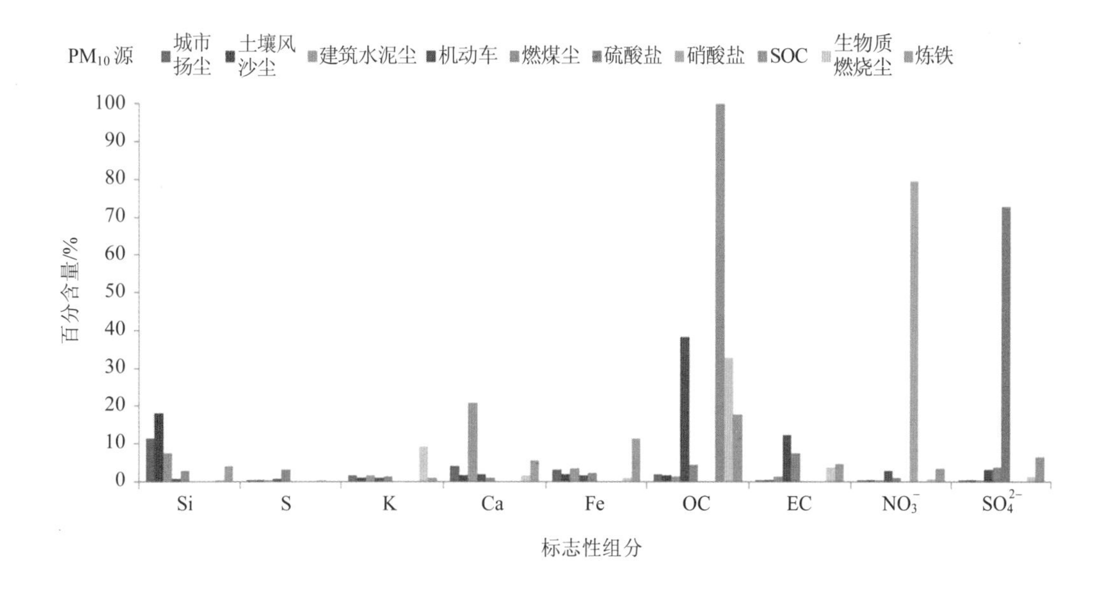

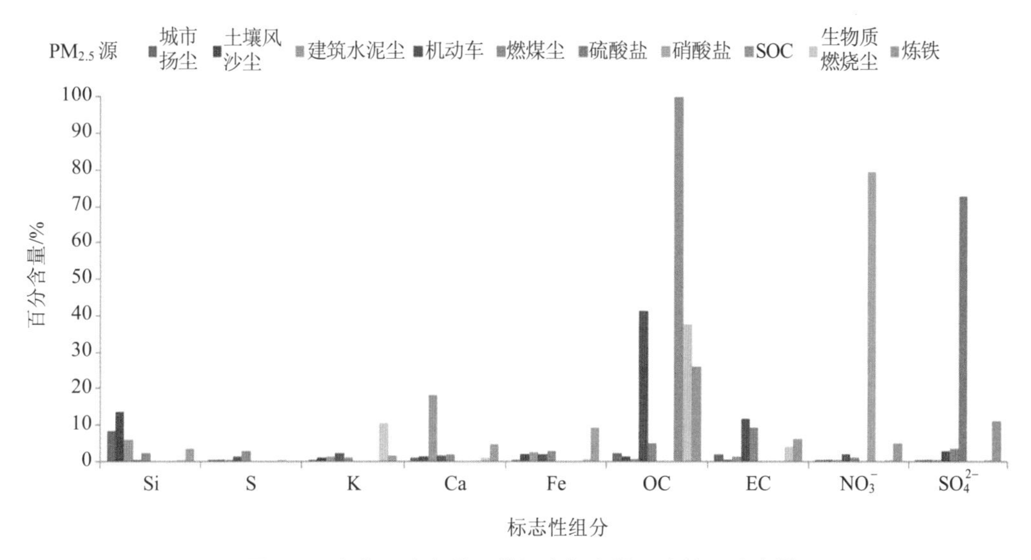

图 6-9　七台河市各类污染源中标志性组分的百分含量

从图 6-10 中可以看出，鸡西市土壤风沙尘中 Si 的含量最高；建筑水泥尘中 Ca 的含量最高；燃煤尘中 S 的含量最高；机动车尾气中 OC、EC 的含量均较高，因其 OC 含量低于 SOC，所以机动车尾气选择 EC 为标志性组分；SO_4^{2-}和 NO_3^-分别以$(NH_4)_2SO_4$ 和 NH_4NO_3 中的最高；SOC 中 OC 含量最高；生物质燃烧尘中 K 元素含量最高；钢铁冶炼中 Fe 元素含量最高。

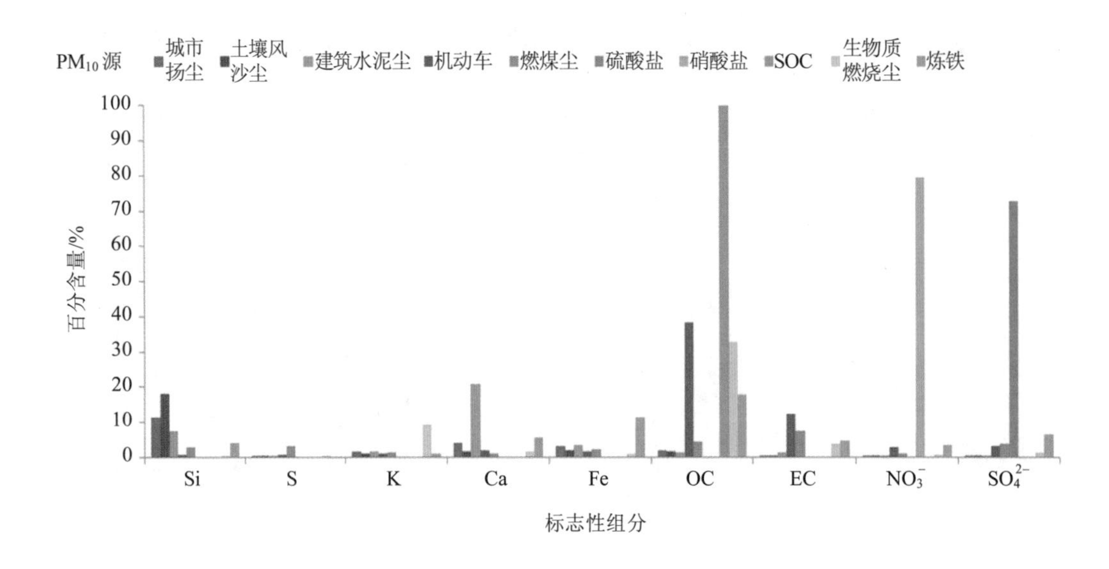

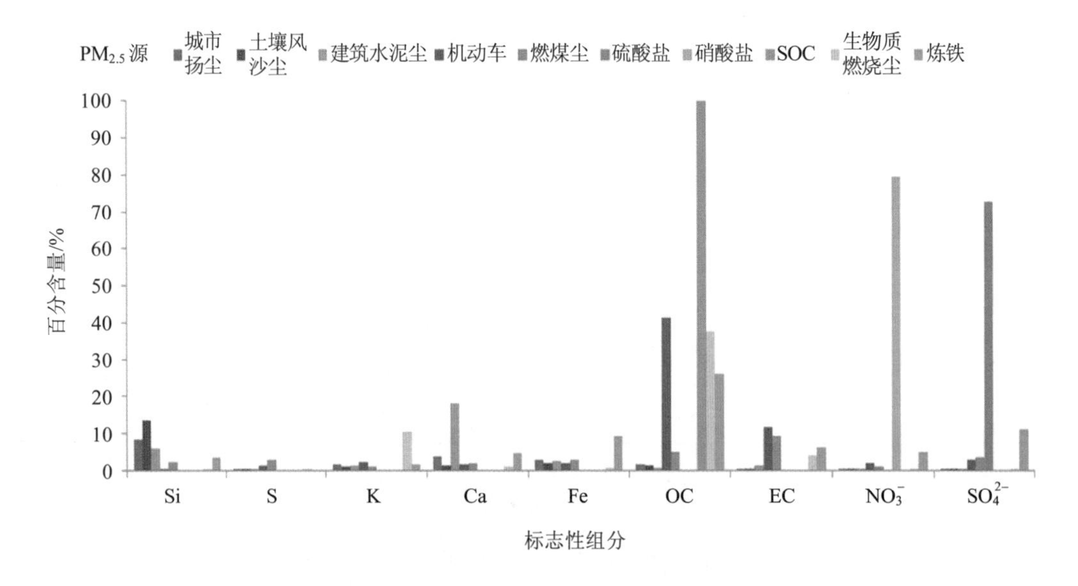

图 6-10 鸡西市各类污染源中标志性组分的百分含量

从图 6-11 中可以看出，牡丹江市土壤风沙尘中 Si 的含量最高；建筑水泥尘中 Ca 的含量最高；燃煤尘中 S 的含量最高；机动车尾气中 OC、EC 的含量均较高，因其 OC 含量低于 SOC，所以机动车尾气选择 EC 为标志性组分；SO_4^{2-}和 NO_3^-分别以$(NH_4)_2SO_4$和 NH_4NO_3中的最高；SOC 中 OC 含量最高；生物质燃烧尘中 K 元素含量最高。

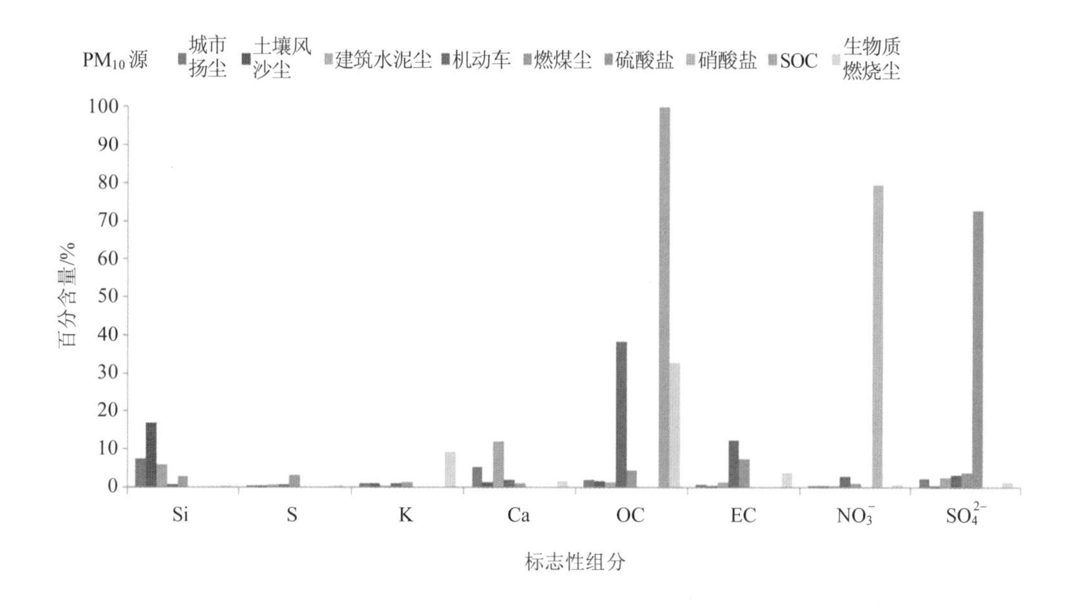

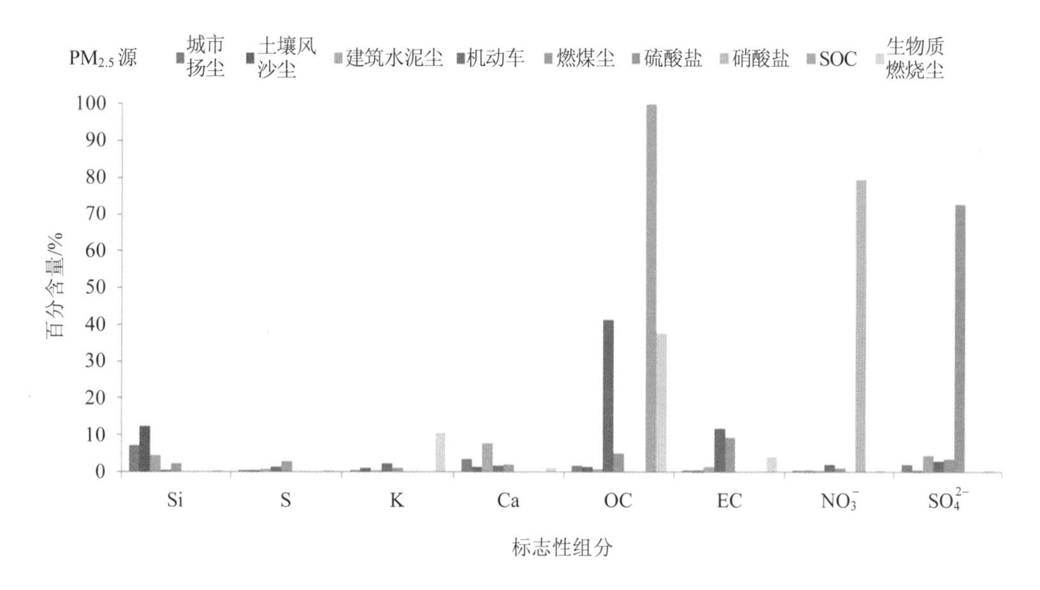

图 6-11　牡丹江市各类污染源中标志性组分的百分含量

从图 6-12 中可以看出，大兴安岭地区土壤风沙尘中 Si 的含量最高；建筑水泥尘中 Ca 的含量最高；燃煤尘中 S 的含量最高；机动车尾气中 OC、EC 的含量均较高，因其 OC 含量低于 SOC，所以机动车尾气选择 EC 为标志性组分；SO_4^{2-}和 NO_3^-分别以$(NH_4)_2SO_4$和 NH_4NO_3中的最高；SOC 中 OC 含量最高；生物质燃烧尘中 K 元素含量最高。

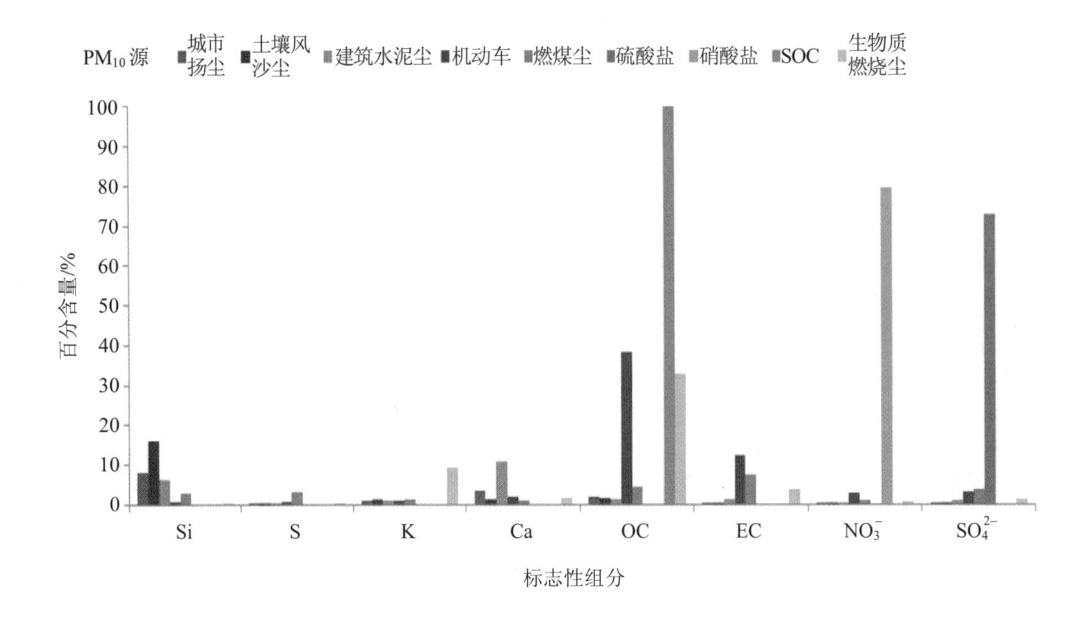

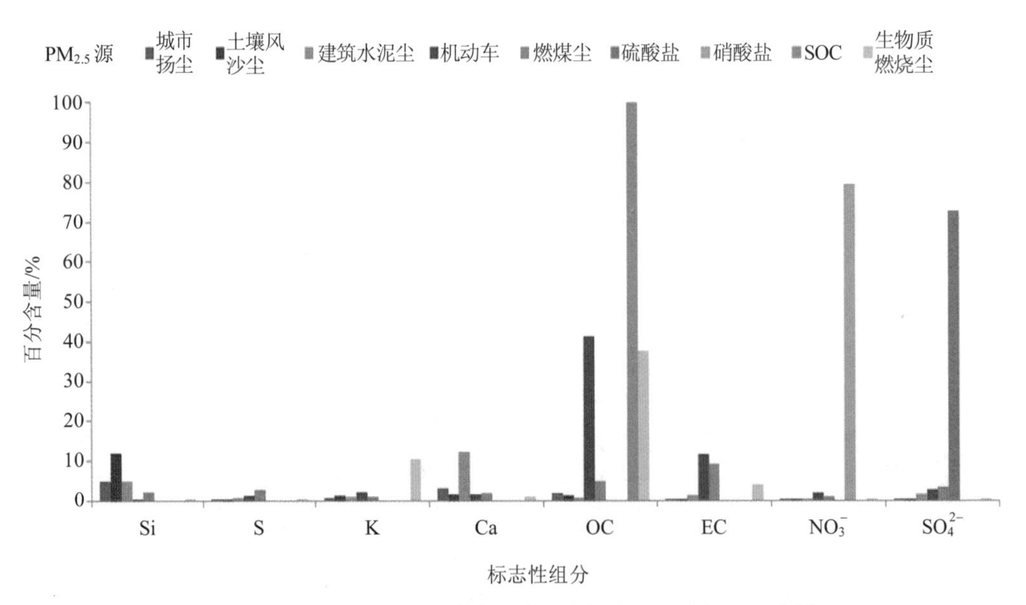

图 6-12 大兴安岭地区各类污染源中标志性组分的百分含量

从图 6-13 中可以看出，黑河市土壤风沙尘中 Si 的含量最高；建筑水泥尘中 Ca 的含量最高；燃煤尘中 S 的含量最高；机动车尾气中 OC、EC 的含量均较高，因其 OC 含量低于 SOC，所以机动车尾气选择 EC 为标志性组分；SO_4^{2-}和 NO_3^-分别以$(NH_4)_2SO_4$和 NH_4NO_3中的最高；SOC 中 OC 含量最高；生物质燃烧尘中 K 元素含量最高。

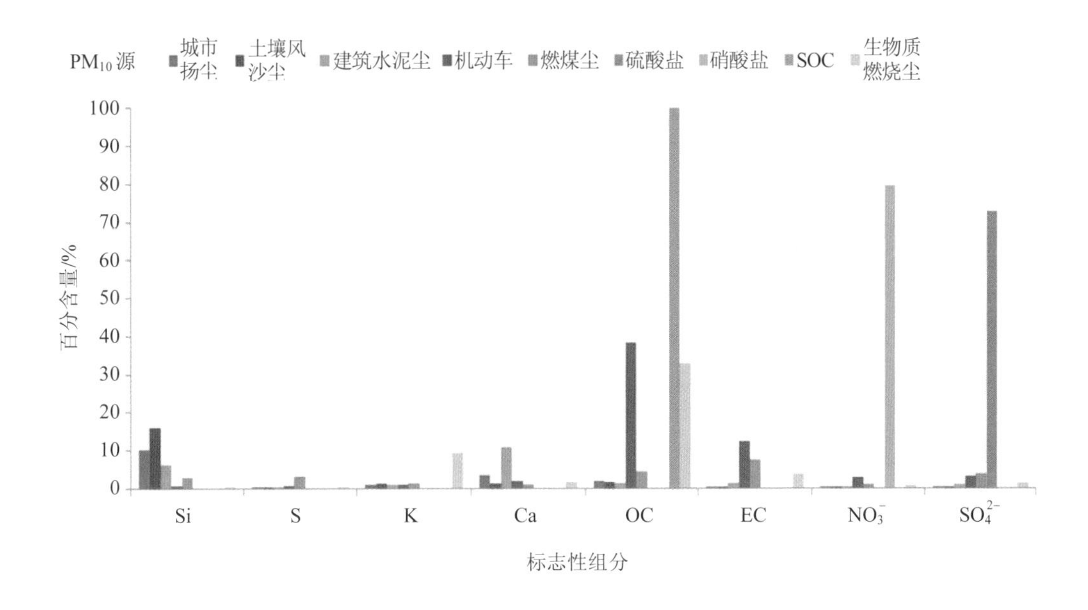

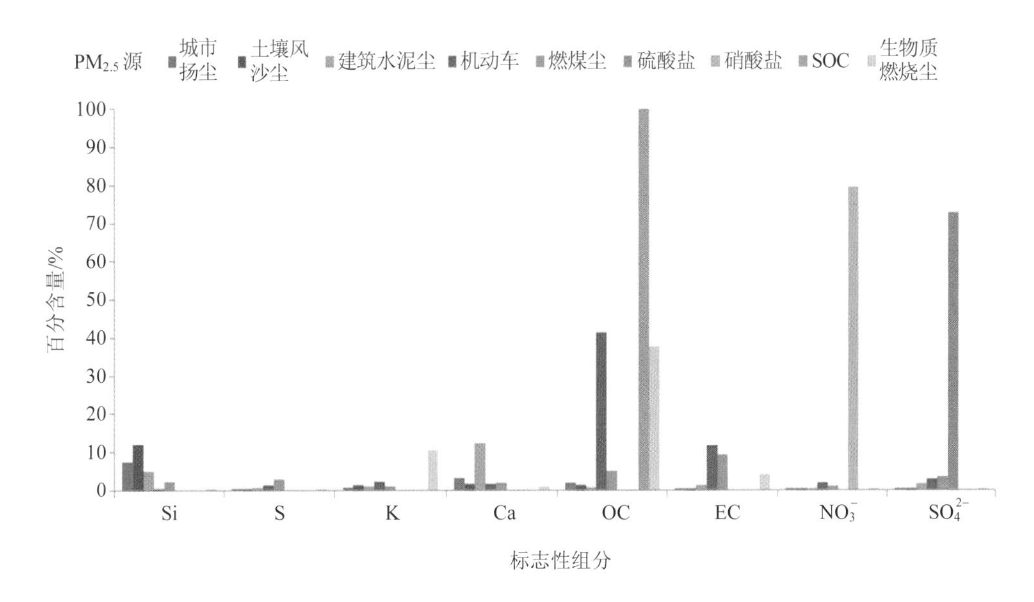

图 6-13　黑河市各类污染源中标志性组分的百分含量

从图 6-14 中可以看出，伊春市土壤风沙尘中 Si 的含量最高；建筑水泥尘中 Ca 的含量最高；燃煤尘中 S 的含量最高；机动车尾气中 OC、EC 的含量均较高，因其 OC 含量低于 SOC，所以机动车尾气选择 EC 为标志性组分；SO_4^{2-}和 NO_3^-分别以$(NH_4)_2SO_4$和 NH_4NO_3中的最高；SOC 中 OC 含量最高；生物质燃烧尘中 K 元素含量最高。

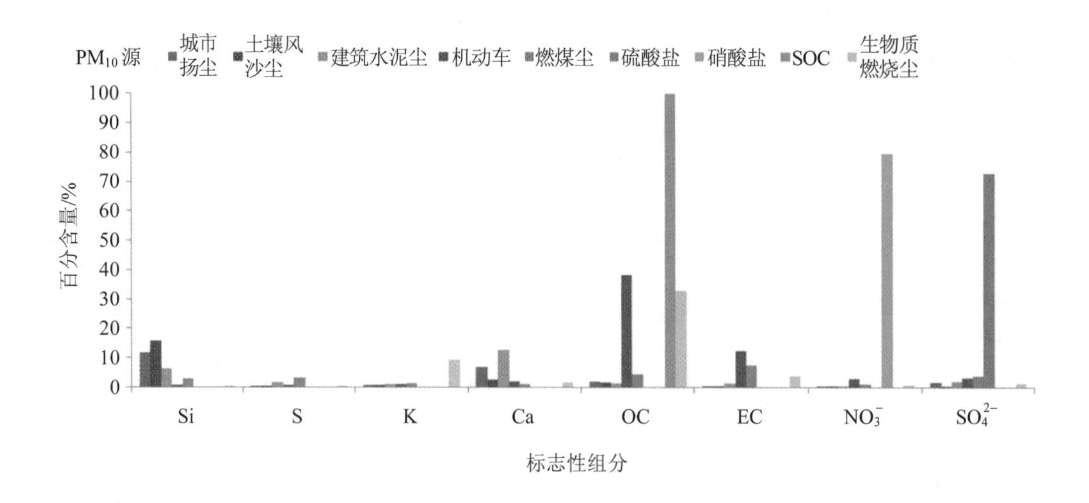

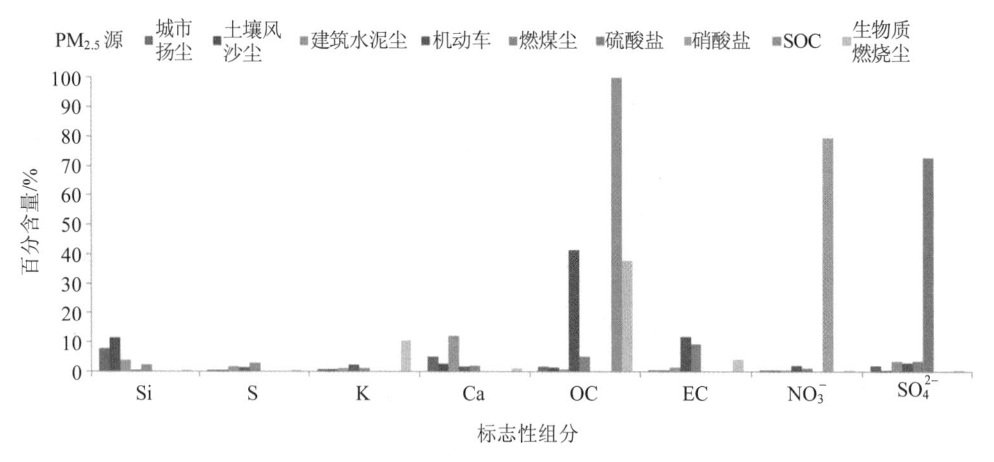

图 6-14　伊春市各类污染源中标志性组分的百分含量

结合黑龙江省 13 个市地灵敏度矩阵及源谱中标志性组分结果来看，土壤风沙尘的标志性组分为 Si 元素；建筑水泥尘的标志性组分为 Ca；燃煤尘的标志性组分有 Al、S 和 As；机动车尾气尘的标志性组分为 EC；$(NH_4)_2SO_4$ 和 NH_4NO_3 中的标志性组分分别为 SO_4^{2-}和 NO_3^-；SOC 的标志性组分为 OC；生物质燃烧尘的标志性组分为 K 元素；石化源的标志性组分为 S；炼铁源的标志性组分为 Fe。

6.5　小结

（1）源成分谱组分

分别建立了黑龙江省 13 个市地 PM_{10} 和 $PM_{2.5}$ 排放源（城市扬尘、土壤风沙尘、建筑水泥尘/水泥窑炉尘、燃煤、机动车尾气、生物质燃烧尘、工业源（石化、炼铁））的成分谱，源谱由化学元素谱、碳组分谱和离子谱 3 部分组成。9 类污染源 PM_{10} 和 $PM_{2.5}$ 中总碳含量分别为 0.7%～50.6%、1.3%～52.9%，离子含量总和分别为 2.2%～34.7%、3.2%～39.9%，元素含量总和分别为 7.4%～42.4%、11.9%～33.2%。其中开放源（包括城市扬尘、土壤风沙尘及建筑水泥尘）中的元素含量相对较高，碳含量相对较低；机动车尾气、生物质燃烧尘、石化源中则是碳组分含量较高。

（2）污染源标志性组分

结合黑龙江省 13 个市地灵敏度矩阵得出各污染源的标志性组分，土壤风沙尘的标志性组分为 Si 元素；建筑水泥尘的标志性组分为 Ca；燃煤尘的标志性组分有 Al、S 及 As；机动车尾气尘的标志性组分为 EC；$(NH_4)_2SO_4$ 和 NH_4NO_3 中的标志性组分分别为 SO_4^{2-} 和 NO_3^-；SOC 的标志性组分为 OC；生物质燃烧尘的标志性组分为 K 元素；石化源的标志性组分为 S；炼铁源的标志性组分为 Fe。

第 7 章　CMB 来源解析结果分析

将城市扬尘、土壤风沙尘、建筑水泥尘（水泥窑炉尘）、燃煤尘、机动车尾气、生物质燃烧尘、工业源（石化、炼铁）等源类的成分谱以及二次颗粒物（硫酸盐、硝酸盐、SOC）的虚拟源谱（各化学组分的百分含量平均值及其标准偏差）和受体成分谱（各化学组分的浓度平均值及其标准偏差）纳入 CMB 模型，并选中各类源的标志性组分参与拟合计算，得到各源类对环境空气中 PM_{10} 和 $PM_{2.5}$ 的贡献浓度及分担率，各污染源的分担率反映了各源类排放的颗粒物对受体污染的影响程度。

7.1　参与拟合源类的化学组分的选择

选择参与 CMB 拟合源类的化学组分的原则是必须保证 CMB 拟合的质量达到拟合优度的要求。本项目选择参与 CMB 拟合的化学组分如下：

城市扬尘：Si

土壤风沙尘：Si

建筑水泥尘（水泥窑炉尘）：Ca

燃煤尘：Al、S（没有石化源的城市）、As

机动车尾气：EC

生物质燃烧尘：K

石化：S

炼铁：Fe

SOC：OC

二次粒子：NO_3^-和 SO_4^{2-}

本项目未将道路尘纳入模型，主要是因为道路尘与城市扬尘共线性严重，纳入模型后无法解析出结果。餐饮油烟源与 SOC 源存在严重共线，从前文可知，黑龙江各城市 SOC 污染相对较为严重，因此此次计算中将 SOC 虚拟源谱纳入计算，餐饮油烟源的贡献则在其他源中体现。

7.2 源贡献值拟合优度分析

源贡献值的拟合优度表示源对受体贡献的计算值与监测值之间拟合的优良程度，用 CMB 模型系统中关于模拟优度诊断指标衡量。本项目的源贡献值模拟优度列于表 7-1。

表 7-1 黑龙江省 13 个市地源贡献值的拟合优度诊断

<table>
<tr><th rowspan="2">名称</th><th colspan="3">残差平方和χ^2</th><th colspan="3">相关系数 R^2</th><th colspan="3">质量百分比 PM/%</th></tr>
<tr><th>诊断标准</th><th>结果 PM_{10}</th><th>结果 $PM_{2.5}$</th><th>诊断标准</th><th>结果 PM_{10}</th><th>结果 $PM_{2.5}$</th><th>诊断标准</th><th>结果 PM_{10}</th><th>结果 $PM_{2.5}$</th></tr>
<tr><td>非采暖季</td><td rowspan="3">χ^2<1 拟合好
1<χ^2<2，可以接受
χ^2>4 拟合差</td><td>0～0.93</td><td>0～0.92</td><td rowspan="3">R^2=1 拟合好
R^2<0.8 拟合不好</td><td>0.85～1</td><td>0.82～1</td><td rowspan="3">PM=100
拟合好
PM=80～120
可以接受</td><td>81.0～87.9</td><td>80.0～88.9</td></tr>
<tr><td>采暖季</td><td>0～0.92</td><td>0～0.67</td><td>0.87～1</td><td>0.82～1</td><td>81.0～88.2</td><td>81.4～92.6</td></tr>
<tr><td>全年</td><td>0～0.88</td><td>0～0.76</td><td>0.89～1</td><td>0.85～1</td><td>81.3～88.4</td><td>80.4～89.2</td></tr>
</table>

由表 7-1 可知，拟合计算的残差平方和χ^2在 0～1，均属于拟合好的范围；相关系数 R^2 在 0.82～1.00，属于拟合好的范围；PM_{10} 和 $PM_{2.5}$ 拟合质量百分比在 80%～100%，均属拟合好的范围。由此，所进行的拟合计算均符合模型拟合优度指标要求。

7.3 PM_{10} 和 $PM_{2.5}$ 来源解析结果分析

7.3.1 非采暖季

图 7-1、图 7-2 及表 7-2、表 7-3 为非采暖季黑龙江省 13 个市地 PM_{10} 和 $PM_{2.5}$ 的源解析结果。

如图所示，非采暖季 13 个城市 PM_{10} 和 $PM_{2.5}$ 的源分担率在数值上稍有差别，但总体来看，各源分担率的分布规律大体一致：PM_{10} 中开放源的分担率最高，分担率范围为 17.7%～34.8%；第二大贡献源为燃煤尘，分担率范围为 13.6%～24.0%；机动车尾气源的分担率排在第三位，为 11.0%～14.3%；硫酸盐的分担率范围为 4.0%～9.0%；硝酸盐的分担率范围为 2.3%～6.9%；SOC 的分担率范围为 4.4%～9.2%；工业源的分担率范围为 3.7%～11.0%。

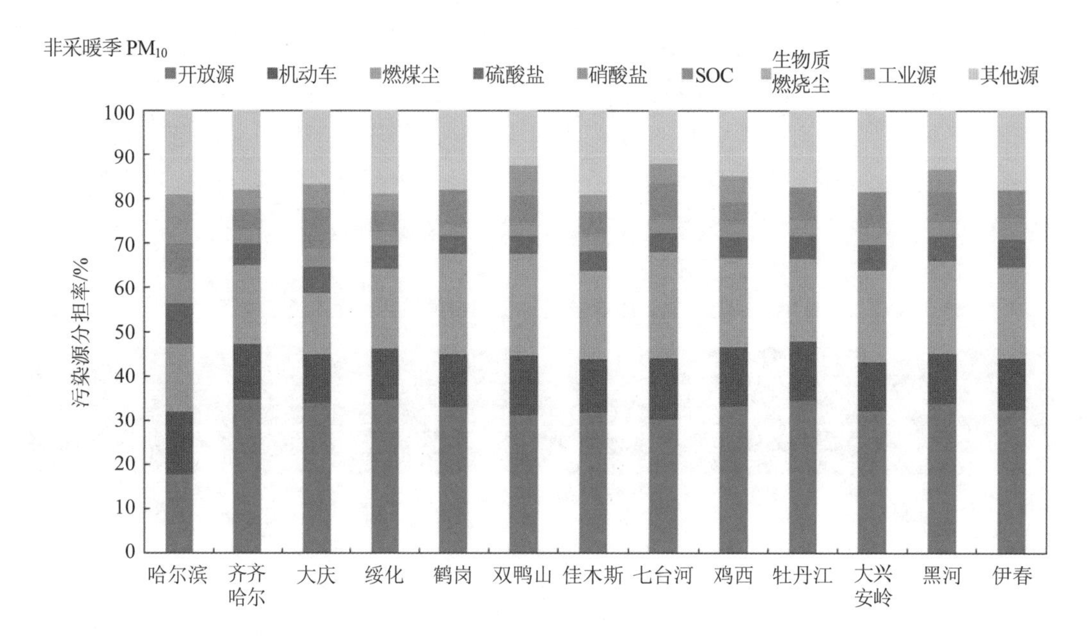

图 7-1 非采暖季 13 个市地 PM_{10} 源解析结果——各类源分担率

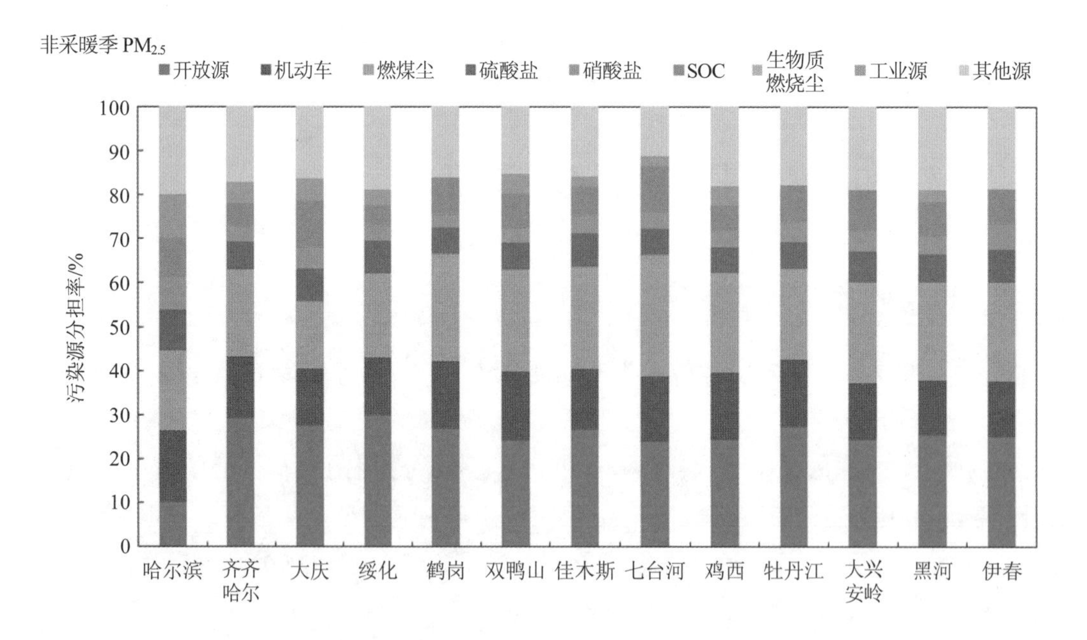

图 7-2 非采暖季 13 个市地 $PM_{2.5}$ 源解析结果——各类源分担率

表 7-2 非采暖季 13 个市地 PM_{10} 源解析结果——各类源分担率 单位：%

PM_{10} 非采暖季	哈尔滨	齐齐哈尔	大庆	绥化	鹤岗	双鸭山	佳木斯	七台河	鸡西	牡丹江	大兴安岭	黑河	伊春
开放源	17.7	34.7	33.8	34.8	33.0	31.2	31.8	30.3	33.4	34.5	32.3	33.8	32.3
机动车	14.3	12.5	11.2	11.4	12.0	13.5	12.0	13.8	13.4	13.4	11.0	11.3	11.7
燃煤尘	15.3	17.8	13.6	17.9	22.6	22.8	20.0	24.0	19.9	18.7	20.7	21.0	20.6
硫酸盐	9.0	4.9	5.9	5.3	4.0	4.2	4.5	4.2	4.7	5.0	5.7	5.5	6.4
硝酸盐	6.9	3.1	4.3	3.3	2.3	2.7	3.5	3.3	3.4	3.7	4.1	3.5	4.9
SOC	6.8	4.7	9.2	4.5	8.2	6.4	5.4	7.8	4.4	7.3	7.8	6.4	6.1
工业源	11.0	4.3	5.3	3.7	—	6.7	3.8	4.5	6.0	—	—	5.1	—
其他源	19.0	18.0	16.6	18.9	17.9	12.4	19.0	12.1	14.9	17.3	18.4	13.4	18.1
PM_{10} 浓度/（$\mu g/m^3$）	120.74	101.07	78.21	96.51	107.17	75.30	72.66	75.01	70.59	91.41	89.31	59.97	66.63

表 7-3 非采暖季 13 个市地 $PM_{2.5}$ 源解析结果——各类源分担率 单位：%

$PM_{2.5}$ 非采暖季	哈尔滨	齐齐哈尔	大庆	绥化	鹤岗	双鸭山	佳木斯	七台河	鸡西	牡丹江	大兴安岭	黑河	伊春
开放源	10.1	29.2	27.6	29.9	26.9	24.1	26.6	23.8	24.4	27.3	24.4	25.5	25.0
机动车	16.4	14.0	12.8	13.1	15.2	15.7	13.9	15.0	15.2	15.2	12.8	12.5	12.7
燃煤尘	17.9	19.7	15.3	19.2	24.4	23.1	23.0	27.5	22.7	20.5	22.9	22.2	22.6
硫酸盐	9.5	6.4	7.4	7.3	5.9	6.1	7.6	6.0	5.9	6.1	6.9	6.3	7.3
硝酸盐	7.4	3.6	4.8	3.4	3.0	3.3	4.1	3.7	4.0	4.5	4.7	4.1	6.0
SOC	8.8	5.0	10.6	4.8	8.5	7.8	6.6	10.3	5.5	8.4	9.4	7.9	7.7
工业源	9.9	4.9	5.3	3.6	—	4.6	2.3	2.5	4.5	—	—	2.6	—
其他源	20.0	17.2	16.2	18.7	16.0	15.3	15.9	11.1	18.0	17.9	18.8	18.9	18.7
$PM_{2.5}$ 浓度/（$\mu g/m^3$）	88.60	64.90	50.09	64.37	64.24	48.29	50.83	56.12	46.01	58.45	49.84	43.42	43.70

除哈尔滨和七台河外，其余 11 个市地 $PM_{2.5}$ 中开放源的分担率最高，分担率范围为 24.1%～29.9%；第二大贡献源为燃煤尘，分担率范围为 15.3%～24.4%；机动车尾气源的分担率排在第三位，为 12.5%～15.7%。哈尔滨 $PM_{2.5}$ 的三大贡献源分别为燃煤尘、机动车和开放源，分担率分别为 17.9%、16.4%和 10.1%。七台河 $PM_{2.5}$ 的三大贡献源分别为燃煤尘、开放源和机动车，分担率分别为 27.5%、23.8%和 15.0%。非采暖季 13 个城市硫酸盐的分担率范围为 5.9%～9.5%；硝酸盐的分担率范围为 3.0%～7.4%；SOC 的分担率范围为 4.8%～10.6%；工业源的分担率范围为 2.3%～9.9%。总体来看，黑龙江省 13 个市地 PM_{10} 和 $PM_{2.5}$ 的来源基本相似，且呈现区域性特征。

在非采暖季，风速相对较大，加上春季降雨较少，干旱同期，开放源对 PM_{10} 和 $PM_{2.5}$

的贡献相对较大。开放源主要包括城市扬尘、土壤风沙尘和建筑水泥尘的贡献。城市扬尘主要来自建筑物表面、城区地面的各源类所排放的尘再次或多次扬起扩散到空气中的尘，土壤风沙尘主要来自地表裸土起尘，建筑水泥尘主要指建筑施工工地（包括破拆施工）所排放的以水泥成分为主的建筑施工材料飞灰。将 13 个城市开放源分担率进行比较，牡丹江、绥化、齐齐哈尔、大庆稍高于其他城市。

非采暖季燃煤尘主要来自工业炉窑和电厂的大型燃煤锅炉。部分企业锅炉老化严重，低能效、高排放，污染治理设施差或缺少污染治理设施，长期处于超标状态，同时，随着大量高灰分、高硫分的蒙煤进入黑龙江省西部和中部地区，也加重了该区域的空气污染。13 个城市比较发现，七台河、鹤岗、双鸭山、佳木斯、鸡西等东北部城市燃煤尘的分担率明显高于其他城市，这 5 个城市属于煤化工基地，耗煤量明显高于其他城市。

机动车是各城市大气颗粒物的第三大污染源。近年来，黑龙江省各城市机动车保有量持续增长，2014 年达到 4 015 347 辆，黄标车仍有近 50 万辆，造成机动车尾气的贡献也日益凸显。13 个城市机动车的分担率比较发现，哈尔滨市机动车的分担率最高，主要因为哈尔滨为省会城市，机动车保有量全省最大，占 1/4 以上，受机动车尾气排放污染物的影响较大。

二次粒子硫酸盐和硝酸盐对 PM_{10} 和 $PM_{2.5}$ 的贡献也相对较大，其中硫酸盐的贡献率大于硝酸盐。二次粒子中的硫酸盐主要是空气中的 SO_2 转化而来，而硝酸盐主要是由空气中的 NO_x 转化而来。一般来说，非采暖季大气环境条件有利于二次粒子转化。

SOC 主要来自 VOCs 的转化，从 13 个城市 SOC 的分担率来看，大庆 SOC 的分担率最高，鹤岗、七台河、牡丹江、哈尔滨、大兴安岭的 SOC 分担率也稍高于其他城市，大庆分布有多家规模以上石化工业企业，受石化企业排放的 VOCs 影响较大。鹤岗、七台河、牡丹江、哈尔滨也分布有多家规模以上煤化工及石化企业，所以 SOC 的贡献稍高于其他城市。大兴安岭 SOC 分担率较高可能与天然源（植物挥发）排放有关。

工业源对 PM_{10} 和 $PM_{2.5}$ 的分担率分别为 3.7%～11.0%和 2.3%～9.9%。从 13 个城市工业源的分担率来看，哈尔滨工业源的分担率在 13 个城市中最高，其次为双鸭山、鸡西、大庆。哈尔滨为主要的重工业城市，食品、医药、化工、机械为全市工业四大支柱产业，且主要聚集于城市中心区。双鸭山、鸡西的工业主要为冶金钢铁、建材及煤化工产业，且聚集于城市中心区附近。大庆的工业主要为石化工业，且大部分企业聚集在城市中。

燃煤源、机动车尾气、二次粒子和 SOC 对颗粒物的贡献主要集中在 $PM_{2.5}$ 中，对 $PM_{2.5}$ 的分担率大于 PM_{10}，而城市扬尘、土壤风沙尘等开放源以及工业源对颗粒物的贡献主要集中在 PM_{10} 中，对 PM_{10} 的分担率要大于 $PM_{2.5}$。

将 13 个城市分为中西部（哈尔滨、齐齐哈尔、大庆、绥化）、东北部（鹤岗、双鸭山、佳木斯、七台河、鸡西）、东南部（牡丹江）和西北部（大兴安岭、黑河、伊春）四个区域。中西部位于松嫩平原农牧区，是全省工业、石化基地；东北部位于三江平原农牧区，是煤化工基地；东南部位于张广才岭林农区，为纸业和新型材料基地；西北部位于大、小兴安岭林业区，为森林木材工业基地。图 7-3、图 7-4 给出了全省非采暖季四个区域 PM_{10}、$PM_{2.5}$ 的源解析结果。

由图 7-3、图 7-4 可以看出，非采暖季四区域 PM_{10}、$PM_{2.5}$ 的三大贡献源均为开放源、燃煤尘和机动车，二次颗粒物（硫酸盐+硝酸盐）、二次有机碳（SOC）和工业源也均有一定的贡献。各区域之间存在些微空间差异，开放源的贡献东南部＞西北部＞东北部＞中西部，主要是近年来城市化进程加快、城市建设增多所致；机动车分担率东南部＞东北部＞中西部＞西北部；燃煤尘分担率东北部＞西北部＞东南部＞中西部；二次颗粒物分担率中西部＞西北部＞东南部＞东北部；SOC 分担率东南部＞西北部＞中西部＞东北部；工业源分担率中西部＞东北部＞西北部。

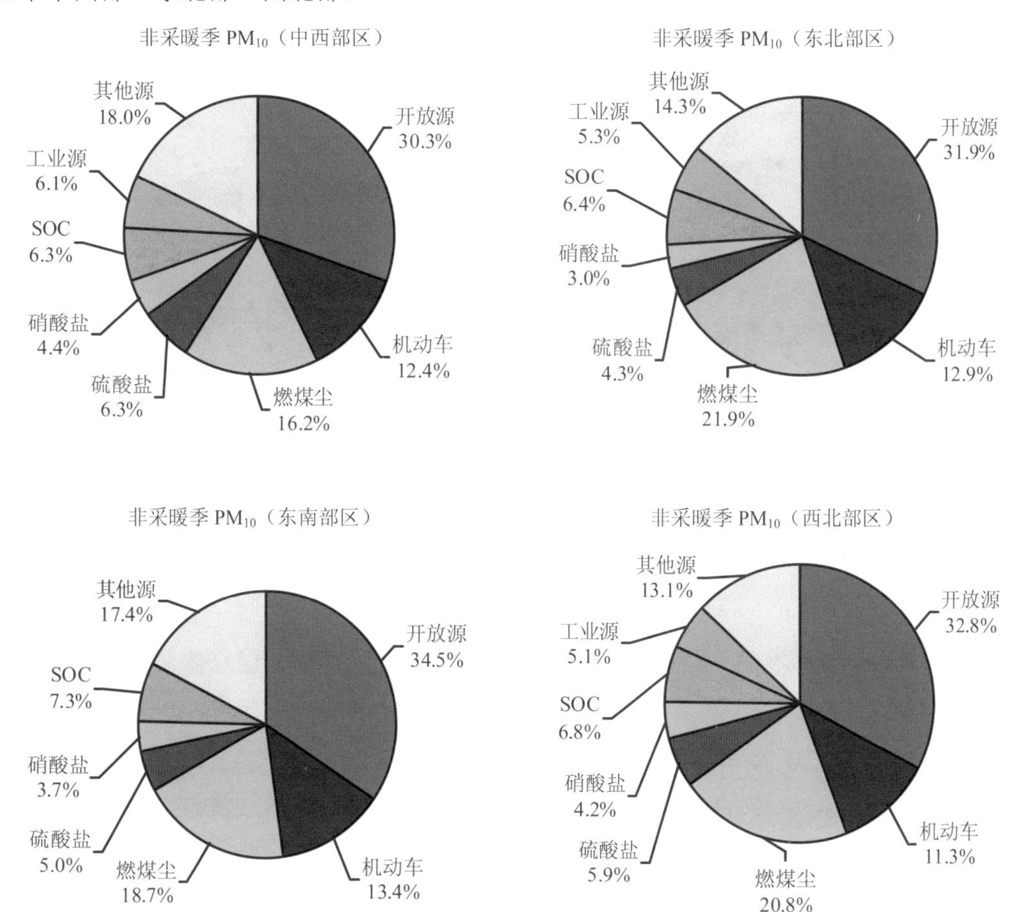

图 7-3　黑龙江省非采暖季四区域 PM_{10} 源解析结果——各源的分担率

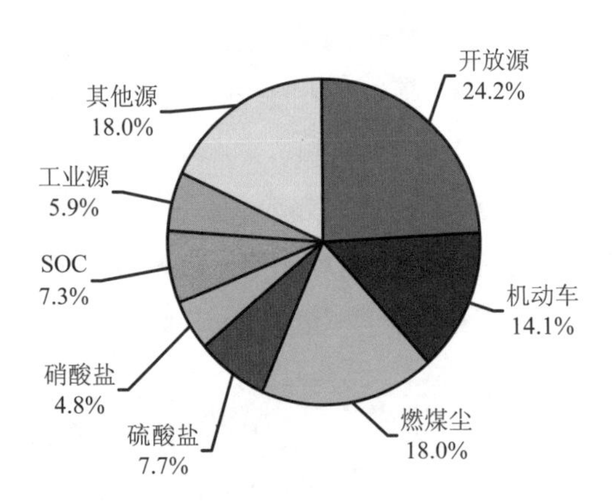

非采暖季 $PM_{2.5}$（东北部区）

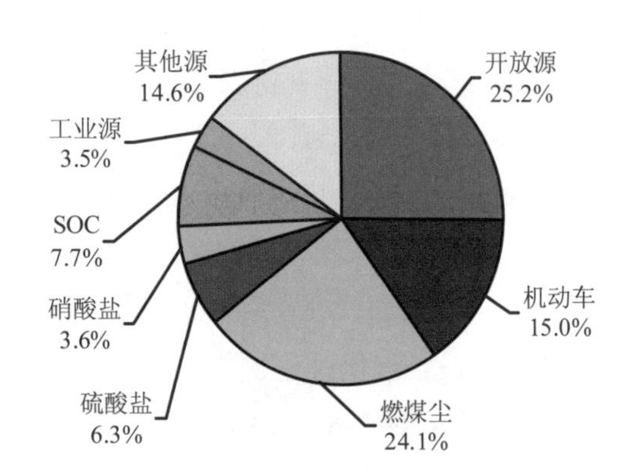

非采暖季 $PM_{2.5}$（东南部区）

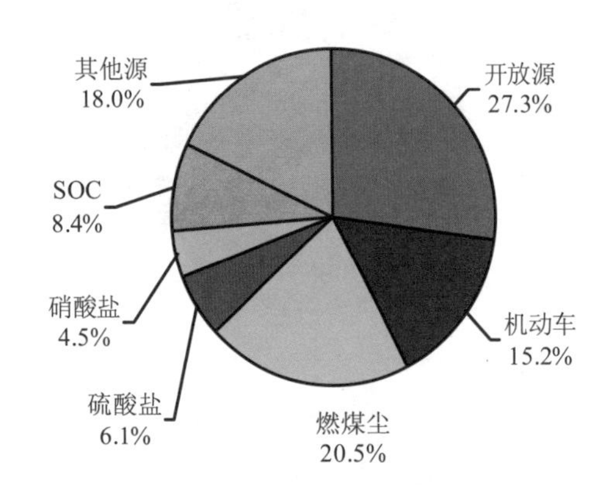

非采暖季 $PM_{2.5}$（西北部区）

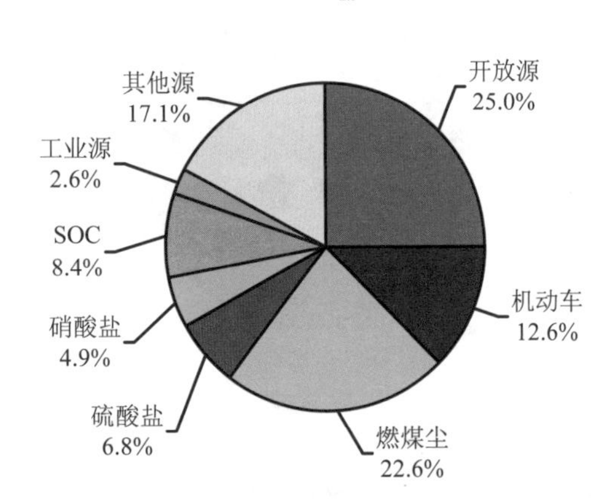

图 7-4　全省非采暖季四区域 $PM_{2.5}$ 源解析结果——各类源分担率

图 7-5 给出了黑龙江省非采暖季 PM_{10}、$PM_{2.5}$ 的源解析结果，但总体来看，非采暖季黑龙江省 PM_{10}、$PM_{2.5}$ 的主要贡献源均为开放源、燃煤尘和机动车尾气，三类污染源的分担率之和分别占到 PM_{10}、$PM_{2.5}$ 的 63.8%和 60.8%。二次粒子在 PM_{10}、$PM_{2.5}$ 中的分担率分别为 9.1%和 11.2%，SOC 的分担率分别为 6.5%和 7.8%，可见二次颗粒物的贡献也不容忽视。工业源对 PM_{10}、$PM_{2.5}$ 的分担率依次为 5.6%和 4.5%。

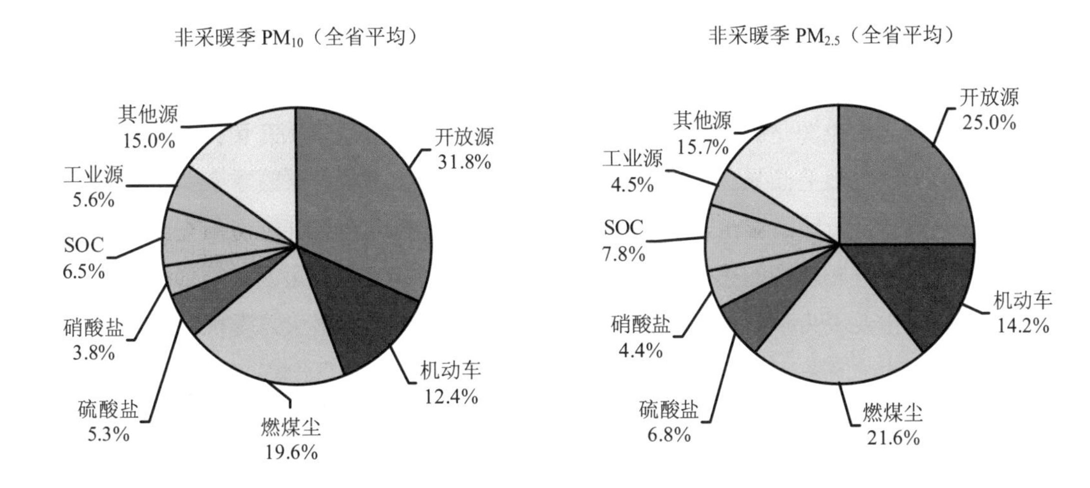

图 7-5　非采暖季黑龙江省 PM_{10} 和 $PM_{2.5}$ 源解析结果——各类源分担率

7.3.2　采暖季

图 7-6、图 7-7 及表 7-4、表 7-5 给出了采暖季黑龙江省 13 个城市 PM_{10} 和 $PM_{2.5}$ 的源解析结果。可以看出，采暖季 13 个城市 PM_{10} 和 $PM_{2.5}$ 的源分担率在数值上稍有差别，但总体来看，各污染源分担率的分布规律大体一致。PM_{10} 中燃煤尘的分担率最高，分担率范围为 27.2%～34.7%；机动车尾气源和开放源的分担率分列第二、第三位，机动车尾气源的分担率范围为 11.7%～16.8%，开放源的分担率范围为 8.1%～19.7%；采暖季生物质燃烧源的贡献也较高，分担率范围为 8.4%～12.0%；硫酸盐的分担率范围为 1.7%～4.0%；硝酸盐的分担率范围为 1.2%～2.8%；SOC 的分担率范围为 2.5%～6.3%；工业源的分担率范围为 1.5%～9.2%。

$PM_{2.5}$ 中燃煤尘的分担率最高，分担率范围为 29.8%～40.4%；第二大贡献源为机动车尾气源，分担率范围为 13.5%～18.0%；生物质燃烧尘的分担率排在第三位，为 9.3%～13.6%；开放源的分担率范围为 6.5%～12.8%；硫酸盐的分担率范围为 2.3%～4.6%；硝酸盐的分担率范围为 1.7%～3.1%；SOC 的分担率范围为 3.0%～7.0%；工业源的分担率为 1.0%～8.7%。

采暖季各城市 PM_{10} 和 $PM_{2.5}$ 的源分担率与非采暖季相比，存在一定变化，具体表现为：第一大污染源是燃煤源，分担率较之非采暖季有明显增加，采暖季燃煤源主要来自工业炉窑、供热锅炉和发电锅炉，其中供热锅炉主要包括热电厂的大型燃煤锅炉、中小型的集中供热锅炉以及生活民用的燃煤散烧，黑龙江省供暖期长达半年以上，采暖季供暖锅炉运行排放的污染物对大气颗粒物的贡献较高。13 个城市对比发现，七台河、鹤岗、双鸭山、佳木斯、鸡西、大兴安岭、黑河、伊春燃煤尘的分担率明显高于其他城市，东北部的 5 个城市属于煤化工基地，耗煤量明显高于其他城市；西北部的3个城市供暖期长达7个月，且采暖季这3个城市气温更低，供暖锅炉的运行负荷更大。

采暖季第二大污染源是机动车，近年来黑龙江省各城市机动车保有量持续增长，造成机动车尾气的贡献也日益凸显。采暖季机动车尾气源的分担率较非采暖季有些许增加，主要是采暖季气温较低，路面湿滑，机动车速度较慢，导致机动车燃油燃烧不充分，这些因素增加了机动车尾气颗粒物的排放。13个城市机动车的分担率对比发现，哈尔滨市机动车的分担率最高，主要因为哈尔滨为省会城市，机动车保有量全省最大，受机动车尾气排放污染物的影响较大。

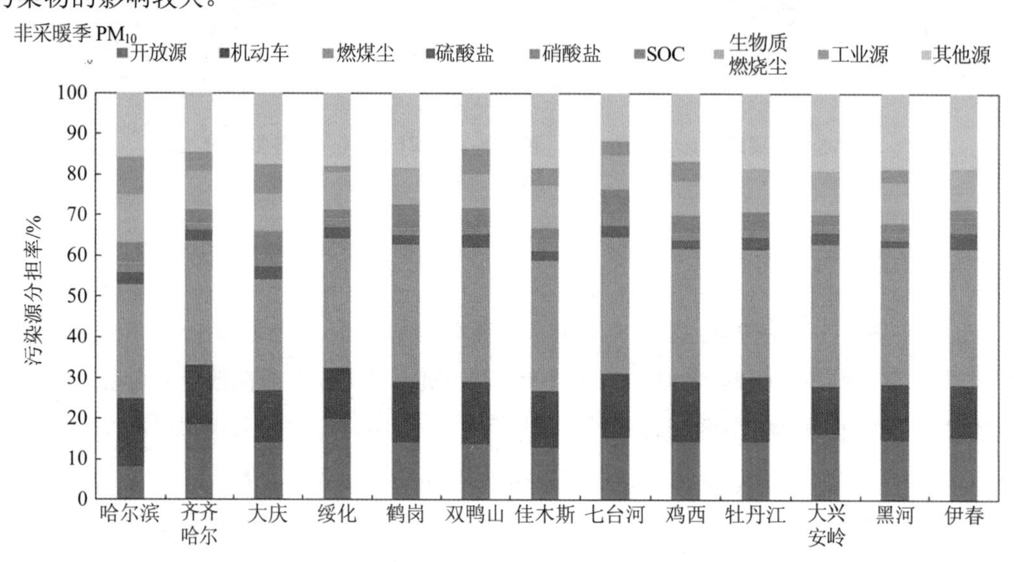

图7-6 采暖季13个城市PM_{10}源解析结果——各类源分担率

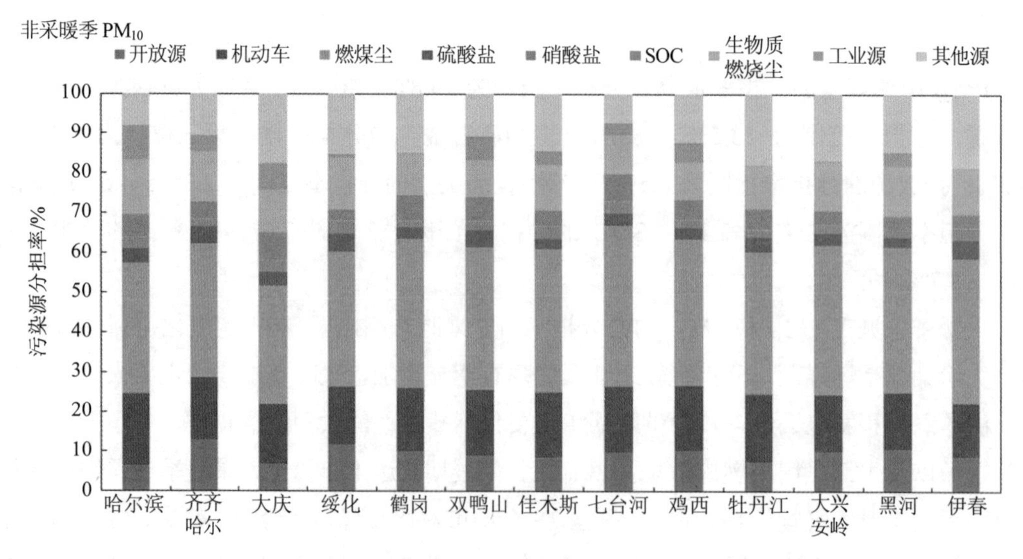

图7-7 采暖季13个城市$PM_{2.5}$源解析结果——各类源分担率

表 7-4　采暖季 13 个城市 PM_{10} 源解析结果——各类源分担率　单位：%

PM_{10} 采暖季	哈尔滨	齐齐哈尔	大庆	绥化	鹤岗	双鸭山	佳木斯	七台河	鸡西	牡丹江	大兴安岭	黑河	伊春
开放源	8.1	18.3	13.9	19.7	14.0	13.7	12.8	15.2	14.2	14.3	16.3	14.8	15.4
机动车	16.8	14.7	12.9	12.7	15.0	15.2	14.0	16.0	15.0	15.9	11.7	13.6	12.9
燃煤尘	27.8	30.6	27.2	31.8	33.8	33.1	32.1	33.5	32.5	31.2	34.7	33.8	33.5
硫酸盐	3.2	2.7	3.2	2.7	2.3	3.3	2.4	2.6	2.2	3.0	2.8	1.7	4.0
硝酸盐	2.4	1.2	2.4	1.9	1.5	1.5	2.6	2.8	1.5	1.7	1.6	1.4	2.6
SOC	4.8	3.8	6.3	2.5	5.9	5.0	2.8	6.3	4.4	4.7	2.9	2.7	3.1
生物质燃烧尘	12.0	9.4	9.3	9.3	9.2	8.4	10.7	8.4	8.4	10.6	10.9	10.1	10.1
工业源	9.2	4.6	7.2	1.5	—	6.2	4.3	3.4	5.1	—	—	3.1	—
其他源	15.9	14.6	17.7	17.9	18.4	13.6	18.4	11.8	16.6	18.5	19.0	18.7	18.4
PM_{10} 浓度/（$\mu g/m^3$）	436.1	138.75	109.41	161.76	151.30	134.27	147.72	147.53	129.55	185.46	107.35	111.17	90.29

表 7-5　采暖季 13 个城市 $PM_{2.5}$ 源解析结果——各类源分担率　单位：%

$PM_{2.5}$ 采暖季	哈尔滨	齐齐哈尔	大庆	绥化	鹤岗	双鸭山	佳木斯	七台河	鸡西	牡丹江	大兴安岭	黑河	伊春
开放源	6.5	12.8	6.8	11.6	9.9	8.8	8.6	9.8	10.3	7.4	10.0	10.6	8.7
机动车	18.0	15.9	14.9	14.6	16.1	16.8	16.3	16.7	16.3	17.2	14.4	14.4	13.5
燃煤尘	32.9	33.5	29.8	34.1	37.5	35.8	36.1	40.4	37.1	35.8	37.7	36.7	36.5
硫酸盐	3.6	4.3	3.5	4.4	2.8	4.3	2.7	3.1	2.6	3.7	3.0	2.3	4.6
硝酸盐	2.6	2.0	3.1	3.1	1.7	2.0	3.0	2.9	2.2	2.0	2.0	2.1	3.1
SOC	5.9	4.3	7.0	3.0	6.3	6.2	3.8	6.9	4.9	5.0	3.5	3.1	3.4
生物质燃烧尘	13.6	12.6	10.7	12.9	10.8	9.3	11.5	9.8	9.5	11.1	12.6	12.7	11.6
工业源	8.7	3.9	6.5	1.0	—	6.0	3.6	3.0	4.9	—	—	3.5	—
其他源	8.1	10.7	17.7	15.3	14.8	10.8	14.4	7.4	12.4	17.9	16.7	14.6	18.5
$PM_{2.5}$ 浓度/（$\mu g/m^3$）	358.66	62.13	89.94	91.91	119.04	96.21	105.78	117.63	80.73	135.16	83.32	58.83	65.94

第三大污染源是生物质燃烧尘，对 PM_{10} 和 $PM_{2.5}$ 的分担率分别为 8.4%～12.0%和 9.3%～13.6%，秋收后大量的秸秆露天焚烧，秸秆焚烧对空气质量的影响较大，采暖季不利气象条件下，易造成大气颗粒物浓度短时间快速升高。将 13 个城市生物质燃烧源的分担率进行对比发现，西北部的大兴安岭、黑河和伊春的分担率要高于其他城市，与其这段时间既有秸秆露天焚烧，又有林区焚烧防火隔离带叠加有关。

开放源主要包括城市扬尘、土壤尘和建筑水泥尘的贡献，采暖季开放源对 PM_{10} 和 $PM_{2.5}$ 的贡献较之非采暖季下降较多，主要因为采暖季温度较低，地表结冰或被冰雪覆盖，不易起尘，且采暖季低温条件下，建筑施工也会大幅减少。将 13 个城市开放源分担率进行对比发现，齐齐哈尔、绥化、黑河、鸡西稍高于其他城市。

采暖季二次粒子硫酸盐和硝酸盐对 PM_{10} 和 $PM_{2.5}$ 的贡献较非采暖季有所下降，对 PM_{10}

和 $PM_{2.5}$ 的分担率范围分别为 2.9%～6.7%和 4.0%～7.7%，二次粒子对 PM_{10} 和 $PM_{2.5}$ 的贡献小可能是因为东北地区采暖季低温、低湿和低太阳辐射，气候条件不利于二次粒子的生成。

SOC 主要来自 VOCs 的转化，从 13 个城市 SOC 的分担率来看，大庆 SOC 的分担率最高，鹤岗、双鸭山、七台河、哈尔滨的 SOC 分担率也稍高于其他城市。

工业源对 PM_{10} 和 $PM_{2.5}$ 的分担率分别为 1.5%～9.2%和 1.0%～8.7%。从 13 个城市工业源的分担率来看，哈尔滨工业源的分担率在 13 个城市中最高，其次为大庆、双鸭山、鸡西和齐齐哈尔。

此外，对比不同粒径颗粒物的源解析结果发现，燃煤尘、机动车尾气、二次粒子和 SOC 对 $PM_{2.5}$ 的分担率大于 PM_{10}，而城市扬尘、土壤风沙尘等开放源以及工业源对 PM_{10} 的分担率要大于 $PM_{2.5}$。

将 13 个城市分为中西部（哈尔滨、齐齐哈尔、大庆、绥化）、东北部（鹤岗、双鸭山、佳木斯、七台河、鸡西）、东南部（牡丹江）和西北部（大兴安岭、黑河、伊春）四个区域。图 7-8、图 7-9 给出了采暖季 4 个区 PM_{10}、$PM_{2.5}$ 的源解析结果。

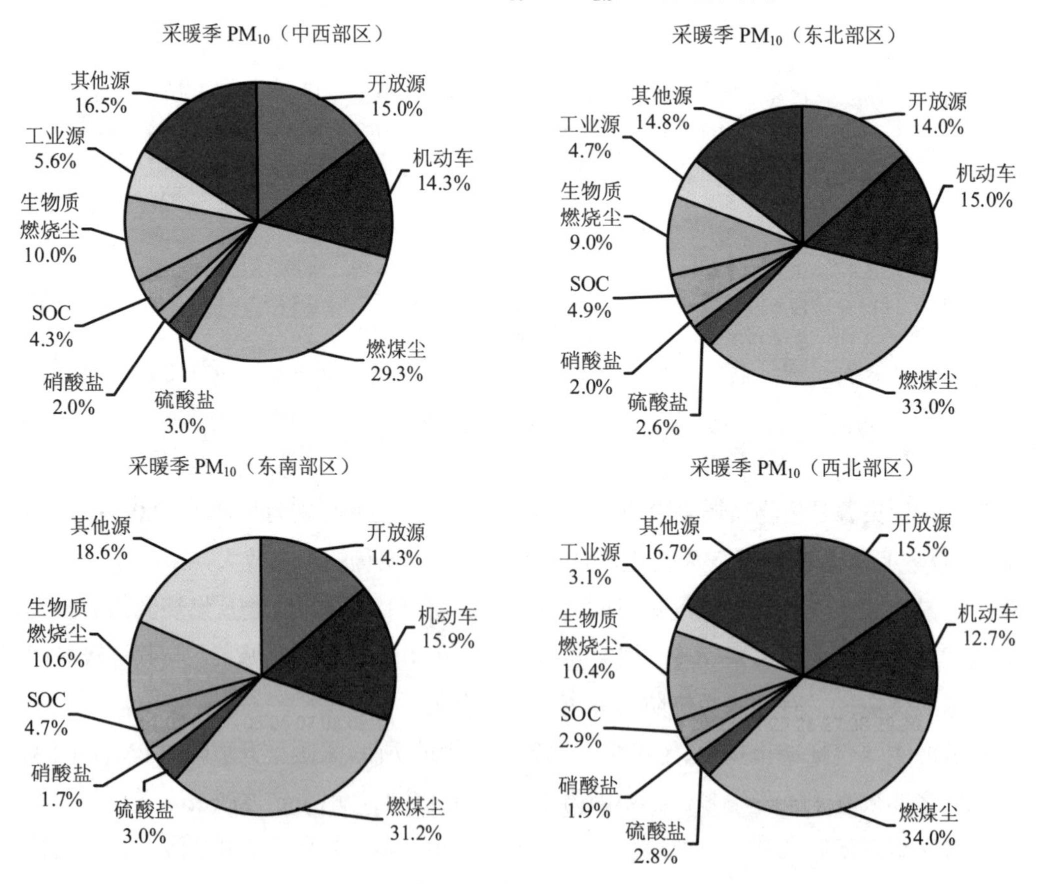

图 7-8 黑龙江省采暖季区域 PM_{10} 源解析结果——各类源分担率

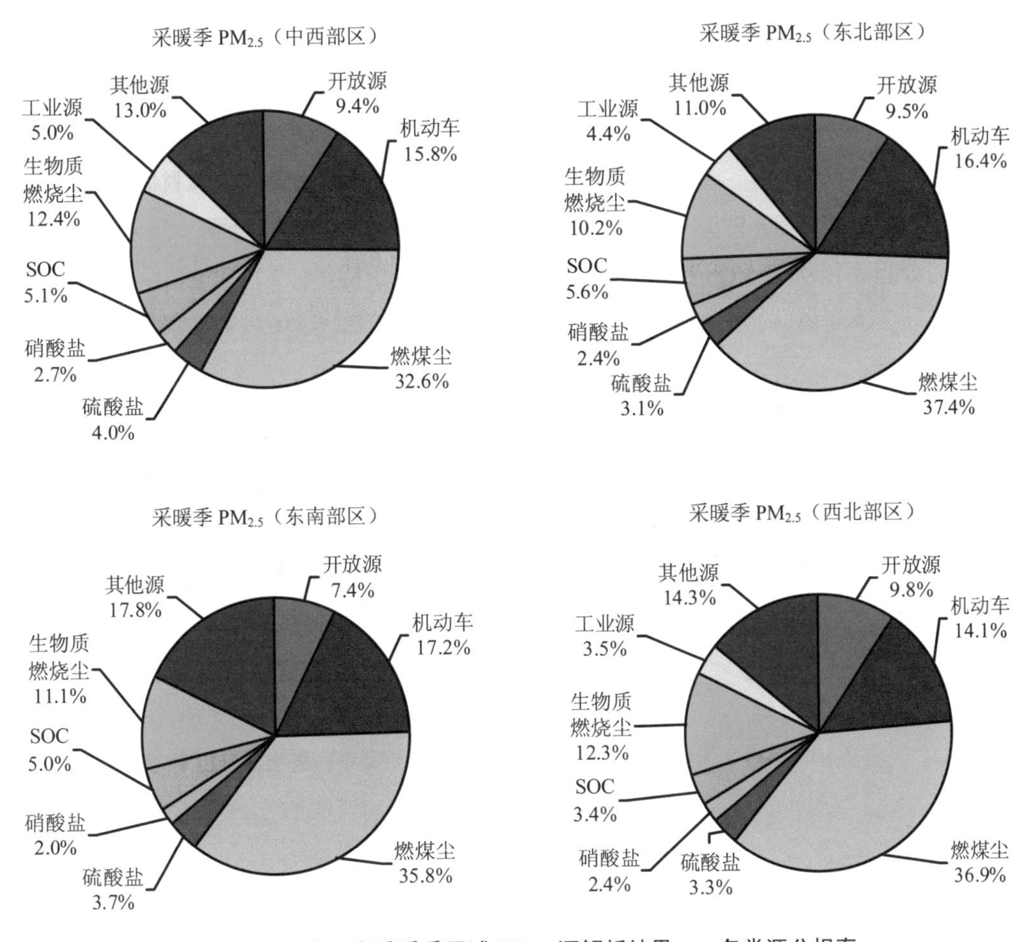

图 7-9 黑龙江省采暖季区域 $PM_{2.5}$ 源解析结果——各类源分担率

从图 7-8、图 7-9 可以看出，采暖季各区域 PM_{10} 的主要贡献源均为燃煤尘、机动车尾气尘、开放源和生物质燃烧尘，二次颗粒物（硫酸盐+硝酸盐）、二次有机碳（SOC）和工业源也均有一定的贡献。各区域 $PM_{2.5}$ 的主要贡献源均为燃煤尘、机动车尾气尘、生物质燃烧尘和开放源，二次颗粒物（硫酸盐+硝酸盐）、二次有机碳（SOC）和工业源也均有一定的贡献。

各区域之间存在些微空间差异，燃煤尘分担率东北部＞西北部＞东南部＞中西部，东北部为煤化工基地，西北部 3 个城市供暖期较其他城市多 1 个月，这两个区域燃煤尘的贡献要高于另外两个区域；机动车分担率东南部＞东北部＞中西部＞西北部；生物质燃烧尘分担率东北部小于其他 3 个区域；开放源的贡献西北部稍高于其他三个区域；二次颗粒物（硫酸盐+硝酸盐）分担率中西部＞西北部＞东南部＞东北部；SOC 分担率东北部最高，西北部最低；工业源分担率中西部＞东北部＞西北部。

图 7-10 中给出了黑龙江省采暖季 PM_{10} 和 $PM_{2.5}$ 的源解析结果，总体来看，采暖季黑

龙江省 PM_{10} 主要贡献源为燃煤尘（分担率为 32.0%）、开放源（分担率为 14.7%）、机动车尾气（分担率为 14.3%）和生物质燃烧尘（分担率为 9.7%），$PM_{2.5}$ 的主要贡献源为燃煤尘（分担率为 35.7%）、机动车尾气（分担率为 15.8%）、生物质燃烧尘（分担率为 11.4%）和开放源（分担率为 9.4%）。二次粒子在 PM_{10} 和 $PM_{2.5}$ 中的分担率分别为 4.7%和 6%，SOC 的分担率分别为 4.2%和 4.9%，二次颗粒物的分担率较非采暖季有所下降。工业源对 PM_{10} 和 $PM_{2.5}$ 的分担率依次为 5.0%和 4.6%，分担率与非采暖季持平。

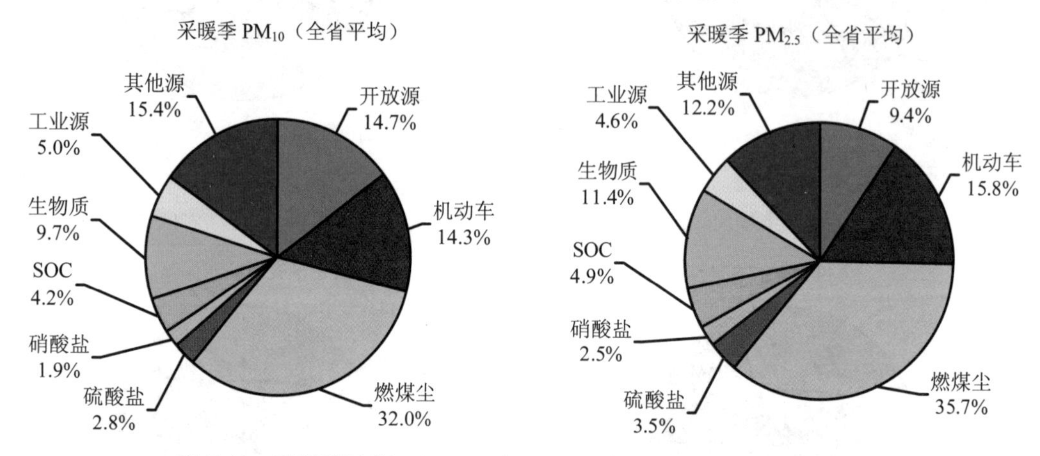

图 7-10　采暖季黑龙江省 PM_{10} 和 $PM_{2.5}$ 源解析结果——各类源分担率

7.3.3　季节比较

比较非采暖季（图 7-1～图 7-5）和采暖季（图 7-6～图 7-10）PM_{10} 和 $PM_{2.5}$ 的源解析结果间的差异发现如下特征：

燃煤源采暖季的分担率显著高于非采暖季，分析原因主要是采暖季因供暖锅炉的运行，燃煤消耗量大幅增加所致。

机动车尾气在采暖季的分担率要高于非采暖季，主要是因为采暖季温度较低，发动机在冷启动时的磨损量增加，发动机负荷加大，油耗变大；采暖季积雪导致路面湿滑，车速较慢，机动车燃油燃烧不充分，以上因素导致机动车排放的颗粒物增加。

开放源（城市扬尘+土壤风沙尘+建筑水泥尘）在非采暖季的分担率明显高于采暖季，主要是因为非采暖季干旱同期，裸露地表容易起尘，采暖季温度较低，地表结冰或被冰雪覆盖，不易起尘，且采暖季低温条件下，建筑施工大幅减少。

采暖季生物质燃烧尘是 PM_{10} 和 $PM_{2.5}$ 的第三大污染源，是在采暖期前、后期典型的重要污染源。

非采暖季二次粒子（硫酸盐和硝酸盐）和二次有机碳（SOC）的分担率高于采暖季，主要是非采暖季气象条件更利于二次颗粒物的转化。从贡献浓度来看，采暖季二次粒子和

SOC 的贡献浓度仍高于非采暖季，主要是采暖季扩散条件较差，静稳天气频率较高，大气边界层较低所致。

工业源对 PM_{10} 和 $PM_{2.5}$ 也有一定的贡献，非采暖季工业源的分担率和采暖季差异较小，分担率水平相当。

总体来看，采暖季（采暖期）燃煤尘对 PM_{10} 和 $PM_{2.5}$ 的分担率和贡献浓度均远高于非采暖季（非采暖期）；采暖季机动车的分担率略高于非采暖季，贡献浓度高于非采暖季；采暖季开放源（城市扬尘、土壤风沙尘、建筑水泥尘）、硫酸盐、硝酸盐、SOC 的分担率均低于非采暖季，但是硫酸盐、硝酸盐、SOC 的贡献浓度均高于非采暖期，主要是大气温度高、逆温频率高、大气边界层较低所致；生物质燃烧尘是具有季节性特征的污染源，采暖季生物质燃烧尘对 PM_{10} 和 $PM_{2.5}$ 的贡献不容忽视。

7.3.4 全年

图 7-11、图 7-12 及表 7-6、表 7-7 为黑龙江省 13 个城市全年 PM_{10} 和 $PM_{2.5}$ 的源解析结果（分担率）。可以看出，全年 13 个城市 PM_{10} 和 $PM_{2.5}$ 的源分担率在数值上稍有差别，但总体来看，各污染源分担率的分布规律大体一致。

燃煤尘、开放源和机动车尾气尘为 13 个城市全年 PM_{10} 的三大类贡献源，燃煤尘是除大庆外 12 个城市的第一大贡献源，分担率范围为 25.1%～31.8%，大庆市第一大贡献源为开放源，分担率为 24.0%；开放源是除哈尔滨、大庆之外 11 个城市的第二大贡献源，分担率范围为 19.5%～25.4%，哈尔滨第二大贡献源为机动车尾气尘，分担率为 15.8%，大庆第二大贡献源为燃煤尘，分担率为 22.1%；机动车尾气尘是除哈尔滨之外 12 个城市的第三大贡献源，分担率范围为 11.5%～14.7%；工业源、生物质燃烧尘的分担率位于第四、第五位，工业源的分担率范围为 1.3%～9.8%；生物质燃烧尘的分担率范围为 4.1%～9.2%；硫酸盐的分担率范围为 2.4%～5.0%；硝酸盐的分担率范围为 1.6%～3.6%；SOC 的分担率范围为 2.6%～7.4%。

$PM_{2.5}$ 中燃煤尘的分担率最高，分担率范围为 23.9%～34.5%；开放源是除哈尔滨、双鸭山、七台河、牡丹江之外 9 个城市的第二大贡献源，哈尔滨、双鸭山、七台河、牡丹江的第二大贡献源为机动车尾气尘，机动车尾气尘是除哈尔滨、双鸭山、七台河、牡丹江之外 9 个城市的第三大贡献源，哈尔滨的第三大贡献源为工业源，双鸭山、七台河、牡丹江的第三大贡献源为开放源，13 个城市开放源的分担率范围为 4.8%～20.0%，机动车尾气尘的分担率范围为 13.0%～16.8%；生物质燃烧尘对 $PM_{2.5}$ 的贡献也较大，分担率范围为 5.2%～9.7%；硫酸盐的分担率范围为 3.5%～5.8%；硝酸盐的分担率范围为 2.0%～4.4%；SOC 的分担率范围为 3.6%～9.0%；工业源的分担率范围为 1.0%～9.0%。

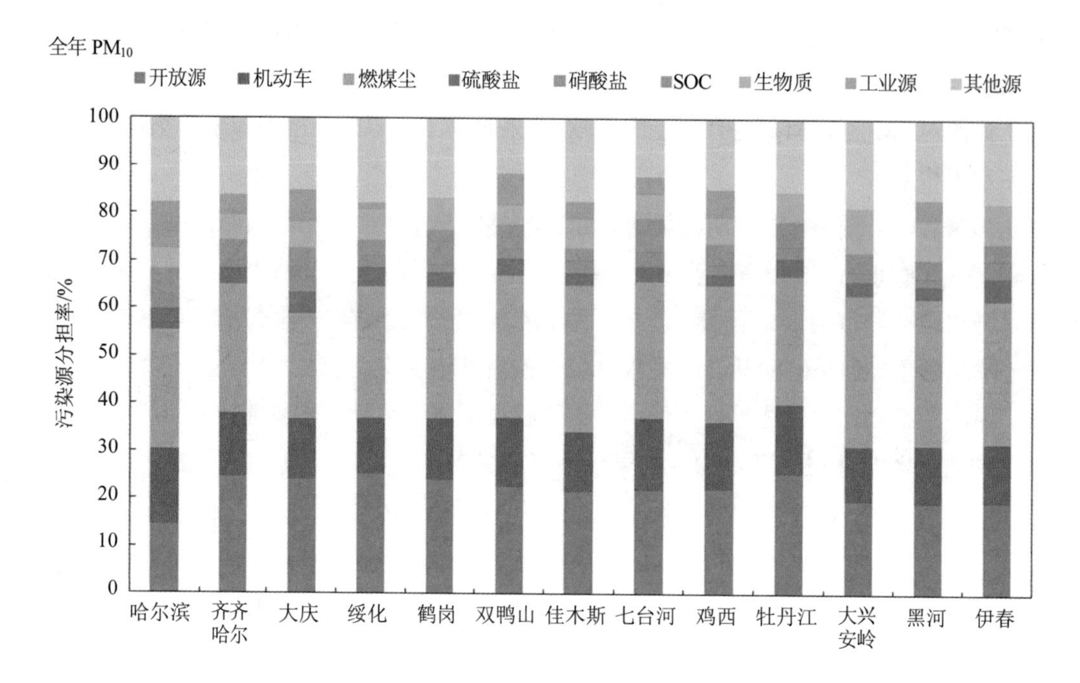

图 7-11 全年 13 个城市 PM_{10} 源解析结果——各类源分担率

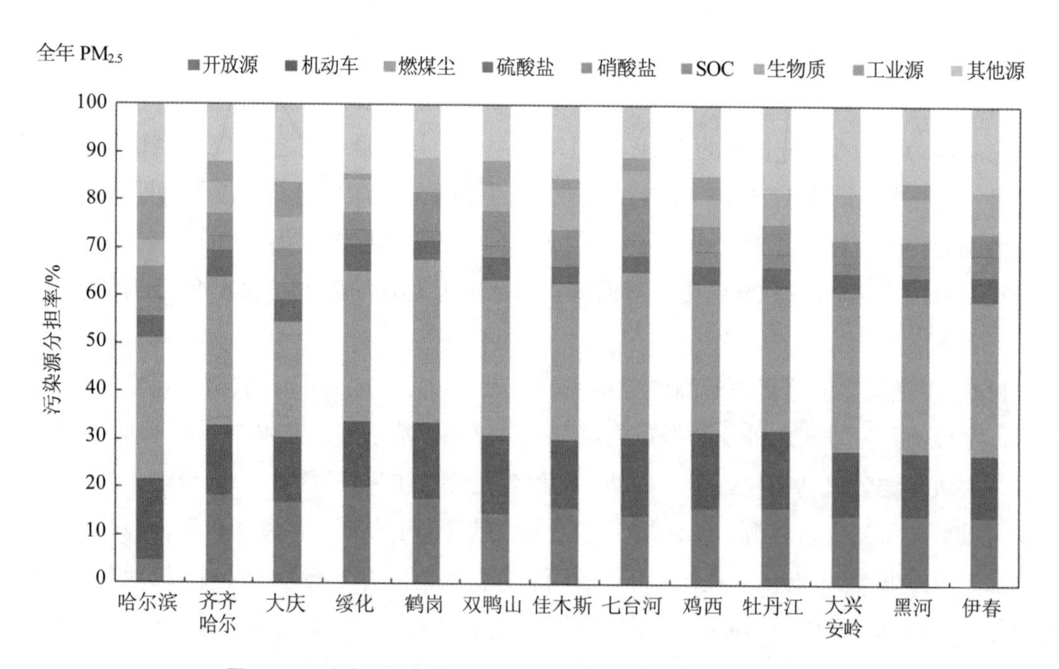

图 7-12 全年 13 个城市 $PM_{2.5}$ 源解析结果——各类源分担率

表 7-6　全年 13 个城市 PM_{10} 源解析结果——各类源分担率　　单位：%

PM_{10} 全年	哈尔滨	齐齐哈尔	大庆	绥化	鹤岗	双鸭山	佳木斯	七台河	鸡西	牡丹江	大兴安岭	黑河	伊春
开放源	14.5	24.7	24.0	25.3	23.9	22.6	21.7	22.0	22.2	25.4	19.9	19.5	19.5
机动车	15.8	13.2	12.6	11.7	13.0	14.5	12.5	15.1	14.1	14.7	11.5	12.0	12.3
燃煤尘	25.1	27.1	22.1	27.5	27.8	29.9	30.9	28.8	28.7	27.0	31.8	31.0	30.1
硫酸盐	4.3	3.3	4.6	4.0	2.9	3.6	2.6	3.2	2.4	3.7	3.0	2.6	5.0
硝酸盐	3.3	1.8	3.2	2.5	1.6	2.0	2.5	2.9	2.1	2.4	2.0	1.6	3.6
SOC	5.3	4.1	6.2	3.4	7.4	5.0	2.6	7.1	4.4	5.2	4.1	4.0	3.6
生物质	4.1	5.4	5.3	6.5	6.7	4.2	6.2	5.1	5.5	6.0	9.2	8.4	8.3
工业源	9.8	4.2	6.7	1.3	—	6.5	3.6	3.7	5.9	—	—	4.3	—
其他源	17.7	16.1	15.2	17.8	16.7	11.6	17.4	12.1	14.8	15.5	18.7	16.7	17.6
PM_{10} 浓度/（$\mu g/m^3$）	167.16	122.00	93.54	124.47	124.15	102.94	112.10	113.69	101.25	138.43	98.04	88.05	79.68

表 7-7　全年 13 个城市 $PM_{2.5}$ 源解析结果——各类源分担率　　单位：%

$PM_{2.5}$ 全年	哈尔滨	齐齐哈尔	大庆	绥化	鹤岗	双鸭山	佳木斯	七台河	鸡西	牡丹江	大兴安岭	黑河	伊春
开放源	4.8	18.4	16.9	20.0	17.7	14.6	16.0	14.3	15.9	16.0	14.5	14.4	14.2
机动车	16.8	14.4	13.5	13.9	15.9	16.5	14.2	16.3	15.9	16.2	13.5	13.1	13.0
燃煤尘	29.4	31.0	23.9	31.4	34.0	32.2	32.6	34.5	31.0	29.8	33.3	33.0	32.0
硫酸盐	4.8	5.8	4.7	5.5	4.2	5.0	3.6	3.5	3.8	4.4	4.0	3.8	5.4
硝酸盐	3.8	3.0	3.5	3.2	2.0	2.4	3.5	3.4	2.9	2.8	2.2	2.7	4.4
SOC	6.5	4.6	7.3	3.6	7.9	7.2	4.2	9.0	5.3	6.0	4.7	4.9	4.5
生物质	5.4	6.6	6.5	6.9	7.1	5.2	8.5	5.6	5.6	6.7	9.7	9.1	8.7
工业源	9.0	4.2	7.4	1.0	—	5.2	2.3	2.5	4.9	—	—	3.0	—
其他源	19.6	12.0	16.2	14.5	11.2	11.6	15.2	10.8	14.6	18.1	18.2	16.0	17.8
$PM_{2.5}$ 浓度/（$\mu g/m^3$）	127.28	63.58	70.01	76.61	88.80	71.52	80.14	88.01	61.29	97.97	66.58	50.53	55.18

将 13 个城市分为中西部（哈尔滨、齐齐哈尔、大庆、绥化）、东北部（鹤岗、双鸭山、佳木斯、七台河、鸡西）、东南部（牡丹江）和西北部（大兴安岭、黑河、伊春）四个区域。图 7-13、图 7-14 给出了全年 4 个区域 PM_{10}、$PM_{2.5}$ 的源解析结果。

从图 7-13、图 7-14 中可以看出，全年区域 PM_{10} 的主要贡献源均为燃煤尘、开放源、机动车尾气尘和生物质燃烧尘。其中，燃煤尘分担率范围为 25.5%～30.9%，西北部＞东北部＞东南部＞中西部；开放源的分担率范围为 19.6%～25.4%，东南部＞东北部＞中西部＞西北部；机动车尾气尘分担率范围为 11.9%～14.7%，东南部＞东北部＞中西部＞西北部；生物质燃烧尘分担率范围为 5.4%～8.6%，西北部＞东南部＞东北部＞中西部；二次颗粒物（硫酸盐+硝酸盐）、二次有机碳（SOC）和工业源也均有一定的贡献，分担率范围依次为 5.2%～6.8%、3.9%～5.3%、4.3%～5.5%。

区域 $PM_{2.5}$ 的主要贡献源均为燃煤尘、开放源、机动车尾气尘和生物质燃烧尘。其中，燃煤尘分担率范围为 28.9%～32.9%，东北部＞西北部＞东南部＞中西部；开放源的分担率范围为 14.4%～16.0%，东南部＞东北部＞中西部＞西北部；机动车尾气尘分担率范围为 13.2%～16.2%，东南部＞东北部＞中西部＞西北部；生物质燃烧尘分担率范围为 6.4%～9.2%，西北部＞东南部＞东北部＞中西部；二次颗粒物（硫酸盐+硝酸盐）、二次有机碳（SOC）和工业源也均有一定的贡献，分担率范围依次为 6.8%～8.6%、4.7%～6.7%、3.0%～5.4%。

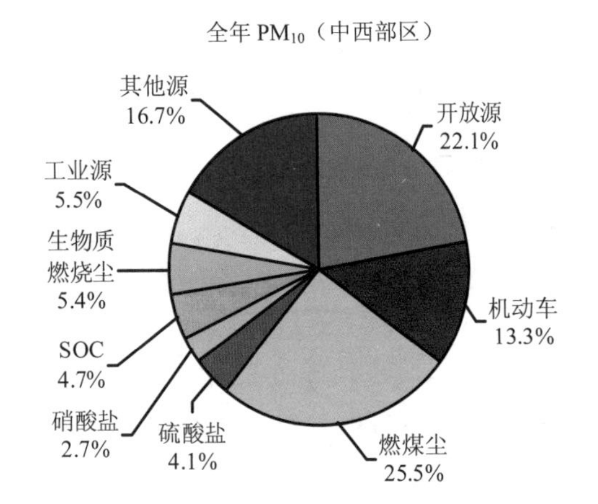

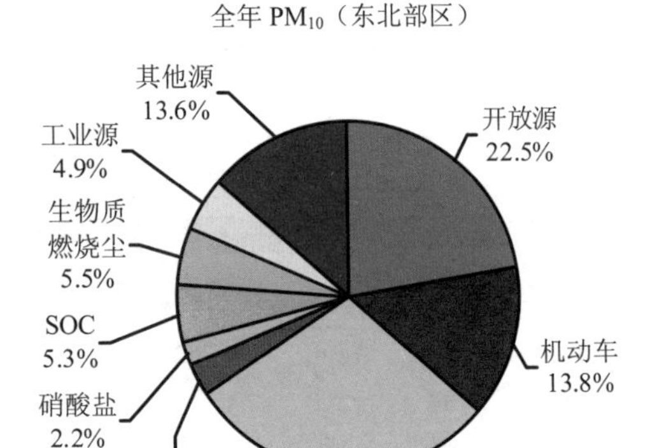

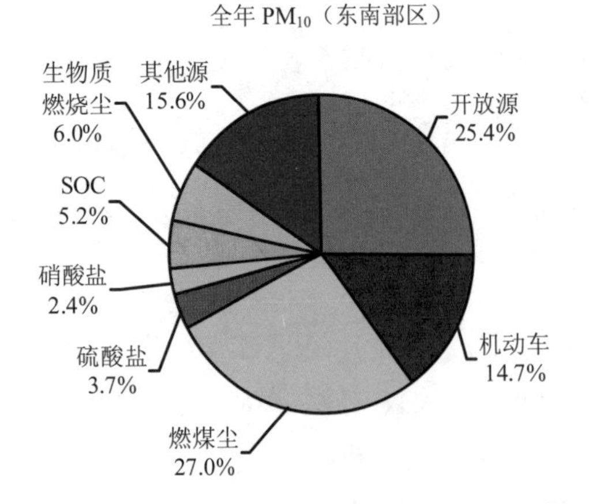

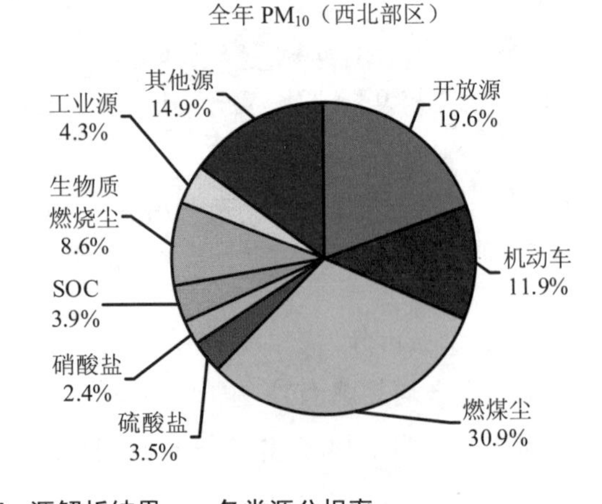

图 7-13 黑龙江省全年区域 PM_{10} 源解析结果——各类源分担率

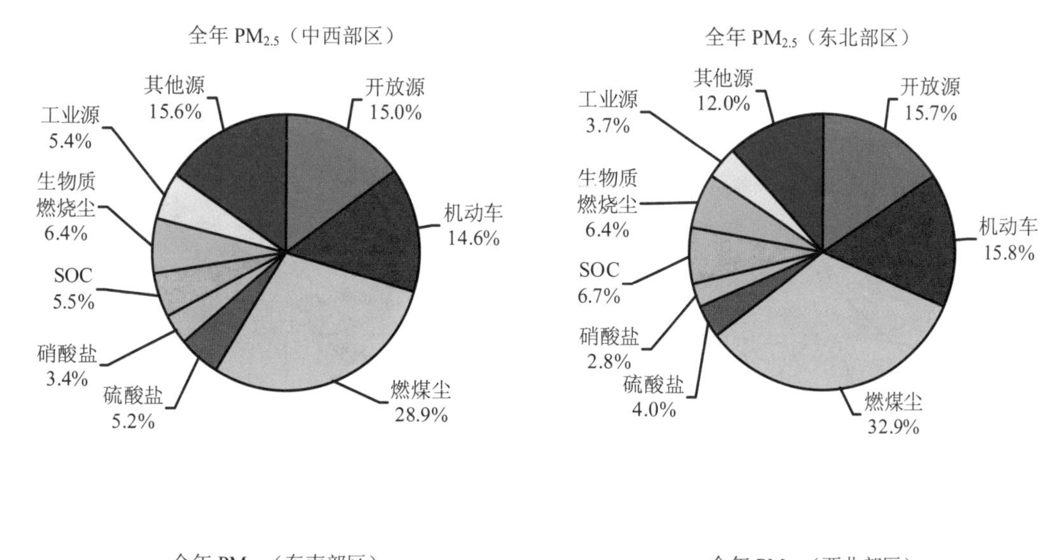

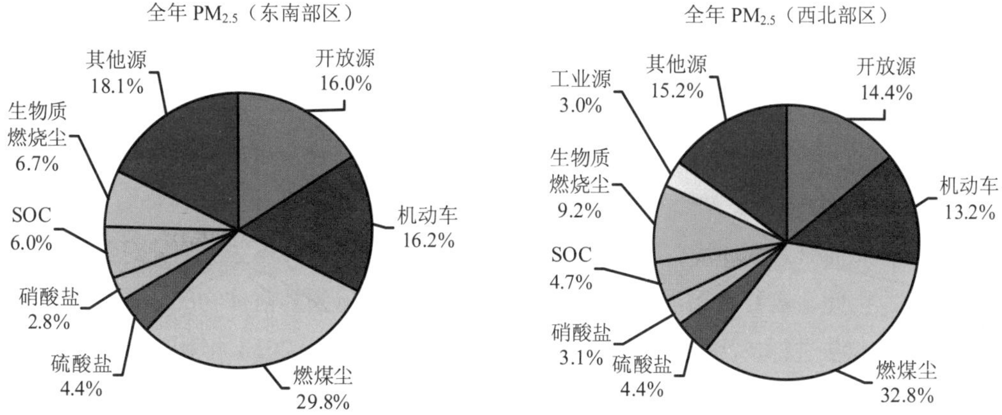

图 7-14　黑龙江省全年区域 $PM_{2.5}$ 源解析结果——各类源分担率

图 7-15 中给出了黑龙江省全年 PM_{10}、$PM_{2.5}$ 的源解析结果，全年 PM_{10} 主要贡献源为燃煤尘（分担率为 28.3%）、开放源（分担率为 21.9%）和机动车尾气尘（分担率为 13.3%），生物质燃烧尘、工业源、二次颗粒物（硫酸盐+硝酸盐）、二次有机碳（SOC）也有一定的贡献，分担率分别为 6.2%、5.1%、5.9%和 4.8%。$PM_{2.5}$ 的主要贡献源为燃煤尘（分担率为 31.4%）、开放源（分担率为 15.2%）、机动车尾气尘（分担率为 14.9%）和生物质燃烧尘（分担率为 7.1%），二次颗粒物（硫酸盐+硝酸盐）、二次有机碳（SOC）、工业源也有一定的贡献，分担率依次为 7.6%、5.8%和 4.6%。总体来看，黑龙江省大气颗粒物污染属于燃煤、机动车和开放源的复合污染。

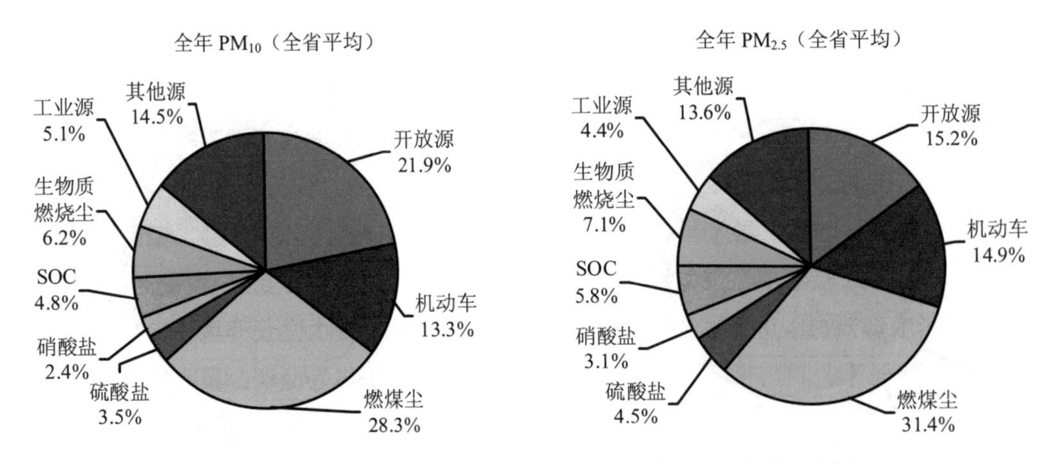

图 7-15　黑龙江省全年 PM_{10} 和 $PM_{2.5}$ 源解析结果——各类源分担率

7.3.5　二次粒子贡献再分摊

从黑龙江省 13 个城市及全省 PM_{10} 和 $PM_{2.5}$ 的全年源解析结果（图 7-11、图 7-12 和图 7-15）可以看出：二次粒子（硫酸盐+硝酸盐+SOC）对 PM_{10} 和 $PM_{2.5}$ 的分担率分别为 7.7%～13.9%和 10.9%～15.9%，其贡献不容忽视。二次粒子主要由 SO_2、NO_x、VOCs 等前体物二次转化而来。从环境管理角度来看，二次粒子的防治措施主要是针对其前体物的一次排放源。因此，需要将二次粒子的贡献按一定比例分摊到其前体物的一次排放源。

按清单分配法进行二次颗粒物的分摊，具体方法如下：由 2014 年环统数据得到各个工业源、燃煤源和机动车尾气源排放的 SO_2 和 NO_x 的量占总排放量的比例（表 7-8），然后分别乘以硫酸盐和硝酸盐在源解析结果中的分担率，转化为相应的工业源、燃煤源和机动车尾气源的分担率；SOC 主要由工业污染源排放的 VOCs 转化而来，因此本项目中将源解析结果中 SOC 的分担率全部转化为工业源的分担率；将上述二次颗粒物的分担率转化而来的分担率与源解析结果中的原有的工业源、燃煤源和机动车尾气源的分担率相加，得到最终的源解析结果。

表 7-8　黑龙江省 13 个城市不同污染源 SO_2、NO_x 的排放量占比

城市	SO_2		NO_x		
	燃煤源	工业	燃煤源	工业	机动车
哈尔滨	64.60%	35.40%	47.80%	20.10%	32.10%
齐齐哈尔	16.39%	83.61%	11.21%	71.88%	16.91%
大庆	25.76%	74.24%	9.18%	67.04%	23.78%
绥化	23.04%	76.96%	6.66%	16.15%	77.19%

城市	SO_2		NO_x		
	燃煤源	工业	燃煤源	工业	机动车
鹤岗	21.86%	78.14%	6.94%	82.17%	10.89%
双鸭山	40.26%	59.74%	18.46%	69.39%	12.15%
佳木斯	14.35%	85.65%	16.21%	48.09%	35.70%
七台河	38.17%	61.83%	13.67%	77.58%	8.75%
鸡西	11.16%	88.84%	8.16%	64.25%	27.59%
牡丹江	25.97%	74.03%	24.76%	46.45%	28.78%
大兴安岭	10.93%	89.07%	4.79%	51.14%	44.07%
黑河	5.00%	95.00%	11.04%	57.35%	31.61%
伊春	24.73%	75.27%	15.00%	64.86%	20.14%

图 7-16、图 7-17 及表 7-9、表 7-10 为二次粒子贡献再分摊后黑龙江省 13 个城市 PM_{10} 和 $PM_{2.5}$ 的全年源解析结果。可以看出：

二次粒子重新分担后，对哈尔滨 PM_{10} 和 $PM_{2.5}$ 贡献最大的污染源均为燃煤尘，分担率分别为 31.0%和 36.0%；第二大贡献源为机动车尾气，分担率分别为 16.9%和 18.0%；第三大贡献源均为工业源，分担率分别为 15.8%和 16.3%；扬尘类开放源对 PM_{10} 贡献也较大，分担率占到了 14.5%；生物质燃烧尘对 PM_{10} 和 $PM_{2.5}$ 也有一定的贡献，分别为 4.1%和 5.4%。

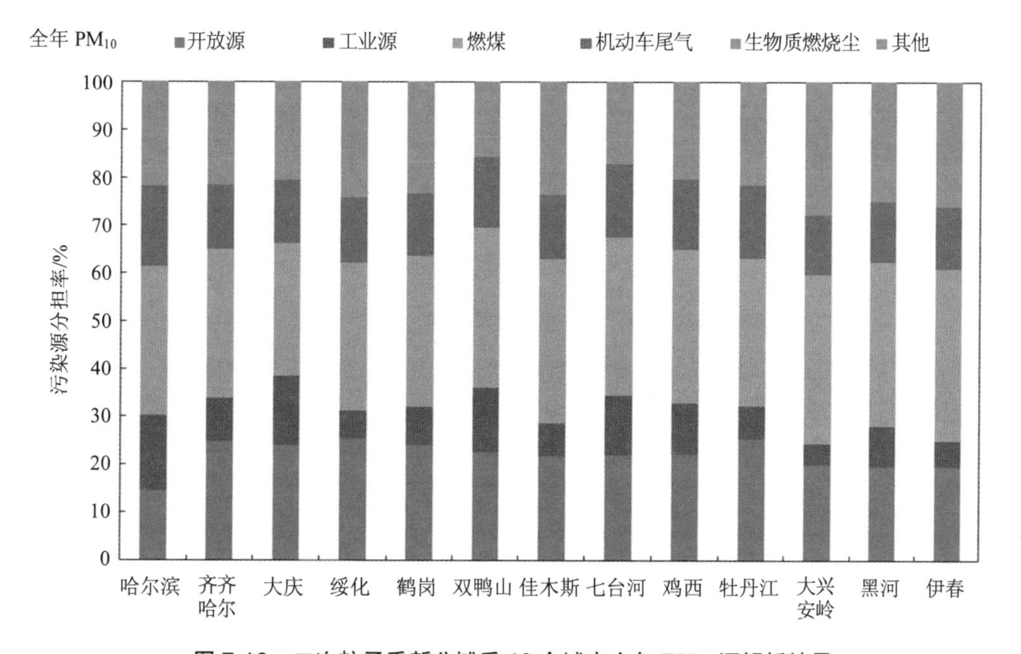

图 7-16　二次粒子重新分摊后 13 个城市全年 PM_{10} 源解析结果

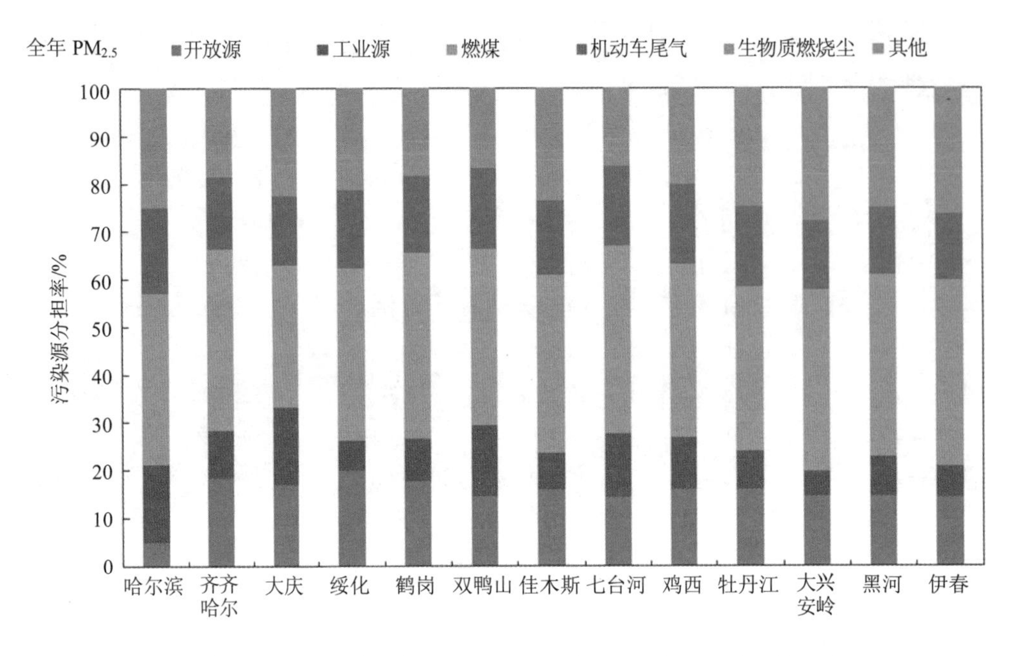

图 7-17　二次粒子重新分摊后 13 个城市全年 $PM_{2.5}$ 源解析结果

表 7-9　二次粒子重新分摊后 13 个城市全年 PM_{10} 的源解析结果——各类源分担率　单位：%

全年	哈尔滨	齐齐哈尔	大庆	绥化	鹤岗	双鸭山	佳木斯	七台河	鸡西	牡丹江	大兴安岭	黑河	伊春
开放源	14.5	24.7	24.0	25.3	23.9	22.6	21.7	22.0	22.2	25.4	19.9	19.5	19.5
工业源	15.8	9.1	14.4	5.8	8.2	13.4	7.0	12.4	10.7	6.8	4.5	8.6	5.3
燃煤尘	31.0	31.2	27.7	31.0	31.4	33.5	34.4	33.1	32.1	30.9	35.4	34.4	36.1
机动车尾气尘	16.9	13.5	13.4	13.6	13.1	14.7	13.4	15.3	14.7	15.4	12.3	12.5	13.0
生物质燃烧尘	4.1	5.4	5.3	6.5	6.7	4.2	6.2	5.1	5.5	6.0	9.2	8.4	8.3
其他源	17.8	16.1	15.2	17.8	16.7	11.6	17.4	12.1	14.8	15.5	18.7	16.7	17.6
PM_{10} 浓度/（μg/m^3）	167.16	122.00	93.54	124.47	124.15	102.94	112.10	113.69	101.25	138.43	98.04	88.05	79.68

表 7-10　二次粒子重新分摊后 13 个城市全年 $PM_{2.5}$ 源解析结果——各类源分担率　单位：%

全年	哈尔滨	齐齐哈尔	大庆	绥化	鹤岗	双鸭山	佳木斯	七台河	鸡西	牡丹江	大兴安岭	黑河	伊春
开放源	4.8	18.4	16.9	20.0	17.7	14.6	16.0	14.3	15.9	16.0	14.5	14.4	14.2
工业源	16.3	10.1	16.3	6.1	9.0	14.9	7.6	13.4	10.9	7.9	5.2	8.4	6.4
燃煤尘	36.0	38.0	29.8	36.2	38.9	36.8	37.4	39.3	36.3	34.4	38.0	38.1	39.0
机动车尾气尘	18.0	14.9	14.4	16.3	16.1	16.8	15.5	16.6	16.7	17.0	14.5	14.0	13.9
生物质燃烧尘	5.4	6.6	6.5	6.9	7.1	5.2	8.5	5.6	5.6	6.7	9.7	9.1	8.7
其他源	19.6	12.0	16.2	14.5	11.2	11.6	15.2	10.8	14.6	18.1	18.2	16.0	17.8
$PM_{2.5}$ 浓度/（μg/m^3）	127.28	63.58	70.01	76.61	88.80	71.52	80.14	88.01	61.29	97.97	66.58	50.53	55.18

二次粒子重新分担后，对齐齐哈尔 PM_{10} 和 $PM_{2.5}$ 贡献最大的污染源均为燃煤尘，分担率分别为31.2%和38.0%；第二大贡献源为开放源，分担率分别为24.7%和18.4%；第三大贡献源均为机动车尾气尘，分担率分别为13.5%和14.9%；工业源的贡献也较大，分担率分别为9.1%和10.1%；生物质燃烧尘对 PM_{10} 和 $PM_{2.5}$ 也有一定的贡献，分别为5.4%和6.6%。

二次粒子重新分担后，对大庆 PM_{10} 和 $PM_{2.5}$ 贡献最大的污染源均为燃煤尘，分担率分别为27.7%和29.8%；第二大贡献源为开放源，分担率分别为24.0%和16.9%；第三大贡献源均为工业源，分担率分别为14.4%和16.3%；机动车尾气尘分担率排在第四位，分担率分别为13.4%和14.4%；生物质燃烧尘对 PM_{10} 和 $PM_{2.5}$ 也有一定的贡献，分别为5.3%和6.5%。

二次粒子重新分担后，对绥化 PM_{10} 和 $PM_{2.5}$ 贡献最大的污染源均为燃煤尘，分担率分别为31.0%和36.2%；第二大贡献源为开放源，分担率分别为25.3%和20.0%；第三大贡献源均为机动车尾气尘，分担率分别为13.6%和16.3%；工业源的分担率分别为5.8%和6.1%；生物质燃烧尘对 PM_{10} 和 $PM_{2.5}$ 也有一定的贡献，分别为6.5%和6.9%。

二次粒子重新分担后，对鹤岗 PM_{10} 和 $PM_{2.5}$ 贡献最大的污染源均为燃煤尘，分担率分别为31.4%和38.9%；第二大贡献源均为开放源，分担率分别为23.9%和17.7%；第三大贡献源均为机动车尾气尘，分担率分别为13.1%和16.1%；工业源的分担率分别为8.2%和9.0%；生物质燃烧尘对 PM_{10} 和 $PM_{2.5}$ 也有一定的贡献，分别为6.7%和7.1%。

二次粒子重新分担后，对双鸭山 PM_{10} 和 $PM_{2.5}$ 贡献最大的污染源均为燃煤尘，分担率分别为33.5%和36.8%；PM_{10} 的第二大贡献源为开放源，分担率为22.6%，第三大贡献源为机动车尾气尘，分担率为14.7%，工业源和生物质燃烧源的分担率分别为13.4%和4.2%；$PM_{2.5}$ 的第二大贡献源为机动车尾气尘，分担率为16.8%，第三、第四大贡献源依次为工业源和开放源，分担率分别为14.9%和14.6%，生物质燃烧尘的分担率为5.2%。

二次粒子重新分担后，对佳木斯 PM_{10} 和 $PM_{2.5}$ 贡献最大的污染源均为燃煤尘，分担率分别为34.4%和37.4%；第二大贡献源均为开放源，分担率分别为21.7%和16.0%；第三大贡献源均为机动车尾气尘，分担率分别为13.4%和15.5%；工业源的分担率分别为7.0%和7.6%；生物质燃烧尘对 PM_{10} 和 $PM_{2.5}$ 也有一定的贡献，分别为6.2%和8.5%。

二次粒子重新分担后，七台河、鸡西、牡丹江3个城市 PM_{10} 贡献源按分担率大小依次排序为燃煤尘、开放源、机动车尾气尘、工业源和生物质燃烧尘，燃煤尘对七台河、鸡西、牡丹江 PM_{10} 的分担率分别为33.1%、32.1%和30.9%，开放源对七台河、鸡西、牡丹江的分担率分别为22.0%、22.2%和25.4%，机动车的分担率分别为13.4%、15.3%和15.4%，工业源的分担率分别为12.4%、10.7%和6.8%，生物质燃烧尘的分担率分别为5.1%、5.5%和6.0%；3个城市 $PM_{2.5}$ 贡献源按分担率大小依次排序为燃煤尘、机动车尾气尘、开放源、工业源和生物质燃烧尘，燃煤尘对七台河、鸡西、牡丹江 $PM_{2.5}$ 的分担率分别为39.3%、

36.3%和 34.4%，机动车对七台河、鸡西、牡丹江的分担率分别为 16.6%、16.7%和 17.0%，开放源的分担率分别为 14.3%、15.9%和 16.0%，工业源的分担率分别为 13.4%、10.9%和 7.9%，生物质的分担率分别为 5.6%、5.6%和 6.7%。

二次粒子重新分担后，对大兴安岭、黑河、伊春 3 个城市 PM_{10} 和 $PM_{2.5}$ 贡献最大的污染源均为燃煤源，对 PM_{10} 和 $PM_{2.5}$ 分担率的范围为 34.4%～36.1%和 38.0%～39.0；第二大贡献源均为开放源，对 PM_{10} 和 $PM_{2.5}$ 分担率的范围分别为 19.5%～19.9%和 14.2%～14.5%；第三大贡献源均为机动车尾气尘，对 PM_{10} 和 $PM_{2.5}$ 分担率分别为 12.3%～13.0%和 13.9%～14.5%；工业源、生物质燃烧尘对 PM_{10} 和 $PM_{2.5}$ 也有一定的贡献，生物质燃烧尘对 PM_{10} 和 $PM_{2.5}$ 的分担率分别为 8.3%～9.2%和 8.7%～9.7%；工业源对 PM_{10} 和 $PM_{2.5}$ 的分担率分别为 4.5%～15.8%和 5.2%～16.3%。

将 13 个城市分为中西部（哈尔滨、齐齐哈尔、大庆、绥化）、西北部（大兴安岭、黑河、伊春）、东北部（鹤岗、双鸭山、佳木斯、七台河、鸡西）和东南部（牡丹江）四个区域。图 7-18、图 7-19 给出了全年四个区域 PM_{10}、$PM_{2.5}$ 二次分摊后的源解析结果。

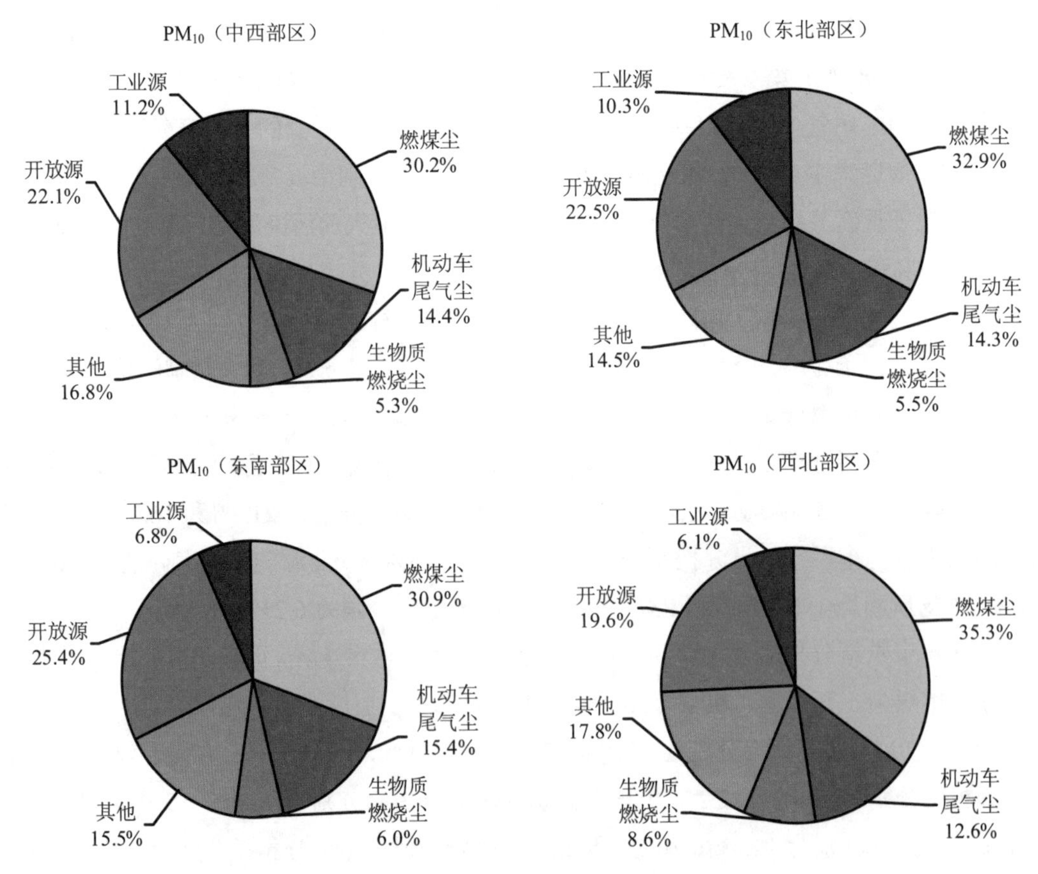

图 7-18　全省二次粒子重新分摊后全年区域 PM_{10} 源解析结果

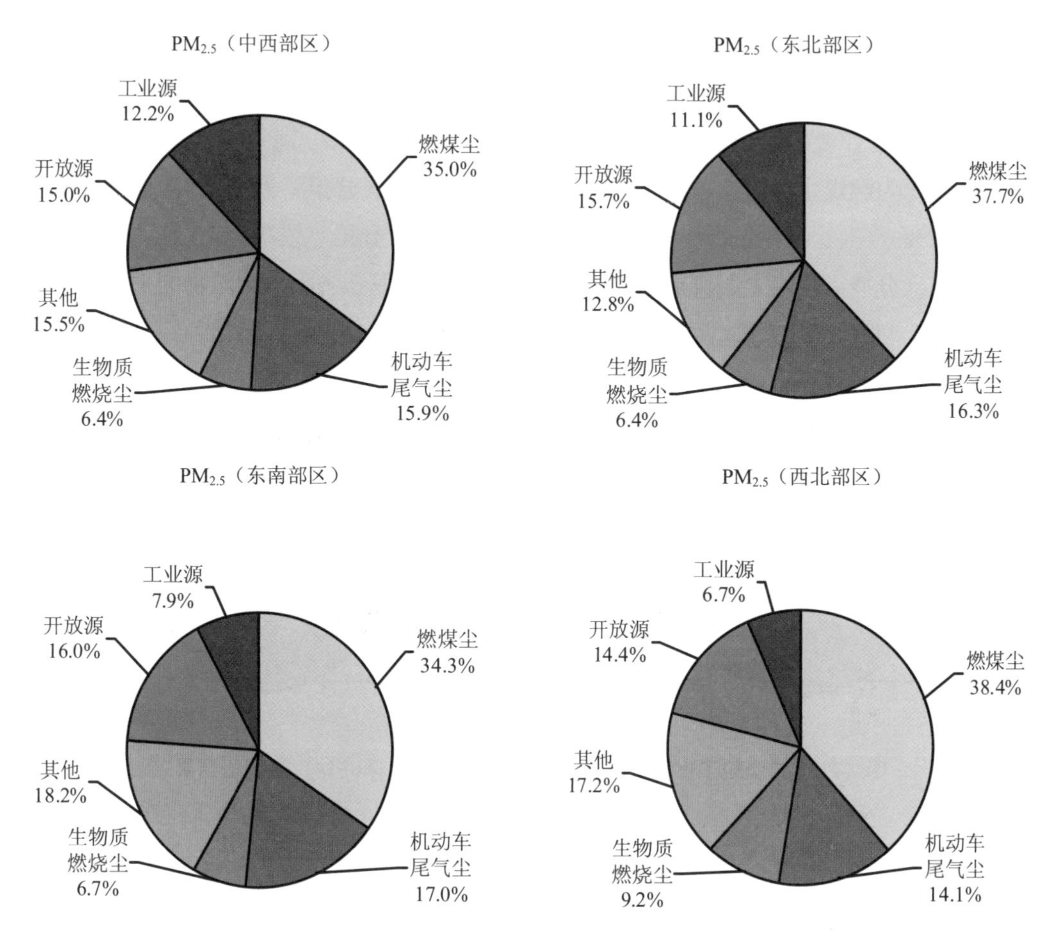

图 7-19　全省二次粒子重新分摊后全年区域 $PM_{2.5}$ 源解析结果

从图 7-18、图 7-19 中可以看出，二次分摊后全年区域 PM_{10} 的主要贡献源均为燃煤、开放源、机动车尾气尘、工业源和生物质燃烧尘。其中，燃煤尘的分担率范围为 30.2%～35.3%，西北部＞东北部＞东南部＞中西部；开放源的分担率范围为 19.6%～25.4%，东南部＞东北部＞中西部＞西北部；机动车尾气尘分担率范围为 12.6%～15.4%，东南部＞中西部＞东北部＞西北部；工业源分担率范围为 6.1%～11.3%，中西部＞东北部＞东南部＞西北部；生物质燃烧尘分担率范围为 5.3%～8.6%，西北部＞东南部＞东北部＞中西部。

全年区域 $PM_{2.5}$ 的主要贡献源均为燃煤尘、机动车尾气尘、开放源、工业源和生物质燃烧尘。其中，燃煤尘分担率范围为 34.4%～38.4%，西北部＞东北部＞中西部＞东南部；机动车尾气尘分担率范围为 14.1%～17.0%，东南部＞东北部＞中西部＞西北部；开放源的分担率范围为 14.4%～16.0%，东南部＞东北部＞中西部＞西北部；工业源分担率范围为 6.7%～12.2%，中西部＞东北部＞东南部＞西北部；生物质燃烧尘分担率范围为 6.4%～9.2%，西北部＞东南部＞东北部＞中西部。

图 7-20 中给出了二次分摊后黑龙江省全年 PM_{10}、$PM_{2.5}$ 的源解析结果，全年 PM_{10} 主要贡献源为燃煤尘（分担率为 32.5%）、开放源（分担率为 21.9%）和机动车尾气尘（分担率为 14.0%），工业源、生物质燃烧尘也有一定的贡献，分担率分别为 9.4%和 6.2%。$PM_{2.5}$ 的主要贡献源为燃煤尘（分担率为 36.8%）、机动车尾气尘（分担率为 15.7%）、开放源（分担率为 15.2%），工业源和生物质燃烧尘也有一定的贡献，分担率依次为 10.2%和 7.1%。总体来看，二次分摊后燃煤尘、开放源和机动车尾气尘为黑龙江省大气颗粒物的主要污染源。

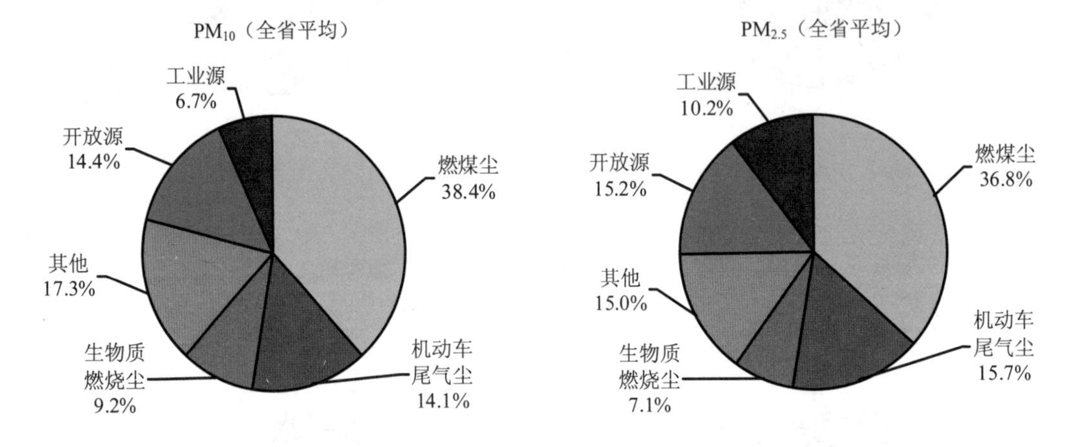

图 7-20 二次粒子重新分摊后全年黑龙江省 PM_{10} 和 $PM_{2.5}$ 源解析结果

7.4 CMB 与 PMF 解析结果对比分析

各城市 PM_{10} 和 $PM_{2.5}$ 的测量值与模拟值之间存在良好的相关性，相关系数均达到 0.85 以上，斜率接近 1，表明 PMF 模型模拟结果具有一定的可靠性。

CMB、PMF 模型的数据要求及优缺点对比见表 7-11。

表 7-11 CMB、PMF 模型的数据要求及优缺点

模型	数据要求	优点	缺点
化学质量平衡模型法 CMB	源成分谱（化学成分质量百分比均值±标准偏差，g/g） 受体成分谱（化学成分质量浓度均值±标准偏差，μg/m^3） 源的标识组分	质量守恒的原理清晰 定量给出各源类贡献值和分担率 可以根据诊断指标对结果进行优选 具有近 40 年的应用历程，有模型软件包提供技术支持	需要不断更新本地排放源成分谱 不具有预测的功能 估算二次颗粒物贡献需要虚拟源参与拟合 需要克服共线性源的干扰
特征向量分析 PMF	根据空间或者时间分布采集 50～100 个样品 源的标识组分	试图提取可能在受体出现的源谱 试图将二次组分与排放源联系起来 对于未知的或者次要源的影响很敏感	结果具有较强的主观性 只能推出大概的源类型

图 7-21、图 7-22 为 PMF 模型计算的黑龙江省 13 个城市全年 $PM_{2.5}$ 和 PM_{10} 的源解析结果（分担率）。可以看出，全年 13 个城市 $PM_{2.5}$ 和 PM_{10} 的源分担率在数值上稍有差别，但总体来看，各污染源分担率的分布规律大体一致。

$PM_{2.5}$ 中燃煤尘的分担率最高，分担率范围为 25%～56%；二次无机盐是除鸡西之外 12 个城市的第二大贡献源，分担率范围为 16%～34%；机动车尾气源是除齐齐哈尔、绥化、大兴安岭之外 10 个城市的第三大贡献源，分担率范围为 11%～33%；城市扬尘分担率位于第四位，分担率范围为 1%～24%。工业源、生物质燃烧尘和二次有机碳的分担率相对较小，分担率范围为 1%～15%。

燃煤尘、二次无机盐和扬尘为 13 城市全年 PM_{10} 的三大类贡献源。其中，燃煤尘分担率范围为 22%～46%，二次无机盐分担率范围为 10%～34%，扬尘分担率范围为 6%～27%。机动车尾气分担率位于第四位，分担率范围为 9%～20%。工业源、生物质燃烧尘和二次有机碳的分担率相对较小，分担率范围为 0.3%～13%。

总的来说，PMF 源解析结果与 CMB 源解析结果有一定的相似性。两种方法前三位中有两类是一致的，即 PM_{10} 的燃煤尘和扬尘贡献，$PM_{2.5}$ 的燃煤尘和机动车尾气贡献，尤其是燃煤尘贡献排在第一位，这再次印证燃煤尘是黑龙江省 PM_{10} 和 $PM_{2.5}$ 的首要来源。但两种方法源解析结果也存在一定的不同：PMF 计算的二次无机盐是第二大源，而在 CMB 计算结果中偏小。

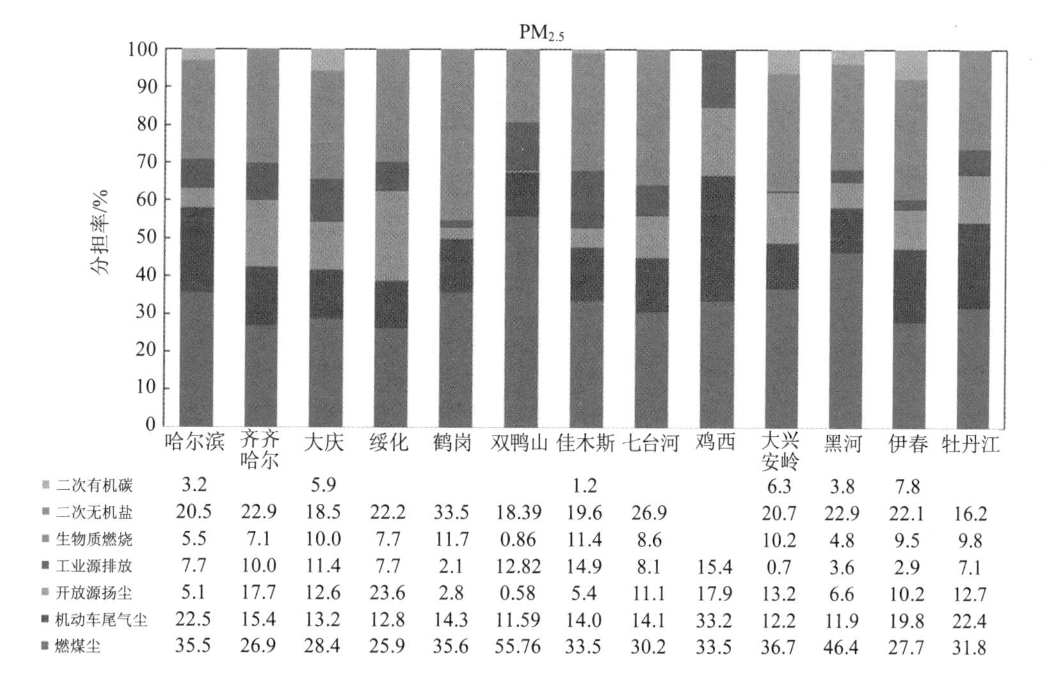

	哈尔滨	齐齐哈尔	大庆	绥化	鹤岗	双鸭山	佳木斯	七台河	鸡西	大兴安岭	黑河	伊春	牡丹江
二次有机碳	3.2		5.9				1.2			6.3	3.8	7.8	
二次无机盐	20.5	22.9	18.5	22.2	33.5	18.39	19.6	26.9		20.7	22.9	22.1	16.2
生物质燃烧	5.5	7.1	10.0	7.7	11.7	0.86	11.4	8.6		10.2	4.8	9.5	9.8
工业源排放	7.7	10.0	11.4	7.7	2.1	12.82	14.9	8.1	15.4	0.7	3.6	2.9	7.1
开放源扬尘	5.1	17.7	12.6	23.6	2.8	0.58	5.4	11.1	17.9	13.2	6.6	10.2	12.7
机动车尾气尘	22.5	15.4	13.2	12.8	14.3	11.59	14.0	14.1	33.2	12.2	11.9	19.8	22.4
燃煤尘	35.5	26.9	28.4	25.9	35.6	55.76	33.5	30.2	33.5	36.7	46.4	27.7	31.8

图 7-21 全年 13 个城市 $PM_{2.5}$ PMF 源解析结果——各类源分担率

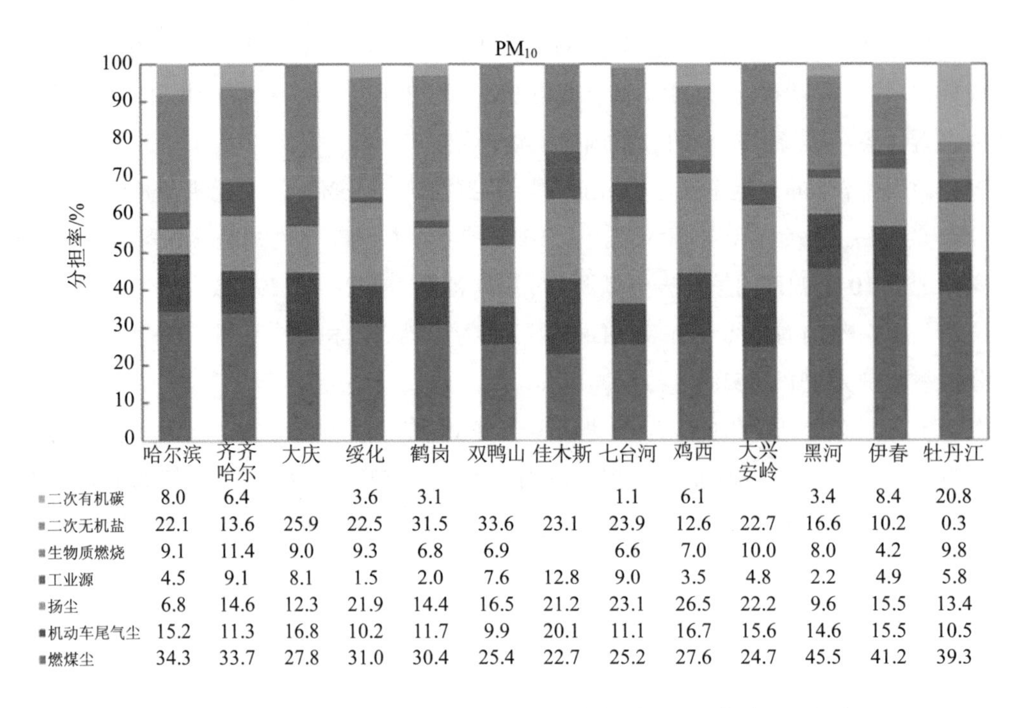

	哈尔滨	齐齐哈尔	大庆	绥化	鹤岗	双鸭山	佳木斯	七台河	鸡西	大兴安岭	黑河	伊春	牡丹江
二次有机碳	8.0	6.4		3.6	3.1			1.1	6.1		3.4	8.4	20.8
二次无机盐	22.1	13.6	25.9	22.5	31.5	33.6	23.1	23.9	12.6	22.7	16.6	10.2	0.3
生物质燃烧	9.1	11.4	9.0	9.3	6.8	6.9		6.6	7.0	10.0	8.0	4.2	9.8
工业源	4.5	9.1	8.1	1.5	2.0	7.6	12.8	9.0	3.5	4.8	2.2	4.9	5.8
扬尘	6.8	14.6	12.3	21.9	14.4	16.5	21.2	23.1	26.5	22.2	9.6	15.5	13.4
机动车尾气尘	15.2	11.3	16.8	10.2	11.7	9.9	20.1	11.1	16.7	15.6	14.6	15.5	10.5
燃煤尘	34.3	33.7	27.8	31.0	30.4	25.4	22.7	25.2	27.6	24.7	45.5	41.2	39.3

图 7-22　全年 13 个城市 PM_{10} PMF 源解析结果——各类源分担率

7.5　小结

（1）2014 年黑龙江省 13 个城市源解析结果

燃煤尘、开放源和机动车尾气尘为 13 个城市全年 PM_{10} 的三大类贡献源，燃煤尘是除大庆外 12 个城市的第一大贡献源，分担率范围为 25.1%～31.8%，大庆市第一大贡献源为开放源，分担率为 24.0%；开放源是除哈尔滨、大庆之外 11 个城市的第二大贡献源，分担率范围为 19.5%～25.4%，哈尔滨第二大贡献源为机动车尾气尘（分担率为 15.8%），大庆第二大贡献源为燃煤尘（分担率为 22.1%）；机动车尾气尘是除哈尔滨之外 12 个城市的第三大贡献源，分担率范围为 11.5%～14.7%；工业源、生物质燃烧尘的分担率位于第四、第五位，工业源的分担率范围为 1.3%～9.8%；生物质燃烧尘的分担率范围为 4.1%～9.2%；硫酸盐的分担率范围为 2.4%～5.0%；硝酸盐的分担率范围为 1.6%～3.6%；SOC 的分担率范围为 2.6%～7.4%。

$PM_{2.5}$ 中燃煤尘的分担率最高，分担率范围为 23.9%～34.5%；开放源是除哈尔滨、双鸭山、七台河、牡丹江之外 9 个城市的第二大贡献源，哈尔滨、双鸭山、七台河、牡丹江的第二大贡献源为机动车尾气尘；机动车尾气尘是除哈尔滨、双鸭山、七台河、牡丹江之外 9 个城市的第三大贡献源，哈尔滨的第三大贡献源为工业源，双鸭山、七台河、牡丹江的第三大贡献源为开放源。13个城市开放源的分担率范围为4.8%～20.0%，机动车尾气尘的分担率范围为13.0%～16.8%；生物质燃烧尘对 $PM_{2.5}$ 的贡献也较大，分担率范围为9.3%～13.6%；硫酸盐的分担率范围为3.5%～5.8%；硝酸盐的分担率范围为2.0%～4.4%；SOC的分担率范围为3.6%～9.0%；工业源的分担率范围为1.0%～9.0%。

（2）源解析结果的季节变化规律

采暖季燃煤尘对 PM_{10} 和 $PM_{2.5}$ 的分担率和贡献浓度均远高于非采暖季；采暖季机动车尾气尘的分担率略高于非采暖季，贡献浓度高于非采暖季；采暖季开放源（城市扬尘、土壤风沙尘、建筑水泥尘）、硫酸盐、硝酸盐、SOC的分担率均低于非采暖季，但是硫酸盐、硝酸盐、SOC的贡献浓度均高于非采暖季，主要是大气温度高，逆温频率高，大气边界层较低所致；生物质燃烧尘是具有季节性特征的污染源，采暖季生物质燃烧尘对 PM_{10} 和 $PM_{2.5}$ 的贡献不容忽视。

（3）二次分摊后的源解析结果

二次粒子（硫酸盐+硝酸盐+SOC）对 PM_{10} 和 $PM_{2.5}$ 的贡献不容忽视，为便于进行环境管理，按清单分配法进行二次颗粒物的分摊，二次分摊后黑龙江省全年 PM_{10} 的主要贡献源为燃煤尘（分担率为32.5%）、开放源（分担率为21.9%）和机动车尾气尘（分担率为14.0%），工业源、生物质燃烧尘也有一定的贡献，分担率分别为9.4%和6.2%。全省全年 $PM_{2.5}$ 的主要贡献源为燃煤尘（分担率为36.8%）、机动车尾气（分担率为15.7%）、开放源（分担率为15.2%），工业源和生物质燃烧尘也有一定的贡献，分担率分别为10.2%和7.1%。总体来看，二次分摊后燃煤尘、开放源和机动车尾气尘为黑龙江省大气颗粒物的主要污染源。

第 8 章　区域传输贡献模式研究

8.1　研究背景与目标

颗粒物（PM_{10}、$PM_{2.5}$）是黑龙江省各省辖市大气环境的首要污染物，为有效地开展大气污染防治并逐步实现空气质量达标，需追溯颗粒物污染的源头，定量解析本地排放贡献与区域输送影响，理清颗粒物的本地排放与外来输送影响，可为优化各城市的大气污染控制措施及与周边省市的联防联控策略提供科学支撑。本项目基于数值模拟手段，定量追踪各城市颗粒物的本地排放与外来输送贡献。其结果与基于观测的受体模型源解析结果相结合，可更好地了解不同地区、不同行业排放对各城市颗粒物污染的影响。

8.2　研究方法

本研究以数值模拟为主要手段，利用 WRF-NAQPMS 空气质量模式系统，结合模式在线源追踪方法，解析各城市全年颗粒物（包括 PM_{10} 和 $PM_{2.5}$）的本地和外来排放贡献。

8.2.1　WRF 模式介绍

三维气象要素场是空气质量模式的主要输入之一，其准确性也在很大程度上决定空气质量模拟效果。气象模式 WRF 的高分辨率输出可为空气质量模式 NAQPMS 提供气象驱动场。WRF（Weather Research and Forecast）是由美国国家环境预测中心（NCEP）、美国国家大气研究中心（NCAR）等科研机构和大学联合开发的新一代中尺度气象模式。WRF 系统组成如图 8-1 所示，它能够方便、高效地在并行计算的平台上运行，可应用于几百米到几千公里尺度范围，应用领域广泛，包括理想化的动力学研究（如大涡模拟、对流、斜压波）、参数化研究、数据同化、业务天气预报、实时数值天气预报、模型耦合、教学等。WRF 模式分为研究型的 ARW（the Advanced Research WRF）和业务型的 NMM（the Nonhydrostatic Mesoscale Model） 两种，分别由 NCAR 和 NCEP 负责管理和维护。本研究采用 WRF-ARW V3.5 版本。

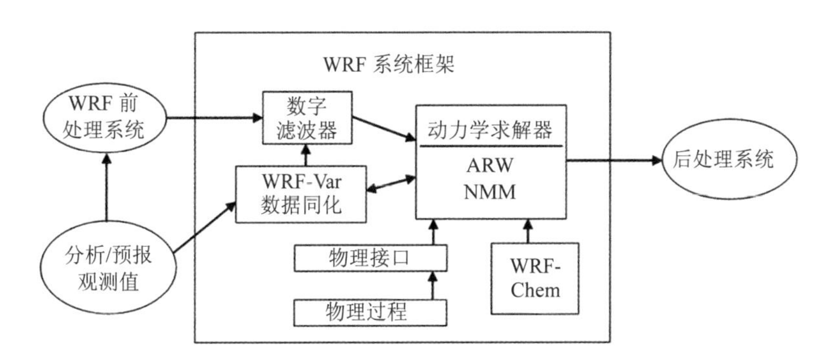

图 8-1　WRF 模式系统的组成

8.2.2　NAQPMS 模式介绍

嵌套网格空气质量模式系统（NAQPMS）是由中国科学院大气物理研究所自主研发的，其设计是以我国当前计算硬件条件和业务水平为出发点，结合我国城市群大气复合污染的排放、输送、演变特点，综合评估多个有代表性的数值模式，通过各种分析筛选出合理反映中国区域大气复合污染特征、充分考虑多尺度相互作用和复杂排放源状况的模式表征，设计出规范的区域空气质量模式及评估框架，确保所发展的技术及其软件程序代码具有国际水准的可靠度，同时兼容国内主要硬件平台。NAQPMS 模式是以具有显著环境和气候效应的大气成分为主要研究对象的区域和城市尺度三维欧拉空气质量数值模式。该系统可模拟 O_3、NO_x、SO_2、CO 等大气痕量气体以及沙尘、海盐、硫酸盐、硝酸盐、铵盐、含碳气溶胶等大气气溶胶成分。NAQPMS 主要由气象处理、排放源处理、空气质量模式及模式输出等四个主要部分构成，其具体结构如图 8-2 所示。

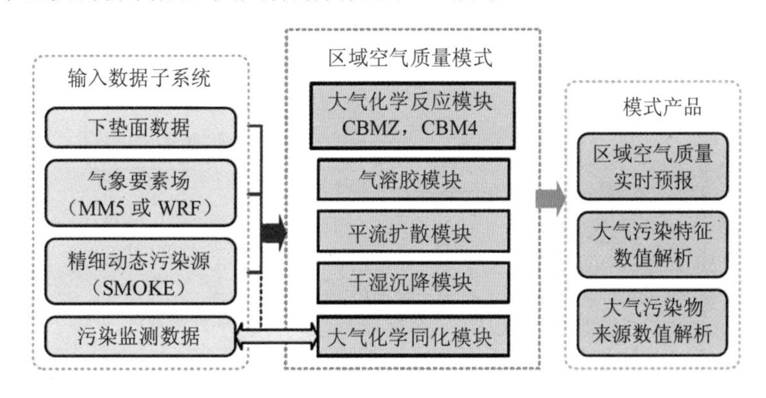

图 8-2　NAQPMS 模式框架

NAQPMS 采用开放式气象驱动场，可利用 MM5、WRF 等中尺度气象模式输出的气象要素场作为模式的动力驱动，而中尺度气象模式预报所需的初始条件和边界条件可由美国国家环境预报中心的NCEP/NCAR再分析数据、欧洲数值预报中心的ECMWF数据等全球数据提供。结合SMOKE模型实时输出的排放源，NAQPMS可以对大气中主要化学成分的分布状况、输送态势、沉降特征进行数值模拟，从而使模式系统能够合理反映大气化学成分在输送过程中的物理化学特性变化。

NAQPMS模式中考虑了平流、扩散、气相化学、气溶胶化学、干沉降和湿沉降等核心过程，同时耦合了大气化学资料同化模块和污染源识别与追踪模块。平流输送模块结合模式网格空间结构守恒的特点采用通量输送守恒算法，涡旋湍流扩散模块则根据边界层层结特性引入了能够反映下垫面特征的扩散算子。气相化学模块提供了CBM-Z和CBM-IV两种气相化学反应机制。干沉降过程采用基于空气动力学原理的沉降速度阻抗系数算法，考虑了分子扩散、湍流混合、重力沉降过程对沉降速度的影响与贡献。湿沉降过程除考虑传统的降水清除作用外还计算了粒子吸湿增长过程造成的重力拖曳效应。

8.2.3 NAQPMS在线源追踪方法介绍

污染在线源追踪技术从源排放开始对各种物理、化学过程进行分源类别、分地域的质量追踪，可以跟踪污染物来源，分析输送过程及区域污染排放贡献率。此方法有机地结合了传统源解析和气象追溯各自的特点，通过在线追踪，减小非线性过程误差，同时也不需要对模拟过程进行多次设定，可大大节约计算时间。NAQPMS源追踪技术的主要功能分为污染物生成地追踪、二次污染物的前体物来源追踪、不同排放时段来源追踪等。NAQPMS在线源追踪技术已在多个研究中使用，技术较为成熟。图8-3给出了NAQPMS模式在线源追踪技术的计算流程。

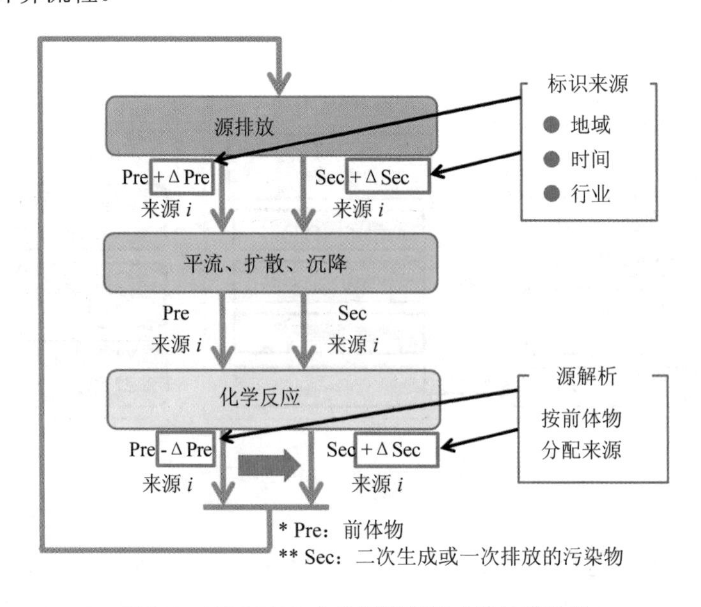

图8-3 NAQPMS在线源解析技术的计算流程

源追踪方法的核心问题是实时在线追踪污染物生消演变的各个过程。以污染物 A（如 SO_2、O_3、BC、一次 $PM_{2.5}$ 等）为例，A 用排放地或生成地来标记，来自顶层、侧边界和初始条件的 A 也做出标记。计算已标记污染物（A_T）占所有来源的 A 总量百分比。假定不同形式的 A_T 在每个格点都能均匀混合，每种 A_T 的损失系数和 A 总量（包括流出、化学消耗、干湿沉降）相同，因此所有的物理化学清除过程都不会改变任一 A_T 在任一格点中占 A 总量的比例。A_T 在每个格点中的百分比可以用下列公式表示：

$$\left(\frac{\mathrm{d}FA_T}{\mathrm{d}t}\right)_{ij} = \frac{\left\{P_{ij} + (M_{ij})_{dif+adv+conv}\right\}}{A}$$

式中 i 和 j 分别代表第 i 个地理源区和第 j 个格点；FA_T 表示在 j 格点上 i 区域排放产生的 A_T 所占的比例；P_{ij} 代表 j 格点中 i 区域通过化学反应的 A 总生成量，如果 j 格点包含在被追踪的 i 源区里面，则 P_{ij} 的计算方法和先前的计算方法相同，否则 $P_{ij}=0$（j 格点在 i 区域之外）；$(M_{ij})_{dif+adv+conv}$ 表示由平流、扩散和对流运动导致的从相邻格点流入的 A_T，通过流入通量和下一个格点里的 i 区域 A_T 产生量的比例来计算；A 代表所计算的模式网格中的污染物浓度。

8.2.4　模拟区域设置

模拟区域采用三层嵌套设置。第一层为东北亚地区（122 格点×130 格点），第二层覆盖黑龙江省及其周边地区（126 格点×138 格点），第三层区域为各城市及其周边气度（255 格点×177 格点）。三层嵌套区域的水平空间分辨分别为 27 km、9 km、3 km。外层选择较大的区域可以保证长期模拟过程中内层区域具有较为合理的侧边界条件，并可以充分考虑大尺度天气系统对各地区的影响。

8.2.5　源追踪地理标识设置

实现 NAQPMS 模式污染源追踪的一大关键在于污染物来源地的标记，针对于此，引入 GIS 技术，以行政区划为基础对模式网格进行标记。行政区划是大气污染排放、治理的基础管理单位，针对其进行标记可更方便于后期的污染治理。每个模式网格都具有唯一的行政属性，以此为基础标记大气污染排放的来源。

本研究以各城市为核心地区，将整个模拟区域划分为 23 个地区。其中黑龙江省内，每个城市设置一个 ID，共 13 个 ID；4 个区域设置一个 ID，共 4 个 ID；黑龙江周边省份单独设置 ID，共 4 个 ID；此外还有国内其他、国外和海洋等 3 个 ID。模式三层嵌套区域的编号设置保持一致。详细的 ID 编号及其对应的地区见表 8-1。

表 8-1 模拟区域内地理标识设置

ID	地区	ID	地区
1	哈尔滨市	13	大兴安岭地区
2	齐齐哈尔市	14	黑龙江省中西部
3	牡丹江市	15	黑龙江省东北部
4	佳木斯市	16	黑龙江省东南部
5	大庆市	17	黑龙江省西北部
6	鸡西市	18	吉林省
7	双鸭山市	19	辽宁省
8	伊春市	20	内蒙古自治区
9	七台河市	21	国内其他
10	鹤岗市	22	国外
11	黑河市	23	海洋
12	绥化市		

8.2.6 排放清单

本研究的排放清单采用清华大学发展建立的全国空气污染源排放清单（MEIC），模拟区域内的国外部分采用日本国立环境研究所编制的亚洲网格化排放清单 REAS2.1 填补。MEIC 是国内应用最广泛的排放清单数据产品，其基准年为 2012 年，空间分辨率为 0.25°×0.25°，源类型包括工业、电厂、交通、居民和农业五大类，清单涵盖了 SO_2、NO_x、CO、NMVOC、NH_3、CO_2、$PM_{2.5}$、PM_{10}、BC、OC 10 个物种。另外，本研究利用其他公开的源清单并通过文献调研，考虑了生物质燃烧、生物源、扬尘等 MEIC 清单中未包含的源类型。为实现排放清单与模型时空分辨率和化学机制的匹配，采用质量守恒插值方法，将网格化排放源的时间分辨率插值为 1 h，空间分辨率插值到 27/9/3 km，并实现化学物种的再分配。

8.2.7 模拟设置

8.2.7.1 WRF 模拟设置

WRF 模式中每个物理过程均有多个可选的参数化方案（如微物理方案、积云对流方案、边界层方案等），研究表明，不同参数化方案的组合对气象要素模拟效果不尽相同，需根据不同地区特点，挑选合适的参数化方案组合。本研究通过多个方案的测试比对，同时借鉴实际应用研究经验，确定了表中的参数化方案组合。在模拟过程中，各区域均使用数据同化（FDDA+SFDDA，时间间隔为 6 h）。土地利用数据采用 MODIS 数据集（分为

20 种类型）。

WRF 模式的初始条件和边界条件由 GDAS（Global Data Assimilation System）模式的 FNL 最终分析场提供。GDAS 模式是由美国国家海洋与大气管理局（National Oceanic and Atmospheric Administration，NOAA）下属的美国国家环境预报中心（National Centers for Environmental Prediction，NCEP）负责运行的全球数据同化系统。FNL 数据时间分辨率为 6 h 一次，空间分辨率为 10°×10°。WRF 模式垂直方向上采用地形跟随质量坐标系，本研究中垂直方向分为 30 层。模拟最大时间步长为 120 s，输出频率为 1 h。

WRF 模式为 NAQPMS 模式提供的主要气象参数包括风场 U 分量、V 分量、水汽含量、云水含量、雨水含量、冰云光学厚度、水云光学厚度、气温、气压、相对湿度、模式高度等三维大气变量，土壤温度、土壤湿度等三维土壤变量，以及 2 m 温度、表面气压、2 m 相对湿度、10 m 风场 U 分量、10 m 风场 V 分量、海冰、最主要土壤类型、植被覆盖率、积雪深度、对流降水、非对流降水、地面接收的向下短波辐射、摩擦速度、MO 长度、边界层高度、高云量、中云量和低云量等二维变量，即 WRF 模式向 NAQPMS 模式总计提供 31 个变量以驱动其进行数值模拟，如表 8-2 所示。

表 8-2　WRF 模式参数化方案设置

模式物理过程	参数化方案选取
行星边界层	YSU 方案
近地层	MM5 similarity 方案
城市冠层	单层三类城市冠层方案
陆面过程	Noah 方案
云微物理	Lin 方案
积云对流	Grell 3D 方案
长波辐射	RRTM 方案
短波辐射	Goddard 短波辐射方案
数据同化	FDDA+SFDDA

8.2.7.2　NAQPMS 模拟设置

NAQPMS 模式的模拟区域设置与 WRF 相同，而垂直方向上则不等距地分为 20 层，其中有 5～10 层位于边界层以内，模式顶层位于 20 km。模式的时间步长为 300 s，输出频率为 1 h。边界条件采用全球模式 MOZART 的模拟结果，为减小初始条件的影响，模拟采用 15 d 作为模式初始化时间。NAQPMS 模式参数设置见表 8-3。

表 8-3 NAQPMS 模式参数设置（或输入数据）

模式物理化学过程/输入数据	方案选取/数据来源
气象要素场	WRF
排放源	清华大学 MEIC 排放清单
边界条件	MOZART
土地利用数据	MODIS
平流过程	Walcek（1998）方案
对流过程	Emanuel（1991）方案
湍流扩散	K 理论，Byun（1995）方案
干沉降	Wesely（1989）方案
湿沉降	RADM2 方案
气相化学	CBM-Z 方案
液相化学	RADM2 方案
气溶胶化学	ISORROPIA+Strader（1999） SOA

8.3 模拟效果评估

以哈尔滨市为例，用于模拟评估的观测点位与源解析环境受体监测点位一致，如表 8-4 所示。

表 8-4 用于模拟评估的观测点位信息（与受体点一致）

点位名称	经度	纬度	级别	点位属性
岭北	126°32′32″	45°45′18″	国控	对照点
动力和平路	126°35′58″	45°43′20″	国控	评价点
南岗学府路	126°41′05″	45°43′55″	国控	评价点
香坊红旗大街	126°38′46″	45°43′33″	国控	评价点

图 8-4 和图 8-5 是 2014 年 1 月 4 个点位 PM_{10} 和 $PM_{2.5}$ 模拟与观测对比，从图中可以发现，模式可以很好地反映观测值的变化趋势，岭北、动力和平路以及香坊红旗大街三个点位在 1 月中旬时段模拟值与观测值吻合程度较好，但南岗学府路模拟呈现系统性偏低。观察 4 个点位，发现在 1 月 4—5 日和 31 日，模拟值低于观测值，其中香坊红旗大街 PM_{10} 浓度和南岗学府路 $PM_{2.5}$ 浓度均高达 900 μg/m^3，而在 1 月 12 日和 1 月 23—25 日，模拟值高于观测值，出现上述现象，可能与当时的天气状况以及排放源有关。

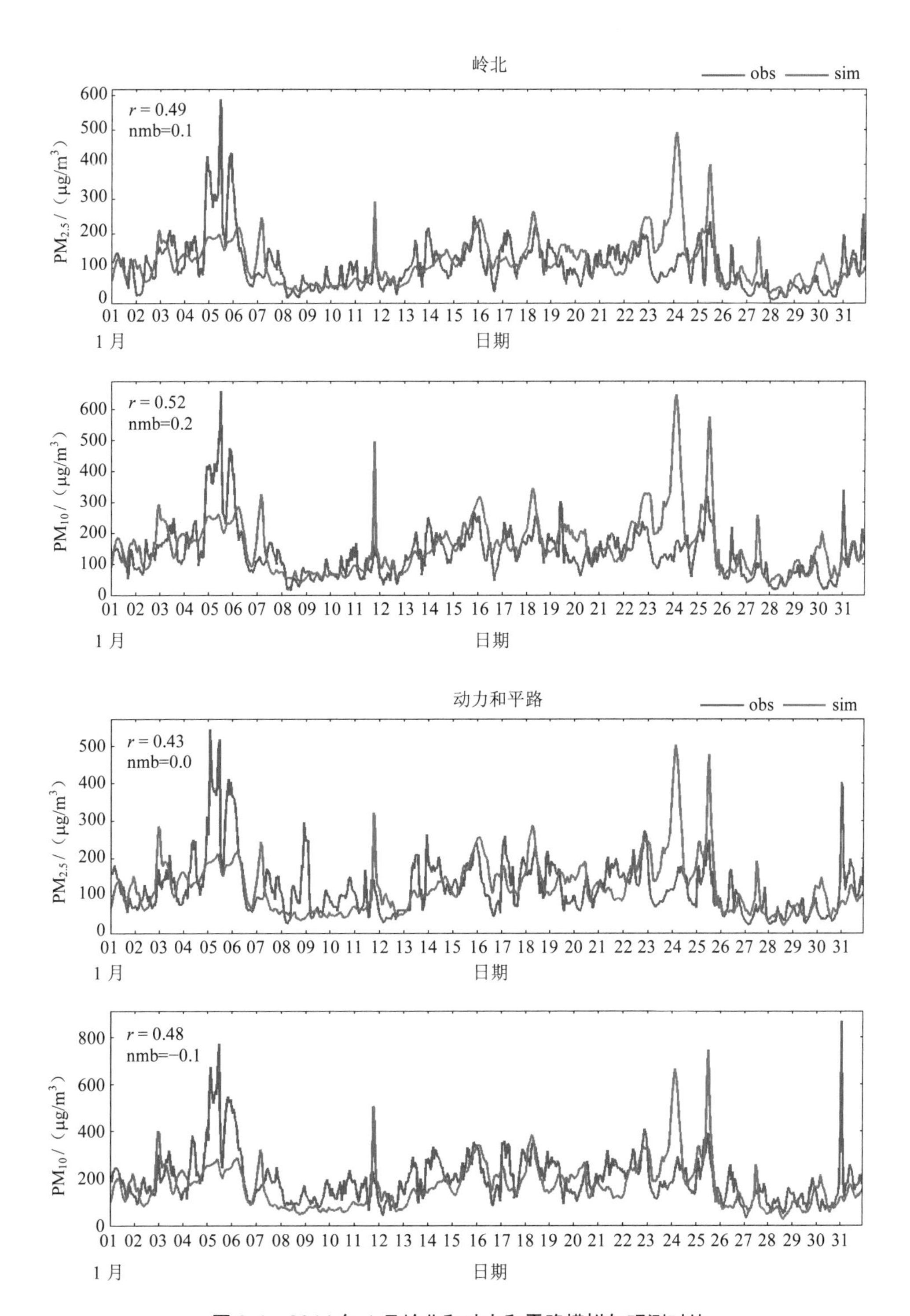

图 8-4　2014 年 1 月岭北和动力和平路模拟与观测对比

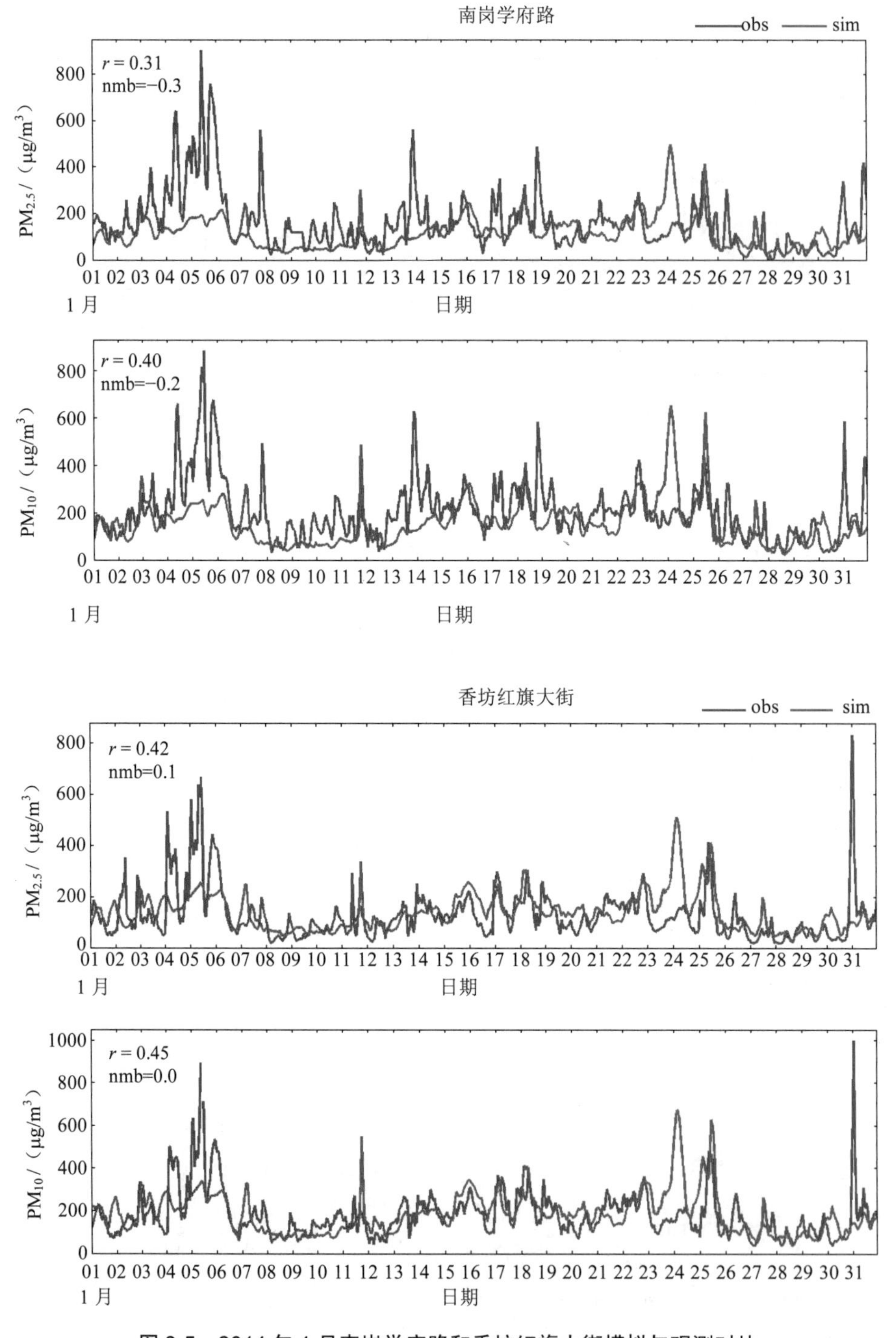

图 8-5　2014 年 1 月南岗学府路和香坊红旗大街模拟与观测对比

图 8-6、图 8-7 为 2014 年 4 月 4 个点位 PM_{10} 和 $PM_{2.5}$ 模拟和观测对比，总体来看，模式能够反映观测的变化趋势。其中岭北、动力和平路和香坊红旗大街在 4 月 11—14 日模

拟值低于观测值，南岗学府路模拟值偏低时段更长，为 4 月 8—14 日；4 个点位在 4 月 20—21 日，模拟值偏高；其余时段观测与模式吻合程度较好。相对于 1 月，该月颗粒物浓度略有下降，$PM_{2.5}$ 和 PM_{10} 最大观测浓度均出现在香坊红旗大街点位，分别达到 250 μg/m^3 和 810 μg/m^3。

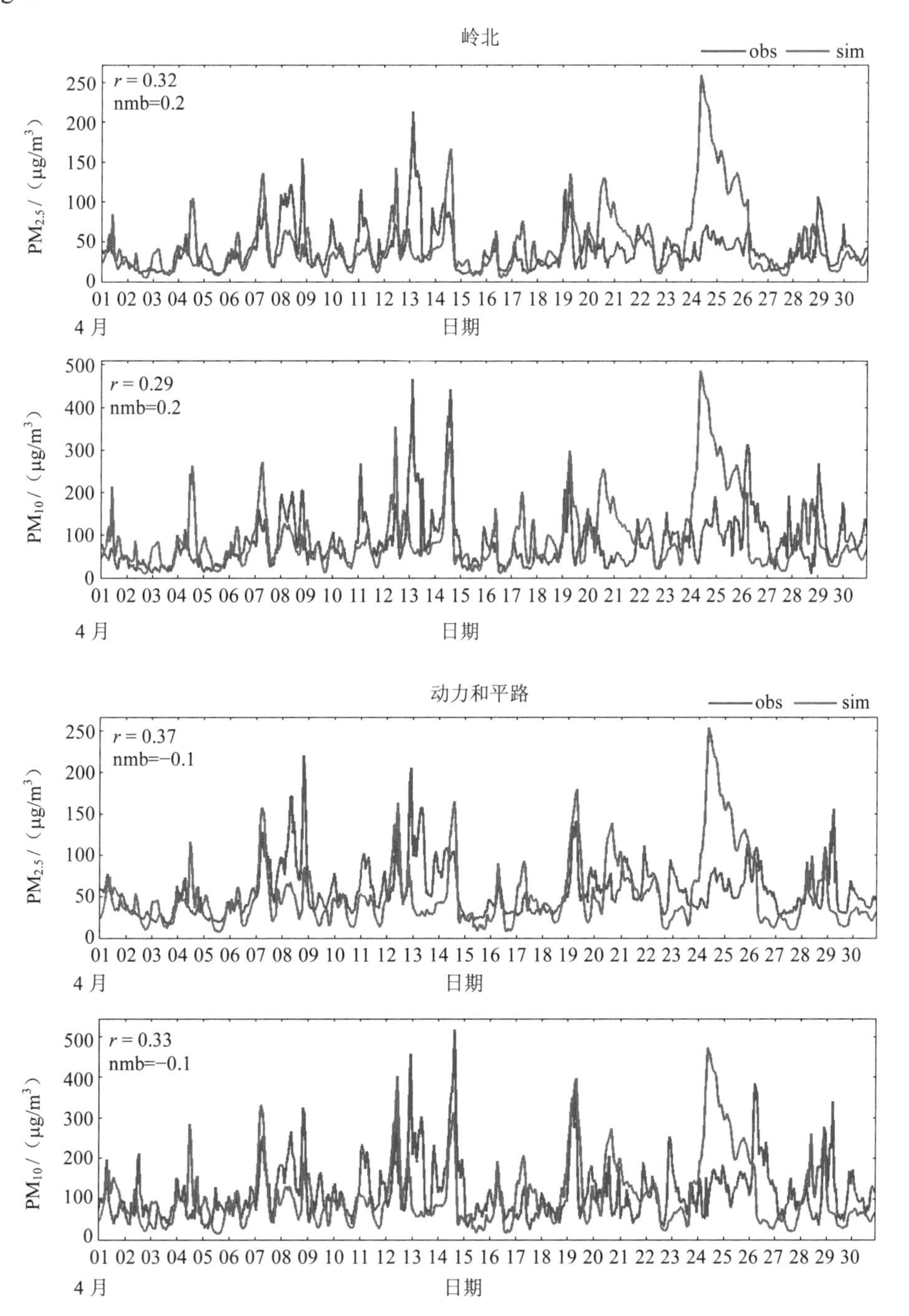

图 8-6　2014 年 4 月岭北和动力和平路模拟与观测对比

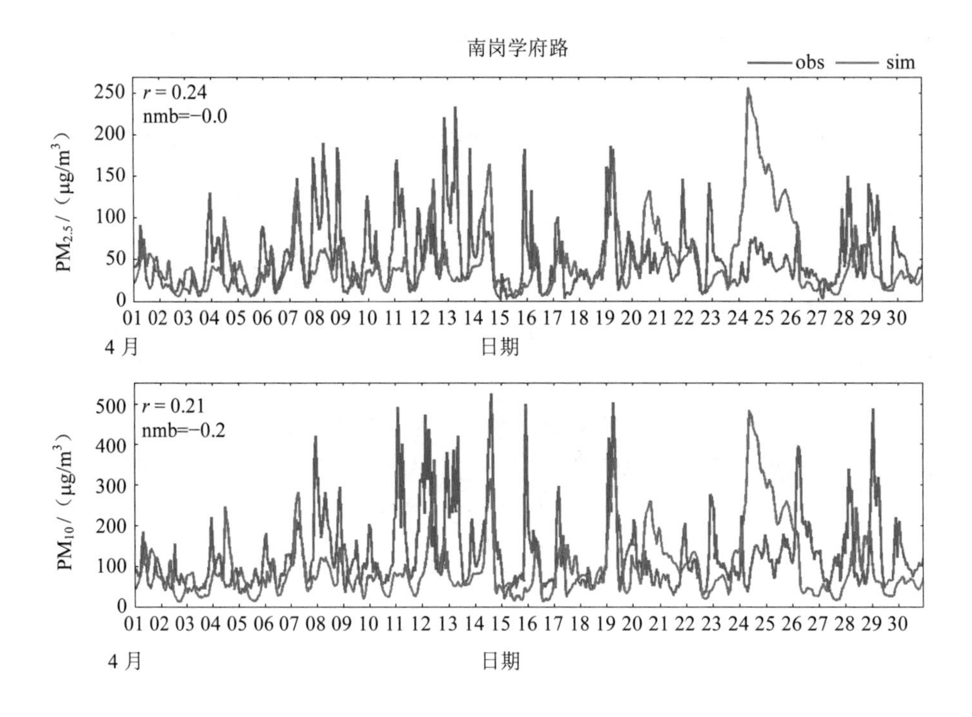

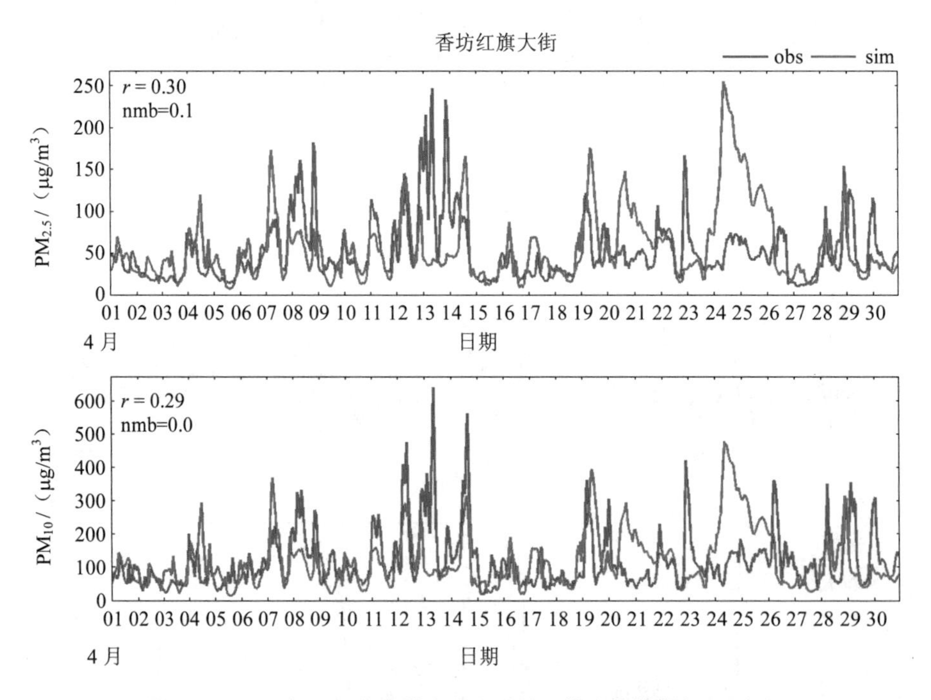

图 8-7　2014 年 4 月南岗学府路和香坊红旗大街模拟与观测对比

图 8-8、图 8-9 是 2014 年 7 月 4 个点位 $PM_{2.5}$ 和 PM_{10} 观测与模式对比。夏季污染物浓度相对较低，除去个别极值外，$PM_{2.5}$ 浓度为 50～100 μg/m³，PM_{10} 浓度为 100～250 μg/m³。

从图中可以看出，模式能够较好地反映观测值的变化趋势，但在 7 月 24—26 日，4 个点位均呈现模拟值偏低的现象，且动力和平路在 7 月 20—21 日模拟值也偏低；其余时段，岭北和香坊红旗大街 $PM_{2.5}$ 模式值呈现系统性高估。

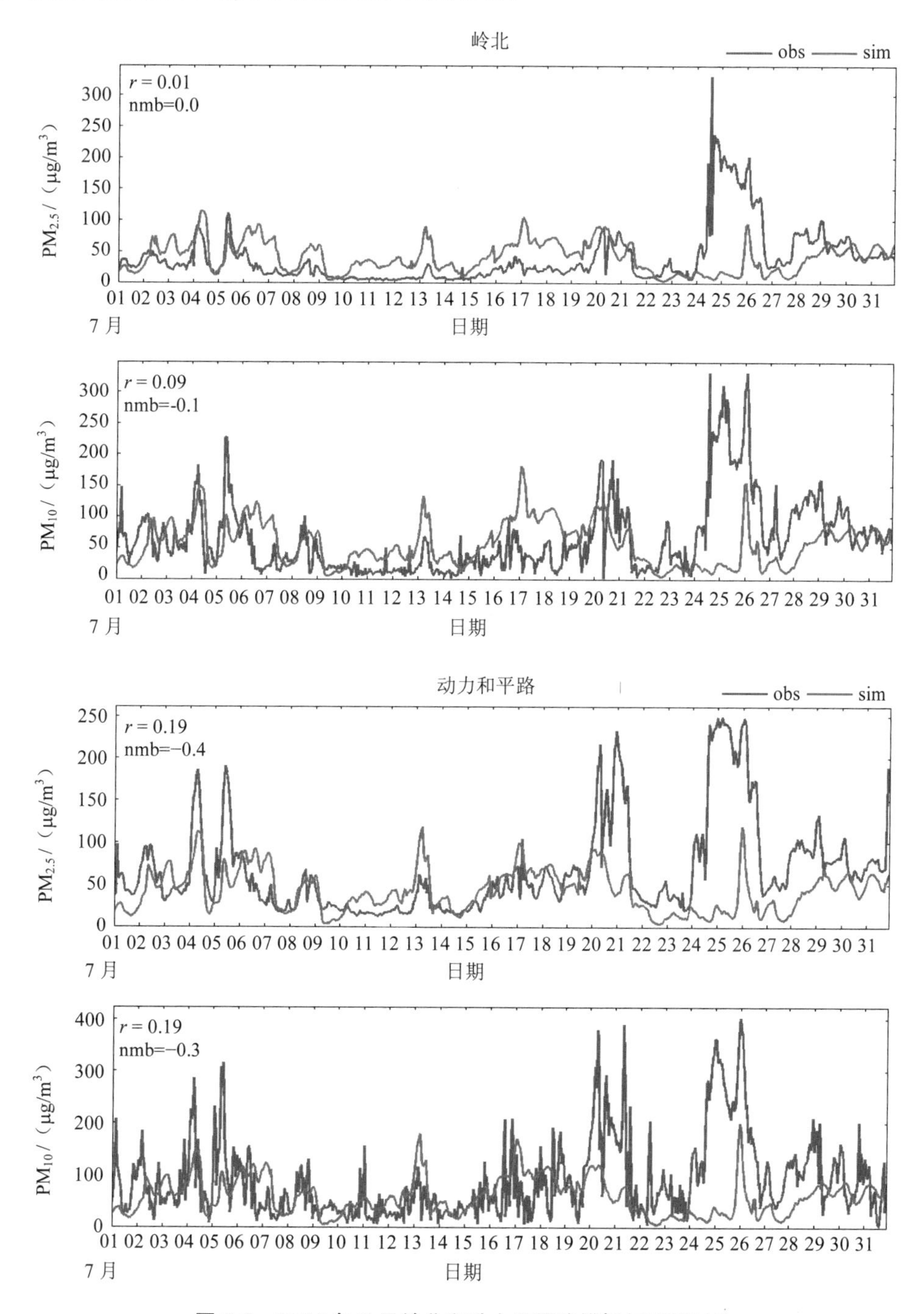

图 8-8　2014 年 7 月岭北和动力和平路模拟与观测对比

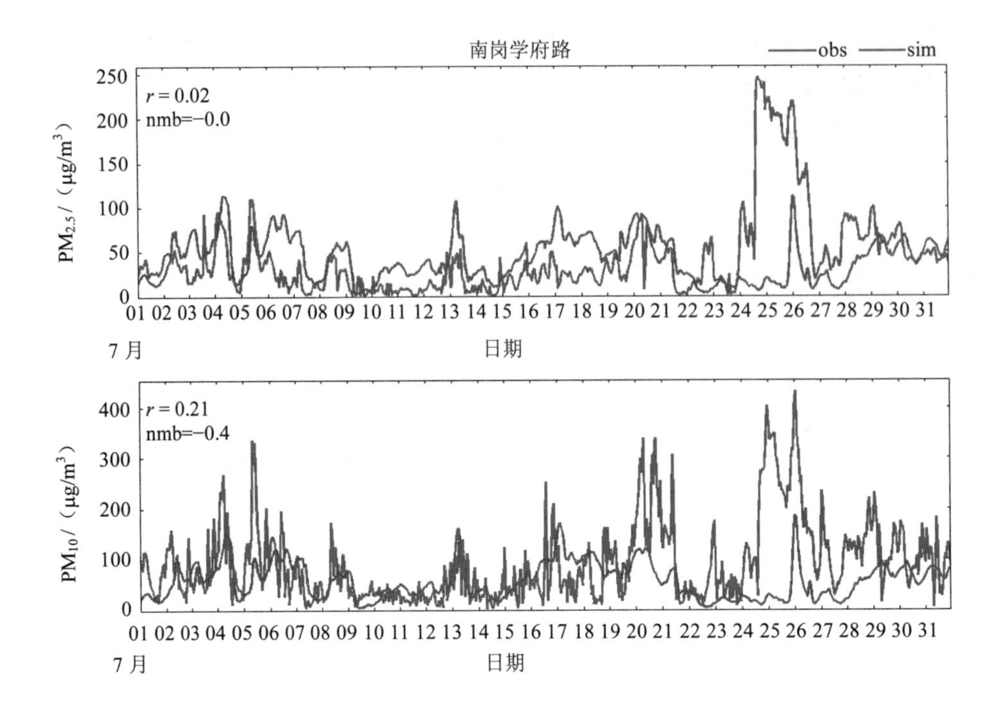

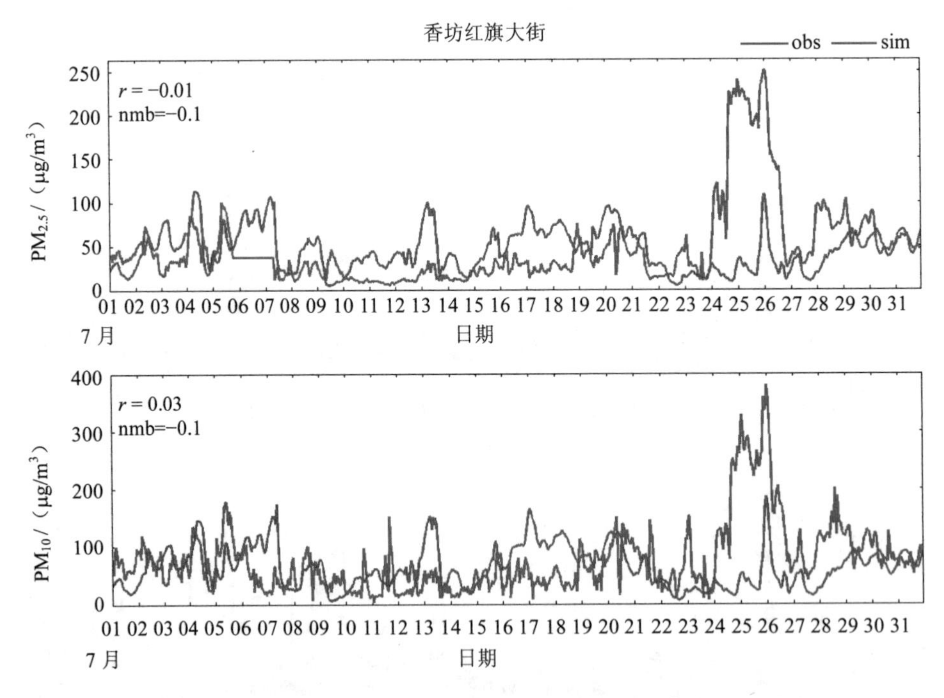

图 8-9　2014 年 7 月南岗学府路和香坊红旗大街模拟与观测对比

图 8-10、图 8-11 为 2014 年 10 月 4 个点位 $PM_{2.5}$ 和 PM_{10} 观测与模式对比。从图中可以看出，该月出现了四次污染事件，模式也能够很好地反映这种变化趋势。10 月 1—13 日 4

个点位模拟值与观测值吻合程度比较一致，但在 10 月 14—15 日、17—19 日、22—25 日以及 28—30 日这四次污染时期，四个点位模拟值均略低于观测值，这可能与当时的天气状况有关。

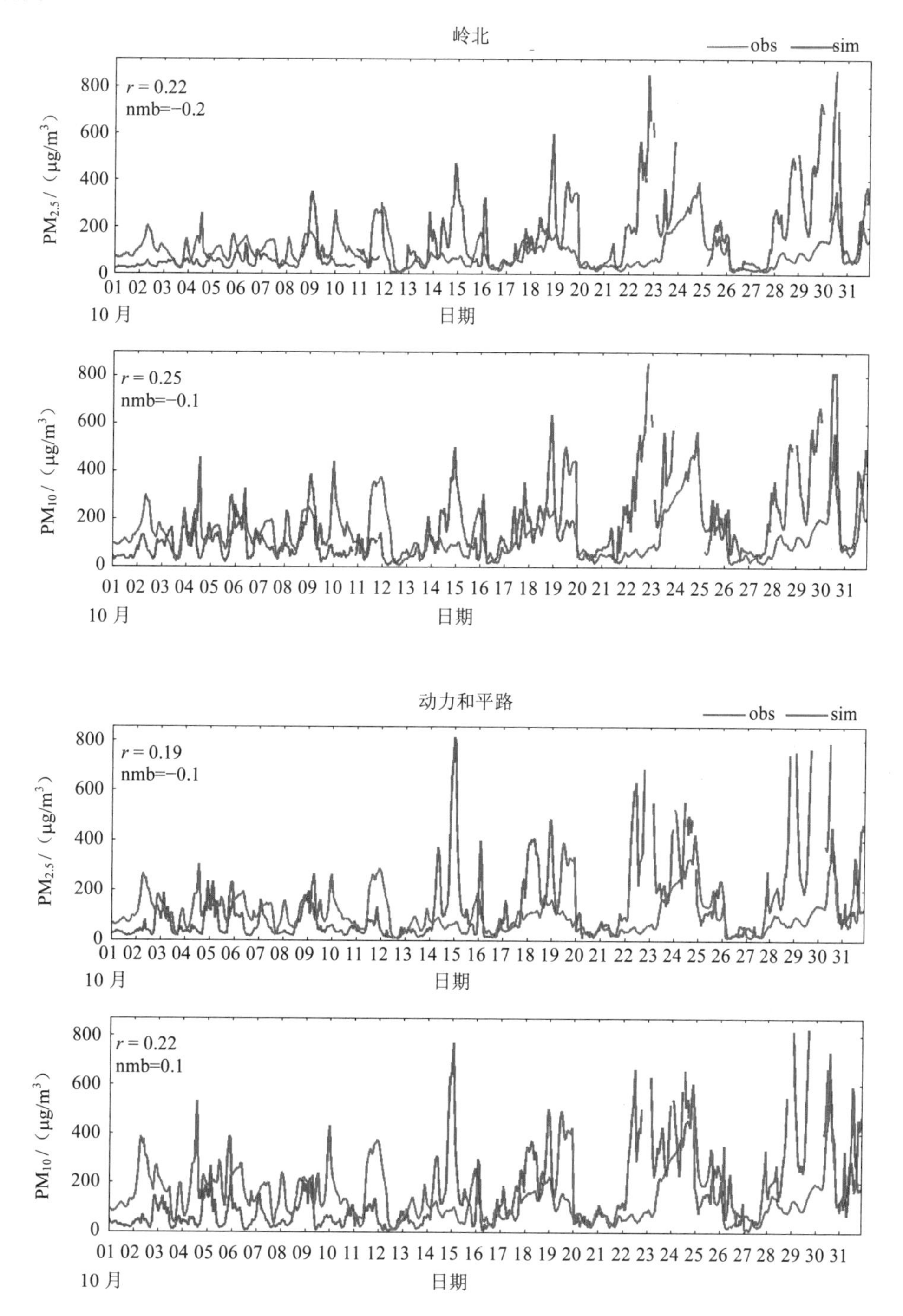

图 8-10　2014 年 10 月岭北和动力平路模拟与观测对比

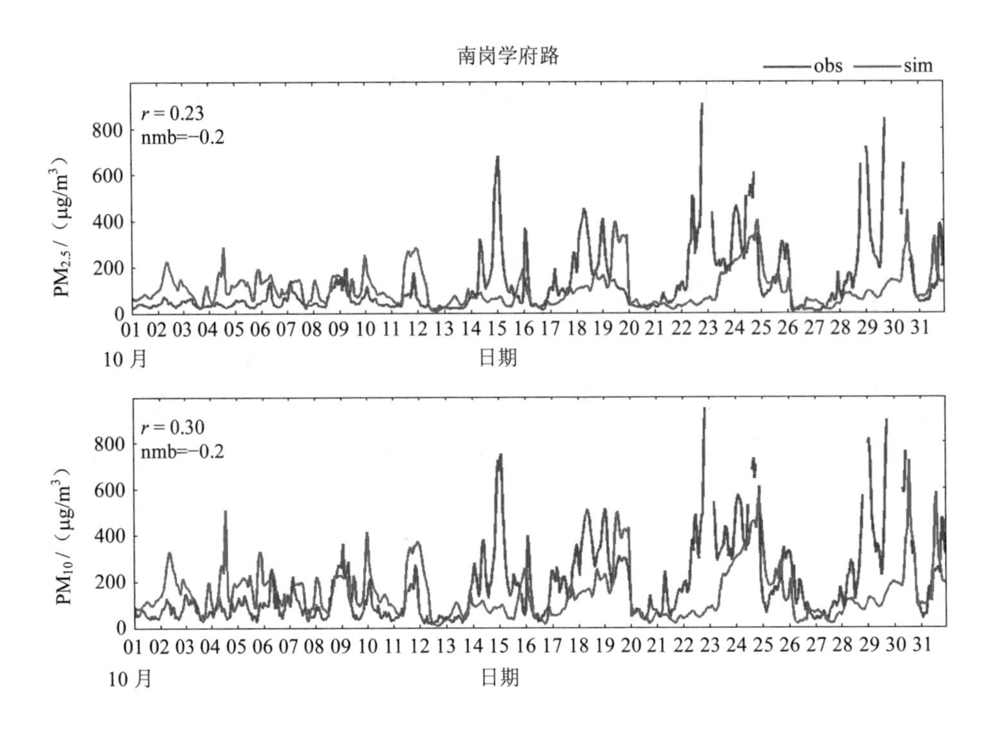

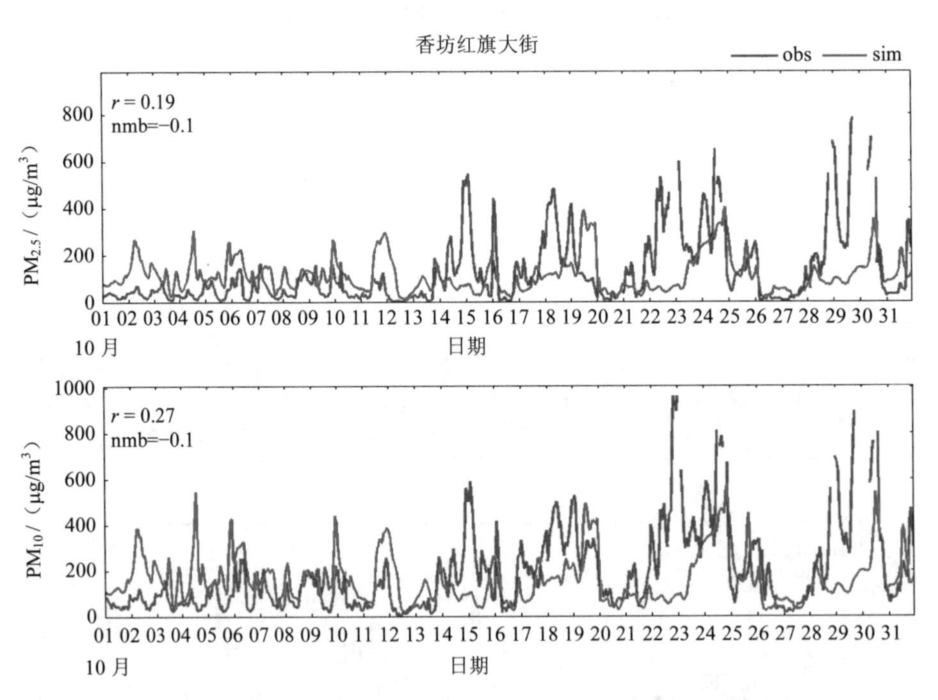

图 8-11　2014 年 10 月南岗学府路和香坊红旗大街模拟与观测对比

8.4 模式来源追踪结果分析

确定木项目颗粒物来源所代表的地区如表 8-5 所示。

表 8-5　颗粒物来源地所代表的地区

名称	代表的地区
哈尔滨	哈尔滨市
齐齐哈尔	齐齐哈尔市
大庆	大庆市
绥化	绥化市
鹤岗	鹤岗市
双鸭山	双鸭山市
佳木斯	佳木斯市
七台河	七台河市
鸡西	鸡西市
牡丹江	牡丹江市
加格达奇	大兴安岭地区
黑河	黑河市
伊春	伊春市
黑龙江省中西部	哈尔滨市、齐齐哈尔市、大庆市、绥化市
黑龙江省东北部	鹤岗市、双鸭山市、佳木斯市、七台河市、鸡西市
黑龙江省东南部	牡丹江市
黑龙江省西北部	大兴安岭地区、黑河市、伊春市
吉林	吉林省
内蒙古	内蒙古自治区
其他	模拟区域内包含的其他地区，主要为辽宁省、华北地区、黑龙江省其他城市及国外地区等

基于空气质量模式计算的 2014 年各城市全年平均地面 PM_{10} 和 $PM_{2.5}$ 浓度来源贡献率，见图 8-12。

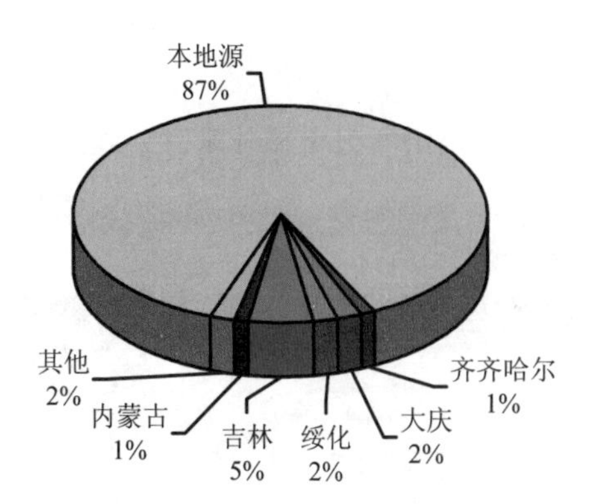

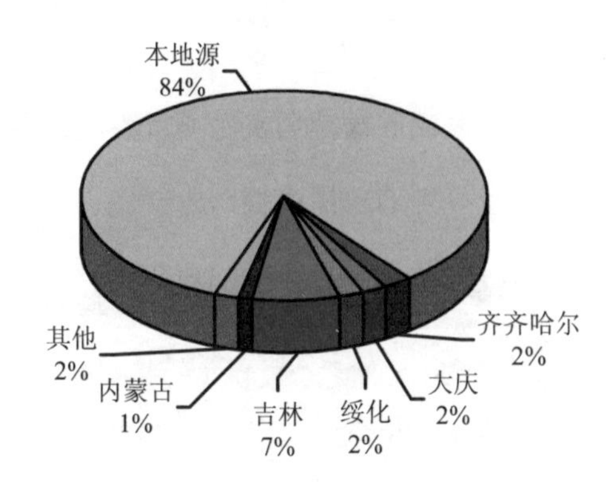

2014 年哈尔滨地面 PM_{10} 和 $PM_{2.5}$ 浓度来源贡献率

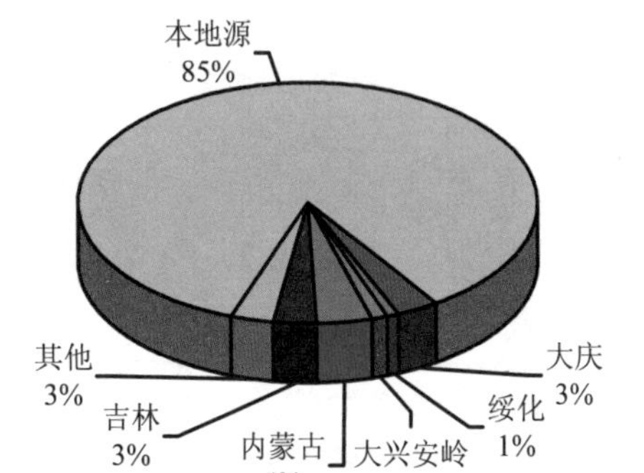

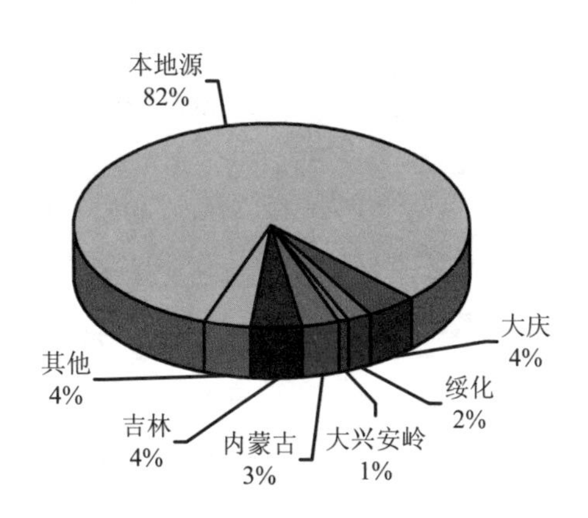

2014 年齐齐哈尔地面 PM_{10} 和 $PM_{2.5}$ 浓度来源贡献率

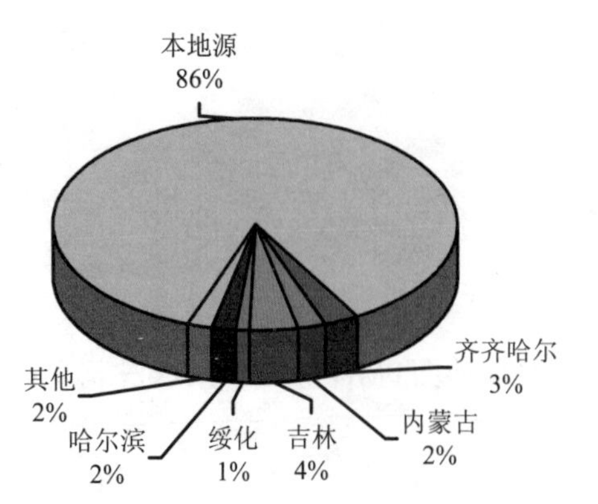

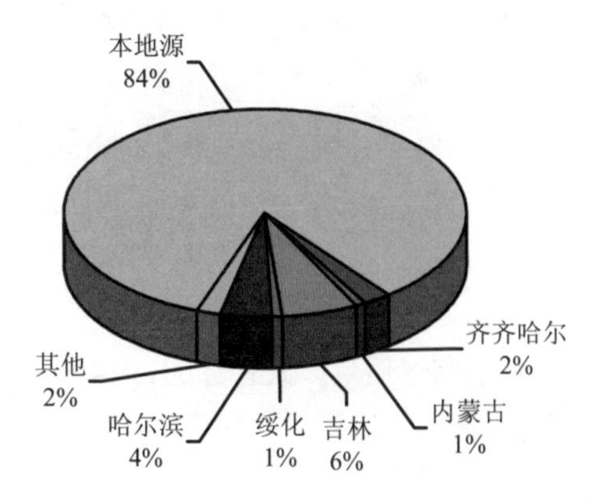

2014 年大庆地面 PM_{10} 和 $PM_{2.5}$ 浓度来源贡献率

全年绥化 PM_{10}

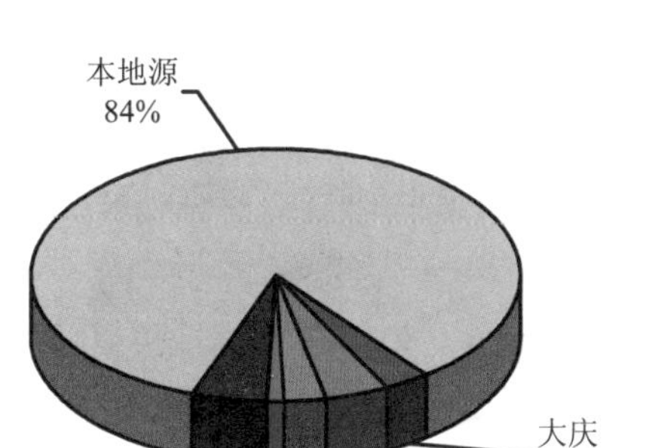

全年绥化 $PM_{2.5}$

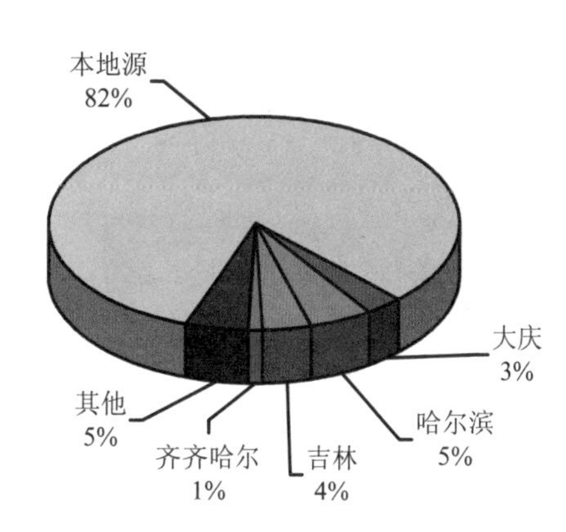

2014 年绥化地面 PM_{10} 和 $PM_{2.5}$ 浓度来源贡献率

全年鹤岗 PM_{10}

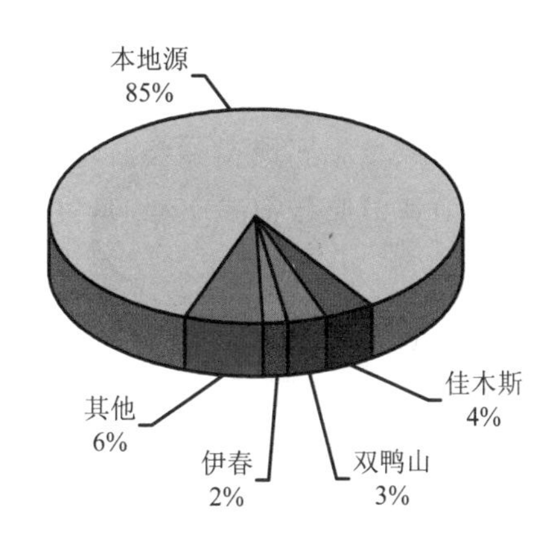

全年鹤岗 $PM_{2.5}$

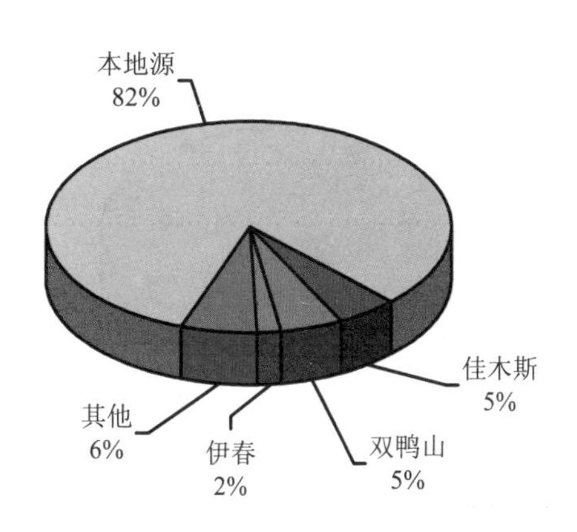

2014 年鹤岗地面 PM_{10} 和 $PM_{2.5}$ 浓度来源贡献率

全年双鸭山 PM_{10}

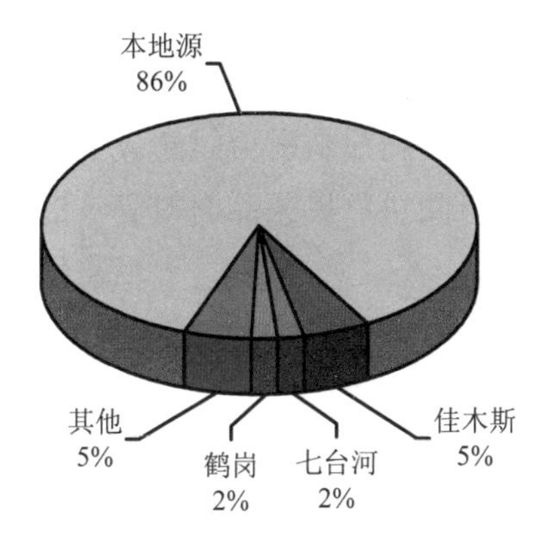

全年双鸭山 $PM_{2.5}$

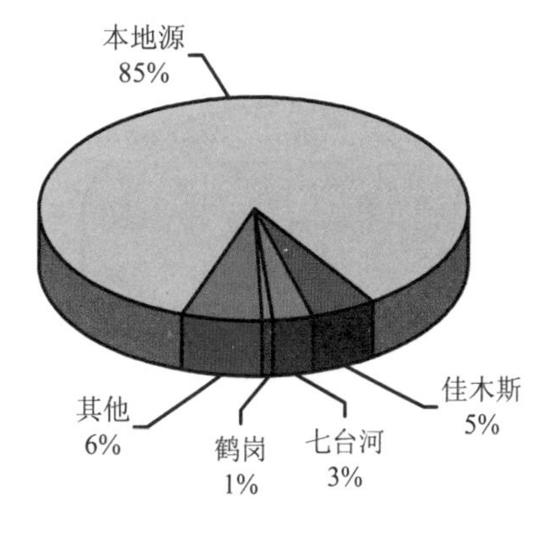

2014 年双鸭山地面 PM_{10} 和 $PM_{2.5}$ 浓度来源贡献率

全年佳木斯 PM_{10}

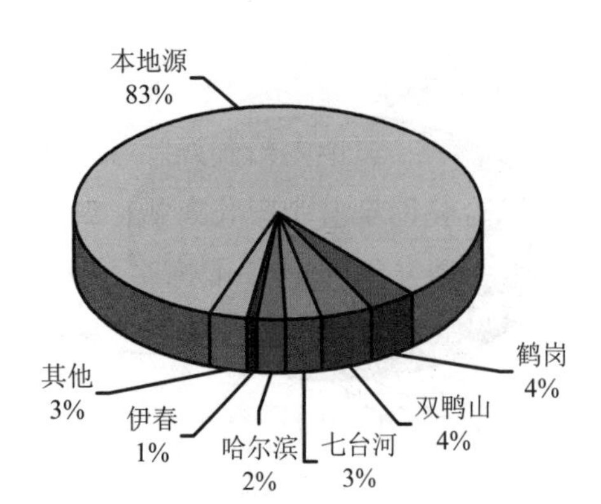

全年佳木斯 $PM_{2.5}$

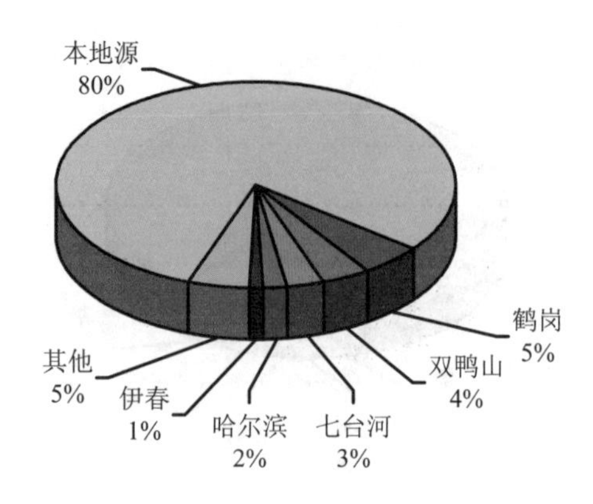

2014 年佳木斯地面 PM_{10} 和 $PM_{2.5}$ 浓度来源贡献率

全年七台河 PM_{10}

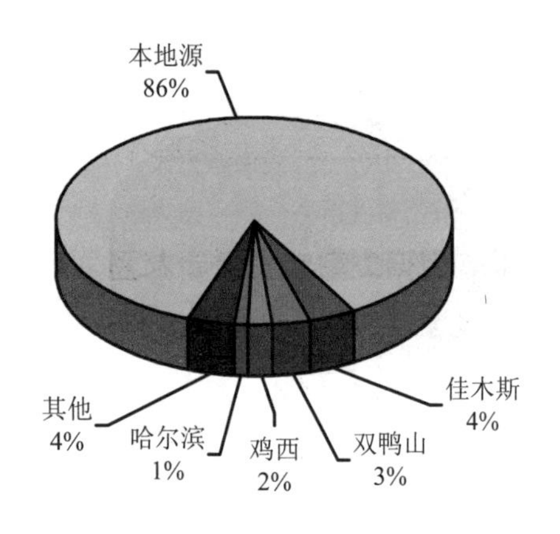

全年七台河 $PM_{2.5}$

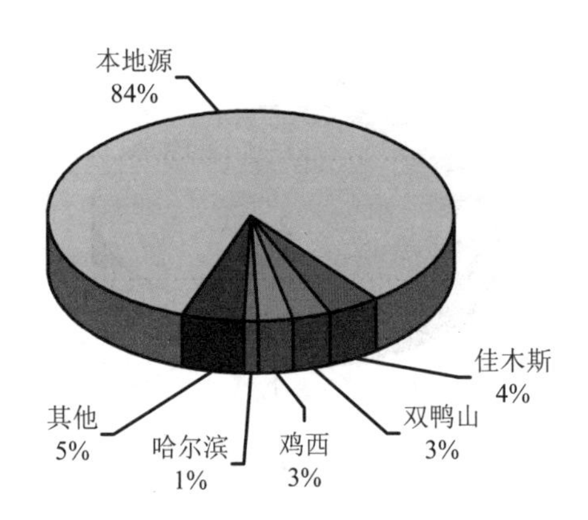

2014 年七台河地面 PM_{10} 和 $PM_{2.5}$ 浓度来源贡献率

全年鸡西 PM_{10}

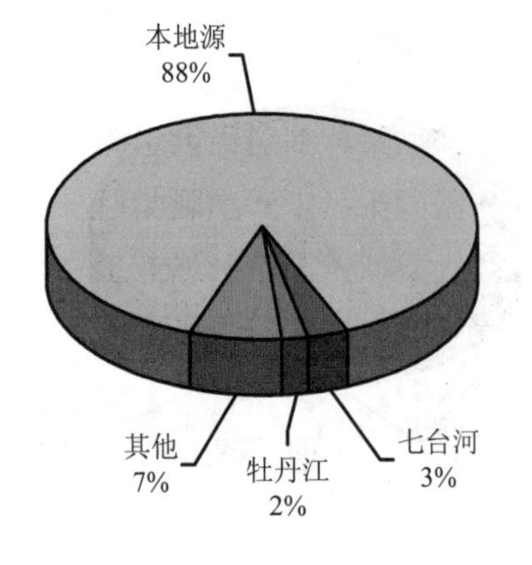

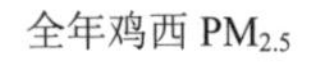
全年鸡西 $PM_{2.5}$

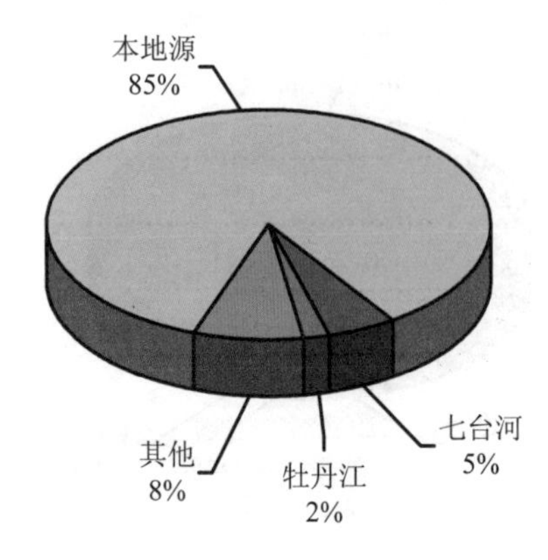

2014 年鸡西地面 PM_{10} 和 $PM_{2.5}$ 浓度来源贡献率

全年牡丹江 PM_{10}

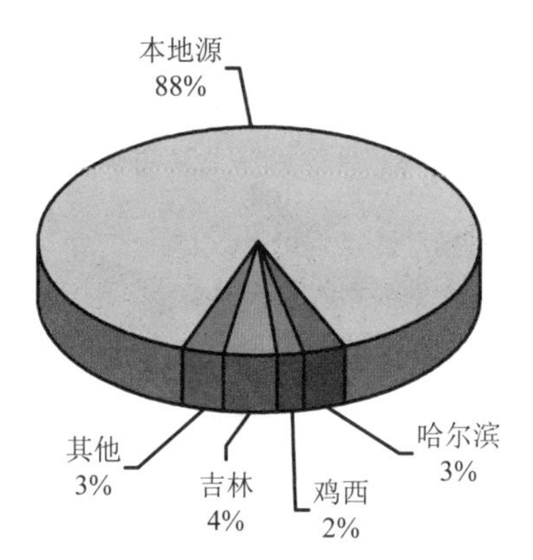

全年牡丹江 $PM_{2.5}$

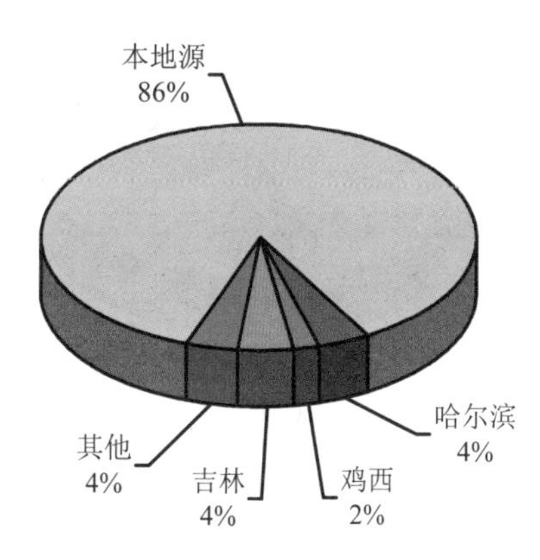

2014 年牡丹江地面 PM_{10} 和 $PM_{2.5}$ 浓度来源贡献率

全年大兴安岭 PM_{10}

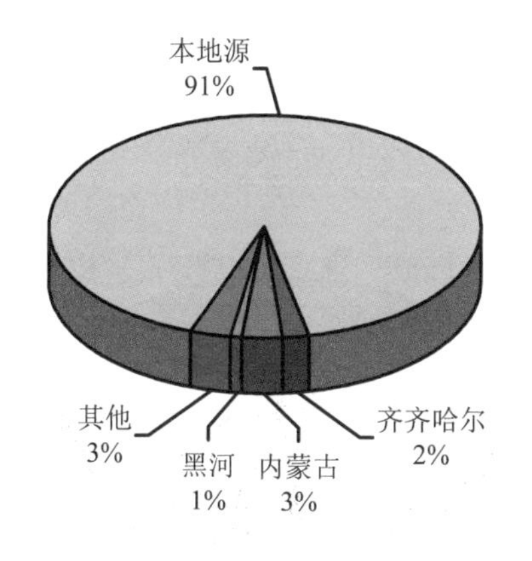

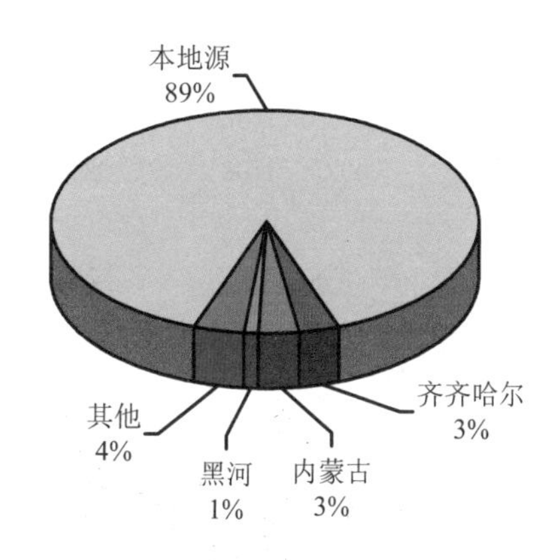

2014 年大兴安岭地面 PM_{10} 和 $PM_{2.5}$ 浓度来源贡献率

全年黑河 PM_{10}

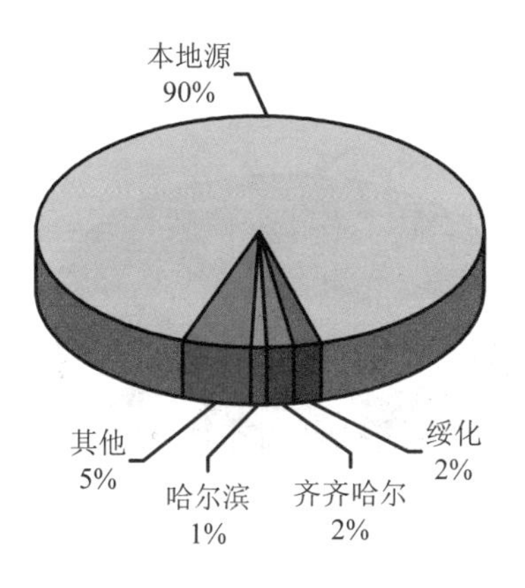

全年黑河 $PM_{2.5}$

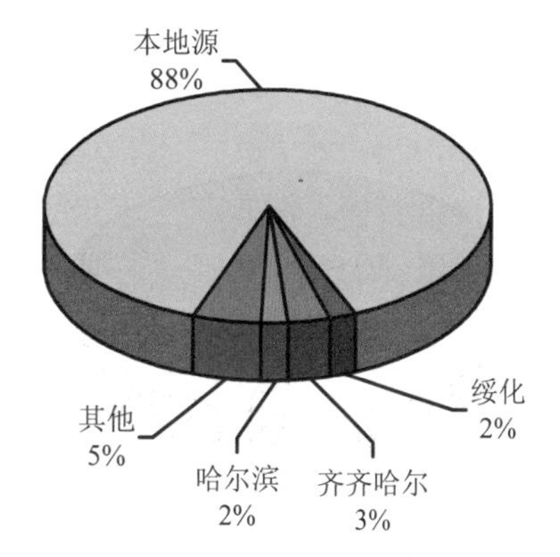

2014 年黑河地面 PM_{10} 和 $PM_{2.5}$ 浓度来源贡献率

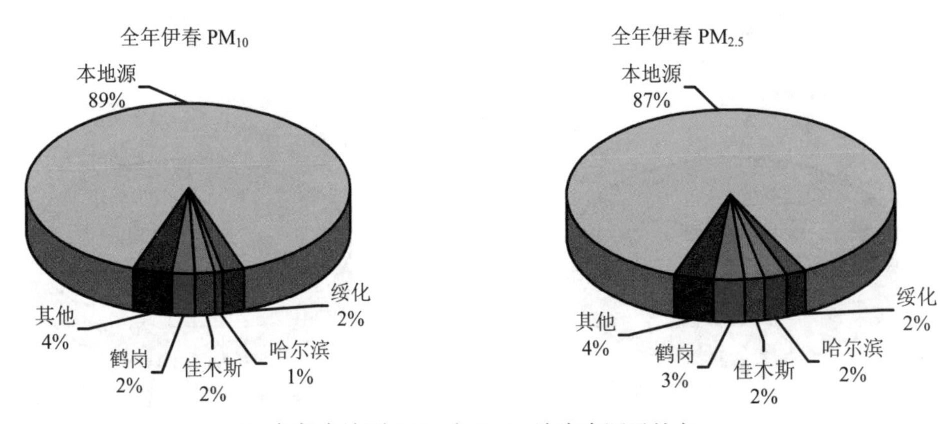

2014 年伊春地面 PM_{10} 和 $PM_{2.5}$ 浓度来源贡献率

图 8-12　2014 年全省各城市地面 PM_{10} 和 $PM_{2.5}$ 浓度来源贡献率

从图中可以看出，各城市 2014 全年 PM_{10} 和 $PM_{2.5}$ 的源贡献主要来自本地，分别占83%～91%和 80%～89%；各城市周边地区的外来输送贡献相对较小，分别为 9%～17%和11%～20%。此外，与 PM_{10} 相比，各城市地面 $PM_{2.5}$ 受外来输送影响稍大，这主要是由于 $PM_{2.5}$ 粒子相对较小，更容易悬浮于大气中，具有更强的输送能力。

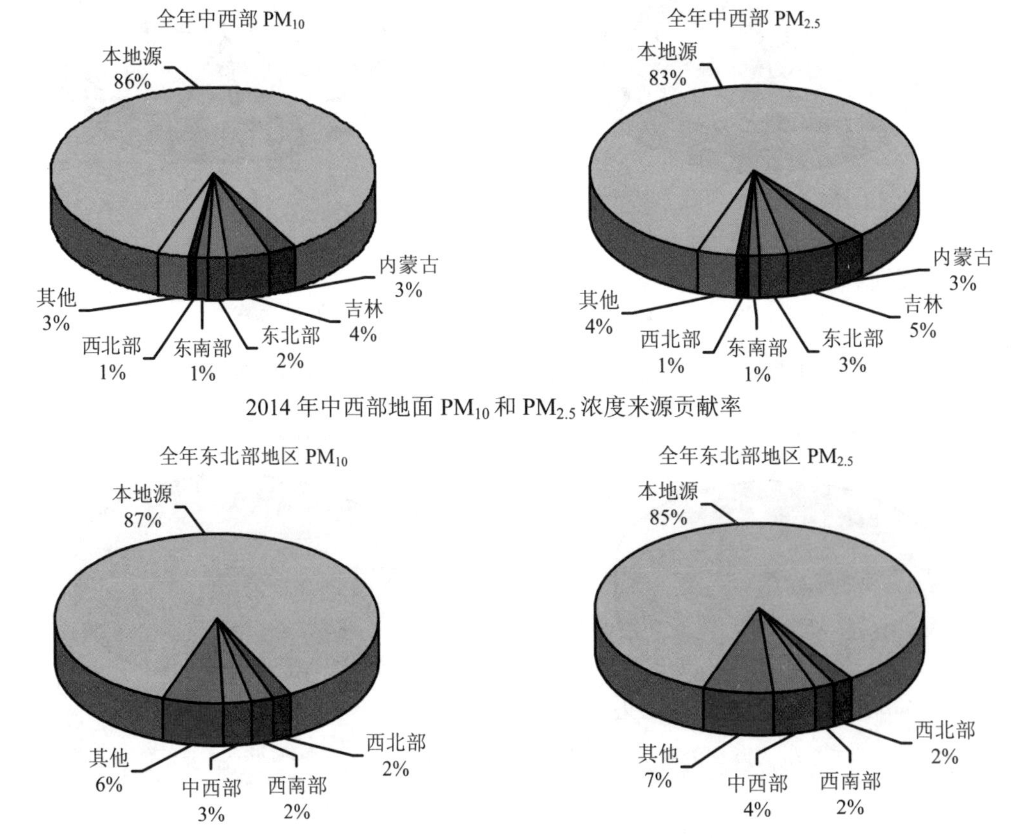

2014 年中西部地面 PM_{10} 和 $PM_{2.5}$ 浓度来源贡献率

2014 年东北部地面 PM_{10} 和 $PM_{2.5}$ 浓度来源贡献率

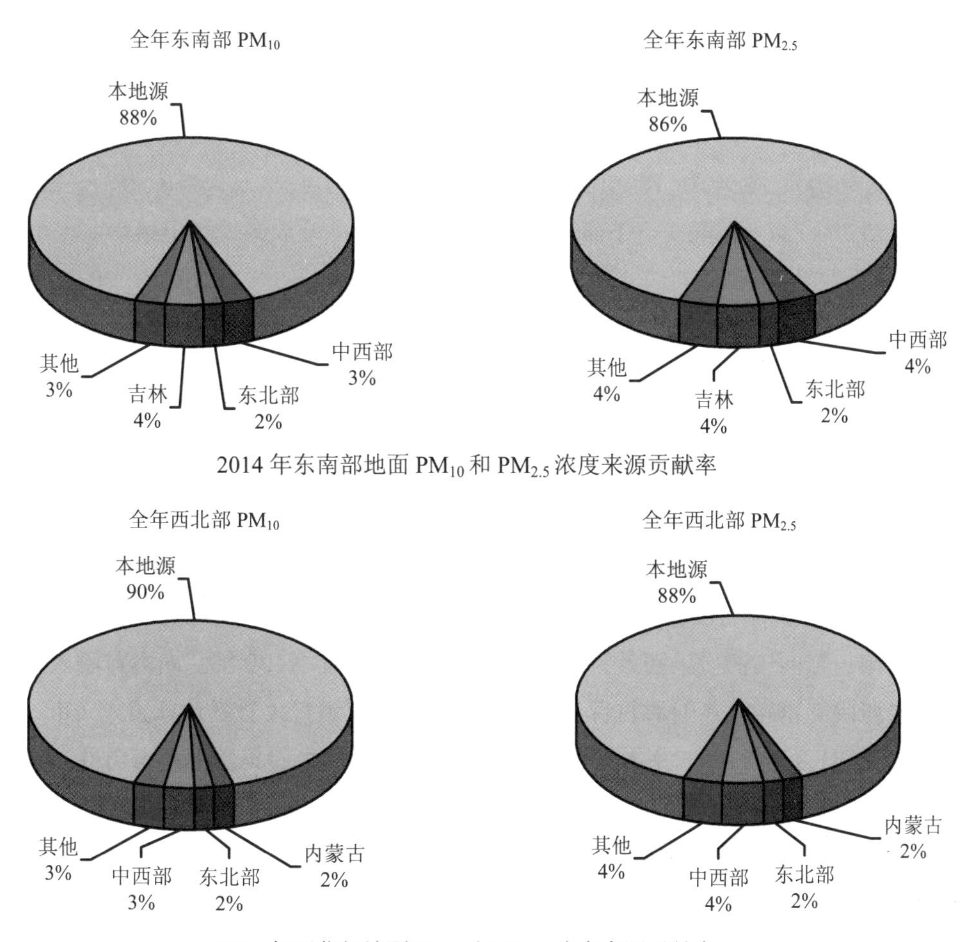

2014 年东南部地面 PM_{10} 和 $PM_{2.5}$ 浓度来源贡献率

2014 年西北部地面 PM_{10} 和 $PM_{2.5}$ 浓度来源贡献率

图 8-13　2014 年各地区地面 PM_{10} 和 $PM_{2.5}$ 浓度来源贡献率

图 8-13 为 2014 年各地区地面 PM_{10} 和 $PM_{2.5}$ 浓度来源贡献率。从图中可以看出，中西部的 PM_{10} 和 $PM_{2.5}$ 外来传输贡献比其他区域稍大（86%和 83%）。非采暖季由于大气扩散条件相对于采暖季较好，利于污染物传输，而采暖季天气条件相对静稳，污染物传输相对较少。各地区非采暖季外来传输的主要为气态污染物在传输过程中生成的二次颗粒物和沙尘；采暖季外来传输的主要为燃煤尘。

8.5　PM_{10} 和 $PM_{2.5}$ 外来传输贡献分析

图 8-14 为各城市 PM_{10} 和 $PM_{2.5}$ 综合来源解析结果。从图中可以看出，各城市 PM_{10} 和 $PM_{2.5}$ 来源主要是本地排放，分别占 83%（佳木斯）～91%（大兴安岭）和 80%（佳木斯）～89%（大兴安岭）。周边地区的外来传输对 PM_{10} 和 $PM_{2.5}$ 有一定贡献，分别为 9%～17%和

11%～20%。

在本地排放源中，对 PM_{10} 和 $PM_{2.5}$ 贡献最大的污染源均为燃煤源，分担率分别为 27.7%（大庆）～36.1%（伊春）和 29.8%（大庆）～39.3%（七台河）；第二大贡献源为机动车尾气，分担率分别为 16.9%和 18.0%；工业源分担率分别为 4.5%（大兴安岭）～15.8%（哈尔滨）和 5.2%（大兴安岭）～16.3%（哈尔滨、大庆）；开放源（城市扬尘、土壤风沙尘等）分担率分别为 14.5%（哈尔滨）～25.4%（牡丹江）和 4.8%（哈尔滨）～20.0%（绥化）；生物质燃烧尘分担率分别为 5.2%（双鸭山）～9.7%（大兴安岭）和 4.1%（哈尔滨）～16.3%（大兴安岭）。

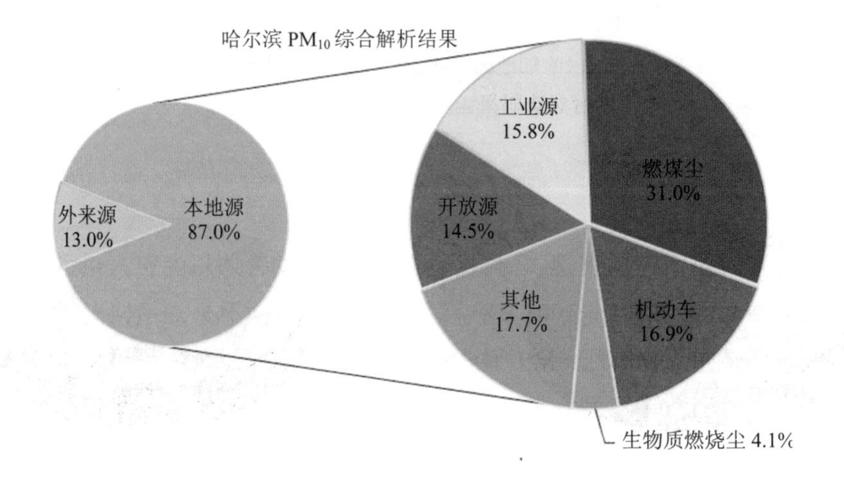

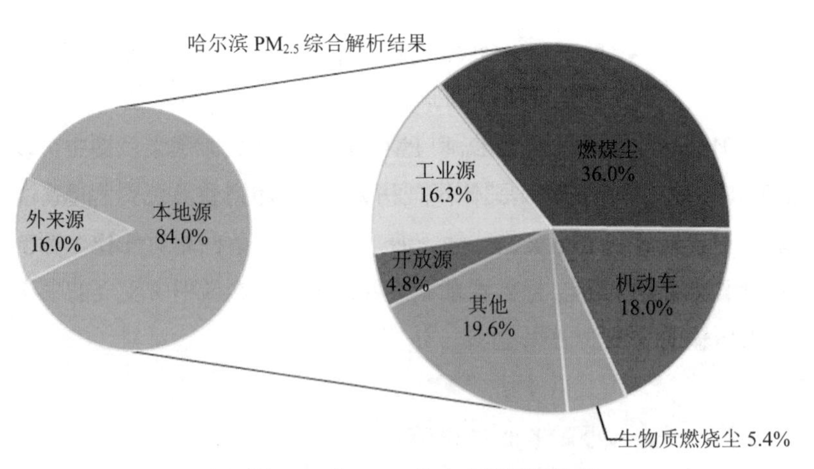

哈尔滨 PM_{10} 和 $PM_{2.5}$ 综合来源解析结果

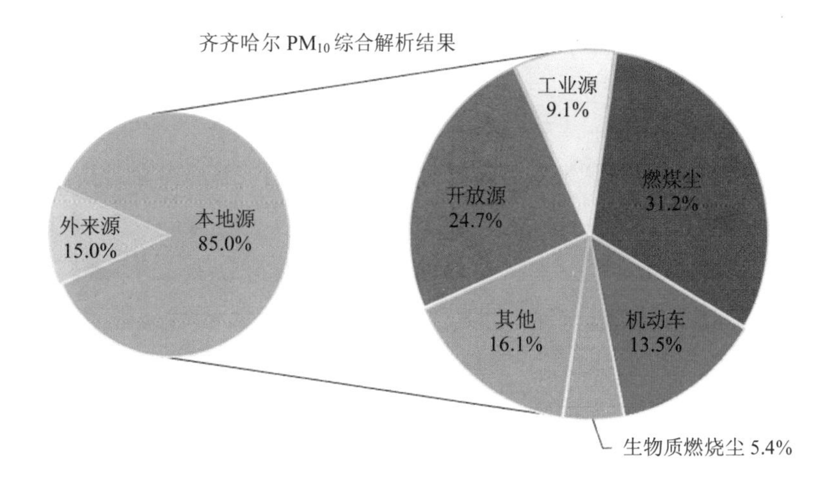

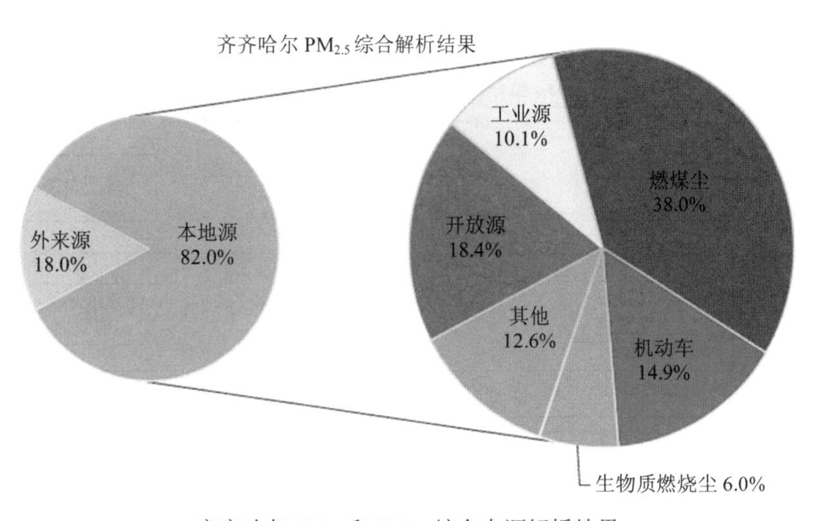

齐齐哈尔 PM_{10} 和 $PM_{2.5}$ 综合来源解析结果

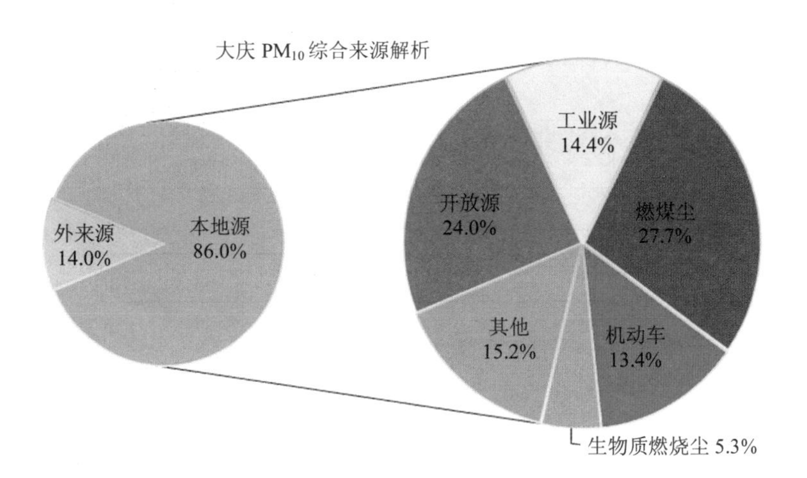

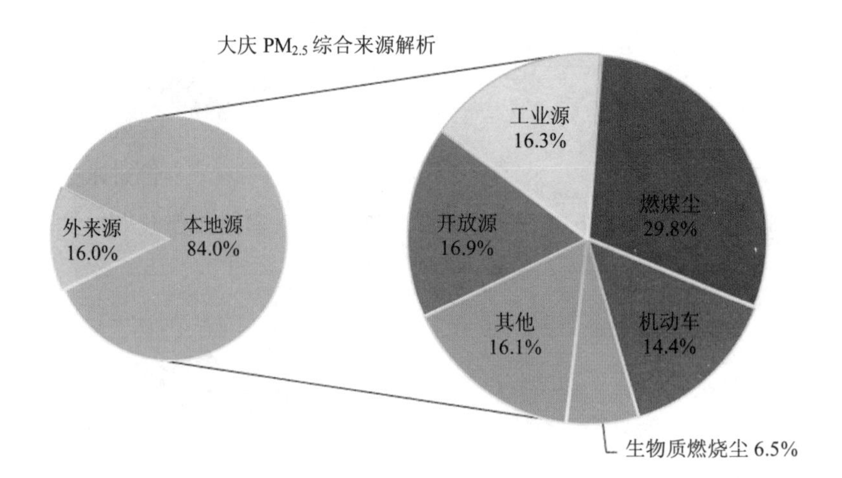

大庆 PM_{10} 和 $PM_{2.5}$ 综合来源解析结果

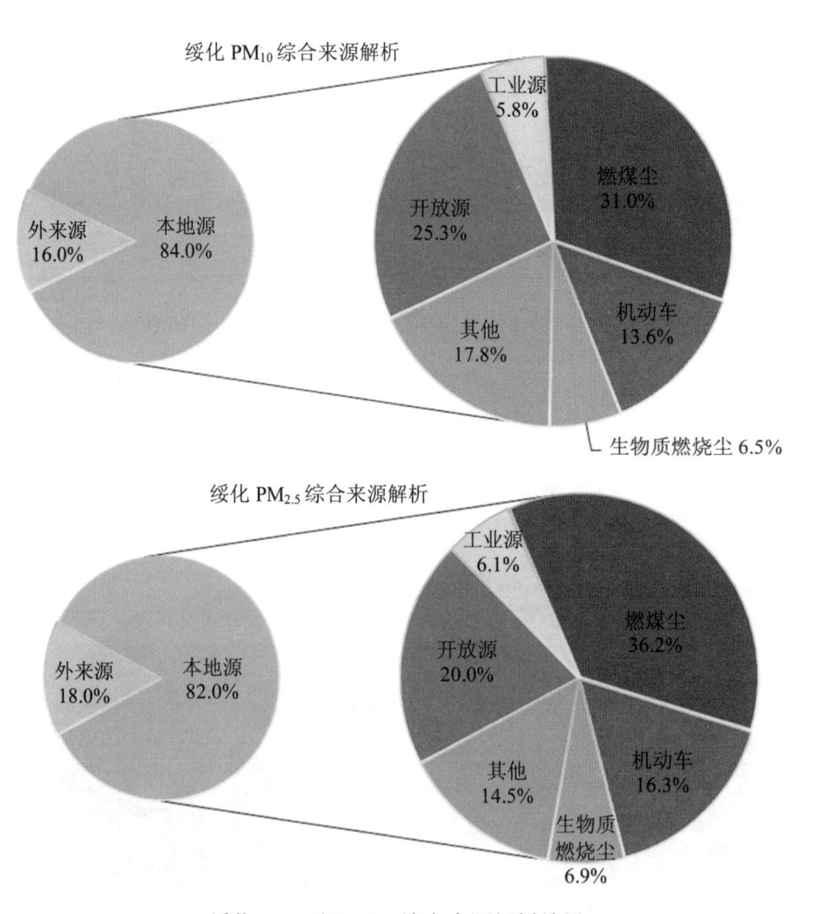

绥化 PM_{10} 和 $PM_{2.5}$ 综合来源解析结果

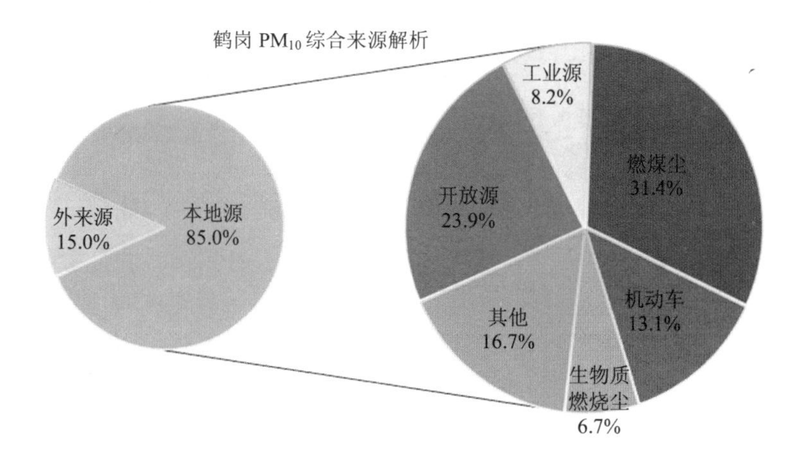

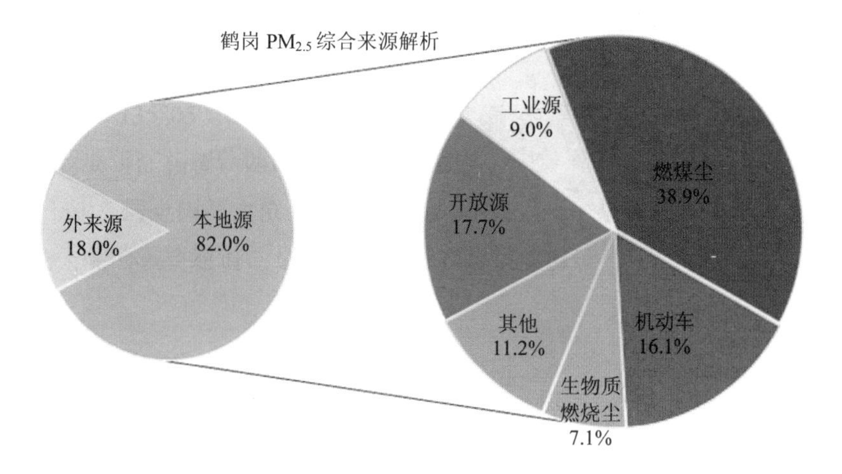

鹤岗 PM_{10} 和 $PM_{2.5}$ 综合来源解析结果

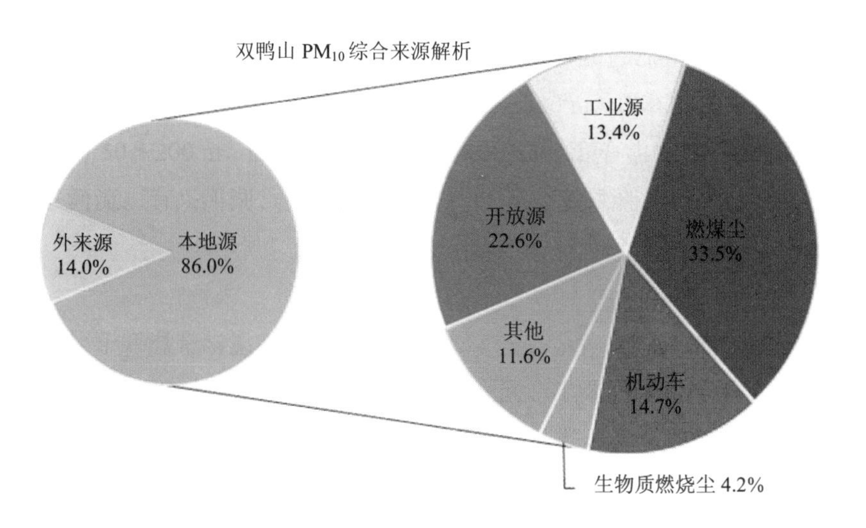

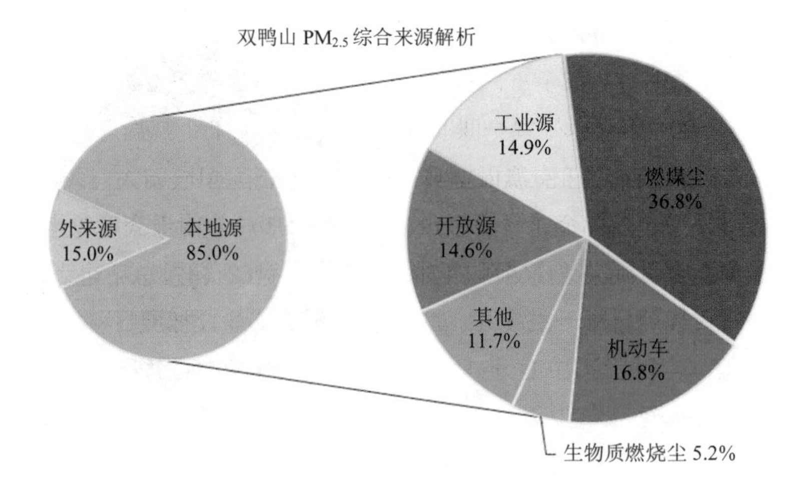

双鸭山 PM_{10} 和 $PM_{2.5}$ 综合来源解析结果

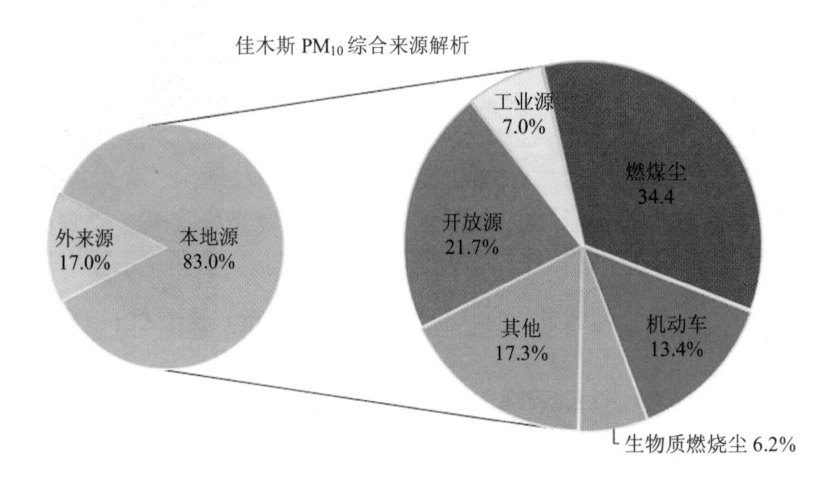

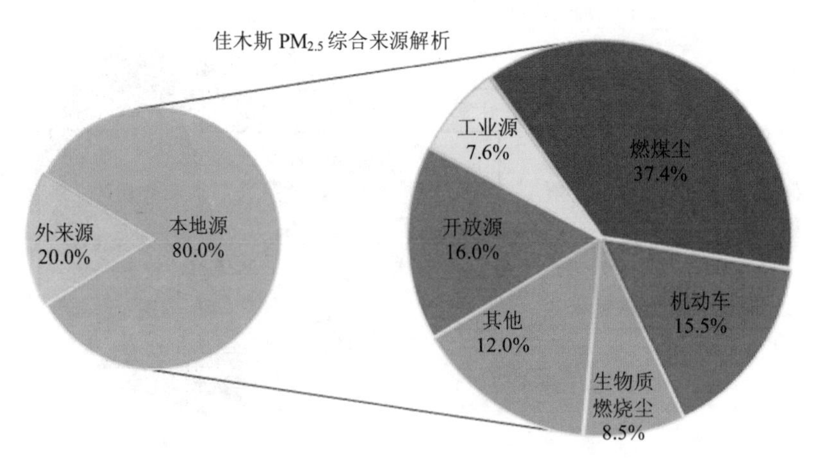

佳木斯 PM_{10} 和 $PM_{2.5}$ 综合来源解析结果

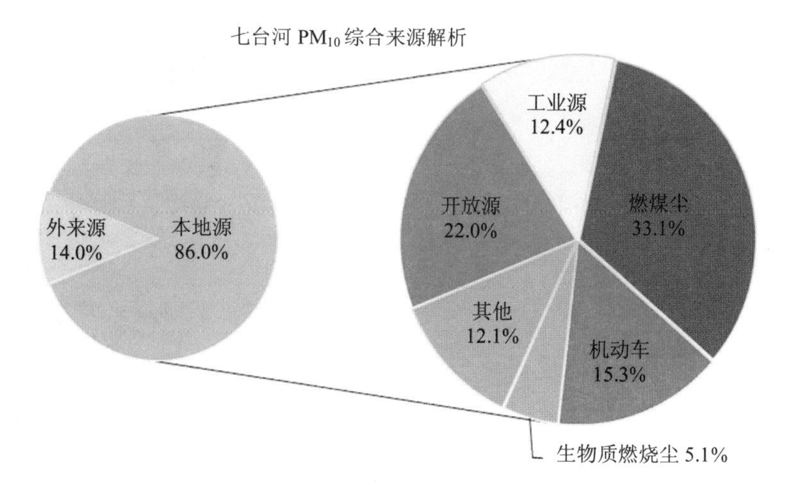

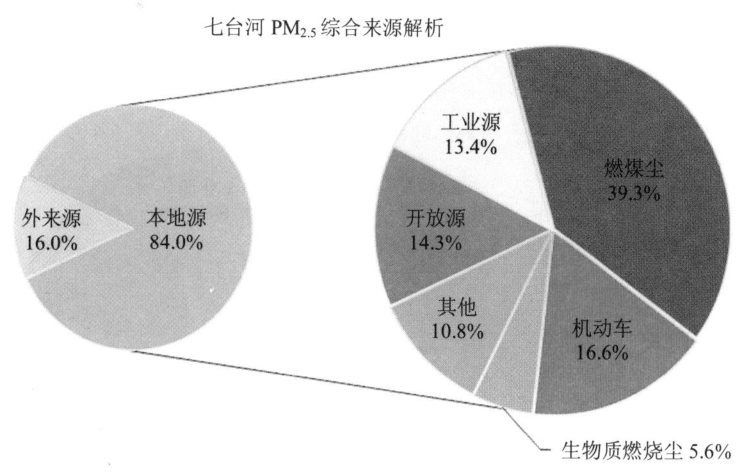

七台河 PM_{10} 和 $PM_{2.5}$ 综合来源解析结果

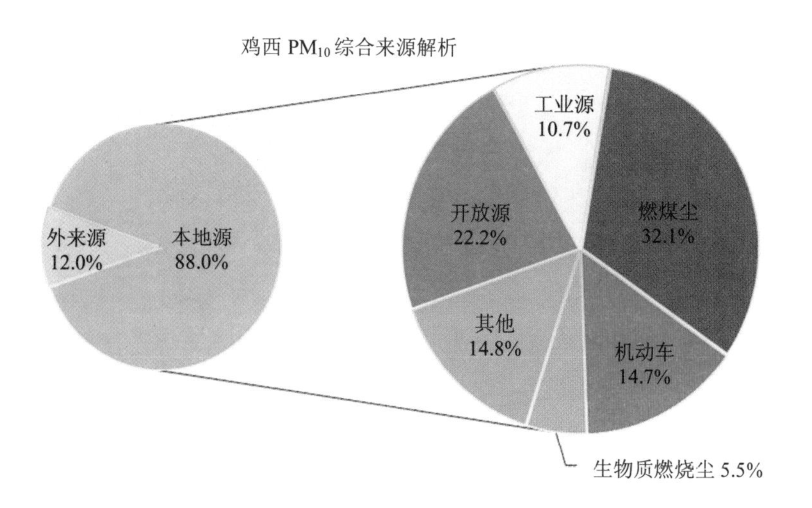

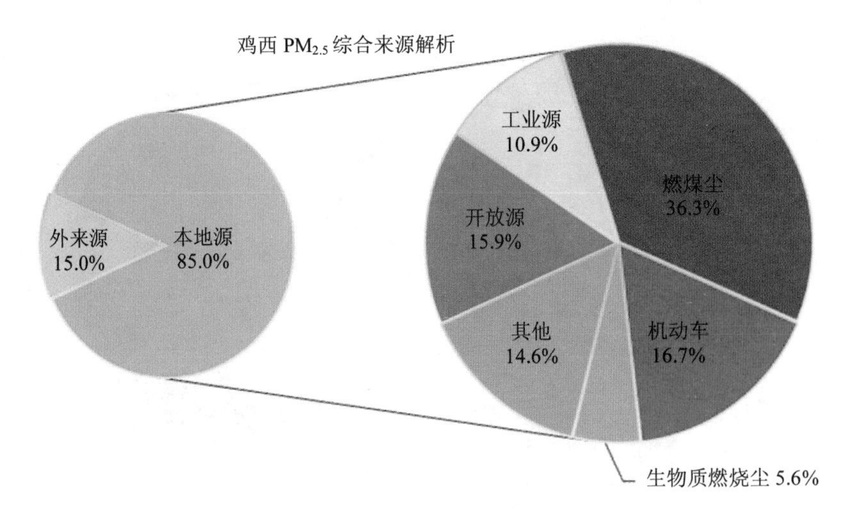

鸡西 PM_{10} 和 $PM_{2.5}$ 综合来源解析结果

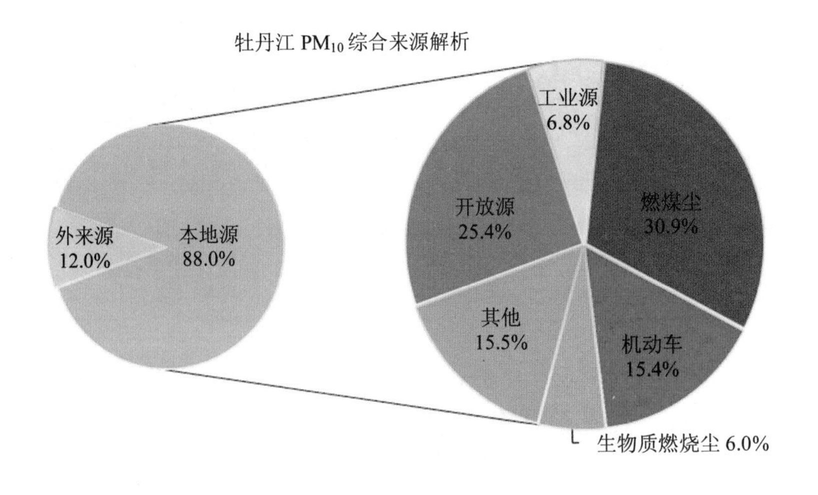

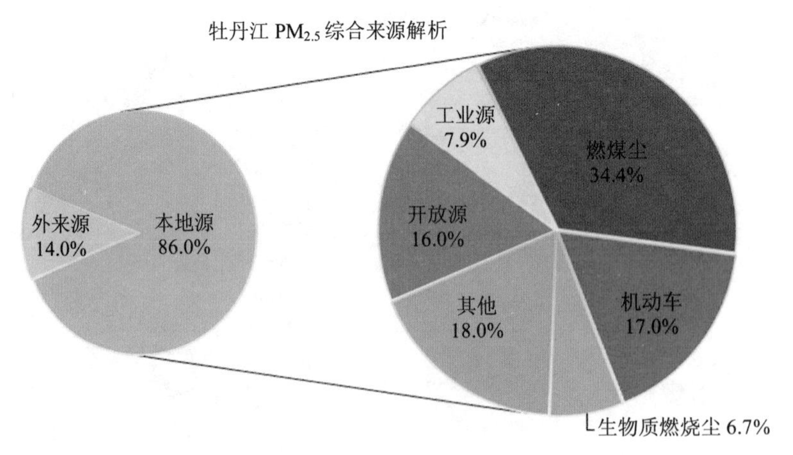

牡丹江 PM_{10} 和 $PM_{2.5}$ 综合来源解析结果

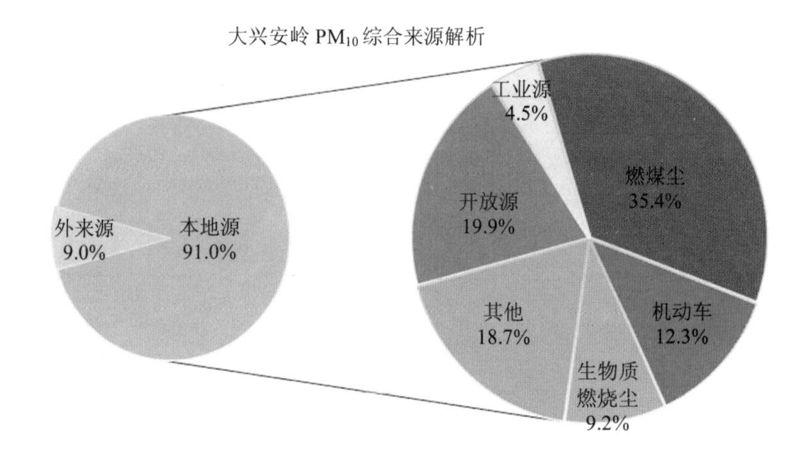

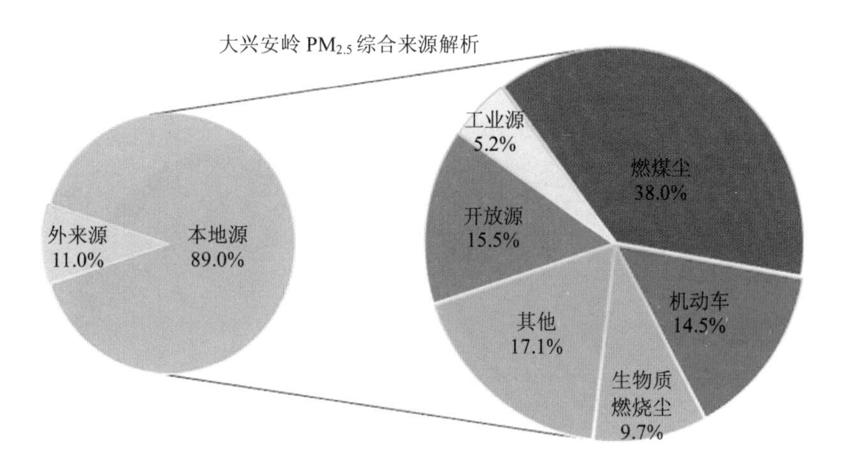

大兴安岭 PM_{10} 和 $PM_{2.5}$ 综合来源解析结果

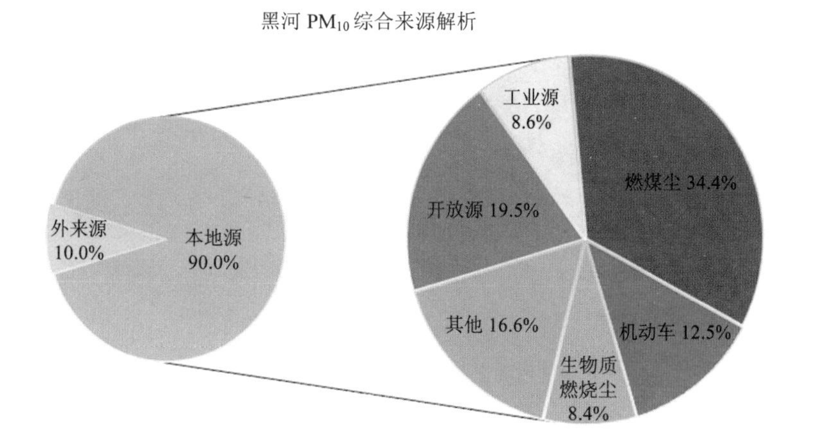

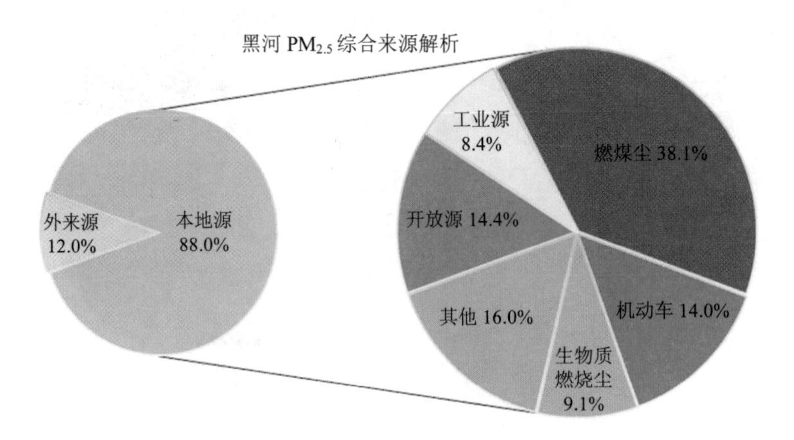

黑河 PM_{10} 和 $PM_{2.5}$ 综合来源解析结果

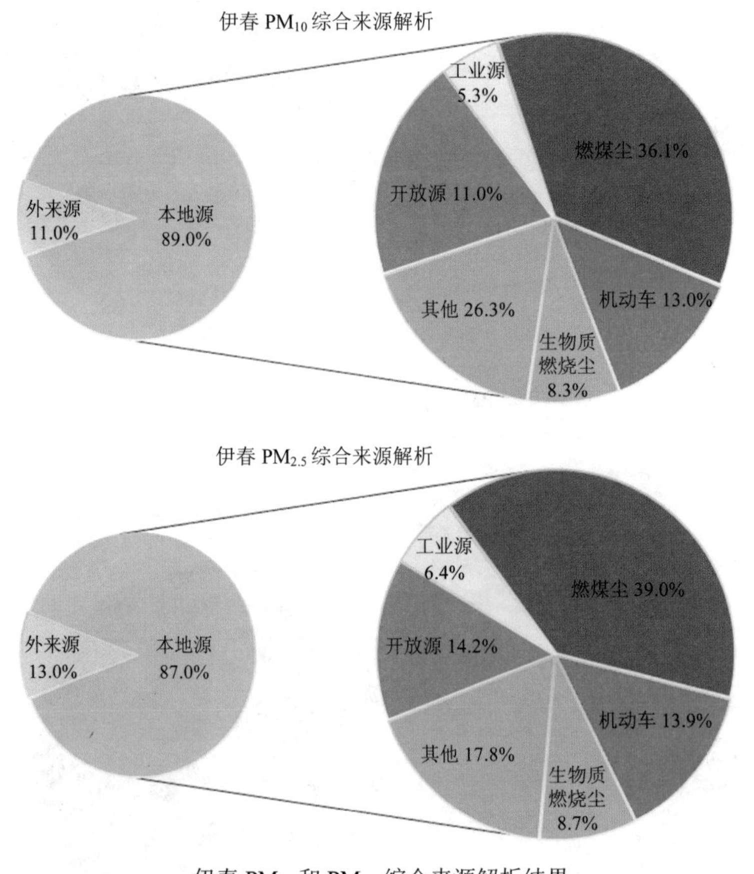

伊春 PM_{10} 和 $PM_{2.5}$ 综合来源解析结果

图 8-14　各地市综合来源解析结果

图 8-15 为各区域 PM_{10} 和 $PM_{2.5}$ 来源综合来源解析结果。由图可知，各区域 PM_{10} 和 $PM_{2.5}$ 来源主要是本地排放，分别占 86%（中西部）～90%（西北部）和 83%（中西部）～88%（西北部）。周边地区的外来传输对 PM_{10} 和 $PM_{2.5}$ 有一定贡献，分别为 10%～14%和 12%～17%。

在本地排放源中，对 PM_{10} 和 $PM_{2.5}$ 贡献最大的污染源均为燃煤源，分担率分别为 30.2%（中西部）～35.3%（西北部）和 34.4%（东南部）～38.4%（西北部）；第二大贡献源为机动车尾气，分担率分别为 12.6%（西北部）～15.4%（东南部）和 14.1%（西北部）～17.0%（东南部）；工业源分担率分别为 6.1%（西北部）～11.3%（中西部）和 6.7%（西北部）～12.2%（中西部）；开放源（城市扬尘、土壤风沙尘等）分担率分别为 19.6%（西北部）～25.4%（东南部）和 14.4%（西北部）～16.0%（东南部）；生物质燃烧尘分担率分别为 5.3%（中西部）～8.6%（西北部）和 6.4%（中西部、东北部）～9.2%（西北部）。

中西部 PM_{10} 综合来源解析

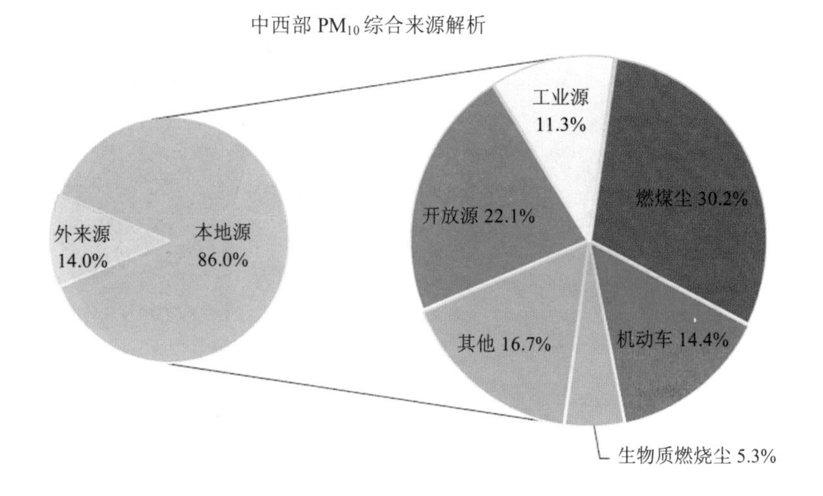

中西部 $PM_{2.5}$ 综合来源解析

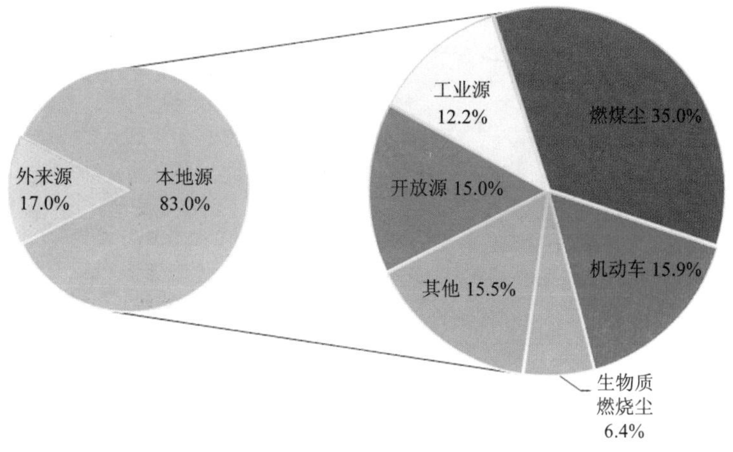

中西部 PM_{10} 和 $PM_{2.5}$ 综合来源解析结果

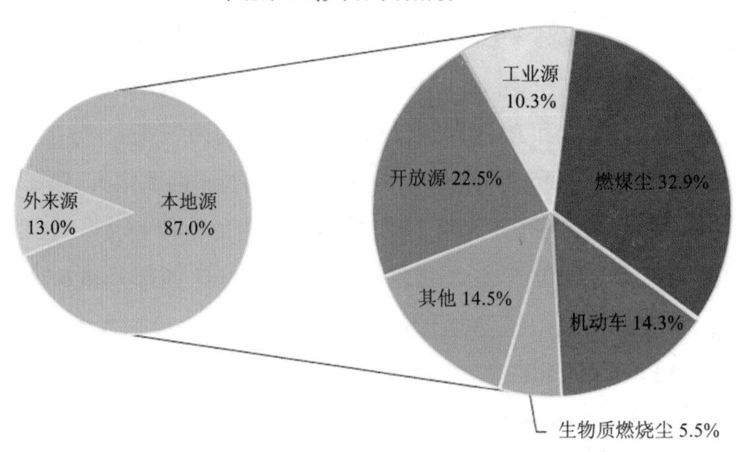

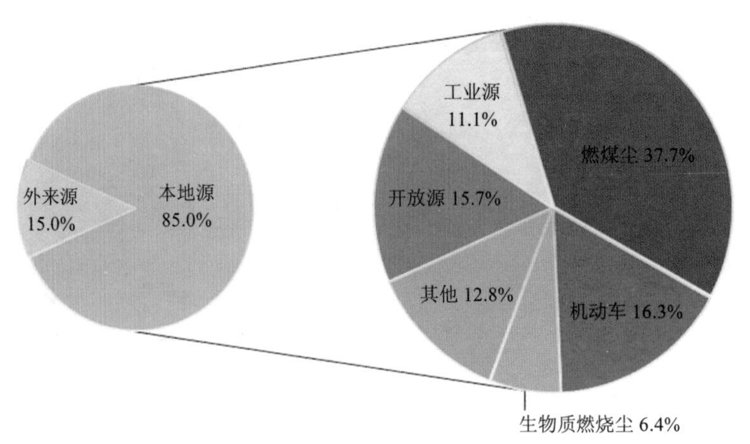

东北部 PM_{10} 和 $PM_{2.5}$ 综合来源解析结果

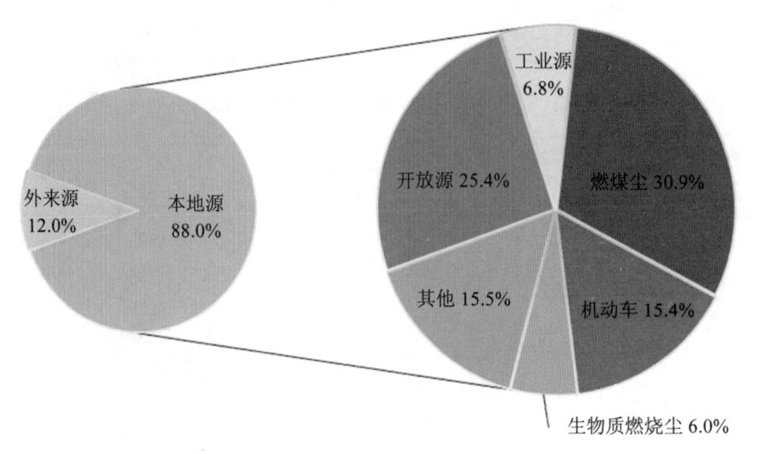

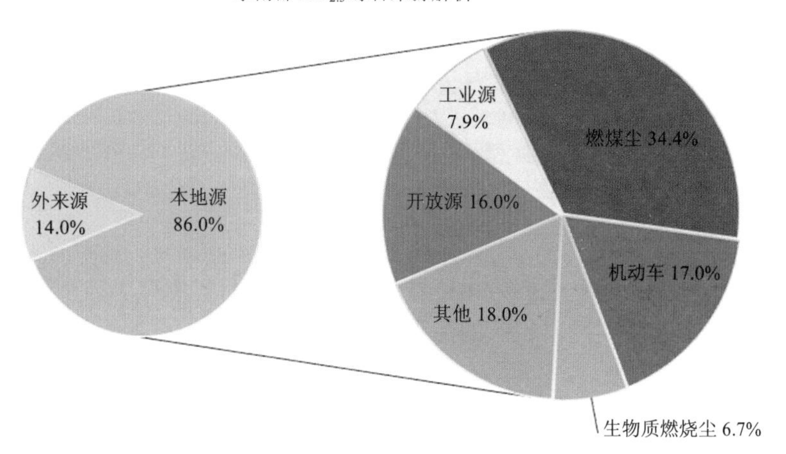

东南部 PM_{10} 和 $PM_{2.5}$ 综合来源解析结果

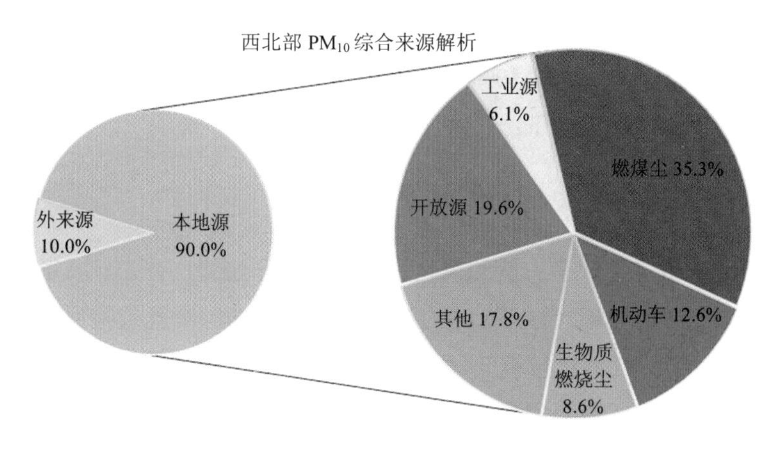

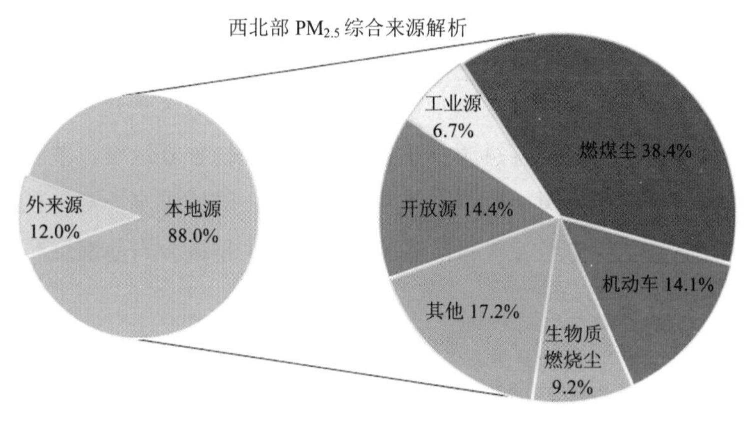

西北部 PM_{10} 和 $PM_{2.5}$ 综合来源解析结果

图 8-15　全省各区域 PM_{10} 和 $PM_{2.5}$ 综合来源解析

第 9 章　PM_{10}和 $PM_{2.5}$污染防治对策

本章根据大气颗粒物源解析的结果，分析黑龙江省 13 个市地空气颗粒物污染的主要成因，并根据分类控制原则提出相应的污染防治对策建议。

9.1　燃煤源污染防治对策

根据黑龙江省 13 个市地空气颗粒物源解析结果，燃煤源的贡献率在各类源中排在首位，二次分摊后的贡献率为 27%～40%，特别是采暖季高达 40%以上。因此，燃煤源污染防治摆在首位。具体对策建议如下：

9.1.1　调整能源结构

据统计，2010—2014 年，全省能源消耗量呈平缓上升趋势。首先，原煤是最主要的能源，其消耗量占总能源消耗量（标煤）超过 66%，而其他能源消耗量除原油外（标煤）不到 10%，特别是全省天然气消耗量较低，呈负增长趋势，说明全省能源消耗以煤燃烧为主，而且可以预见未来几年内煤炭仍将是全省主要一次能源。其次，在全省绝大多数城市，锅炉燃料以未经洗选加工的原煤为主，煤种复杂，煤质与锅炉匹配性差，锅炉燃烧效率低；郊区、城中村原煤散烧普遍，并且多为小烟筒低空直接排放。再次，大规模集中供热尚未普遍推广，传统小供暖锅炉数量多，除尘设施落后。城市建成区供热热源主要由热源厂、区域锅炉房和分散小锅炉组成。各热源企业自建供热管网，独立运维，缺少统一规划，致使热源建设相对滞后，大规模集中供热占比较低。因此，降低煤炭能源消耗比重，提高清洁能源利用水平，加强燃料使用管理和推进城市集中供热是减少当前燃煤源污染的有效措施。主要措施如下：

（1）大力推广清洁能源使用

充分利用现有天然气资源，加快管网等基础设施建设，增强天然气供给能力，加大城市燃气、城市公共交通和工业大用户等用气规模，提高天然气利用水平。

（2）加强燃料使用管理

逐步增加无燃煤区面积，严格执行高污染燃料禁燃区内 65 t 以下锅炉禁止使用原（散）煤等劣质煤，必须使用低硫、低挥发分煤；合理规划建设洗选和洁净煤炭加工与配送中心，对各城市烟（粉）尘排放量较大单位及用煤大户进行燃煤统一配送，城中村及棚户区采暖必须使用洁净煤或清洁能源；强化煤质管理，煤炭使用单位须使用锅炉设计要求的煤种，使其排放污染物达到相应的国家标准要求；公路铁路部门采取"四门落锁"建立防控圈的方式禁止劣质煤运送至市区。

（3）加快推进城市集中供热

对现有居住区及各类工业园区等进行热电联产或集中供热改造，进一步合理调整供热分区，对区域内锅炉房进行统一整合，将不同供热规划分区的供热主干管网连接在一起；供热管网覆盖不到的城乡结合部，要改用清洁或再生能源，推广应用工业煤粉、生物质成型燃料、型煤等高效节能环保型锅炉。

9.1.2　治理燃煤锅炉排放

目前，全省部分锅炉老化严重，能效低、排放高，并且大多没有配置高效的除尘装置，基本没有脱硫脱硝设施，污染物排放超标严重。因此，燃煤锅炉排放是大气污染治理的另一个有效措施。主要措施如下：

（1）严格燃煤锅炉环境准入

通过立法固化燃煤锅炉环境准入条件，新改扩建燃煤锅炉污染物排放执行《锅炉大气污染物排放标准》（GB 13271—2014）中规定的重点地区锅炉大气污染物特别排放限值；建成区内严禁新建 35 t/h 以下的燃煤锅炉，市辖县（市）城关镇禁止新建 20 t/h 以下的燃煤锅炉，新改扩建项目优先选用列入高效锅炉目录或能效达到 1 级的产品，鼓励使用电、天然气等清洁能源锅炉。新建居住区及工业园区要规划建设统一集中供热锅炉，逐步完成现有市区及工业园区热电联产或集中供热改造，实现一区一热源。

（2）全面淘汰落后锅炉

全面淘汰市区 10 t/h 及以下高污染燃煤锅炉；市区内加速优化热源结构，主要依托大型热源形成"以点带面"的供热模式，尽快达到集中供热面积 93%以上目标。禁止新建 20 t/h 以下燃煤锅炉。除保留必要应急、调峰的供热锅炉外，哈尔滨市区要全部淘汰 10 t/h 及以下燃煤锅炉、茶浴炉；加快解决中心市区集中供热问题，逐步缩小集中供热空白区范围，同时考虑在市中心采用电采暖和燃气等清洁能源采暖方式；加快推进城市棚户区改造，消灭低矮污染源。

（3）推广使用高效除尘脱硫脱硝设备

对于市区污染物排放量较大的排放企业和其他供暖企业，须尽快使用高效除尘脱硫脱硝烟尘低排放设备；对于超过污染物排放标准或总量控制指标的排污企业，必须使用高效除尘脱硫脱硝设备。

9.1.3 加强监督管理污染物排放

主要措施为：

（1）实施燃煤源的总量控制

测算市区和各污染源的允许排放总量，对市区内所有的燃煤源实施总量控制并制订相应的削减计划，制订各企业燃煤源的排放目标值；对 20 t/h 以上燃煤锅炉安装污染源在线自动连续监测系统（CEMS），逐步取代现行总量计算中的物料衡算方法。

（2）实施排污许可证和排污权交易制度

根据总量控制规划，尽快对燃煤源实施排污许可证制度，定期核实排污总量指标和颁发排污许可证，鼓励排放总量富余的企业进行排污权交易，最大限度地发挥治理设施的投资效益。

（3）加强审批制度，淘汰落后产能

尽快制订违规产能清理整顿实施方案，并严格推进落实。市区内不再审批除热电联产以外的火电、钢铁、建材、焦化、有色金属冶炼、石化、化工等高污染项目，现有的要逐步向外转移；市区外的市辖区范围内禁止新建、扩建除"上大压小"和热电联产以外的燃煤电厂，禁止新建火电、石化、有色金属冶炼、化工以及燃煤锅炉等项目；将二氧化硫、氮氧化物、烟（粉）尘、挥发性有机物排放总量控制要求作为项目环境影响评价审批的前置条件，对未通过的项目，有关部门不得审批、核准、备案、提供土地、批准开工建设等。

9.1.4 燃煤排放削减建议

图 9-1 为 2014 年黑龙江省 13 个市地燃煤消耗总量及各行业占比。

由图可知，2014 年黑龙江省 13 个市地燃煤消耗总量为 13 086 万 t。从区域来看，中西部燃煤消耗量最大（6 722 万 t），占全省的 51.4%；其次是东北部（4 784 万 t），占全省的 36.6%；东南部（885 万 t）和西北部（695 万 t）燃煤消耗量较小，分别占全省的 6.8% 和 5.2%。由此可知，中西部和东北部是黑龙江省燃煤污染防治重点区域。

从城市来看，中西部的哈尔滨、大庆和齐齐哈尔的燃煤消耗量较大，分别为 3 149 万 t、1 617 万 t 和 1 564 万 t；东北部的七台河燃煤消耗量较大（1 924 万 t），因此这些城市是黑龙江省燃煤污染防治的重点城市。

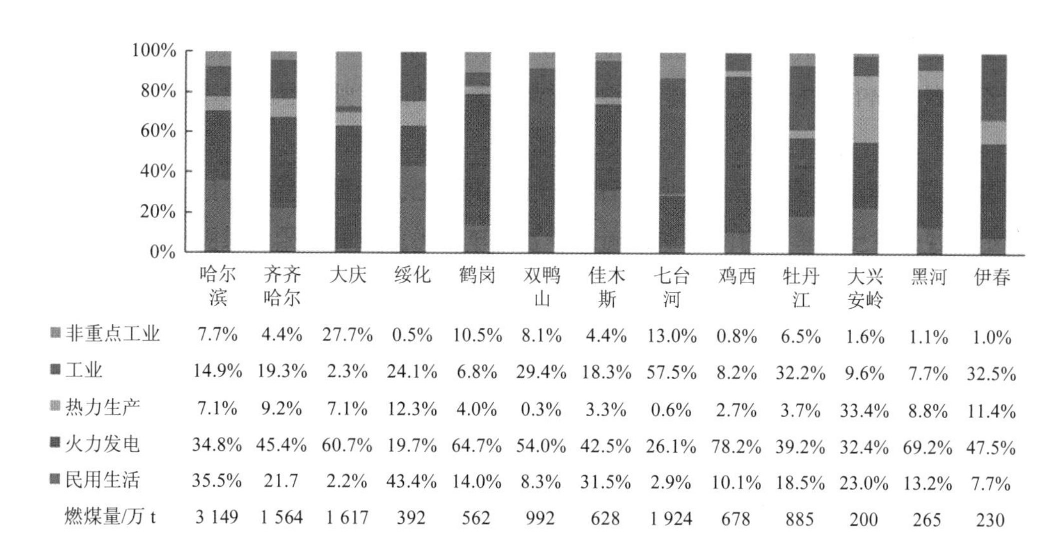

	哈尔滨	齐齐哈尔	大庆	绥化	鹤岗	双鸭山	佳木斯	七台河	鸡西	牡丹江	大兴安岭	黑河	伊春
非重点工业	7.7%	4.4%	27.7%	0.5%	10.5%	8.1%	4.4%	13.0%	0.8%	6.5%	1.6%	1.1%	1.0%
工业	14.9%	19.3%	2.3%	24.1%	6.8%	29.4%	18.3%	57.5%	8.2%	32.2%	9.6%	7.7%	32.5%
热力生产	7.1%	9.2%	7.1%	12.3%	4.0%	0.3%	3.3%	0.6%	2.7%	3.7%	33.4%	8.8%	11.4%
火力发电	34.8%	45.4%	60.7%	19.7%	64.7%	54.0%	42.5%	26.1%	78.2%	39.2%	32.4%	69.2%	47.5%
民用生活	35.5%	21.7	2.2%	43.4%	14.0%	8.3%	31.5%	2.9%	10.1%	18.5%	23.0%	13.2%	7.7%
燃煤量/万 t	3 149	1 564	1 617	392	562	992	628	1 924	678	885	200	265	230

图 9-1　2014 年全省各地市燃煤消耗总量及各行业占比

进一步从行业来看，火力发电燃煤消耗量在中西部和东北部均占有较大的百分比，是燃煤污染防治的重点行业；其次中西部的民用生活燃煤和东北部工业燃煤也不容忽视。具体表现为：重点城市中的哈尔滨燃煤消耗以火力发电和民用生活为主，二者占比相当（34.8%和 35.5%）；齐齐哈尔燃煤消耗主要是火力发电（45.4%），其次是民用生活（21.7%）；大庆燃煤消耗主要是火力发电（60.7%）；七台河燃煤消耗主要是工业（57.5%），主要来自煤化工行业。此外，在燃煤消耗量较小的城市，火力发电仍是燃煤消耗的主要行业（32%～79%）。由此可知，燃煤排放量削减主要针对火力发电行业是较为有效的措施。

9.2　扬尘污染控制对策

根据全省 13 个市地颗粒物源解析结果，扬尘是 $PM_{2.5}$ 和 PM_{10} 的第二大贡献源，分担率为 14%～26%。扬尘主要来自裸土、道路、施工、堆场，具体对策建议如下：

9.2.1　裸土扬尘污染控制

大力推进园林城市建设，提高城市街道两侧硬化率、绿化率，减少市区、城乡结合部街路裸露地面，市区绿化覆盖率不低于 40%；裸置土地应当采取覆盖、压实、洒水等抑尘措施，长期裸置土地应当采取绿化措施。建立地面季节性裸露的清单，评估起尘量。

9.2.2 道路扬尘污染控制

大力实施城市道路保洁，中心市区道路机扫水洗率达到80%以上，其他区域达到50%以上；推行道路机械化清扫等高效、低尘的作业方式；不利气象条件下增加洒水次数。未铺装道路应根据实际情况进行铺装以保持道路积尘量处于低尘负荷状态；渣土、泥浆、建筑垃圾及砂石等散体材料全部采用密闭车辆运输，避免在运输过程中发生遗撒或泄漏。

9.2.3 施工扬尘污染控制

建设单位必须将扬尘污染防治费纳入工程建设成本，并在招标文件中制订防治措施，作为评审内容。同时施工方需明确各方扬尘污染防治责任。

建筑施工现场实行全封闭围挡，严禁敞开式作业，采取遮盖、洒水等措施控制堆放、装卸扬尘；大力推广预拌砂浆，禁止现场搅拌混凝土、砂浆；减少施工现场污染，建筑施工场地出口道路必须硬化并设置车辆清洗平台，对进、出场车辆逐台进行清洗；4 级风以上天气应停止产生扬尘的施工作业；施工工地内车行道路，应采取铺设钢板、铺设混凝土等措施，防止机动车扬尘。

9.2.4 堆场扬尘污染控制

强化煤堆、土沙堆、物料堆的监督管理，大型煤堆、料堆场全部建立密闭料仓与传送装置，露天堆放的全部建设防风抑尘网等措施，长期堆放的废弃物全部采取覆绿、硬化、定期喷洒抑尘剂等措施，控制扬尘污染。

9.3 移动源尾气尘污染防治对策

近年来，全省机动车保有量不断增加，2014 年全省机动车保有量已达 401 万辆，同时有近 50 万辆黄标车尚未淘汰，尾气污染日益严重。此外，市区车辆密度高，行驶速度低，特别是采暖季气温低、路面光滑，车辆拥堵，怠速、低速行驶情况相对其他季节较多，污染物排放量大。根据全省 13 个市地颗粒物源解析结果，机动车尾气是 $PM_{2.5}$ 和 PM_{10} 的第三大贡献源，二次分摊后的全年分担率为 12%～18%。因此，机动车排放控制刻不容缓。2014 年全省机动车保有量见图 9-2，具体对策建议如下：

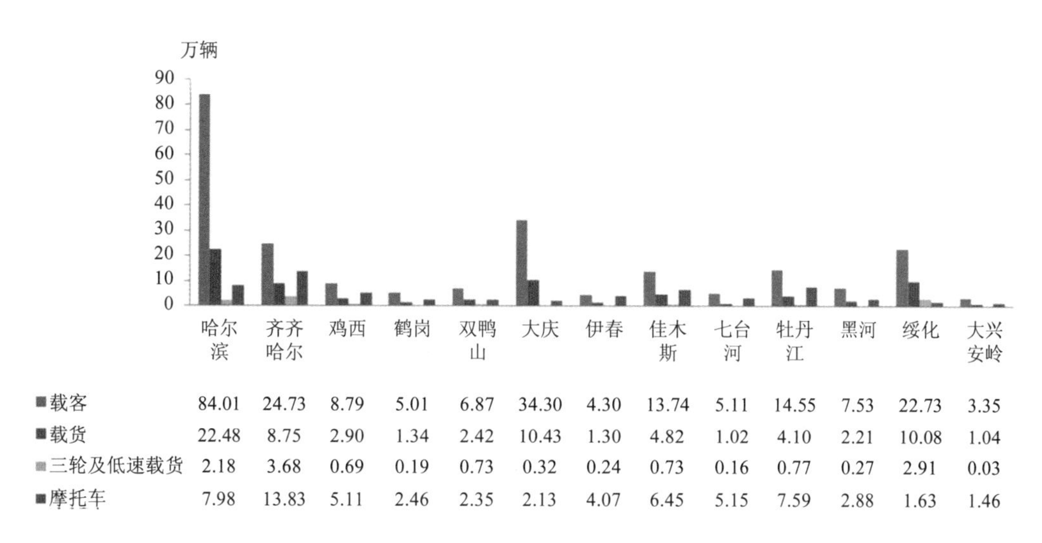

	哈尔滨	齐齐哈尔	鸡西	鹤岗	双鸭山	大庆	伊春	佳木斯	七台河	牡丹江	黑河	绥化	大兴安岭
载客	84.01	24.73	8.79	5.01	6.87	34.30	4.30	13.74	5.11	14.55	7.53	22.73	3.35
载货	22.48	8.75	2.90	1.34	2.42	10.43	1.30	4.82	1.02	4.10	2.21	10.08	1.04
三轮及低速载货	2.18	3.68	0.69	0.19	0.73	0.32	0.24	0.73	0.16	0.77	0.27	2.91	0.03
摩托车	7.98	13.83	5.11	2.46	2.35	2.13	4.07	6.45	5.15	7.59	2.88	1.63	1.46

图 9-2　2014 年全省机动车保有量

9.3.1　提升油品质量，推广清洁能源

（1）推动车用油品升级换代。全面供应符合国Ⅳ标准的车用汽油和柴油；尽早全面供应符合国Ⅴ标准的车用汽油、柴油；加强油品质量监督检查，严厉打击非法生产、销售不合格油品行为，建立健全炼化企业油品质量控制制度，全面提升油品质量。

（2）鼓励选用新型能源环保车型。推广使用新能源或清洁燃料汽车，积极推进新增或更新公交车和出租车全部为新能源或清洁燃料车，全力建设相关配套设施；实施单位公务车辆的 CNG 改造。

9.3.2　加强机动车监管

（1）加快淘汰高排放机动车。加强对"黄标车"等高排放车辆的管控，加快淘汰进程；推进城市公交车、出租车、客运车、运输车集中治理和更新淘汰，杜绝车辆超标排放现象。

（2）加强机动车环保管理。严格落实《黑龙江省机动车排气污染防治工作实施方案》（黑政办发〔2012〕83 号），推进环保检验信息网络系统建设，实现国家、省、市三级联网；尽快执行机动车国Ⅴ排放标准，降低颗粒物的排放。柴油汽车安装选择性催化还原系统（SCR）、微粒捕集器，减少发动机污染物的排放；制定机动车强制维修与保养制度，检测超标的排放车辆不得上路行驶；从事机动车排气污染物检测的工作人员，应当按照检测技术规范和国家规定的排放标准检测，并建立机动车排气污染物年检和路检的检测档案。

（3）加强车辆的监督管理。推进进入市区车辆的尾气检测工作，尾气排放不达标车辆不得进入市区，对检测合格的车辆进入市区内进行限道、限时管理；实施单位公务车辆的

CNG 改造，及时淘汰老、差、残、次车，新车要严格符合国家规定的尾气排放标准。

（4）加强摩托车的使用管理。对于摩托车占比超过机动保有量 1/4 的城市应加快推进摩托车的尾气检测工作，尾气排放不达标的车辆一律强制报废，对检测合格的车辆进行限路、限时行驶，鼓励使用电动车。

9.3.3 加强城市路网建设

（1）加强城市交通管理。优化城市功能和布局规划，保障道路安全畅通，减少因道路拥堵加剧的机动车排放污染，增加建立城市立体交通路网。

（2）优化交通结构。加快完善城市公共交通和轨道交通体系，改善居民出行条件、鼓励市民选择绿色的出行方式。加强交通枢纽的连接，合理调配人流、物流及运输方式。

9.3.4 削减机动车尾气排放量

图 9-3 为 2014 年黑龙江省 13 个市地机动车尾气污染物排放总量（颗粒物+NO_x+HC）占比。

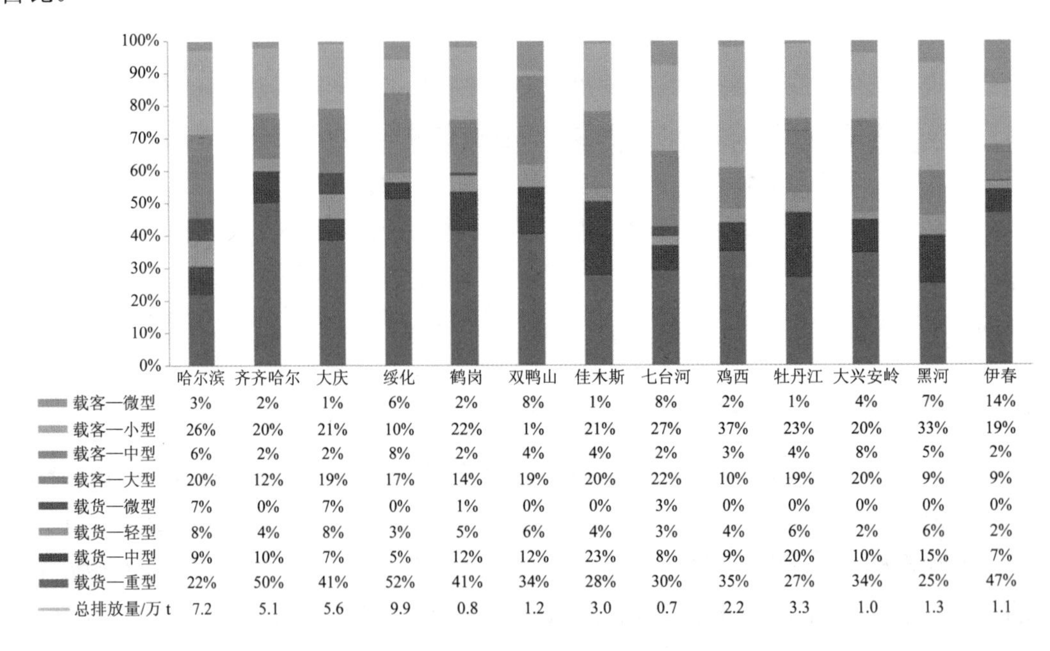

	哈尔滨	齐齐哈尔	大庆	绥化	鹤岗	双鸭山	佳木斯	七台河	鸡西	牡丹江	大兴安岭	黑河	伊春
载客—微型	3%	2%	1%	6%	2%	8%	1%	8%	2%	1%	4%	7%	14%
载客—小型	26%	20%	21%	10%	22%	1%	21%	27%	37%	23%	20%	33%	19%
载客—中型	6%	2%	2%	8%	2%	4%	4%	2%	3%	4%	8%	5%	2%
载客—大型	20%	12%	19%	17%	14%	19%	20%	22%	10%	19%	20%	9%	9%
载货—微型	7%	0%	7%	0%	1%	0%	0%	3%	0%	0%	0%	0%	0%
载货—轻型	8%	4%	8%	3%	5%	6%	4%	3%	4%	6%	2%	6%	2%
载货—中型	9%	10%	7%	5%	12%	12%	23%	8%	9%	20%	10%	15%	7%
载货—重型	22%	50%	41%	52%	41%	34%	28%	30%	35%	27%	34%	25%	47%
总排放量/万 t	7.2	5.1	5.6	9.9	0.8	1.2	3.0	0.7	2.2	3.3	1.0	1.3	1.1

图 9-3 全省机动车尾气污染物排放量

由图 9-3 可知，2014 年黑龙江省 13 个市地机动车尾气污染物排放总量为 41.5 万 t。从区域来看，中西部机动车尾气污染物排放总量最大（27.9 万 t），占全省的 67.2%；东北部（7.9 万 t）、东南部（3.3 万 t）和西北部（2.3 万 t）污染物排放量较小，分别占全省的 19.1%、8.0%和 5.5%。从城市来看，中西部的绥化、哈尔滨、大庆和齐齐哈尔的机动车尾气污染物排放总量均较大，分别为 9.9 万 t、7.2 万 t、5.6 万 t 和 5.1 万 t。由此可知，中西部城市是黑龙江省机动车尾气污染防治的重点区域。

进一步从车型来看，重型载货的机动车尾气污染物排放总量最大，是机动车尾气污染防治的重点车型；其次是小型载客和大型载客，二者机动车尾气污染物排放总量相当，也不容忽视。

9.4　工业源污染防治对策

目前，黑龙江省工业生产布局充分依托于地区资源优势及原有工业基础和区位优势现已形成：东北部煤炭工业基地（鸡西、鹤岗、双鸭山、七台河）、中部机电工业基地（哈尔滨、齐齐哈尔、牡丹江）、中西部冶金、石化工业基地（齐齐哈尔、大庆）、森林工业基地（大、小兴安岭地区）、食品、轻纺工业基地（哈尔滨、佳木斯）、电力工业基地（哈尔滨、齐齐哈尔、东部煤炭工业区）、冶金工业基地（齐齐哈尔、双鸭山）、建材工业基地（哈尔滨、齐齐哈尔、牡丹江、鸡西）的工业布局。

根据黑龙江省 13 个市地颗粒物源解析结果，工业源是 PM_{10} 和 $PM_{2.5}$ 的第四大贡献源，二次分摊后的全年分担率为 4%～16%。其中，哈尔滨、大庆、双鸭山、七台河、鸡西工业源所占比例均超过 10%。因此，工业源污染防治仍需加强，具体对策建议如下：

9.4.1　加强污染物排放监督管理

（1）实施总量控制。测算市区内各工业污染源的允许排放总量，对市区内所有工业源实施总量控制并制订相应的削减计划，制订各企业的排放目标值；对排放量较大的工业排放源安装污染源在线自动连续监测系统（CEMS），逐步取代现行总量计算中的物料衡算方法；根据总量控制规划，尽快对工业源实施排污许可证制度，定期核实排污总量指标和颁发排污许可证，鼓励排放总量富余的企业进行排污权交易，最大限度地发挥治理设施的投资效益。

（2）优化产业空间布局。科学制定城市规划，合理确定产业发展布局，规范各类产业园区和城市新市区设立和布局；城市和工业园区应有利于大气污染物扩散；制定重污染工业企业搬迁实施方案，完成市区重污染企业搬迁和改造。

（3）加强审批制度，淘汰落后产能

尽快制订违规产能清理整顿实施方案，并严格推进落实。市区内不再审批石油化工及制药业、建材、机械加工等高污染项目，现有的要逐步向外转移；市区外的市辖区范围内禁止新建、扩建高污染项目；将二氧化硫、氮氧化物、烟（粉）尘、挥发性有机物排放总量控制要求作为项目环境影响评价审批的前置条件，对未通过的项目，有关部门不得审批、核准、备案、提供土地、批准开工建设等。

9.4.2 加强工业排放源的治理

（1）加强石油化工及制药业、建材、机械加工等重点行业颗粒物的治理，保证治理设施的正常稳定运行，确保实现达标排放。

（2）制订石化、医药等重点行业挥发性有机物综合整治方案，加强生产过程中排放的有机废气处理，加大清洁生产技术的运用，实施有机溶剂替代，减少挥发性有机物溶剂的使用和逸散，对产生的有机废气集中治理；对生产、输送和储存过程中挥发性有机物泄漏加强监管；开展加油站、储油库和油罐车油气回收，同步配套建设油气回收设施；建立在线监控系统平台，对重点加油站和储油库油气回收远程集中监管。

9.5 生物质燃烧源污染防治对策

尽管各市地生物质燃烧对颗粒物的贡献率不大，但它是在采暖季开始前典型的重要污染源，具有明显的季节特征，在特殊日子可以造成严重污染，因此不容忽视。具体对策建议如下：

（1）加强宣传，提高认识

各地应根据农村特点，通过板报、广播、电视、科技大集、分发宣传册、网络等丰富多彩的形式，在农民群众中广泛宣传焚烧秸秆的危害和综合利用秸秆的重要性，树立群众的环境意识、资源意识、法制意识，科学利用有机肥，引导群众更新观念，革除露天焚烧秸秆的旧习。自觉推广应用秸秆综合开发利用技术，保护农业生态环境，积极促进农村经济和社会可持续发展。

（2）严格管理，认真执法

针对秸秆焚烧对环境和生态的影响，严格实施相关的法律、法规。在禁烧区焚烧秸秆的，由当地行政主管部门责令停烧，并处以相应的罚款，造成重大大气污染事故后果严重的，将依法追究刑事责任。

（3）推进秸秆综合利用

制订实施秸秆利用分阶段工作方案，推行秸秆还田、制肥和饲料化、能源化等综合利用新技术及优惠政策，建设秸秆综合利用工程。形成秸秆还田和多元利用格局，尽快实现全市秸秆综合利用率大于90%。全市实行秸秆禁烧，建立市、县、镇、村四级责任体系，加强机场、高速公路、铁路、国道、省道等重要交通沿线、城乡结合部等重点区域火点监测与信息发布，从严控制、从重处罚、问责秸秆焚烧行为。

9.6　二次颗粒物污染防治对策

燃煤源、机动车尾气和工业源排放贡献均较大，这三类污染源排放的 SO_2、NO_x、VOCs 在一定的气象条件下，经光化学反应可以生成二次颗粒物。PM_{10} 和 $PM_{2.5}$ 的硫酸盐、硝酸盐和 SOA 百分含量为 2%～10%，非采暖季最高。

控制二次颗粒物的方法可从两方面入手：控制二次粒子的前体物和控制二次粒子生成与累积的途径。前体物的控制对策与上述一次排放源控制对策一致。控制前体物各自的时空分布和根据不同的气象条件选用不同污染紧急控制措施，可阻断和避免累积性污染。

9.7　大气污染管理对策

大气污染防治不但要制定具体防治措施，还要从宏观的管理角度制定对策。

（1）制定科学的城市大气污染防治规划

全省 PM_{10} 和 $PM_{2.5}$ 污染源解析结果表明，燃煤源、机动车尾气、开放源为主要的污染源，应针对污染"病根"，尽快编制详细的源清单，制订 5 年，甚至 10 年的长期治理规划，并配套具体的专项治理方案，设定量化的工作目标。

（2）实施大气污染精细化管理

全面推行网格化管理，推动大气环境保护工作向主动、精细转型。区、县（市）政府按照"定区域、定人员、定职责、定任务"网格化管理模式，确保做到边界清、任务清、责任清。创新日常监管模式，建立排污企业排查台账，定期巡查，发现问题及时处理，实现管理无死角、监察无盲区、监测无空白。

（3）完善监测预警能力

进一步优化各城市重污染天气应急预案，加强与气象部门的衔接合作，建立常规气象监测和环境空气监测预报合作机制，逐步形成风险信息研判和预警能力。同时启动环境空气质量的相关建设研究。统筹预警环境气象，及时、科学布防应急响应对策，充分发挥大气污染防治联席会议作用，将部门联防、区域联动落实到位，最大限度避免或减少环境空气重污染。

（4）加大监管力度

开展专项检查，对超标排放的企业，要真正严查严罚，按日计罚，形成威慑力，集中人力、物力打歼灭战。执行更严格的特别排放标准、准入标准等。发挥好宣传和执法部门的作用，做好正反两方面典型的宣传报道，依法打击环境违法企业，形成各部门之间的监督合力。

9.8 典型案例分析

9.8.1 2008 年北京奥运会

在 2008 年北京奥运会、残奥会期间（7 月 20 日—9 月 20 日），北京市政府在实施第十四阶段控制大气污染措施的基础上，借鉴以往奥运会举办城市在奥运会期间空气质量保障的做法，实施加强机动车管理、严格控制施工重点工序、重点污染企业减排等措施。

9.8.1.1 具体措施

（1）改善能源结构，加强煤烟型污染治理

完成北京市中心城区 1.6 万台 20 t/h 以下燃煤锅炉清洁能源改造，天然气供应量从 2000 年的 11 亿 m^3 增加到 2007 年的 47 亿 m^3。完成了四大燃煤电厂脱硫除尘脱硝治理和 400 多台 20 t/h 以上燃煤锅炉脱硫除尘治理。

2008 年奥运会期间，北京京能热电公司、大唐北京高井热电厂、华能北京热电公司、国华北京热电分公司采取燃用低硫优质煤及加强污染治理设施运行管理等措施，在确保达标排放的基础上减少污染物排放 30%。所有夏季运行的燃煤锅炉，其使用单位要采取有效措施，确保污染物排放稳定达到《锅炉大气污染物排放标准》（DB11/139—2007）第二时段排放限值；不能稳定达标排放的，原则上暂停运行。

（2）严格新车排放标准，加强机动车污染控制

分别于 2002 年、2005 年、2008 年执行国Ⅱ、国Ⅲ、国Ⅳ机动车新车排放标准。组织按照"绿标"与"黄标"两种标志，实施机动车分类管理。对黄标车实施道路限行，加快淘汰老旧高排放车辆，累计更新淘汰 5 万多辆出租车、1 万多辆公交车。2008 年 6 月底前，公交、出租、邮政行业黄标车基本完成淘汰。

（3）调整工业结构，加强工业污染控制

2001 年以来，调整搬迁了城区 144 家污染企业，关停郊区所有水泥立窑、砂石料场和黏土砖厂、东南郊地区所有化工企业、二热和三热的重油燃煤发电机组，减少大气污染物排放。

2008 年奥运会期间，重点污染企业停产和限产。全市工业企业要采取有效措施，实现污染物稳定达标排放；不能稳定达标排放的，原则上停产治理。

（4）严格施工管理，加强扬尘污染控制

针对北京市近年来每年城市建设规模在 1 亿 m^2 左右，施工扬尘污染突出等问题，制定了施工工地地方环保标准，建立了环保、建委、城管等部门的扬尘污染联合执法机制，

加强对全市所有施工工地的执法监管，有效地控制了施工扬尘污染。2008 年奥运会期间，停止施工工地部分作业和强化道路清扫保洁。各施工单位要停止在施工地的土石方工程、混凝土浇筑等作业，做好工地绿化、覆盖等工作。环卫作业单位每天要对城市主干道、次干道、重要支路和其他为奥运会提供服务保障的道路进行吸扫和冲刷作业，市政管委和各区县政府要组织进行监督检查。

（5）减少有机废气排放

行政区域内的加油站、油罐车和储油库，未完成油气回收治理改造或改造后仍不能达标排放的，停止使用。全市禁止露天喷漆，暂停含有挥发性有机溶剂的建筑喷涂和粉刷作业；印刷、家具生产、汽车修理等排放挥发性有机物的工序，未达到本市排放标准的实施停产治理。

（6）实施极端不利气象条件下的污染控制应急措施

如遇到极端不利的气象条件，影响空气质量达标时，在采取上述措施的基础上，将进一步采取应急措施控制污染。

9.8.1.2 实施效果分析

在 17 天的奥运会期间，北京空气质量全部达标。结果表明，相对于 6 月，奥运会期间（8 月 8—24 日）北京地区 PM_{10}、$PM_{2.5}$、O_3和 NO_x的浓度值分别下降 69%、62%、18%和 41%，残奥会期间（9 月 6—17 日）PM_{10}、$PM_{2.5}$、O_3和 NO_x的浓度值分别下降 56%、49%、17%和 16%。

9.8.2 2010 年广州亚运会、亚残运会

2010 年广州亚运会、亚残运会期间，广州市依据气象条件、污染特征、迁移规律和监测预报结果，针对影响亚运会空气质量的重点污染源采取强制性的特殊减排措施，同时实施空气质量监测预报和预警，及时监控重点控制区域空气质量状况。

9.8.2.1 具体措施

（1）火电厂污染控制措施

重点针对亚运会召开前要求采取控制措施的电厂，对其加强监管，确保按要求达标排放，没有按要求采取相应控制措施及完成限期治理任务的企业，要求其停产。亚运会期间，除使用清洁能源外的电厂，所有燃煤电厂或燃油电厂必须使用含硫量低于 0.5%的低硫燃煤或含硫量低于 0.8%的油品，若低硫燃煤或油品储备不足，则需按照一定比例限产减排。除燃气外，所有燃油或油气混烧机组一律关停。同时在不影响区域电网安全的情况下，尽可能将电厂检修时间调整到亚运会期间进行，对电网调度中心机组组合方案中未征用的机组

实施停用，对一些装机容量较大的燃煤机组实施限产减排。

（2）工业源污染控制措施（含工业锅炉）

加强管理，对未按要求进行污染治理的企业，停产整治。对亚运会召开前按要求已采取控制措施且治理达到预期效果的工业企业，加强监督管理；对未能在 10 月 31 日前完成限期治理任务或治理不达标的企业、工业锅炉，一律责令停产治理。珠三角地区 2009 年信用等级为红、黄牌的企业和个别污染非常严重的企业实施限产减排或停产，涉及限产的企业应在 10 月 30 日前制订详细的限产实施方案报当地环保部门审定。

（3）道路移动源污染控制措施

倡导绿色出行，减少机动车上路行驶，对机动车实行临时污染防治交通管制措施。广州、东莞、佛山三市禁止所有未持有绿色环保标志的机动车在限行区域内上路行驶，公务车封存 30%。广州市每日 8 时至 20 时对机动车按车牌最后一位阿拉伯数字实施单日单号行驶、双日双号行驶措施；其他涉及的地级以上市人民政府根据亚运空气质量保障要求，结合当地公共交通发展实际情况，划定特定限行区域、特定限行时间段，实施机动车临时限行措施。亚运会期间，外市籍车辆未持有绿色环保标志不能进入广州、佛山、东莞三市。

（4）扬尘源污染控制措施

划定 A 级和 B 级区域范围，在区域内城市要提高道路、裸露土地喷洒水频次，广州、东莞、佛山每天喷水次数不少于 6 次，其余涉及城市应不少于 4 次。运输散体物料的车辆实行遮盖或密闭等措施，减少道路交通扬尘；禁止未配装密闭运输装置运输散体物料的车辆或者密闭装置破损的车辆上路行驶。煤场、矿场、料堆、灰堆除设置防尘措施外，全面停止使用。

A 级区域五个重点城市，停止一切建筑、拆迁、市政建设等施工工程，必须施工的重大工程项目，需取得住建部门等相关主管部门的特殊许可。

（5）挥发性有机物源污染控制措施

珠三角区域内各地级以上市辖区范围内油罐车、储油库、加油站未完成油气回收治理工作、未申请环保验收及环保验收不合格的一律暂停营业和使用。

停止一切装修、喷漆等民用排放挥发性有机化合物行为。

列入挥发性有机物排放重点监管名录的企业，必须采取有效的污染防治措施，严控工艺过程中逃逸性有机气体的排放；对未采取有效治理措施及污染物排放不达标的企业实施停产。

（6）其他污染源控制措施

禁止烧烤和其他煮食类小摊小贩上街贩卖。所有餐馆必须使用燃气等清洁能源，严禁使用煤、重油等高污染燃料；对大型酒店的厨房，要加强监督管理，确保油烟污染物达标排放。

9.8.2.2 实施效果分析

广州亚运会期间，空气质量得到显著改善。据羊城晚报报道，2010 年前 11 个月，广州市空气质量优良率 97.7%，比 2004 年提升 13 个百分点，超过亚运环境保障设定 96%的目标；尤其是 11 月 12 日亚运会开幕以来，空气质量一直处于优良水平，18 个国控点和亚运场馆测点以及全市空气质量每日均达到或优于国家二级标准，未出现过灰霾现象，平均能见度从 12 km 提高到 13.6 km。

9.8.3 2014 年 APEC 会议

为加强APEC会议期间空气质量保障工作，国家领导人对空气质量保障作出重要批示，提出明确要求，对空气质量保障工作进行安排部署，出台了《京津冀及周边地区 2014 年亚太经济合作组织会议空气质量方案》，提出"两圈、两阶段"的总体思路，北京市为第一圈，天津、河北、山西、内蒙古、山东周边 5 省（区、市）为第二圈，六省区市加强协作、联防联控。"两阶段"是指会前、会期两个阶段，将任务分解到各职能部门；会议期间，"两圈"累积停产企业 9 298 家，限产企业 3 900 家，工地停工 40 000 余处，日限行车辆 1 173 万辆。

9.8.3.1 具体措施

（1）燃煤源控制措施

北京：为保障 APEC 峰会期间空气质量，燃煤源控制重点向怀柔区倾斜，到会议开始前，共拆除、停用燃煤锅炉 160 台 1 121 蒸吨，改造在施规模已达 5 900 蒸吨。怀柔雁栖湖示范区 21 km^2 范围内，全部实现无煤化，会议核心区周边及道路沿线地区通过城市化改造上楼、拆除违建、送气下乡和优质煤替代等方式，全面取消劣质煤使用。

期间全市 10 台燃煤机组中，6 台运行，4 台停运，即华能电厂 2 台燃煤机组运行、2 台停运，石景山电厂 2 台燃煤机组运行、2 台停运，国华电厂 2 台燃煤机组运行，并尽可能降低燃煤机组负荷，不足的供热负荷由郑常庄、太阳宫等燃气热电厂及调峰锅炉替代；通过加强运行管理，严格排放标准，进一步降低运行燃煤机组的污染物排放。

周边 5 省（区、市）：要求各燃煤企业在一般污染排放企业达标排放基础上，各项污染物排放量再减少 30%；对不能完成减排任务的企业，会议期间一律停产。发电、热电企业按全市减少用电负荷降低相应发电负荷，限制未上脱硝设施机组，使用应急备用优质煤。

（2）工业源控制措施

北京：持续淘汰 375 家污染企业，主要集中在铸造、锻造、电镀、砖瓦、石灰、石材、沥青等 12 个高污染行业；会议期间要求怀柔区兴发水泥、福田戴姆勒汽车、太平洋制罐等重点企业 141 家大气污染物排放重点企业停产或限产；实施汽车维修、印刷包装、干洗、加油加气站等企业挥发性有机物排放的治理，实现工业企业挥发性有机物排放量逐步减少。

周边五省（区、市）：重点工业企业在达标排放基础上，再次大幅减少各污染物排放量；对不能稳定达标或未完成治理设施改造的企业，会议期间一律停产。对重点企业限产停产实施专人驻场监管，做好企业用煤量、用电量、污染治理实施运行情况、污染物排放情况的记录，确保监管到位。按照重污染天气应急预案重点监督限产、停产企业名单加大监管力度。建材行业（包括水泥、钙镁、陶瓷等）停产，关停 20 t 以下燃煤工业锅炉。

（3）机动车控制措施

北京：市区和外埠进京机动车采取临时交通管理，机动车单双号行驶，机关和市属企事业单位停驶“70%公车”，对渣土运输、货运车辆以及外埠进京车辆实施管控等措施。按照通告要求，环保、交管和各区县政府将加强对机动车限行管理和尾气排放的监管执法工作，狠抓进京路口、重型车辆等监管的重点部位、重点环节，加大处罚力度，确保措施落实。

周边 5 省（区、市）：各地区指定对应的单双号机动车限行制度。开展机动车超标排放专项检查、严防高污染车辆进京等措施。积极治理机动车尾气污染，减少机动车日间加油和车辆原地怠速运行，停车时及时熄火。

（4）扬尘控制措施

北京：所有施工工地停止土石方、拆除、石材切割、渣土运输、喷涂粉刷等扬尘作业工序，五环路内和怀柔区还将进一步停止所有混凝土振捣及搅拌、结构浇筑等作业。并协同交通、水务、园林绿化等部门有效落实行业工地的扬尘污染控制；城管执法部门将加强对工地施工扬尘控制情况的执法检查，对扬尘污染违法行为予以严厉打击；环卫部门增加全市各级城市道路、高速公路清扫保洁和冲洗频次。

周边五省（区、市）：集中开展城市扬尘治理，对各类建筑工地、城市道路、堆场等易产生扬尘污染的地方开展专项清查，全封闭设置围挡墙，严禁敞开式作业，大部分土石方作业工地停工，确保中心城区主干道路每日机扫、隔日水洗 1 次；其他区县政府所在地主要道路每日清扫保洁 1 次。全天保持裸露地面湿润，不能因刮风、上料、运输等原因产生扬尘污染；所有非煤矿山、粉状物料贮存场等扬尘污染源停止一切产生扬尘的生产活动，所有露天矿山以及所有采砂场关停。

9.8.3.2 实施效果分析

2014 年 12 月 7 日，综合来看，北京市环保局通过采取会期保障措施，全市分别削减二氧化硫（SO_2）、氮氧化物（NO_x）、可吸入颗粒物（PM_{10}）、细颗粒物（$PM_{2.5}$）和挥发性有机物（VOCs）分别排放约 39.2%、49.6%、66.6%、61.6%和 33.6%。除周边实施工业停产、限产、机动车单双号行驶等临时性减排措施发挥减排效益外，本地 $PM_{2.5}$ 浓度下降主要得益于：

（1）机动车限行与管控贡献为 39.5%。由于实行机动车单双号限行、渣土车等禁行限行和外埠进京车辆禁行限行和过境机动车绕行等措施，使会期机动车路上行驶数量下降、路网平均速度提升，以及减少了路面扬尘的生成，机动车减排对会议期间 $PM_{2.5}$ 下降的本地贡献为 39.5%。

（2）燃煤和工业企业停限产贡献为 17.5%。由于采取压减燃煤电厂生产负荷、全市重点工业企业停产、限产等措施，APEC 会议期间，分别削减 SO_2、NO_x、PM_{10}、$PM_{2.5}$ 和 VOCs 分别排放约 207 t、374 t、168 t、97 t 和 495 t。这些措施对会议期间 $PM_{2.5}$ 下降的本地贡献为 17.5%。

（3）工地停工贡献为 19.9%。由于采取全市施工场地停工、部分施工机械停止使用等措施，APEC 会议期间，分别削减 NO_x、PM_{10}、$PM_{2.5}$ 和 VOCs 分别排放约 375 t、1 693 t、361 t 和 273 t。这些措施对会议期间 $PM_{2.5}$ 下降的本地贡献为 19.9%。

（4）加强全市道路保洁贡献 10.7%。会议期间，全市重点道路加密"吸、扫、冲、收"作业，基本实现每日冲洗。这些措施对会议期间 $PM_{2.5}$ 下降的本地贡献为 10.7%。

（5）调休放假贡献为 12.4%。调休放假期间部分市民离京出游，使全市常住人口约减少 10%；由于工作单位和学校放假，使全市交通流量较放假前下降 20%左右；以及部分工业企业等放假停产等，这些措施对会议期间 $PM_{2.5}$ 下降的本地贡献为 12.4%。

9.8.4　2015 年纪念抗日战争胜利 70 周年阅兵

2015 年北京纪念抗日战争胜利 70 周年阅兵，党中央、国务院高度重视期间空气质量保障工作。习近平总书记多次做出重要指示，李克强总理、张高丽副总理均提出明确要求。环境保护部周密组织部署、精心安排，各地攻坚克难、认真实施。

北京、天津、山西、河南、河北、山东、内蒙古 7 个省（区、市）高度重视空气质量保障工作，制订了空气质量保障方案，出台了一系列针对燃煤、机动车、工业、扬尘等领域的减排措施。

9.8.4.1　具体措施

（1）燃煤具体措施

活动期间，上述 7 省（区、市）内 12 255 家燃煤锅炉停产、减产。燃煤电厂通过停产检修、压减发电负荷等措施减排污染物 30%以上。其中，河北省内两级控制区停限产企业

3 700 余家，对常年运行燃煤锅炉减排 30%以上，城六区常年运行的燃煤锅炉全部完成改造、退出污染企业 244 家、实施 137 项企业"环保技改"工程、整顿 46 家无资质的混凝土搅拌站；山东省城六区常年运行的燃煤锅炉在 8 月底前完成了清洁能源改造，突出高架污染源、重点工业污染源和污染物协同治理"三个控制"，全力压减污染排放空间；河南要完成 849 台 10 蒸吨/时及以下的燃煤锅炉拆除或清洁能源改造，对 68 台 10 蒸吨/时以上燃煤锅炉烟气实施综合治理，并对 27 台 20 蒸吨/时以上燃煤锅炉安装环保在线监测装置。同时，河南省要求各地方政府要出台高污染燃料禁烧区管理实施办法，使禁燃区面积达到城市面积的 60%以上；天津市将燃煤电厂污染物整体减排由原计划的约 35%提高至 50%以上。

（2）机动车具体措施

北京共计淘汰老旧机动车 21.7 万辆，周边地区采取了机动车临时管控措施。除北京对机动车实施单双号限行外，津冀各地均实行单号单日、双号双日行驶的机动车尾号限行方案。河北省保定、廊坊、沧州、邢台、唐山市从 8 月 20 日起已陆续启动机动车单双号限行，天津则在 9 月 1—3 日实施单双号限行。天津机动车管控方面，提前半年完成黄标车淘汰任务。全市各级公安交管、环保、交通等部门联合开展机动车超标排放专项执法检查工作。期间，市环保局安排专人进驻全市 16 个区县，会同各区县采取日间常规检查和夜间拦检相结合的方式，利用遥感监测、人工拦检等方式全面开展机动车超标排放执法检查工作。累计出动执法人员 1 595 人次，遥测、拦检机动车 27 709 辆，处罚超标车辆 181 辆；抽查加油站 372 座。期间，天津海事局开展了船舶油品专项执法检查。

（3）工业具体措施

上述 7 省（区、市）内工业企业及混凝土搅拌站停产、限产。北京市内 1 927 家工业企业采取了停限产措施，与 APEC 会议期间相比增加了 15 倍。燕山石化停运了丁基橡胶等 19 套炼油化工装置，以及水煤浆锅炉等 18 台动力锅炉，污染减排 30%。金隅集团所属的 5 家水泥厂中，兴发、强联两家水泥厂永久关停，太行前景水泥厂暂停生产，北京水泥厂、琉璃河水泥厂各有 1 条生产线暂停生产、减排 50%以上。河北邯郸和武安地区部分钢厂收到有关阅兵期间限产的通知，要求 8 月下旬及 9 月初炼铁炼钢轧材整体限产 30%。河南完成 45 台 785 万 kW 火电机组烟气综合治理和 3 台 180 万 kW 火电机组超低排放改造，对 74 家钢铁、水泥、焦化、平板玻璃、石油炼制等企业开展除尘、脱硫及其他污染物综合治理，并完成 20 家油库、1 500 家加油站、1 300 台油罐车油气回收治理。

（4）扬尘具体措施

北京市渣土运输车、混凝土罐车全部停运，政市容委每日组织近 7 000 多台（次）车辆开展道路清扫保洁等。天津在道路扬尘控制方面，环卫部门每日出动机扫洗路车 1 500 余台次、洒水车 400 余台次，主干道路和中心城区机扫水洗由原计划的 2 次/日提高至 3

次/日以上，重点道路平均达 4 次/日，减少道路扬尘排放约 40%。山东 2 831 处工地停工，建成区和城乡结合部禁行渣土砂石运输车。天津在全市范围开展专项行动，严格禁止露天烧烤、荒草秸秆焚烧，严防死守、坚决遏制，通过卫星遥感和无人机技术对全市各类焚烧行为进行监控，对区县严格实行通报排名和考核问责。

（5）区域监测预警协调联动及数据共享机制具体措施

实现区域内监测数据互联互通、共享共用。北京、天津、河北、山西、内蒙古、山东和河南 7 省（区、市）密切配合，协调行动。建立空气质量预报会商机制，从 8 月 27 日起，由北京市环保局牵头，每日对空气质量级别、首要污染物及空气质量变化趋势等内容进行会商，共同分析区域大气环境质量形势，有效提高了空气质量预报的准确度。针对京津冀及周边地区大气环流和污染特征，建立了国家、省级环保、气象部门和科研监测单位的会商机制。实现了科学组织，精准施策，精确治污。

9.8.4.2 实施效果分析

8 月 20 日至 9 月 3 日 15 天的时间里，北京市 $PM_{2.5}$ 平均浓度 17.8 $\mu g/m^3$，同比下降 73.2%，与世界发达国家大城市浓度水平相当。$PM_{2.5}$ 连续 15 天达到世界发达国家大城市伦敦、巴黎、莫斯科等城市的年均浓度水平。在北京是史无前例的。在此期间，二氧化硫（SO_2）、二氧化氮（NO_2）、可吸入颗粒物（PM_{10}）等各项污染物平均浓度分别为 3.2 $\mu g/m^3$、22.7 $\mu g/m^3$ 和 25.3 $\mu g/m^3$，同比分别下降 46.7%、52.1%和 69.2%。

北京和周边保障措施对于降低 $PM_{2.5}$ 浓度起到了明显的效果。数值模拟表明，8 月 20 日—9 月 3 日，北京市国控站 $PM_{2.5}$ 浓度平均下降约 41%。如不采取保障措施，$PM_{2.5}$ 浓度将比实际浓度增加约 70%；山西省除运城市 8 月 27 日为轻度污染外，其余 10 市连续 15 天均为优良天气，$PM_{2.5}$ 平均浓度为 29 $\mu g/m^3$，同比下降 32.6%，PM_{10} 平均浓度为 56 $\mu g/m^3$，同比下降 27.3%；河北减排措施可使全省空气质量指数和大气细颗粒物浓度分别下降 25%和 33%，使北京市空气质量指数和大气细颗粒物浓度分别下降 4%和 5%。在活动期间北京市民理解、支持、响应，绿色出行、低碳出行。据专家测算，通过这次空气质量保障措施的实施，社会居民减排对二氧化硫、氮氧化物、PM_{10}、一次性排放 $PM_{2.5}$、挥发性有机物等污染物削减的贡献率占比分别达到了 15.3%、3.4%、0.7%、1.3%和 27.3%。

9.8.5 全省各区域颗粒物的污染控制应急措施

国内较为成功的颗粒物污染应急保障控制措施大致分为以下 5 类：燃煤源污染控制、机动车污染控制、工业及有机物污染控制、扬尘污染控制、其他污染控制等类别。根据各城市颗粒物源解析结果，各时期排放源类别的贡献率不同可制定各时期的颗粒物污染应急控制措施。

各城市主要排放源分别为燃煤源、机动车尾气、工业源和开放源四类。

燃煤源的排放可通过在满足市区用电负荷及供热情况下对周边电厂及供热企业采取降低负荷或停产的方式；工业企业燃煤锅炉停产或限产及加强相关工业民用锅炉的治理设施运行管理等临时措施得以显著降低。

机动车的排放可通过进行小型载客汽车的单双号限行，载货重型汽车的停止行驶，外地车辆限时、限排等方式进入市区等临时措施得以显著降低。

工业源的排放可通过对石油化工及制药业、机械加工、水泥制造业等行业排放量大的企业进行停产或限产的临时措施得以显著降低。

开放源的排放可通过对建筑施工工地停止产生扬尘的施工作业、提高道路机扫水洗率等临时措施得以降低。

通过以上措施的实施和落实，大致可减少各城市内颗粒物浓度的40%～50%，来满足颗粒物应急措施下的污染控制。

第 10 章　结论及建议

10.1　主要结论

本项目参照《环境空气颗粒物源解析监测技术方法指南（试行）（第二版）》针对黑龙江省 13 个市地主要污染源类和环境受体中的 PM_{10} 及 $PM_{2.5}$ 进行了系统采样和化学成分分析，运用多种源解析模型对 PM_{10} 及 $PM_{2.5}$ 进行了来源解析，结论如下：

（1）可吸入颗粒物（PM_{10}）和细颗粒物（$PM_{2.5}$）成为全省主要污染物。

哈尔滨、齐齐哈尔、牡丹江和大庆 4 个城市按照《环境空气质量标准》（GB 3095—2012）评价，其中齐齐哈尔、牡丹江和大庆市自 2014 年 1 月 1 日起开始实施新标准，其他 9 个城市按照《环境空气质量标准》（GB 3095—1996）评价。

2014 年，全省采暖期（1 月、2 月、3 月、11 月、12 月）平均达标天数比例为 80.0%；非采暖期（4—10 月）平均达标天数比例为 96.5%；非采暖期比采暖期高 16.5 个百分点。2014 年，哈尔滨、齐齐哈尔、牡丹江和大庆 4 个城市的达标天数比例范围为 66.3%～87.1%，平均达标天数比例为 78.4%；哈尔滨市达标天数比例为 66.3%。4 个城市均未达到二级标准，哈尔滨超标污染物为可吸入颗粒物、二氧化硫、二氧化氮和细颗粒物，牡丹江为可吸入颗粒物和细颗粒物，齐齐哈尔和大庆均为细颗粒物。

综上所述，目前黑龙江省城市主要污染物是可吸入颗粒物（PM_{10}）和细颗粒物（$PM_{2.5}$），特别是采暖季燃煤排放的增大会显著增加细颗粒物（$PM_{2.5}$）浓度。

（2）全省 PM_{10}、$PM_{2.5}$ 化学组分均以有机物、二次水溶性离子、地壳物质为主，但组成比例有所不同。

PM_{10} 和 $PM_{2.5}$ 的主要组分均是有机物（33%～42%）、地壳物质（10%～22%）、二次水溶性离子（7%～20%）。其中地壳物质在 PM_{10} 中的比例高于 $PM_{2.5}$，二次水溶性离子和有机颗粒物在 $PM_{2.5}$ 中比例高于 PM_{10}。

PM_{10} 和 $PM_{2.5}$ 中二次水溶性离子的质量百分比表现为非采暖季最高，采暖季依次最低，说明采暖季较低的温度不利于二次水溶性离子的生成；有机物的质量百分比的季节变化则呈相反趋势，这与秋季秸秆焚烧和采暖季供暖燃煤源排放有关；非采暖季 PM_{10} 和 $PM_{2.5}$ 中地壳物质的质量百分明显大于采暖季，说明非采暖季扬尘贡献不容忽视。

（3）全省各城市 PM_{10}、$PM_{2.5}$ 污染以本地源为主，但区域传输也有一定的贡献。

利用 WRF-NAQPMS 数值模型，对全年区域传输影响进行模拟测算。结果表明，13 个市地 PM_{10} 和 $PM_{2.5}$ 来源主要是本地排放，分别占 83%～91%和 80%～89%。黑龙江省周边地区的外来传输对 PM_{10} 和 $PM_{2.5}$ 有一定贡献，分别为 9%～17%和 11%～20%。非采暖季的 PM_{10} 和 $PM_{2.5}$ 外来传输贡献（17%～20%）比采暖季（9%～11%）稍大。在非采暖季，吉林省和内蒙古对黑龙江省 PM_{10} 和 $PM_{2.5}$ 的贡献较高，占 7%～14%。

（4）全省 PM_{10} 和 $PM_{2.5}$ 本地来源首要为燃煤源，其次是机动车尾气和扬尘源，各来源贡献率存在一定的季节性差异。

在本地排放源中，对 PM_{10} 和 $PM_{2.5}$ 贡献最大的污染源均为燃煤源，分担率分别为 27.7%～36.1%和 29.8%～39.3%；第二大贡献源为机动车尾气，分担率分别为 12.3%～16.9%和 13.9%～18.0%；开放源（城市扬尘、土壤风沙尘等）分担率分别为 14.5%～25.4%和 4.8%～20.0%；工业源分担率分别为 4.5%～15.8%和 5.2%～16.3%；生物质燃烧源分担率分别为 4.1%～9.2%和 5.2%～9.7%。

不同季节中，PM_{10} 和 $PM_{2.5}$ 本地源贡献构成略有差异。燃煤源在各时期均是第一大污染源，采暖季的分担率显著高于非采暖季。机动车尾气在各时期均为第二大类污染源，采暖季稍高于非采暖季。扬尘源为第三大污染源，非采暖季显著高于采暖季；工业源的贡献相对较小，但在大庆和七台河的贡献也不容忽视。

10.2 建议

为了提高颗粒物污染防治对策的科学性和可行性，以较少的投入获得较大的环境和经济效益。有必要针对该项目的研究结果及相关的对策开展以下的科学研究：

（1）精细化的本地污染源排放清单研究。

结合本地实际情况和源清单编制规范开展精细化的本地污染源排放清单研究，以识别本地大气污染特征（区域输送、行业贡献、多污染物协同影响）、为制订"精细化、靶向化"的污染减排策略等提供基础性资料。

（2）空气质量预警预报研究。

建立本地化的空气质量模型，开展空气质量预报预警，加强重污染天气预报预警的准确性。

（3）空气质量改善方案研究。

设计不同污染减排方案，开展情景分析，预测和分析不同方案情景下的 PM_{10} 及 $PM_{2.5}$ 排放水平，开展不同削减方案的效益评估，以此制订空气质量改善方案。